Ingo Klöckl
AVR®-Mikrocontroller
De Gruyter Softwaretechnik

Softwaretechnik

—

Herausgegeben von
Bernd Ulmann, Frankfurt a. M., Deutschland

Band 1

Ingo Klöckl

AVR®-Mikrocontroller

megaAVR®-Entwicklung, Anwendung und Peripherie

Autor

Dr. rer. nat. Ingo Klöckl

hat Chemie an der Johannes Gutenberg-Universität Mainz studiert und 2008 promoviert. Er war freiberuflicher Softwareentwickler in der Mineralölindustrie und ist nun als Softwarearchitekt tätig. E-Mail: i.kloeckl@2k-software.de

ISBN 978-3-11-040768-6
e-ISBN (PDF) 978-3-11-040769-3
e-ISBN (EPUB) 978-3-11-040941-3
ISSN 2364-9801

Library of Congress Cataloging-in-Publication Data
A CIP catalog record for this book has been applied for at the Library of Congress.

Bibliografische Information der Deutschen Nationalbibliothek
Die Deutsche Nationalbibliothek verzeichnet diese Publikation in der Deutschen National-bibliografie; detaillierte bibliografische Daten sind im Internet über http://dnb.dnb.de abrufbar.

© 2015 Walter de Gruyter GmbH, Berlin/Boston
Satz: Ingo Klöckl
Druck und Bindung: CPI books GmbH, Leck
♾Gedruckt auf säurefreiem Papier
Printed in Germany

www.degruyter.com

Für meine Frau Claudia, die mit großer Geduld diverse Lagerstätten elektronischen Materials im Wohnzimmer und Drahtreste in der Küche toleriert und zur dauerhaften Nutzerin meines Vielfach-Küchentimers auf AVR®-Basis geworden ist.

Inhalt

Vorworte

Vorwort des Herausgebers

Der erste Band einer neuen Buchreihe hat stets eine besondere Stellung inne, steht er doch exemplarisch für das, was die Reihe in Zukunft erwarten lässt. An ihm müssen sich alle weiteren Bände messen lassen, und er wird stets stellvertretend für die Reihe stehen. Umso größer ist meine Freude als Herausgeber, als Autor dieses Bandes Herrn Dr. Ingo Klöckl gewonnen zu haben, mit dem mich eine nunmehr über 25 Jahre andauernde Freundschaft und viele gemeinsame Hard- und Softwareprojekte verbinden, von denen eines sogar zur Entstehung des vorliegenden Buches beitrug. Dr. Klöckl ist bereits als Autor einer Reihe umfassender Werke zu so weit gefächerten Themen wie LaTeX 2$_\varepsilon$, Himmelsmechanik oder Farbchemie in Erscheinung getreten und spannt diesen Bogen mit dem vorliegenden Band, der sicherlich einen festen Platz bei Hard- und Softwareentwicklern im Embedded-Bereich einnehmen wird, noch weiter.

Prof. Dr. Bernd Ulmann, Bad Schwalbach, Juni 2015

Vorwort des Autors

Die Idee zu diesem Buch entstand in einer Winternacht zu Weihnachten 2014, als sich bei der Konzeption einer Selbstbau-Graphikkarte zusammen mit dem Herausgeber dieser Reihe herausstellte, daß die Bezugsmöglichkeiten für hand-lötbare Dual-Ported-RAMS begrenzt sind und eine Realisierungsmöglichkeit in Software auf Basis eines AVR®-Mikrocontrollers untersucht wurde.

Gedanken wie „Da war doch was mit den Registeradressen, die unterscheiden sich um 0x20, wenn man `lds` benutzt ...", „In 68000er-Assembler heißt es `move`, `A1` und `D7`, aber in AVR-Maschinensprache?" oder „Wie war das mit den `FOC`-Bits?" sowie diverse Zettelberge mit Notizen gaben den Anstoß, die gesammelten Erfahrungen zusammenzufassen und ein Buch für den Praktiker zu schreiben, der schon in C und Assembler entwickelt hat, der weiß, was PWM bedeutet, der die Maschinensprachen von Z80 bis x86 auseinanderhalten kann und nun im wesentlichen wissen möchte, wie die bereits bekannten Konzepte in der AVR®-Welt realisiert sind, welche Möglichkeiten die Hardware-Baugruppen bieten, wie übliche Peripherie-Bausteine angeschlossen werden oder wie C- und Assemblermodule zusammenarbeiten.

Ein herzlicher Dank geht an meinen Freund Prof. Dr. B. Ulmann als Initiator dieses Projektes und Hardware-Guru, der zwischen seinen diversen (lauffähigen!) analogen Rechenmaschinen nun auch AVR-Controller findet. Vielen Dank an meinen Lektor Herrn L. Milla, der mir bei allen Fragen tatkräftig zur Seite stand und den Text akribisch geprüft hat, sowie an das freundliche und kompetente Team des deGruyter-Verlags. Ein besonderer Dank gebührt meiner Frau Claudia, die sich geduldig Vorträge über Inhalte des Buches, Timingfragen und andere elektronische Probleme angehört hat.

Dr. Ingo Klöckl, Karlsruhe, Juni 2015

1 Einführung, AVR®-Hardware

Dieses Buch behandelt die Entwicklung elektronischer Schaltungen, denen ein Mikro-controller (MCU) aus der megaAVR®-Familie, einer Reihe von 8 bit-MCUs der Firma Atmel®, zugrundeliegt, und zwar der Typ ATmega16. Diese Wahl richtete sich nach folgenden Überlegungen:

- Der ATmega16 ist ein typischer Vertreter der „mittelgroßen" 8 bit-AVR-MCUs.
- Er ist einfach und günstig zu beschaffen und auch im DIL-Gehäuse erhältlich, so-daß er einfach für Testaufbauten auf Breadboards verwendet werden kann.
- Er verfügt über die Hardware-Baugruppen der megaAVR-Reihe, insbesonde-re über serielle Schnittstellen wie USART, SPI und TWI sowie Analog-Digital-Wandler.
- Er ist der kleinste Typ, der eine JTAG-Schnittstelle zum On-Chip-Debugging auf-weist.
- Er verfügt über so viele Portpins, daß Testschaltungen nur selten komplett umge-baut werden müssen, wenn Sie rasch zwischen Projekten wechseln wollen. Auf-grund der Pinanzahl müssen wir nicht auf komplizierte Weise „übriggebliebene" Einzelpins zu Pseudo-8 bit-Ports zusammenfügen, um Peripherie anzusteuern, da wir für jedes Beispiel einen oder zwei komplette 8 bit-Ports zur Verfügung haben.

Das Buch stellt weder eine Einführung in die Programmierung allgemein, noch in die C- oder Assemblerprogrammierung dar, sondern soll erfahrenen Programmierern als kompakter Einstieg in die Welt der AVR-Mikrocontroller dienen. Vorkenntnisse in C und einer Assemblersprache sind daher ebenso wie elektronische Grundlagen und Kenntnisse von Prozessorarchitekturen hilfreich. In diesem Kapitel werden zunächst der innere Aufbau und die elektrischen Eigenschaften des ATmega16 behandelt. Das nächste Kapitel befaßt sich mit der Programmierung der MCU in C und Assembler im allgemeinen. Die einzelnen Baugruppen werden in den nachfolgenden Kapiteln be-schrieben.

Einige Abbildungen, speziell die Timingdiagramme, können unter http://www.degruyter.com/view/ product/449202 zur besseren Lesbarkeit als Graphikdateien in hoher Auflösung heruntergeladen werden.

Sie können mit dem hier vermittelten Wissen leicht auf andere megaAVR-Typen umsteigen, die auf Ihr Projekt besser passen. Sie müssen jedoch zuvor das Datenblatt des ins Auge gefaßten Typs konsultieren, um das richtige Pinlayout und die Aufteilung der I/O-Register zu erfahren. Im großen und ganzen sind die Kontrollregister und -bits zwar ähnlich, aber nicht bitgleich.

Der Umstieg auf die kleinen Typen der tinyAVR-Reihe ist nicht so ohne weiteres möglich, da diese nur über eingeschränkte Hardwareunterstützung für Funktionen wie ADC, synchrone serielle Schnittstellen oder TWI verfügen. Meist besitzen sie eine Multifunktions-Baugruppe zur Datenübertragung, mit deren Hilfe Sie softwaregestützt die notwendigen Protokolle implementieren können. Ebenfalls nicht beschrieben sind Funktionen der XMEGA-Typen wie USB- oder CAN-Bus-Unterstützung.

Alle Informationen in diesem Buch wurden mit größter Sorgfalt zusammengetragen und überprüft. Dennoch sind Fehler nicht auszuschliessen, und die Übernahme oder Benutzung von Quellcode und Verfahren erfolgen ohne Gewähr und auf eigene Verantwortung.

1.1 Aufbau der AVR-MCU

Die wichtigste Referenz zur Hardware des ATmega16 ist das Datenblatt [1]. In [9] finden Sie eine ausführliche Beschreibung des Befehlssatzes auf Maschinenspracheebene. Der ATmega16 wird in den Gehäuseformen PDIP-40, TQFP-44 und QFN/MLF-44 geliefert, Abb. 1.1 zeigt das Pinlayout des für Experimente auf einem Breadboard besonders geeigneten PDIP-40-Gehäuses.

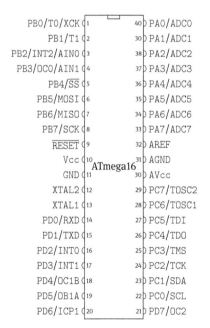

Abb. 1.1. Pin-Layout des ATmega16 im PDIP40-Gehäuse.

1.1.1 Prozessorregister

Die ATmega16-MCU verfügt wie alle 8 bit-MCUs von Atmel über 32 allgemein verwendbare 8 bit-Register, die R0–R31 genannt werden. Die Registerpaare R27:R26, R29:R28 und R31:R30 (High-Byte/Low-Byte) können zu den drei 16 bit-Registern X, Y und Z kombiniert werden, die als Zeiger ins SRAM dienen, das Z-Register zusätzlich als Zeiger ins Flash-ROM. Zusätzlich zu diesen Registern gibt es den 13 bit-Programmzähler PC und den 10 bit-Stackpointer SP sowie das Statusregister SREG.

Die allgemeinen Register sind in weiten Bereichen gegeneinander austauschbar, eine wichtige Sonderstellung stellt jedoch die Gruppe der Register R16–R31 dar. Diese können im „immediate address mode" benutzt werden, d. h. Sie können bei den Instruktionen ldi, andi, ori, subi, sbci, cpi, ser, sbr und cbr Konstanten angeben. Weiterhin arbeiten einige Instruktionen wie muls und mulsu nur mit Registern aus diesem Bereich.

1.1.2 Statusregister, Statusbits

Das Statusregister SREG enthält acht Bits oder Flags, die Informationen über die zuletzt ausgeführte Instruktion bzw. das Resultat der letzten arithmetischen oder logischen Operation speichern. Der Einfluß der verschiedenen Instruktionen ist in [9] detailliert dargestellt. Die einzelnen Bits können als Bedingung für Sprungbefehle genutzt werden; da sie bei allen ALU-Operationen aktualisiert werden, können Sie oft ohne explizite Vergleichsoperationen Entscheidungen über Programmverzweigungen aufgrund geeigneter Flags fällen lassen. Im einzelnen stehen folgende Flags zur Verfügung:
- Das I-Flag ist das globale Interruptflag, mit dem Interrupts grundsätzlich erlaubt werden. Über dieses Flag hinaus müssen Sie jeden gewünschten Interrupt individuell über ein Bit im Kontrollregister der betreffenden Baugruppe aktivieren. Ist das I-Bit 0, werden keine der individuell aktivierten Interrupts ausgeführt. Details zu Ausführung und Behandlung von Interrupts finden Sie in Abschnitt 1.5.
- Das T-Flag ist ein Transferbit, mit dem Sie ein Bit von einem Register in ein anderes Register übertragen können, ohne komplizierte Bitmasken zu verwenden. Zur Übertragung werden die Instruktionen bld und bst benutzt.
- Das H-Flag ist das „half carry"-Bit und signalisiert bei manchen Operationen einen Übertrag in einem Nibble (4 bit-Registerhälfte). Es ist in Verbindung mit BCD-Arithmetik nützlich.
- Das S-Flag ist das „sign"- oder Vorzeichenbit.
- Das V-Flag ist das „Two's Complement Overflow"-Flag.
- Das N-Flag zeigt ein negatives Vorzeichen nach einer arithmetischen oder logischen Operation an.
- Das Z-Flag („zero flag") zeigt an, daß das Resultat einer arithmetischen oder logischen Operation Null ist.

– Das C-Flag ist das Carry-Flag und zeigt einen Byte-Überlauf bei einer arithmetischen oder logischen Operation an.

1.1.3 Befehlssatz und Adressmodi

Wie in der Einleitung angesprochen, stellt dieses Buch keine Einführung in die Maschinensprache der AVR-MCUs dar, sondern soll es einem Programmierer mit Kenntnissen anderer Assemblersprachen ermöglichen, sich schnell mit Hilfe von [9] [1] in die Besonderheiten der AVR-Assemblersprache einzuarbeiten und die gemischtsprachigen Beispiele im Buch zu verstehen. Tab. 1.1 enthält eine kurze Beschreibung der Adressmodi, die in [9] ausführlich dargestellt sind.

Instruktionen zum Datentransfer zwischen Registern und den verschiedenen Speicherbereichen sind: mov/movw (copy register/register pair), ldi/lds/ld/ldd (load immediate/from SRAM/indirect/indirect with displacement), sts/st/std (store in SRAM/indirect/indirect with displacement), lpm/spm (load/store flash ROM), in/out (load/store I/O register), push/pop (push/pop stack), swap (swap nibbles), bld/bst (T bit load/store).

Es gibt folgende arithmetische Operationen: add/adc/adiw (add/with carry/immediate word), sub/subi/sbc/sbci/sbiw (subtract/immediate/with carry/immediate with carry/immediate word), inc/dec (increment/decrement), mul/muls/mulsu bzw. fmul/fmuls/fmulsu (multiply unsigned/signed/unsigned with signed bzw. fractional multiply), asr (arithmetic shift right).

Die MCU kennt folgende logischen Operationen: and/andi (and with register/immediate), or/ori (or with register/immediate), eor (exclusive-or with register), com/neg (one's/two's complement), sbr/cbr/sbi/cbi (set/clear bit in register/in I/O register), clr/ser (clear/set all bits in register), lsl/lsr/rol/ror (logical shift left/right, rotate left/right through carry). Tab. 1.2 enthält Instruktionen zur bitweisen Manipulation von Statusbits.

An expliziten Vergleichsinstruktionen stehen zur Verfügung: tst (test for zero or minus), cpse (compare and skip if equal), cp/cpc/cpi (compare/with carry/immediate). Die Vergleichsinstruktionen legen ihre Ergebnisse in verschiedenen Statusbits ab. Zusammen mit den Instruktionen aus Tab. 1.2, die explizit Statusbits ändern, und den arithmetisch-logischen Instruktionen, die ebenfalls Statusbits ändern, kann mit den bedingten Sprungbefehlen aus Tab. 1.3 auf die Ergebnisse reagiert werden. Mit den Instruktionen sbrc/sbrs/sbic/sbis (skip if bit in (I/O) register cleared/set) können einzelne Bits in Registern und I/O-Registern geprüft und die folgende Instruktion ggf. übersprungen werden.

Instruktionen für unbedingte Sprünge und Unterprogrammaufrufe sind folgende: rjmp/ijmp/jmp (jump relative/indirect/absolute), rcall/icall/call (call subroutine relative/indirect/absolute), ret/reti (return from subroutine/from interrupt handler).

Tab. 1.1. Adressmodi für Maschinensprache-Zugriffe im SRAM-bzw. Flash-ROM-Adressbereich.

Modus	Beispiel; allgemeine Syntax
Immediate: Operanden sind ein Register Rd oder Rs und eine 8 bit-Konstante.	`ldi R16, 0x1f ; ldi Rd, const8`
Register Direct: Operanden sind ein oder zwei Register Rd und Rs, das Ergebnis wird in Rd gespeichert.	`inc R16 ; inc Rd` `add R0, R1 ; add Rd, Rs`
I/O Direct: Operanden sind ein Register Rs/Rd und eine 6 bit-I/O-Adresse.	`in R16, 0x1f ; in Rd, ioaddr6` `out 0x1f, R16 ; out ioaddr6, Rs`
Data Direct: Operanden sind ein Register Rs/Rd und eine 16 bit-SRAM-Adresse.	`lds R16, cnt ; lds Rd, ramaddr16` `sts cnt, R16 ; sts ramaddr16, Rs`
Data Direct with Displacement: Operanden sind ein Register Rs/Rd und eine 16 bit-SRAM-Adresse, die sich als Summe einer 6 bit-Konstanten und des Inhalts von Register Y oder Z ergibt.	`ldd R16, Y+3 ; ldd Rd, Y+const6` `std Y+3, R16 ; std Y+const6, Rs`

Data Indirect, without and with Predecrement/-Postincrement: Operanden sind ein Register Rs/Rd und eine 16 bit-SRAM-Adresse, die im Register X, Y oder Z gespeichert ist. Diese Adresse kann vor ihrer Verwendung dekrementiert oder danach inkrement werden.	`ld R16, X ; ld Rd, X`
	`st X, R16 ; st X, Rs`
	`ld R16, -X ; ld Rd, -X`
	`st -X, R16 ; st -X, Rs`
	`ld R16, X+ ; ld Rd, X+`
	`st X+, R16 ; st X+, Rs`

Program-Memory Constant Address: Operanden sind ein Register Rs/Rd und eine 16 bit-Flash-ROM-Adresse, die im Z-Register gespeichert ist. Die 15 höchstwertigen Bits bilden eine 15 bit-Wortadresse, Bit 0 entscheidet, ob das Low- oder High-Byte gelesen/geschrieben wird.	`addr: <some data here>`
	`; AVR Assembler avrasm2`
	`ldi ZL, low(addr«1)`
	`ldi ZH, high(addr«1)`
	`; GNU Assembler avr-gcc`
	`ldi ZL, lo8(addr)`
	`ldi ZH, hi8(addr)`
	
	`lpm ; lpm Rd, Z implicit`
	`lpm R16, Z ; lpm Rd, Z`
	`lpm R16, Z+ ; lpm Rd, Z+`

Direct Program Address: Operand ist eine 16 bit-Flash-ROM-Adresse.	`jmp putcExit ; jmp addr16` `call putc ; call addr16`
Indirect Program Address: Operand ist eine 16 bit-Flash-ROM-Adresse, die im Z-Register gespeichert ist.	`ijmp` `icall`
Relative Program Address: Operand ist eine 16 bit-Flash-ROM-Adresse, die sich als Summe des aktuellen Programmzählers PC, der Konstanten Eins und einer 12 bit-Adresse ergibt.	`rjmp label4 ; rjmp addr12` `rcall outChar ; rcall addr12`

Tab. 1.2. Instruktionen im Zusammenhang mit Statusbits (ATmega16).

Statusbit	Setzen des Bits	Löschen des Bits	Sprung wenn Bit gesetzt/gelöscht	
I	sei	cli	brie	brid
T	set	clt	brts	brtc
H	seh	clh	brhs	brhc
S	ses	cls		
V	sev	clv	brvs	brvc
N	sen	cln	brmi	brpl
Z	sez	clz	breq	brne
C	sec	clc	brcs	brcc

Tab. 1.3. Bedingte Sprungbefehle der AVR-Maschinensprache (ATmega16).

Vergleich (cp Rd, Rr)	Signed	Unsigned	Vergleich (cp Rd, Rr)	Signed	Unsigned
Rd = Rr	breq	breq	Rd ≠ Rr	brne	brne
Rd < Rr	brlt	brlo	Rd ≥ Rr	brge	brsh

An weiteren Instruktionen stehen zur Verfügung: sleep (enter sleep mode), wdr (trigger watchdog reset), nop (no operation).

1.2 Fusebits

Fusebits enthalten die Konfiguration von Parametern, die schon beim Einschalten der Betriebsspannung vorliegen muß, z. B. die Haupttaktquelle, mit der die MCU arbeiten soll oder welche Zugriffsarten auf den Flash-ROM-Programmspeicher möglich sind. Fusebits bestehen aus einem Bit, bei Bedarf auch mehreren, und werden in der megaAVR-Reihe in zwei Bytes (Fuse High-Byte und Fuse Low-Byte) zusammengefasst, die zusätzlich zum SRAM, EEPROM und Flash-ROM als besondere Speicherbereiche in der MCU vorhanden sind, Tab. 1.4 [1, p. 260]. Sie können unabhängig vom Flash-ROM programmiert werden und bleiben in der Regel nach der Programmierung unverändert. Der Bitwert 0 programmiert das Fusebit, der Bitwert 1 löscht es.

⚡ Es gibt Fusebits, deren Änderung mit Vorsicht durchzuführen ist, wie SPIEN, RSTDISBL oder DWEN. SPIEN deaktiviert die SPI-Schnittstelle, sodaß eine Programmierung anschließend nur über JTAG oder ein Hochspannungs-Programmiergerät möglich ist. Ggf. muß die SPI-Funktion wieder über JTAG oder HV-Programmierung aktiviert werden, um die normale SPI-ISP-Programmierung zu erlauben. Bei manchen AVR-MCUs konfiguriert RSTDISBL den Resetpin als zusätzlichen I/O-Pin, sodaß kein externer Reset und damit Zugriff mit seriellen Programmieradaptern mehr möglich ist. eine Programmierung kann dann nur mit HV-Programmiergeräten erfolgen. Auch DWEN deaktiviert die SPI-Programmierung.

Tab. 1.4. Fusebits (persistente Konfiguration) eines ATmega16 [1, p. 260]. Die Bits 15–8 bilden das High-Byte, Bits 7–0 das Low-Byte.

Fusebit	Bitnr.	Default	Beschreibung
OCDEN	15	1	Aktiviert On-Chip-Debugging.
JTAGEN	14	0	Aktiviert JTAG-Schnittstelle.
SPIEN	13	0	Aktiviert SPI-Schnittstelle.
CKOPT	12	1	Oszillatoroptionen, siehe Takteinstellungen.
EESAVE	11	1	Schützt EEPROM vor Chiperase, wenn programmiert.
BOOTSZ1–BOOTSZ0	10–9	00	Wählen Größe des Bootblocks aus.
BOOTRST	8	1	Wählt Resetvektor aus.
BODLEVEL	7	1	Setzt Triggerspannung für Brown-Out-Detektor.
BODEN	6	1	Aktiviert Brown-Out-Detektor.
SUT1–SUT0	5–4	10	Wählen Startup-Zeit aus.
CKSEL3–CKSEL0	3–0	0001	Wählen Taktquelle aus.

Die Fusebits können mit dem Kommandozeilenprogramm `atprogram` aus Atmel Studio ausgelesen und beschrieben werden (Abschnitt 3.3.1) oder innerhalb von Atmel Studio über die graphische Ansicht (Abschnitt 3.3.2). Auch Programme wie `avrdude` erlauben das Lesen und Beschreiben von Fusebits.

1.3 Reset

Wird ein Reset ausgelöst, z. B. beim Einschalten der Stromversorgung, werden alle I/O-Register auf ihren Initialwert gesetzt, die MCU springt zum Resetvektor und beginnt dort mit der Abarbeitung von Instruktionen. Der Resetvektor muß den Sprungbefehl `jmp` enthalten, der auf die Resetmethode verweist. Mögliche Resetquellen sind [1, pp. 37]:

- Der *Power-On Reset* wird durch eine interne Resetschaltung ausgelöst, wenn die Betriebsspannung unter einen Grenzwert sinkt, typisch unter 2,3 V, sowie durch das Einschalten der Stromversorgung.
- Ein L-Pegel am $\overline{\text{RESET}}$-Eingang, der länger als 1,5 μs anliegt, löst einen *externen Reset* aus.
- Der *Watchdog Reset* wird ausgelöst, wenn der Watchdogtimer (ein unabhängig laufender Timer) aktiviert ist und länger als die eingestellte Zeitspanne nicht mit der Instruktion `wdr` zurückgesetzt wurde.
- Der *Brown-Out Reset* wird ausgelöst, wenn der Brown-Out-Detektor über das Fusebit `BOD` aktiviert ist und die Betriebsspannung unter einen Grenzwert sinkt, je nach Konfiguration des Brown-Out-Detektors unter 3,2 V bzw. 4,5 V.
- Ein *JTAG AVR Reset* tritt im Rahmen bestimmter Operationen der JTAG-Schnittstelle auf, wenn diese durch das Fusebit `JTAGEN` aktiviert ist.

Wenn Sie wissen wollen, aus welchem Grund ein Reset ausgeführt wurde, können Sie folgende Flags im MCU-Kontroll- und Statusregister MCUCSR auslesen:

- JTRF – Gesetzt, wenn ein JTAG-Reset ausgelöst wurde.
- WDRF – Durch einen Watchdog Reset gesetzt.
- BORF – Durch einen Brown-Out Reset gesetzt.
- EXTRF – Durch einen externen Reset gesetzt.
- PORF – Durch einen Power-On Reset gesetzt.

Nach dem Auslesen kann jedes Flag durch Schreiben einer 0 zurückgesetzt werden.

1.4 MCU-Takt, Taktquellen, interne Takte

Atmel-MCUs benötigen zum Abarbeiten der Programminstruktionen einen Takt, der zwischen 0 und 16 MHz beim ATmega16(A) liegen kann, zwischen 0 und 8 MHz beim ATmega16L. Da keine Untergrenze für den MCU-Takt existiert, kann die MCU zu Debuggingzwecken auch im Single-Step-Modus betrieben werden. Der notwendige Takt kann aus verschiedenen Quellen stammen [1, pp. 24]. Entscheidend für die Auswahl der Taktquelle sind gemäß Tab. 1.5 die Fusebits CKSEL3 : 0. Die notwendige externe Beschaltung ist in Abb. 1.2 gezeigt. Durch die ab Fabrik eingestellten Werte CKSEL=0000 und SUT=10 wird der interne 1 MHz-RC-Oszillator mit der längsten Startup-Zeitdauer als MCU-Haupttakt gewählt.

Eine häufige Taktquelle ist ein *externer Quarz*, mit dem eine hohe Frequenzstabilität und -genauigkeit erreicht werden kann. Der Quarz wird an XTAL1 und XTAL2 angeschlossen und über zwei Kondensatoren à 12-22 pF mit GND verbunden. Der Os-

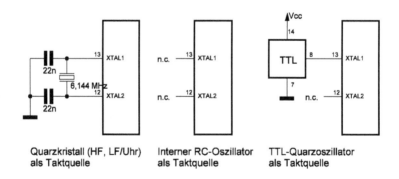

Quarzkristall (HF, LF/Uhr) als Taktquelle

Interner RC-Oszillator als Taktquelle

TTL-Quarzoszillator als Taktquelle

Abb. 1.2. Beschaltungsmöglichkeiten der Takteingänge der MCU mit einer Haupttaktquelle: externer Quarz als zeit- und temperaturstabile Quelle, RC-Oszillator als minimale Beschaltung bei zeitunkritischen Anwendungen, sowie externer TTL-Oszillator.

Tab. 1.5. Auswahl wichtiger MCU-Taktquellen anhand der Fusebits CKSEL3:0 [1, pp. 24]. Dargestellt sind Einstellungen mit höheren Startup-Zeiten, die von Beginn an hohe Frequenzstabilität gewährleisten. Zur Bedeutung von t_0–t_2 siehe Abschnitt 1.4.1.

CKOPT	CKSEL3:0	SUT1:0	Taktquelle, Frequenzbereich	Anwendungsfall
x	1101		Quarz 0,9–3 MHz	$t_2 - t_1$=16000 Taktzyklen
		01		$t_1 - t_0$=0 ms, (mit Brown-out-Detektor)
		10		$t_1 - t_0$=4,1 ms, (schneller Anstieg der Betriebsspannung)
		11		$t_1 - t_0$=65 ms, (langsamer Anstieg der Betriebsspannung)
x	1111	s. o.	Quarz 3–8 MHz	s. o.
x	1001	10	Niederfrequenz- oder Uhrenquarz 32,768 kHz	$t_2 - t_1$=32000 Taktzyklen, $t_1 - t_0$=65 ms
0	0001, 0010, 0011, 0100		Interner RC-Oszillator 1/2/4/8 MHz	$t_2 - t_1$=6 Taktzyklen
		00		$t_1 - t_0$=0 ms, (mit Brown-out-Detektor)
		01		$t_1 - t_0$=4,1 ms, (schneller Anstieg der Betriebsspannung)
		10		$t_1 - t_0$=65 ms, (langsamer Anstieg der Betriebsspannung)
x	0000		Externer TTL-Quarzoszillator oder -Takt	$t_2 - t_1$=6 Taktzyklen
		00		$t_1 - t_0$=0 ms, (mit Brown-out-Detektor)
		01		$t_1 - t_0$=4,1 ms, (schneller Anstieg der Betriebsspannung)
		10		$t_1 - t_0$=65 ms, (langsamer Anstieg der Betriebsspannung)

zillatorverstärker kann in zwei Modi betrieben werden, die durch das Fusebit CKOPT eingestellt werden:

– Bei programmiertem Fusebit wird der Oszillatorverstärker mit voller Amplitude (rail-to-rail) betrieben (Abb. 1.3 links) und ist für ein verrauschtes Umfeld geeignet; an XTAL2 kann dann ein zweiter Taktkonsument angeschlossen werden. Diese Einstellung ist für einen weiten Quarzfrequenzbereich geeignet.

– Bei unprogrammiertem Fusebit erzeugt der Verstärker Signale geringerer Amplitude (Abb. 1.3 rechts) und verbraucht erheblich weniger Energie. Der Frequenzbereich des Quarzes ist allerdings geringer, und es kann kein weiterer Taktkonsument mit diesem Takt versorgt werden.

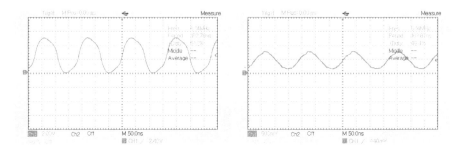

Abb. 1.3. Links: XTAL1 mit programmiertem Fusebit CKOPT für einen 6,144 MHz-Quarzkristall, deutlich ist die rail-to-rail Amplitude von 5 V zu sehen (y-Skalierung: 2 V/div). Rechts: derselbe Quarz mit unprogrammiertem CKOPT-Fusebit. Die Amplitude der Schwingung ist ca. 8mal geringer (y-Skalierung: 500 mV/div).

Als Haupttaktquelle kann auch ein Niederfrequenzquarz genutzt werden, der preiswert als Uhrenquarz mit 32,768 kHz Frequenz erhältlich ist [14]. Der Quarz wird genau wie ein Hochfrequenzquarz angeschlossen. Wird CKOPT programmiert, können die externen Kondensatoren entfallen und interne 36 pF-Kondensatoren werden zugeschaltet.

ℹ️ Diese Betriebsart darf nicht mit einem Uhrenquarz verwechselt werden, der an TOSC2 : 1 betrieben wird, den Zähltakt für Timer/Counter 2 liefert und eine Haupttaktquelle an XTAL2 : 1 erfordert.

Bei geringeren Anforderungen an die Frequenzgenauigkeit können Sie den *internen RC-Oszillator* mit Frequenzen zwischen 1 und 8 MHz nutzen. Mit dieser Taktquelle ist eine minimale Beschaltung möglich, da außer der MCU und Abblockkondensatoren an den Pins zur Spannungsversorgung keine weiteren Bauelemente benötigt werden, sofern auch auf einen Reset-Schaltkreis verzichtet wird. Das Fusebit CKOPT muß unprogrammiert sein, XTAL2 : 1 bleiben unbeschaltet.

Schließlich kann ein *externer Takt* benutzt werden, z. B. ein *TTL-Quarzoszillator*, der an XTAL1 angeschlossen wird, während XTAL2 unbeschaltet bleibt. Solche Quarzoszillatoren sind einfach zu handhaben und werden mit unterschiedlichen Frequenzen zwischen 1 MHz und 20 MHz angeboten, meist in einem Kunststoff- oder Metallgehäuse mit mindestens vier Pins. Zwei der Pins sind für die Spannungsversorgung zuständig, der dritte führt ein Rechtecksignal mit der Nennfrequenz nach außen. Evt. weitere Pins sind unbeschaltet. Die Programmierung des Fusebits CKOPT schaltet interne 36 pF-Kondensatoren zwischen Oszillator und GND.

ℹ️ Um sicheres Arbeiten der MCU zu gewährleisten, muß sie bei Veränderungen des externen Taktes im Reset-Modus gehalten werden.

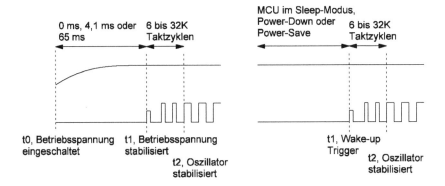

Abb. 1.4. Phasen beim Einschalten der Betriebsspannung (links) bzw. Aufwachen aus einem tiefen Sleep-Modus (rechts). Die Zeitspanne $t_1 - t_0$ dient zur Stabilisierung der Betriebsspannung, $t_2 - t_1$ zur Stabilisierung der Taktquelle.

1.4.1 Taktquellen, Startup-Phase

Die Abarbeitung des Programms im Flash-ROM beginnt nicht sofort nach dem Einschalten der Betriebsspannung bzw. nach dem Aufwachen aus einem Sleep-Modus, sondern erst nach Durchlaufen von zwei Phasen, die in Abb. 1.4 skizziert sind. t_0 ist der Zeitpunkt, zu dem die Betriebsspannung eingeschaltet wird, und t_1 und t_2 sind zwei durch die Fusebits SUT1 : 0 konfigurierbare Zeitpunkte danach. Wacht die MCU aus einem der Sleep-Modi „Power-Down" oder „Power-Save" auf, ist t_1 der Moment des Aufwachens, und t_2 ein durch dieselben Fusebits konfigurierbarer Zeitpunkt danach. In beiden Fällen beginnt bei t_1 der interne Oszillatorverstärker zu arbeiten, wenn ein externer (Uhren-)Quarz, Keramikresonator oder der interne RC-Oszillator als Taktquelle genutzt wird. (Ein externer Takt wird durch den Sleep-Modus nicht beeinflußt und ist immer aktiv.) $t_1 - t_0$ ist die Zeitspanne, die zur Stabilisierung der Betriebsspannung zur Verfügung steht, $t_2 - t_1$ die Zeitspanne, in der der gestartete Taktoszillator sich einschwingen und stabilisieren kann. Für $t_1 - t_0$ können Zeiten zwischen 0 ms, 4,1 ms und 65 ms gewählt werden, für $t_2 - t_1$ Werte zwischen 6 und 32000 Taktzyklen.

1.4.2 Interne Taktsignale

Aus der von außen angelegten Haupttaktquelle werden in der MCU mehrere Taktsignale abgeleitet, die zum Betrieb der einzelnen Baugruppen dienen und durch die Sleep-Modi (siehe unten) ein- oder ausgeschaltet werden, Abb. 1.5:
- CLK_CPU, ein Takt zur Versorgung des MCU-Cores (ALU, General Purpose Register File, Statusregister, Stackpointer), der zur Abarbeitung von Instruktionen notwendig ist.

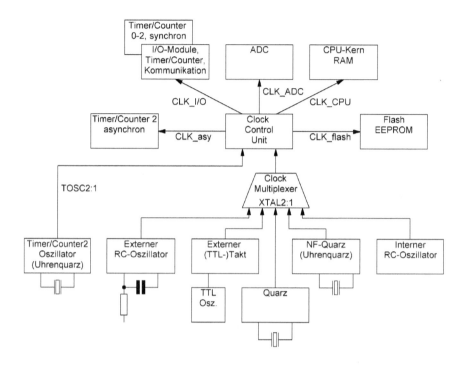

Abb. 1.5. Ableitung der internen Taktsignale aus dem MCU-Takt bzw. einem asynchronen Oszillator.

- CLK_{IO}, der I/O-Takt versorgt die meisten I/O-Module wie digitale Ein- und Ausgänge (zur Flankenerkennung), Timer/Counter (als Taktquelle), SPI und USART (als Baudratentakt) und externe Interrupts (zur Flankenerkennung).
- CLK_{Flash}, ein Takt zum Betrieb des Flash-ROMs und EEPROMs.
- CLK_{ASY}, der Takt für Zähler/Counter 2 im asynchronen Modus in Verbindung mit einem externen 32,768 kHz-Uhrenquarz.
- CLK_{ADC}, der Takt zum Betrieb des Analog-Digital-Wandlers.

Die Kenntnis dieser internen Taktsignale ist notwendig, wenn Sleep-Modi zum Stromsparen oder Standby-Betrieb benutzt werden sollen, da alle Taktsignale aktiv bleiben müssen, die die benötigten Baugruppen versorgen.

1.4.3 Sleep-Modi

Die MCU bietet die Möglichkeit, verschiedene Baugruppen, interne Systemtaktsignale und Funktionen abzuschalten, um in einen Schlafzustand (Sleep-Modus) überzugehen und Strom zu sparen. Dies ist insbesonders für interrupt-gesteuerte Programme von Bedeutung, die den größten Teil der Zeit in einer Endlosschleife ohne Funktion verbringen. Solche Programme können in einem Sleep-Modus verharren, bis ein Interruptereignis eintritt und bearbeitet werden muß.

Welche Einheiten oder Taktsignale abgeschaltet werden, wird durch den *Sleep-Modus* gesteuert, von dem der ATmega16 sechs Ausprägungen kennt [1, pp. 32]:

- Der *Idle-Modus* stoppt die MCU, den Coretakt CLK_{CPU} und den Speichertakt CLK_{Flash}, alle weiteren Baugruppen und internen Taktsignale bleiben aktiv. Der Modus kann daher durch alle Kommunikationsbaugruppen und Interrupttypen beendet werden, insbesondere durch flankengesteuerte Interrupts.
- Der *ADC Noise Reduktion-Modus* stoppt die CPU, den Speicher- und den I/O-Takt und damit alle synchronen Funktionen der Timer 0–2 sowie die flankengesteuerten I/O-Funktionen. Ein Aufwecken ist nur noch durch pegelgetriggerte externe Interrupts mit L-Pegel, die asynchronen Timer 2-Funktionen und einige Kommunikationseinheiten möglich. Durch das verminderte Rauschen auf allen Signalleitungen sind genauere ADC-Messungen möglich.
- Im *Power-Down-Modus* ist der Hauptoszillator (die Haupttaktquelle der MCU) sowie der asynchrone Oszillator für Timer 2 gestoppt. Damit sind alle Systemtaktsignale und alle Funktionen der Timer 0–2 sowie die flankengesteuerten I/O-Funktionen stillgelegt. Ein Aufwecken ist nur noch durch pegelgetriggerte externe Interrupts mit L-Pegel und einige Kommunikationseinheiten möglich. Da der Oszillator nach dem Aufwachen erst anlaufen und sich stabilisieren muß, ist die Aufwachzeit hoch.
- Im *Power-Save-Modus* ist der Hauptoszillator gestoppt, damit auch alle Systemtaktsignale und synchronen Funktionen der Timer 0–2 sowie die flankengesteuerten I/O-Funktionen. Der asynchrone Oszillator für Timer 2 läuft dagegen weiter. Ein Aufwecken ist nur noch durch pegelgetriggerte externe Interrupts mit L-Pegel (Abschnitt 7.5), die asynchronen Timer 2-Funktionen und einige Kommunikationseinheiten möglich. Auch hier ist durch das Wiederanlaufen des Hauptoszillators die Aufwachzeit hoch.
- Der *Standby-Modus* entspricht dem Power-Down-Modus, der externe Oszillator als Haupttaktquelle der MCU bleibt jedoch aktiv, sodaß die Aufwachzeit mit 6 Taktzyklen sehr niedrig ist.

Einige Merkmale zur Entscheidung, welcher Sleep-Modus für eine Anwendung geeignet ist, sind
- die Systemtaktsignale, die abgeschaltet werden und damit bestimmen, welche Baugruppen noch aktiv sind,
- die Oszillatoren, die abgeschaltet werden und die bestimmen, wie schnell der Sleep-Modus wieder zugunsten des normalen Betriebs beendet werden kann, und
- die Quellen (Wakeup-Quellen), mit denen die MCU aufgeweckt wird und der Sleep-Modus beendet werden kann.

Tab. 1.6. Wichtige Sleep-Modi und ihre Auswirkungen auf den Aktivitätszustand von Baugruppen [1, pp. 32]. In Klammern nach dem Modus ist die Kennzahl (Bits SM2:0 des Registers MCUCR) angegeben.

Modus (SM2 : 0)	Aktive Taktsignale	Aktive Oszillatoren	Wakeup-Trigger
Idle (0)	CLK_{IO}, CLK_{ADC}, CLK_{ASY}	MCU-Takt, TOSC2 : 1[1]	ext. Interrupts INTi (flanken-/pegelgetriggert), TWI, Timer/Counter 2, ADC, I/O, USART, Timer-Interrupt
ADC (1)	CLK_{ADC}, CLK_{ASY}	MCU-Takt, TOSC2 : 1[1]	INT2, INT0/INT1 (pegelgetriggert), TWI, Timer/-Counter 2, ADC
Power-Save (3)	CLK_{ASY}[1]	TOSC2 : 1[1]	INT2, INT0/INT1 (pegelgetriggert), TWI, Timer/Counter 2 Überlauf oder Output Compare-Match[1]
Standby (6)	–	MCU-Takt, TOSC2 : 1[1]	in 6 Taktzyklen, INT2, INT0/INT1 (pegelgetriggert), TWI, Timer/Counter 2 Überlauf oder Output Compare-Match[1]
Power-Down (2)	–	TOSC2 : 1[1]	INT2, INT0/INT1 (pegelgetriggert), TWI, Timer/Counter 2 Überlauf oder Output Compare-Match[1]

[1] Wenn das Kontrollbit AS2 für asynchronen Betrieb gesetzt ist.

Tab. 1.6 enthält eine Übersicht über aktive Systemtaktsignale, Oszillatoren und Wakeup-Quellen. Um in einen Sleep-Modus einzutreten, müssen Sie im MCU-Kontrollregister MCUCR die Konfigurationsbits SM2 : 0 auf den Kennwert des gewünschten Modus setzen, das SE-Bit setzen sowie mit Hilfe der Instruktion sleep den Sleep-Modus aktivieren. Die AVR-Libc stellt über die C-Headerdatei avr/sleep.h einfach nutzbare Funktionen bereit (Abschnitt 2.1.2 auf Seite 57).

i Die Timer/Counter 0-2 benötigen zum Weiterzählen immer den I/O-Takt, selbst wenn sie über T0 oder T1 extern getaktet werden. Timer/Counter 2 kann dagegen zusätzlich asynchron über einen externen Uhrenquarz betrieben werden, und erlaubt daher die Verwendung tieferer Sleep-Modi. Ein asynchroner Timer 2-Interrupt kann auch als internes Aufwecksignal genutzt werden.

i Das Abschalten des externen Oszillatoren und damit des Haupttaktsignals spart viel Strom, bedingt aber eine erheblich höhere Zeit zum Wiederanlaufen des Oszillators und damit zum Aufwachen.

1.5 Interrupts

MCUs wie der ATmega16 werden in Systemen eingesetzt, die auf vielfältige Weise mit ihrer Umwelt interagieren und auf äußere oder innere Ereignisse reagieren, wie den

Ablauf eines Timers zur Erzeugung periodischer Vorgänge, die Überschreitung einer Temperatur, die Unterbrechung einer Lichtschranke etc. Viele diese Auslöser sind aus der Sicht eines linear ausgeführten Programms zeitlich unvorhersehbar und treten an jeder möglichen Stelle im Programmcode auf.

Die megaAVR-MCU kennt daher zwei Ebenen der Programmausführung: eine, auf der das „normale" Hauptprogramm sequentiell ausgeführt wird, und eine *Interrupt-Ebene*, auf der sie schnell auf (äußere) Ereignisse oder *Interrupttrigger* reagieren kann, indem sie das Hauptprogramm kurzzeitig stilllegt und eine Ereignisbearbeitung durchführt [1, pp. 13]. Die Reaktion auf das Ereignis erfolgt in einem für jeden Triggertyp spezifischen Programmabschnitt, der automatisch aufgerufen wird und *Interrupthandler* genannt wird. Der ATmega16 kennt die in Tab. 1.7 genannten Ereignistypen, auf die er mit Interrupts reagieren kann. Die meisten dieser Typen werden in den nachfolgenden Kapiteln bei den jeweiligen Baugruppen besprochen.

Durch die Ereignisbehandlung über Interrupts ist eine effiziente Reaktion auf Ereignisse möglich, da die MCU nur dann belastet wird, wenn ein Ereignis wirklich eingetreten ist. Liegen keine Ereignisse vor, kann die MCU Aufgaben niedriger Priorität in der Hauptschleife des Programms bearbeiten oder energiesparend in einem Sleep-Modus ruhen.

Interrupts werden im ATmega16 zweistufig aktiviert: einmal durch das I-Flag im Statusregister, das Interrupts generell freischaltet, und einmal durch typspezifische Flags, die in den Kontrollregistern der einzelnen Baugruppen vorhanden sind. Sie können über das I-Flag Interrupts auf einfache Weise komplett de- und reaktivieren bzw. über die typspezifischen Flags feingranular freischalten oder sperren.

Das Auslösen eines Interrupts durch einen Trigger erfolgt in mehreren Schritten:
- Die aktuelle Instruktion wird zu Ende geführt.
- Die MCU benötigt vier Taktzyklen, um
  - das I-Bit im Statusregister zu löschen,
  - das betroffene Interruptflag zu löschen,
  - den Programmzähler PC mit der Adresse der nächsten Instruktion auf dem Stack zu sichern und
  - den Interruptvektor des höchstpriorisierten ausgelösten Interrupts in den Programmzähler PC zu laden.

  Normalerweise befindet sich an der Adresse des Interruptvektors die Instruktion jmp. In diesem Fall benötigt die MCU für den Sprung selber weitere drei Taktzyklen.

  Befindet sich die MCU in einem Sleep-Modus, werden weitere vier Taktzyklen zum Aufwachen benötigt, zuzüglich evtl. Startup-Wartezeiten, die durch die Fusebits SUT1:0 konfiguriert wurden und zum Aktivieren der Taktoszillatoren etc. dienen.
- Der Interrupthandler wird bis zu einer reti-Instruktion ausgeführt.
- Die MCU benötigt vier Taktzyklen, in denen

Tab. 1.7. Kurzbeschreibung der Interruptvektoren (ATmega16). Die Interrupts sind nach Priorität geordnet, höherstehende Interrupts besitzen höhere Priorität als tieferstehende, die zugeordneten Interruptroutinen werden bei gleichzeitigem Auslösen mehrerer Interrupts zuerst aufgerufen. In der zweiten Spalten sind die symbolischen Namen der Interruptvektoren aus dem Headerfile avr/interrupt.h angegeben, die für ISR-Funktionsnamen des ATmega16 (C) bzw. Labels (Assembler) benutzt werden.

Interrupt Handler	Symbol	Beschreibung
RESET		Externer Reset, Power-on Reset (z. B. Einschalten der Spannungsversorgung), Brown-out Reset, Watchdog Reset, JTAG Reset.
INT0	INT0_vect	Externer Interrupt 0.
INT1	INT1_vect	Externer Interrupt 1.
TIMER2_COMP	TIMER2_COMP_vect	Timer Compare Match bei Timer 2.
TIMER2_OVF	TIMER2_OVF_vect	Timerüberlauf bei Timer 2 (timer overflow).
TIMER1_CAPT	TIMER1_CAPT_vect	Timer Input Capture bei Timer 1.
TIMER1_COMPA	TIMER1_COMPA_vect	Timer Compare Match A bei Timer 1.
TIMER1_COMPB	TIMER1_COMPB_vect	Timer Compare Match B bei Timer 1.
TIMER1_OVF	TIMER1_OVF_vect	Timerüberlauf bei Timer 1 (timer overflow).
TIMER0_OVF	TIMER0_OVF_vect	Timerüberlauf bei Timer 0 (timer overflow).
SPI_STC	SPI_STC_vect	SPI-Übertragung abgeschlossen (SPI transmission complete).
USART_RXC	USART_RXC_vect	USART Lesevorgang abgeschlossen (USART RX complete).
USART_UDRE	USART_UDRE_vect	USART Datenpuffer leer (USART UDR empty).
USART_TXC	USART_TXC_vect	USART Schreibvorgang abgeschlossen (USART TX complete).
ADC	ADC_vect	ADC-Konversion abgeschlossen (ADC conversion complete).
EE_RDY	EE_RDY_vect	EEPROM bereit (EEPROM ready).
ANA_COMP	ANA_COMP_vect	Analogkomparator-Ereignis (Analog comparator).
TWI	TWI_vect	TWI-Ereignis (Two-wire serial interface).
INT2	INT2_vect	Externer Interrupt 2.
TIMER0_COMP	TIMER0_COMP_vect	Timer Compare Match bei Timer 0.
SPM_RDY	SPM_RDY_vect	Programmspeicher Schreibvorgang abgeschlossen (Store program memory ready).

- die zuvor auf den Stack gelegte Adresse der nächsten Instruktion in den Programmzähler PC geladen (Rücksprung) und
- das I-Flag gesetzt wird.
- Die MCU fährt mit dem normalen Programmablauf fort. Ist zu diesem Zeitpunkt bereits ein weiterer Interrupt ausgelöst worden, was an dem Wert 1 des zugeordneten Interruptflags erkannt werden kann, führt die MCU eine Instruktion des Hauptprogramms aus, bevor sie auf den neuen Interrupt reagiert [1, p. 14].

Der Zustand des Statusregisters wird beim Einsprung in einen Interrupthandler nicht automatisch gesichert oder vor dem Rücksprung ins Programm wiederhergestellt. Auch die im Handler verwendeten Prozessorregister werden nicht automatisch gesichert und wiederhergestellt. Dies ist jedoch notwendig, da der Interrupthandler jederzeit aufgerufen werden kann und das unterbrochene Programm selber keine Möglichkeit zur Sicherung seiner Register erhält. Wenn Sie C-Programme schreiben, erledigt die AVR-GCC-Infrastruktur dies automatisch und fügt die notwendigen Instruktionen ein. Assemblerprogrammierer müssen diese Schritte explizit programmieren, Abschnitt 2.3 auf Seite 79.

Das I-Bit wird beim Eintritt in einen Interrupthandler automatisch gelöscht und mit der `reti`-Instruktion wieder gesetzt, um nachfolgend Interrupts zu erlauben. Standardmäßig sind Unterbrechungen laufender Interrupthandler durch weitere Interrupts somit nicht möglich. Sie können das I-Bit mit `sei` innerhalb eines Interrupthandlers selber setzen, um verschachtelte Aufrufe von Interrupthandlern höherer Priorität zuzulassen, falls dies notwendig ist. In diesem Fall müssen Sie das Bit vor Erreichen von `reti` manuell mit `cli` löschen.

Die meisten Interrupts, die durch ein bestimmtes Ereignis ausgelöst werden, verfügen über ein Kontrollbit im Kontrollregister der Baugruppe, um den Interrupt zu aktivieren, und über ein Interrupt-Flag-Bit, das den Eintritt des Ereignisses anzeigt. Das Flag wird bei Eintritt des Ereignisses gesetzt und durch Ausführung des Interrupthandlers automatisch gelöscht. Sie können es durch Schreiben einer 1 ins Kontrollregister jedoch auch manuell löschen.

Treten Interrupttrigger ein, während die individuellen Kontrollbits oder das globale Interruptflag gelöscht sind, oder treten mehrere Trigger gleichzeitig auf, werden die zugeordneten Interruptflags gesetzt und die Interrupts in der Reihenfolge ihrer Priorität (Tab. 1.7) ausgelöst, sobald das globale I-Flag und die Kontrollbits gesetzt werden. Interruptflags sollten daher vor der Aktivierung von Interrupts durch Schreiben einer 1 manuell gelöscht werden, um Trigger aus der Vergangenheit zu löschen.

Abb. 1.6–Abb. 1.8 stellen die Verhältnisse bei Aktivierung und Auslösung verschiedener Interrupts graphisch dar. Szenario 1 ist folgendes:

- Das globale Interruptflag `SREG.I` wird durch den Befehl `sei()` gesetzt. Damit sind Interrupts erlaubt, aber noch keine speziellen Trigger aktiviert.
- Ein Output Compare-Ereignis tritt ein. Das Flag `TIFR.OCF1A` wird gesetzt, aber mangels spezifischer Aktivierung kein Interrupt ausgelöst.
- Ein Input Capture-Ereignis tritt ein. Das Flag `TIFR.ICF1` wird gesetzt, ebenfalls ohne Interruptausführung.
- Zwei spezifische Interrupts werden über die Kontrollbits `TIMSK.TICIE1` und `TIMSK.OCIE1A` aktiviert und für den Input Capture-Interrupt das Flag `TIFR.ICF1` gelöscht:

```
TIFR  |= (1<<ICF1);   // lösche alte ICR1-Trigger (OCR1A vergessen)
TIMSK |= (1<<TICIE1)|(1<<OCIE1A); // aktiviere Interrupts
```

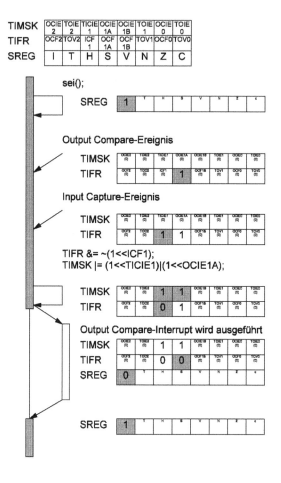

Abb. 1.6. Veränderungen an Flags bei Interruptbearbeitung, Szenario 1. Grau unterlegt sind die jeweiligen Veränderungen an Flags und Bits bzw. das Hauptprogramm. Zwei Interrupttrigger treten vor der Aktivierung der Interrupts über die Kontrollbits auf, was durch die Interruptflags signalisiert wird. Sobald einer dieser Interrupts durch sein Kontrollbit erlaubt wird, wird er aufgrund des Flags ausgelöst.

- Mit der Aktivierung des Output Compare-Interrupts durch das OCIE1A-Kontrollbit wird der TIMER1_COMPA-Handler sofort ausgeführt, da das gesetzte Flag OCF1A anzeigt, daß dieser Interrupt bereits getriggert wurde.
- Zu Beginn des TIMER1_COMPA-Handlers wird das I-Flag gelöscht und beim Ausführen der reti-Instruktion wieder gesetzt.

In Szenario 2 treten zwei Triggerereignisse kurz nacheinander auf:
- Das Hauptprogramm wird ausgeführt.
- Ein Output Compare-Ereignis tritt ein. Das entsprechende Flag TIFR.OCF1A wird gesetzt und der Interrupthandler TIMER1_COMPA ausgeführt.
  - Zu Beginn des Interrupthandlers wird das I-Flag automatisch gelöscht. Auch das Flag TIFR.OCF1A wird automatisch gelöscht.

- Noch während der Ausführung des `TIMER1_COMPA`-Handlers tritt ein Input Capture-Ereignis ein und das Flag `TIFR.ICF1` wird gesetzt, aber der zugeordnete `TIMER1_CAPT`-Handler noch nicht ausgeführt, da das globale `I`-Flag gelöscht ist.
  - Beim Rücksprung aus dem `TIMER1_COMPA`-Handler mit `reti` wird das `I`-Flag automatisch gesetzt.
- Auf der Hauptprogrammebene wird nur eine Instruktion ausgeführt, da noch das Flag `TIFR.ICF1` gesetzt ist.
- Obwohl das Input Capture-Triggerereignis bereits in der Vergangenheit liegt, wird der Input Capture-Interrupt aufgrund des gesetzten Flags ausgelöst und der `TIMER1_CAPT`-Handler aufgerufen.
  - Im Interrupt wird das `I`-Flag automatisch gelöscht. Auch das zum Handler korrespondierende Flag `TIFR.ICF1` wird gelöscht.
  - Beim Rücksprung mit `reti` wird das `I`-Flag automatisch gesetzt.
- Das Hauptprogramm wird fortgesetzt.

In Szenario 3 sind verschachtelte Interrupts manuell zugelassen:
- Das Hauptprogramm wird ausgeführt.
- Ein Output Compare-Ereignis tritt ein. Das Flag `TIFR.OCF1A` wird gesetzt und der `TIMER1_COMPA`-Handler ausgeführt.
  - Im Interrupt wird das `I`-Flag und das Flag `TIFR.OCF1A` automatisch gelöscht.
  - Mit Hilfe des Befehls `sei()` wird das `I`-Flag manuell gesetzt und verschachtelte Interrupts erlaubt.
  - Ein Input Capture-Ereignis tritt ein, das Flag `TIFR.ICF1` wird gesetzt.
  - Der Input Capture-Interrupt wird aufgrund des `I`-Flags sofort ausgelöst und der Handler `TIMER1_CAPT` ausgeführt werden, da er höhere Priorität als der Handler `TIMER1_COMPA` hat.
    * Im Interrupt wird das `I`-Flag wieder automatisch gelöscht, ebenso das Flag `TIFR.ICF1`.
    * Beim Rücksprung aus dem `TIMER1_CAPT`-Handler mit `reti` wird das `I`-Flag automatisch gesetzt.
  - Der `TIMER1_COMPA`-Handler wird fortgesetzt.
  - Weitere Trigger sind möglich und würden während der Handlerausführung bearbeitet.
  - Beim Rücksprung aus dem `TIMER1_COMPA`-Handler mit `reti` wird das `I`-Flag automatisch gesetzt.
- Das Hauptprogramm wird fortgesetzt.

Die Häufigkeit, mit der Interrupts ausgelöst werden, muß mit der Ausführungsgeschwindigkeit des Handlers im richtigen Verhältnis stehen, Abb. 1.9. Die maximale Ausführungszeit des Handler muß kürzer sein als die minimale Zeitdifferenz zweier aufeinanderfolgender gleichartiger Trigger, um sicher zu sein, daß kein Trigger ver-

TIMSK	OCIE 2	TOIE 2	1	1	OCIE 1B	TOIE 1	OCIE 0	TOIE 0
TIFR	OCF2	TOV2	0	0	OCF 1B	TOV1	OCF0	TOV0
SREG	1	Ť	H	S	V	N	Z	C

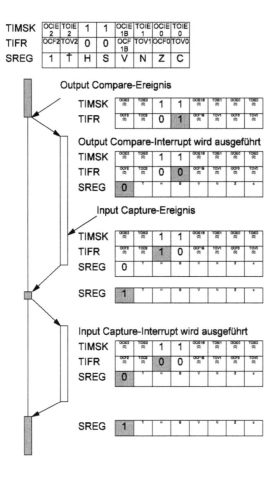

Abb. 1.7. Veränderungen an Flags bei Interruptbearbeitung, Szenario 2. Grau unterlegt sind die jeweiligen Veränderungen an Flags und Bits bzw. das Hauptprogramm. Während eines laufenden Interrupthandlers tritt ein Trigger auf und wird mit Hilfe des zugeordneten Interruptflags gespeichert. Dies führt nach Beendigung des aktiven Handlers zur Ausführung eines weiteren Handlers.

lorengeht. Auf jeden Fall wird nach Rücksprung aus einem Interrupthandler eine Instruktion des Hauptprogramms bearbeitet, bevor ein evt. weiterer Interrupt bearbeitet wird [1, p. 14]. Ist ein Interrupthandler aktiv, kann die MCU in den Interruptflags maximal einen Trigger pro Typ speichern.

Um eine niedrige Ausführungszeit zu erreichen, sollten Sie den Code des Handlers möglichst knapp halten und langwierige Berechnungen, Formatierungen von Zahlen und Zeichenketten (z. B. mit printf() oder scanf()) sowie eine langandauernde oder blockierende Kommunikation mit z. B. LCD-Anzeigen im Hauptprogramm erledigen. Typischerweise werden im Handler als Reaktion auf z. B. Timer- oder Input Capture-Ereignisse die für das Ereignis wichtigen aktuellen Werte wie Zählerstände oder Uhrzeit gespeichert und zur Kommunikation mit dem Hauptprogramm ein Softwareflag im Form einer globalen Variablen gesetzt. Das Hauptprogramm kann sich dann um die eigentliche Bearbeitung des Ereignisses kümmern.

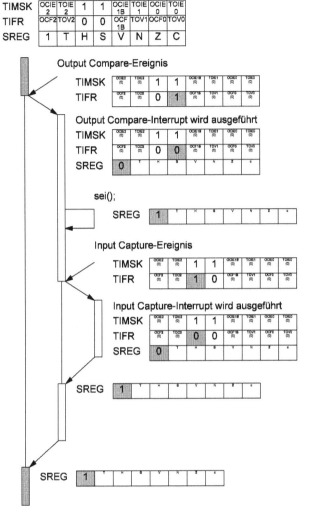

Abb. 1.8. Veränderungen an Flags bei Interruptbearbeitung, Szenario 3. Grau unterlegt sind die jeweiligen Veränderungen an Flags und Bits bzw. das Hauptprogramm. Nach einem Trigger wird das I-Flag im Handler gesetzt und die verschachtelte Ausführung eines weiteren Interrupts nach einem zweiten Trigger möglich.

Die Ausführungszeit eines Interrupthandlers muß kürzer als der zeitliche Abstand zweier Interrupttrigger sein. Die MCU kann maximal einen Trigger je Interrupttyp in den Flags zwischenspeichern, bevor Trigger verlorengehen. Langandauernde Operationen oder Berechnungen müssen im Hauptprogramm ausgeführt werden. In Abschnitt 2.1 auf Seite 43 finden Sie Hinweise, wie die notwendigen Daten zwischen Interrupthandler und Hauptprogramm ausgetauscht werden können. Beachten Sie auch die generellen Bemerkungen zur Interruptprogrammierung Abschnitt 2.1.4 sowie Abschnitt 2.1.3 zur Frage der Weitergabe von nichtatomaren Datentypen wie 16 bit-Werten.

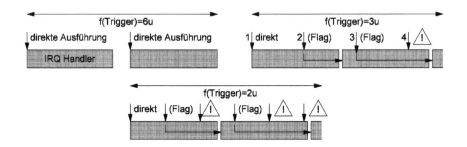

Abb. 1.9. Zusammenhang von gleichartigen Interrupttriggern, Interruptflags und Ausführungszeit des Handlers. Die Pfeile symbolisieren Trigger, die zur Ausführung eines Handlers mit der Ausführungszeit $5u$ führt (u=beliebige Zeiteinheit). Liegt die Triggerfrequenz wie in der oberen Zeile links gezeigt mit $6u$ über der Ausführungsdauer des Handlers, kann die MCU auf jeden Trigger reagieren. Bei einer Triggerfrequenz von $3u$ (oben rechts) kann nur auf den ersten Trigger direkt reagiert werden, der zweite wird im Interruptflag gespeichert und führt nach Beendigung des Handlers zur sofortigen Ausführung des nächsten Handlers. Der folgende Trigger Nr. 3 kann ebenfalls im nunmehr wieder gelöschten Flag gespeichert werden, aber der vierte Trigger wird nicht mehr erkannt, da der Handler noch ausgeführt wird und das Interruptflag bereits gesetzt ist. Bei noch höherer Triggerfrequenz $2u$ (untere Zeile) wird bereits der dritte Trigger nicht mehr erkannt.

ℹ️ Sie können die Ausführungsdauer eines Handlers bestimmen, indem Sie in Atmel Studio den Handler im Simulator laufen lassen, den Taktzyklen-Zähler bei Eintritt bzw. beim Verlassen notieren und die Differenz bilden. Aus der Zahl der benötigten Taktzyklen und der MCU-Frequenz können Sie die vom Handler benötigte Zeit berechnen. Experimentell können Sie einen digitalen Portpin zu Beginn und am Ende des Handlers setzen bzw. löschen und mit einem Oszilloskop oder Logikanalysator die Zeitspanne zwischen beiden Signalflanken bestimmen. Die Methode funktioniert am besten bei häufigen periodischen Ereignissen.

1.6 Speicheraufbau

Der ATmega16 verfügt über drei verschiedene interne Speicherbereiche, die folgende Aufgaben erfüllen, Abb. 1.10 [1, pp. 16]:
- statisches RAM (SRAM) zur Speicherung von Variablen und dynamischen Inhalten in der Größe von 1 KByte. Das SRAM ist als 1 K×8 bit-RAM organisiert und kann byteweise im Adressbereich `0x000-0x45f` adressiert werden. Der Inhalt geht beim Abschalten der Betriebsspannung verloren.
- Wiederbeschreibbares Flash-ROM zur Speicherung des Programmcodes der Größe 16 KByte (8 K Worte). Da die Maschinensprache-Instruktionen eine Breite von 16 oder 32 bit besitzen, ist es als 8 K×16 bit-ROM organisiert und kann wortweise im Adressbereich `0x0000-0x1fff` adressiert werden.

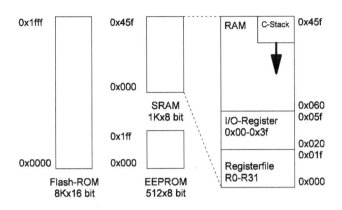

Abb. 1.10. Speicherarten des ATmega16, ihre Organisation sowie funktionale Aufteilung des SRAM [1, pp. 16]. In den untersten Adressraum des SRAMs sind Registerfile und I/O-Register eingeblendet, der Stack beginnt bei der höchsten SRAM-Adresse und wächst zu niedrigen Adressen hin.

- EEPROM zur nicht-flüchtigen Speicherung von Konfigurations- und Programmdaten in der Größe 512 Bytes. Seine Organisation 512×8 bit erlaubt byteweisen Zugriff auf die 512 Bytes im Adressbereich `0x000–0x1ff`.

Das SRAM der AVR-Mikrocontroller ist wiederum in drei Blöcke geteilt, Abb. 1.10:
- In 32 Bytes des *Registerfiles*, d. h. an den Adressen `0x00–0x1f` liegen die 32 8 bit-Register `R0–R31`.
- In 64 Bytes der *I/O-Register*, d. h. an den Speicheradressen `0x20–0x5f` liegen die I/O-Register 0–63. I/O-Register sind 8 bit breite Speicherbereiche, die einzelnen Hardware-Baugruppen zugeordnet sind und zur Steuerung der Hardware oder zum Auslesen von Hardwarezuständen dienen. Eine häufige Verwirrung ergibt sich daraus, daß ein I/O-Register über seine *I/O-Adresse* (Registernummer 0–63), z. B. 10, angesprochen werden kann, oder über seine *Speicheradresse*, die um `0x20` höher ist, in diesem Falle also 42 beträgt.
- Ab Adresse `0x60` beginnen die restlichen (1024 – 32 – 64) Bytes des SRAMs. Am oberen Ende des SRAMs wird der Stack aufgebaut, der von Adresse `0x45f` zu niedrigeren Adressen hin wächst.

1.6.1 Zugriffe auf das Registerfile

Zugriffe auf das Registerfile erfolgen in Assemblerprogrammen direkt über die Registernamen `R0–R31`. C-Programme sind auf einer höheren Ebene angesiedelt und haben normalerweise keine Kenntnis der Register. In Ausnahmefällen können Sie über das Schlüsselwort `register` eine Variable mit einem Register verbinden, Abschnitt 2.1.1. Beachten Sie die Regeln zur Verwendung von Registern im Programm und zur Werteübergabe, wenn Sie C- und Assemblerprogramme mischen, Abschnitt 2.3.2.

1.6.2 Zugriffe auf das SRAM

C-Programme greifen über Variablendeklarationen und Verwendung der Variablen in Ausdrücken auf das SRAM zu. In Assemblerprogrammen können Sie mit Hilfe der Instruktionen `lds` und `sts` auf eine Speicheradresse im SRAM zugreifen. Die Speicheradresse kann in einem der Pointerregister X–Z liegen, sodaß ein indirekter Zugriff mit den Instruktionen `ld` oder `st` möglich ist. Als Beispiel für die Verwendung der Instruktionen ist ein Assemblerprogramm gezeigt, das als Teil eines C-Projekts in einer .S-Datei gespeichert ist und mit dem AVR-GCC übersetzt wird (Abschnitt 2.3.5):

```
#include <avr/io.h>

.global initValues          ; export method
.comm initialValue, 1       ; declare uint8_t variable (ASM style)
                            ; and export symbol
.comm initialValueW, 2      ; dto., uint16_t

initValues:                 ; method declaration
  ldi R18, 5
  sts initialValue, R18
  ldi XL, lo8(initialValueW)
  ldi XH, hi8(initialValueW)
  ldi R18, 0x34
  st X, R18
  ldi R18, 0x12
  st -X, R18
  ret
```

Das Beispiel legt zwei Variablen mit einer Größe von 1 Byte bzw. 2 Byte in der Sektion .bss, also im SRAM an und wird folgendermassen übersetzt:

```
Sections:
Idx Name          Size      VMA       LMA       File off  Algn
  0 .text         00000104  00000000  00000000  00000074  2**1
                  CONTENTS, ALLOC, LOAD, READONLY, CODE
  1 .bss          00000006  00800060  00800060  00000178  2**1
                  ALLOC
initValues:
  7c: 25 e0       ldi r18, 0x05 ; 5
  7e: 20 93 62 00 sts 0x0062, r18    ; sts initialValue, R18
  82: a4 e6       ldi r26, 0x64      ; ldi XL, lo8(initialValueW)
  84: b0 e0       ldi r27, 0x00      ; ldi XH, hi8(initialValueW)
  86: 24 e3       ldi r18, 0x34 ; 52
  88: 2c 93       st  X, r18
  8a: 22 e1       ldi r18, 0x12 ; 18
  8c: 2e 93       st  -X, r18
  8e: 08 95       ret
```

Es wurde im SRAM eine Sektion der Größe 0x06 oder 6 Bytes angelegt, die die zwei Variablen (sowie eine in C deklarierte) aufnimmt, also die Größe 4 Bytes an reinem Speicherplatz besitzt. Die Differenz von 2 Bytes entsteht durch das Word-Padding, d. h. das Anlegen von Variablen an Wortgrenzen, sodaß Bytevariablen im Abstand von zwei Bytes abgelegt werden. Die „virtual memory address" (VMA) 00800060 repräsentiert den Start des Speicherblocks und wird vom Linker auf die SRAM-Adresse 0x060 abgebildet, die SRAM-Adressen ab 0x060 werden korrekt von den ld- und lds-Instruktionen verwendet. Beachten Sie, daß der SRAM-Bereich für .comm-Variablen *nicht* mit bestimmten Werten vorbelegt ist, sondern vom Compiler/Linker nur Speicherplatz in der benötigten Größe reserviert wird. Sie müssen wie in initValues gezeigt selber den Code bereitstellen, um den Speicherbereich mit Initialwerten zu füllen, die von Null abweichen.

Die Speicheradressen der einzelnen Datenobjekte ist aus der .map-Datei ersichtlich, da die Direktive .comm nicht nur Speicherplatz reserviert, sondern auch ein globales Symbol erzeugt, das in der Mappingdatei erscheint:

```
COMMON          0x00800062        0x4 AsmMixTestS.o
                0x00800062            initialValue
                0x00800064            initialValueW
```

Dieser Eintrag erfolgt nicht, wenn mithilfe der Direktive .lcomm eine lokale Variable angelegt wird, für die kein Symbol exportiert werden muß.

1.6.3 Zugriffe auf I/O-Register

Für die einzelnen Baugruppen der MCU existieren C-Headerdateien, die Symbole für die Speicheradressen der I/O-Register bereitstellen, die der Baugruppe zugeordnet sind. Ein wichtiges Beispiel ist die Headerdatei avr/io.h für die Digitalports. Da die Symbole direkt in C-Ausdrücken und -zuweisungen verwendet werden können, ist der Zugriff auf I/O-Register mit ihrer Hilfe einfach, wie ein Beispiel zeigt:

```
PORTA = 0x50;      // set port A to 0b01010000
PORTB |= (1<<PB3); // set bit 3 in port B
```

In Assembler werden I/O-Register mit den Instruktionen in und out unter Verwendung ihrer *I/O-Adresse* gelesen und beschrieben, z. B. für Port A mit der I/O-Adresse 0x1b:

```
in  R18, 0x1b    ; read current value of port A
ori R18, 0x80    ; set bit 7
out 0x1b, R18    ; write back modified value

sbi 0x1b, 7      ; set bit 7 in port A (shorter)
```

Alle I/O-Register sind jedoch auch wie in Abb. 1.10 gezeigt in den Adressraum des SRAMs gemappt, sodaß sie über diese *memory-mapped-* oder *Speicheradresse* wie normale Speicherzellen mit den Instruktionen lds und sts gelesen und beschrieben werden können:

```
lds R24, 0x3b    ; memory address of PORTA is 0x3b
ori R24, 0x80    ; PORTA |= 0x80
sts 0x3b, R24
```

Bei dieser Art des Zugriffs wird die Speicheradresse des I/O-Registers verwendet, die sich um den Betrag 0x20 von der I/O-Adresse unterscheidet, da die ersten 32 Adressen wie oben geschildert von den Prozessorregistern R0–R31 belegt sind, sodaß gilt

Speicheradresse eines I/O-Registers = I/O-Adresse + Speicheroffset (0x20 bei ATmega16)

Die beschriebenen C-Header können in Assemblerprogrammen genutzt werden, die Teil eines C-Projekts sind und mit AVR-GCC übersetzt werden, sodaß auch Assemblerprogrammierer Zugriff auf die Symbole und Makros haben. Die Notwendigkeit, feste I/O- oder Speicheradressen im Code anzugeben, entfällt damit:

```
; for avr-gcc:
#include <avr/io.h>

in  R18, _SFR_IO_ADDR(PORTA)    ; read current value of port A
ori R18, 0x80                   ; set bit 7
out _SFR_IO_ADDR(PORTA), R18    ; write back modified value

sbi _SFR_IO_ADDR(PORTA), 7      ; set bit 7 in port A (shorter)
```

In dieser Konstellation muß das Makro _SFR_IO_ADDR() benutzt werden, das die Umrechnung von Speicher- in I/O-Adressen durchführt (Abschnitt 2.3.1 auf Seite 69).

⚡ Alle I/O-Register besitzen eine Speicheradresse (memory-mapped address) und eine davon verschiedene I/O-Adresse. Praktische Details für die Assemblerprogrammierung sind in Abschnitt 2.3.1 auf Seite 69 gezeigt.

ℹ In I/O-Registern mit niederen I/O-Adressen zwischen 0x00 und 0x1f können einzelne Bits durch die Instruktionen sbi und cbi effizient gesetzt oder gelöscht werden. Ebenso können die Sprunganweisungen sbis und sbic bei diesen I/O-Registern eingesetzt werden, um den Programmfluß auf Bitbasis effizient zu steuern.

1.6.4 Zugriffe auf das Flash-ROM

Schreibzugriffe auf das Flash-ROM sind selten und erfolgen nur in Sonderfällen wie der Programmierung (Flashen) der MCU. Häufig sind dagegen explizite Lesezugriffe auf unveränderliche Daten, die im Flash-ROM abgelegt werden, um wertvollen SRAM-Speicherplatz zu sparen.

Das C-Schlüsselwort `const` ist zur Ablage von Konstanten im Flash-ROM nicht ausreichend, da es dem Compiler nur mitteilt, daß die fraglichen Daten unveränderlich sind, aber nicht, in welchem Speicherbereich sie abgelegt werden sollen. Hierzu wird das Attribut `progmem` benötigt, das spezifisch für AVR-GCC ist und den Linker anweist, die Variable im Flash-ROM abzulegen [6, Data in Program Space]. Es wird über die Headerdatei `avr/pgmspace.h` eingebunden und folgendermassen angewendet:

```
#include <avr/pgmspace.h>

const uint8_t fixByte __attribute__ ((progmem)) = 5;
const uint8_t PROGMEM fixByte = 5;    // shorter with macro PROGMEM
```

Wie Sie sehen, existiert zur Abkürzung der Attributkonstruktion auch ein Makro `PROGMEM`, das Sie ähnlich einem Qualifier zur Variablendeklaration hinzufügen.

Zum Lesen der Konstanten aus dem Flash-ROM müssen Sie Funktionen benutzen, die AVR-GCC für verschiedene gängige Datentypen bereitstellt und die ebenfalls in `avr/pgmspace.h` deklariert sind, wie die folgenden Beispiele zeigen:

```
#include <avr/pgmspace.h>

const uint8_t PROGMEM fixByte = 5;
const uint8_t PROGMEM fixByteArray[] = {2, 3, 5, 8};
const uint16_t PROGMEM fixWord = 5;
const uint32_t PROGMEM fixDWord = 5;
const float PROGMEM fixFloat = 2.7181;

int main(void){
  uint8_t byte = pgm_read_byte(&fixByte);
  uint8_t byte2 = pgm_read_byte(&fixByteArray[2]);
  uint16_t word = pgm_read_word(&fixWord);
  uint32_t dword = pgm_read_dword(&fixDWord);
  float e = pgm_read_float(&fixFloat);
}
```

Ein Auszug des erzeugten Assemblercodes zeigt, daß dieser Abschnitt in die Assembler-Instruktion `lpm` übersetzt wird:

```
0000018f <fixFloat>:
    18f: 5a f5 2d 40
00000193 <fixDWord>:
    193: 05 00 00 00
00000197 <fixWord>:
    197: 05 00
00000199 <fixByteArray>:
    199: 02 03 05 08
```

```
0000019d < fixByte >:
    19d: 05

int main(void){
  uint8_t byte = pgm_read_byte(&fixByte);
    41e: ed e9           ldi  r30, 0x9D ; 157
    420: f1 e0           ldi  r31, 0x01 ; 1
    422: e4 91           lpm  r30, Z
  uint8_t byte2 = pgm_read_byte(&fixByteArray[2]);
    424: eb e9           ldi  r30, 0x9B ; 155
    426: f1 e0           ldi  r31, 0x01 ; 1
    428: e4 91           lpm  r30, Z
  uint16_t word = pgm_read_word(&fixWord);
    42a: e7 e9           ldi  r30, 0x97 ; 151
    42c: f1 e0           ldi  r31, 0x01 ; 1
    42e: 85 91           lpm  r24, Z+
    430: 94 91           lpm  r25, Z
  uint32_t dword = pgm_read_dword(&fixDWord);
    432: e3 e9           ldi  r30, 0x93 ; 147
    434: f1 e0           ldi  r31, 0x01 ; 1
    436: 85 91           lpm  r24, Z+
    438: 95 91           lpm  r25, Z+
    43a: a5 91           lpm  r26, Z+
    43c: b4 91           lpm  r27, Z
  float e = pgm_read_float(&fixFloat);
    43e: ef e8           ldi  r30, 0x8F ; 143
    440: f1 e0           ldi  r31, 0x01 ; 1
    442: 85 91           lpm  r24, Z+
    444: 95 91           lpm  r25, Z+
    446: a5 91           lpm  r26, Z+
    448: b4 91           lpm  r27, Z
```

Ein Beispiel zur Anwendung dieser Funktionen finden Sie in Abschnitt 5.9, wo eine Lookup-Tabelle mit 32 konstanten Einträgen im Flash-ROM gespeichert wird.

Es ist üblich, unveränderliche Zeichenketten ressourcensparend aus dem Flash-ROM zu lesen, anstatt sie zuvor ins SRAM zu kopieren. Viele Zeichenkettenfunktionen der GNU-AVR-Bibliothek wie z. B. `sprintf()`, `sscanf()` oder `strcmp()` arbeiten auf Zeichenketten, die im SRAM liegen, besitzen aber Partnerfunktionen, deren Namen auf _P enden und die ihre Operanden aus dem Flash-ROM lesen. Im Zusammenhang mit der Ausgabe über USART werden wir (z. B. in Abschnitt 8.6) häufig die Funktion `sprintf_P()` benutzen, um Formatstrings aus dem Programmspeicher zu lesen, und eine selbstgeschriebene Funktion `uart_puts_P()`, um Zeichenkettenkonstanten aus dem Flash-ROM auszugeben. Um anzuzeigen, daß Zeichenketten, die als Argument einer solchen _P-Funktion auftreten, im Programmspeicher angelegt werden sollen, müssen Sie das Makro `PSTR()` verwenden, das die Zeichenkette im Flash-ROM lokalisiert und ihre Flash-ROM-Adresse zurückliefert:

```
#include <avr/pgmspace.h>

if (strcmp_P (commandLine, PSTR ("print"))){
  sprintf_P(buffer, PSTR("Uhrzeit: %2u:%02u:%02 - print"),
    hour, minute, second
  );
  uart_puts_P(PSTR("Befehl erkannt\r\n"));
}
```

Assemblerprogrammierer benutzen die Instruktion lpm, um ein Byte, dessen Adresse
im Pointerregister Z gespeichert ist, aus dem Flash-ROM zu lesen. Ein Anwendungsbeispiel ist die Funktion uart_puts_P() aus Abschnitt 6.3, die Zeichenketten aus dem
Flash-ROM liest und über den USART ausgibt. In Abschnitt 4.10 wird lpm genutzt, um
Amplitudenwerte für eine Wavetable-Synthese aus dem Flash-ROM zu lesen. Sie setzen die Instruktion in verbindung mit AVR-GCC folgendermassen ein:

```
#include <avr/io.h>

.global loadValues

.text
welcomeMsg: .asciz "Hello!\r\n"
initByte:   .byte 5
initWord:   .word 0x1234

loadValues:
  ldi ZL, lo8(welcomeMsg)
  ldi ZH, hi8(welcomeMsg)
  lpm R0, Z                  ; read char from flash
  ldi ZL, lo8(initByte)
  ldi ZH, hi8(initByte)
  lpm R1, Z                  ; read uint8_t from flash
  ldi ZL, lo8(initWord)
  ldi ZH, hi8(initWord)
  lpm R24, Z+                ; read low byte of uint16_t from flash
  lpm R25, Z                 ; read high byte
  ret
```

Durch die Direktiven .asciz, .byte und .word werden eine Zeichenkette und zwei
Ganzzahlen in der Sektion .text, also im Flash-ROM angelegt. Es wird folgendermassen übersetzt:

```
0000006c <welcomeMsg>:
  6c: 48 65          ori r20, 0x58 ; 88
  6e: 6c 6c          ori r22, 0xCC ; 204
  70: 6f 21          and r22, r15
  72: 0d 0a          sbc r0, r29
00000075 <initByte>:
  75: 05 34          cpi r16, 0x45 ; 69
```

```
00000076 <initWord>:
  76: 34 12           cpse  r3, r20
00000078 <loadValues>:
  78: ec e6           ldi r30, 0x6C   ; ldi ZL, lo8(welcomeMsg)
  7a: f0 e0           ldi r31, 0x00   ; ldi ZH, hi8(welcomeMsg)
  7c: 04 90           lpm r0, Z
  7e: e5 e7           ldi r30, 0x75   ; ldi ZL, lo8(initByte)
  80: f0 e0           ldi r31, 0x00   ; ldi ZH, hi8(initByte)
  82: 14 90           lpm r1, Z
  84: e6 e7           ldi r30, 0x76   ; ldi ZL, lo8(initWord)
  86: f0 e0           ldi r31, 0x00   ; ldi ZH, hi8(initWord)
  88: 85 91           lpm r24, Z+     ; read low byte
  8a: 94 91           lpm r25, Z      ; read high byte
  8c: 08 95           ret
```

Die Konstanten wurden an den Flash-ROM-Adressen 0x006c–0x0077 abgelegt und die Flash-ROM-Adressen vor den Zugriffen mit lpm ins Z-Register geladen. Der Programmcode für loadValues beginnt ab Adresse 0x0078. Da AVR-Instruktionen 16 bit oder 32 bit breit sind, wurde das Byte mit dem Wert 5 nicht als Einzelbyte, sondern zusammen mit dem ersten Byte des folgenden Wortes im Listing als 16 bit-Wort dargestellt.

1.6.5 Zugriffe auf das EEPROM

Zugriffe auf das interne EEPROM erfolgen über die Register EEAR, EEDR und EECR [1, pp. 18]. Eine Kapselung ist über die C-Headerdatei avr/eeprom.h verfügbar, einige Zeilen mögen einen Eindruck zur Anwendung geben:

```c
#include <avr/eeprom.h>

uint8_t  EEMEM fixByte  = 5;
uint16_t EEMEM fixWord  = 5;
float    EEMEM fixFloat = 3.1415;
#define fixBytesP ((uint8_t *)0x120)
#define fixWordsP ((uint16_t *)0x200)

int main(void){
  // compiler-allocated addresses:
  uint8_t byte = eeprom_read_byte(&fixByte);
  uint16_t word = eeprom_read_word(&fixWord);
  float pi = eeprom_read_float(&fixFloat);
  // fixed address 0x20/0x22:
  eeprom_write_byte((uint8_t *)0x20, 5);
  eeprom_write_word((uint16_t *)0x22, 25);
  uint8_t byte20 = eeprom_read_byte((uint8_t *)0x20);
  uint16_t word22 = eeprom_read_word((uint16_t *)0x22);

  uint8_t  bytes[16];
```

```
  uint16_t words[16];
  eeprom_write_block(bytes, fixBytesP, sizeof(bytes));
  eeprom_write_block(words, fixWordsP, sizeof(words));
  eeprom_read_block(bytes, fixBytesP, sizeof(bytes));
  eeprom_read_block(words, fixWordsP, sizeof(words));
}
```

Für die Variablen `fixByte`, `fixWord` und `fixFloat`, die mit dem Attribut `EEMEM` markiert sind, wird eine vom Compiler vergebene EEPROM-Adresse benutzt. Über die Funktionen `eeprom_write_byte()` und `eeprom_read_byte()` können feste Adressen wie `0x20` und `0x22` verwendet werden. Die Verwendung fester Adressen erfordert ein Casting der Adresse auf einen Pointertyp wie `uint8_t*`, was der Adressoperator `&` implizit berücksichtigt. Die Funktion `eeprom_update_byte()` beschreibt eine EEPROM-Speicherzelle nur dann, wenn sich der Wert tatsächlich geändert hat. Auf diese Weise können überflüssige Schreibzugriffe vermieden werden, da EEPROMs nur eine begrenzte Anzahl an Schreibzugriffen (typischerweise 1 Mio.) garantieren.

Der Compiler erzeugt aus den mit `EEMEM` markierten Konstanten eine `.eep`-Binärdatei, die Sie mit Hilfe des Programmierdialogs von Atmel Studio zusammen mit der `.hex`-Datei des Programms in die MCU übertragen müssen, um das EEPROM mit den gewünschten Werten zu programmieren.

1.7 Default-Einstellungen

Um die MCU korrekt zu initialisieren, ist es wichtig, die Default-Einstellungen aller Baugruppen zu kennen. Da jede Baugruppe über Kontrollbits in I/O-Registern gesteuert wird, sind die Default-Werte dieser Bits von großer Bedeutung, sie sind in den nachfolgenden Kapiteln bei jeder Registerbeschreibung angegeben. Tab. 1.8 informiert über die beim Einschalten der Betriebsspannung aktiven Baugruppen und die Funktionen der Portpins.

Alle der Kommunikation dienenden Baugruppen außer der JTAG-Schnittstelle sind zunächst deaktiviert, alle Portpins sind als Three-State-Digitaleingänge geschaltet. Eine an den Portpins angeschlossene Schaltung erfährt durch das Einschalten der Betriebsspannung somit keine unerwarteten Spannungspegel oder -wechsel. Um im Laufe der Portinitialisierung durch das Programm weiterhin unerwartete Spannungsänderungen zu vermeiden, ist beim Umkonfigurieren der Portpins von Ein- auf Ausgang und später auch umgekehrt auf die Reihenfolge beim Konfigurieren zu achten, Abschnitt 4.2.2.

Aktivieren Sie Kommunikationsbaugruppen (SPI, TWI, USART, JTAG), werden automatisch die zugeordneten Portpins mit den neuen Funktionen überlagert, es ist daher nicht notwendig, sie manuell als Ein- oder Ausgang zu schalten. Werden dagegen Baugruppen wie ADC oder Zähler aktiviert oder genutzt, müssen ggf. die zugeordneten Portpins durch das Anwendungsprogramm als Ein- oder Ausgang konfiguriert

Tab. 1.8. Defaulteinstellungen der ATmega16 MCU: Aktivitätszustand von Baugruppen und alternativen Portfunktionen.

Einheit	Aktiv per Default	I/O-Pins, Bemerkung
Statusregister SREG	Ja	I-Flag gelöscht (Interrupts verboten).
Digital-I/O	Ja	Eingang, per Default Three-State-Zustand.
Ext. Interrupt	Nein, Einschalten via Bits INTi	Manuell als Eingang (Auslösung nur durch Hardware) oder Ausgang (Auslösung durch Hardware oder Beschreiben des Portpins) schalten.
Counter/Timer	Ja	Ti manuell als Eingang schalten. OCi manuell als Ausgang schalten. ICP1 manuell als Eingang schalten. TOSC1/TOSC2 überlagern Portfunktion per Bit AS2 (Eingang).
USART	Nein, Einschalten via Bit TXEN und RXEN	Überlagert Portfunktion per Bit TXEN und RXEN (Ein- bzw. Ausgang).
SPI	Nein, Einschalten per Bit SPE	Überlagert Portfunktion teilweise per Bit SPE (Ein- und Ausgang), teilweise müssen Ein- und Ausgänge auch manuell konfiguriert werden (Abschnitt 8.2).
TWI	Nein, Einschalten per Bit TWEN	Überlagert Portfunktion per Bit TWEN (Ausgang/Eingang je nach Modus).
JTAG	Ja, Ausschalten per JTAGEN Fusebit	Überlagert Portfunktion per Fusebit JTAGEN (Aus- und Eingang).
ADC	Nein, Einschalten per Bit ADEN	Manuell als Eingang ohne Pull-up-Widerstand schalten.
Analogkomparator	Ja, Ausschalten via Bit ACD	Pins AINi manuell als Eingang ohne Pull-up-Widerstand schalten.

werden! Tab. 1.8 enthält für wichtige Baugruppen bereits diese Angaben; Sie können in den Tabellen „Overriding Signals for Alternate Functions in Pnb" im Handbuch [1, pp. 55] anhand einer 0 beim DDOE-Signal (data direction override enable) erkennen, wann die manuelle Umschaltung der Portrichtung notwendig ist.

Da das I-Flag im Statusregister SREG zu Beginn gelöscht ist, sind alle Interrupts verboten. Das Programm muß nach der Initialisierung der Applikation daher mit dem Befehl sei() (C) oder sei (Assembler) die Ausführung von Interrupts global zulassen, falls notwendig. Das Aktivieren der Interrupts über die zugeordneten Kontrollbits allein ist nicht ausreichend, Seite 17!

1.8 Grundschaltung

Zum Betrieb der ATmega16-MCU ist nur eine minimale Beschaltung notwendig, Atmel gibt in [7] einige Hinweise zur korrekten Beschaltung von AVR-MCUs. Abb. 1.11 zeigt zwei Beschaltungsmöglichkeiten, von denen die linke über eine Resetschaltung

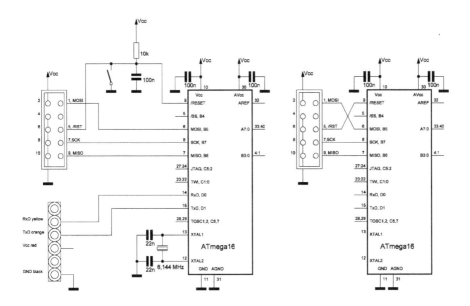

Abb. 1.11. Grundlegende Beschaltung von AVR-MCUs. Links: frequenzgenaue stabile Taktung mit externem Quarz sowie Resetschaltung für Reset über einen Taster. Ebenfalls gezeigt ist ein üblicher Anschluss eines ISP-Programmiergeräts über einen DIL-10-Pfostenstecker (überprüfen Sie die korrekte Verbindung zu Ihrem Programmiergerät anhand der Dokumentation!), sowie der Anschluss eines TTL-RS232-USB-Kabels. Rechts: minimale Beschaltung bei Nutzung des internen RC-Oszillators, des Power-On-Resets sowie Anschluss des ISP-Programmiergeräts. Sie können zwischen 1, 2, 4 oder 8 MHz Taktfrequenz wählen.

und einen Quarztaktgeber verfügt. Da beide Schaltungsteile optional sind und Sie den Power-On-Reset als alleinige Resetquelle sowie einen internen RC-Oszillator nutzen können, zeigt Abb. 1.11 rechts die Minimalbeschaltung des ATmega16, bestehend aus zwei Stützkondensatoren an den Anschlüssen der Spannungsversorgung.

1.8.1 MCU-Haupttaktquelle

Für die Beispiele in diesem Buch werden wir die Grundschaltung aus Abb. 1.11 links verwenden, die einen externen Quarz mit einer Frequenz von 6,144 MHz verwendet, um eine genaue und stabile Frequenzgrundlage für Uhren-, Stopuhr- und andere Messschaltungen zu haben. Diese Taktquelle wird über den Wert `1111` für die Fusebits `CKSEL3:0` aktiviert, siehe hierzu Abschnitt 1.4 und Abschnitt 3.3.2. Geht es Ihnen nicht um genaue Zahlen- und Zeitwerte, sondern eher ums Prinzip, können Sie auf den Quarz und die beiden Kondensatoren verzichten und den internen RC-Oszillator mit 1, 2 4 oder 8 MHz Taktfrequenz nutzen. Sie gelangen dann zur Grundschaltung Abb. 1.11 rechts.

i Die Wahl des MCU-Taktes richtet sich nach den Anforderungen Ihres Projektes. Die ATmega16-MCU arbeitet mit Taktfrequenzen bis zu 16 MHz, aber auch mit niedrigen Frequenzen eines Uhrenquarzes (32,768 kHz) oder im Extremfall eines manuellen Takts im 1 Hz-Bereich, der von einem Debugger im Single-Step-Betrieb vorgegeben wird.

Benötigen Sie hohe Rechenleistungen oder müssen Sie analoge oder digitale Eingangssignale schnell abtasten, sind hohe Taktfrequenzen wichtig, um genügend Instruktionen pro Sekunde abzuarbeiten, den ADC mit hohem Wandlertakt zu versorgen oder die Pinabtastung schnell zu takten. Geräte wie Uhren, die i. w. einfache und langsame Mensch-Maschine-Schnittstellen anbieten (Sekundentakt, Tastaturabtastung mit 50 Hz, Anzeigemultiplexer mit 500 Hz), können auch mit niedrigeren Frequenzen betrieben werden. Steuerungen mit Zustandswechseln im niedrigen Hz-Bereich können mit dem internen 1 MHz-RC-Oszillator auskommen. Für höhere Genauigkeiten im Bereich des Uhrenbaus oder bei Messgeräten (Zeit, Frequenz, Geschwindigkeit) benötigen Sie frequenzstabilisierte Quarzkristalle oder TTL-Quarzoszillatoren.

1.8.2 Resetschaltung

In Abb. 1.11 links ist eine externe Resetschaltung mit Taster und RC-Glied gezeigt, die anhand eines Tastendrucks einen sauberen Resetimpuls erzeugt. Wenn Sie keinen Resettaster benötigen, können Sie auf diese drei Bauteile verzichten und durch Aus- und Einschalten der Stromversorgung den internen Schaltkreis des Power-On-Resets nutzen. Sie gelangen dann zur vereinfachten Grundschaltung Abb. 1.11 rechts.

1.8.3 ISP- und serielle Schnittstelle

Abb. 1.11 zeigt den Anschluss eines ISP-Programmiergeräts an die MCU. Es gibt ISP-Programmiergeräte mit 6- und mit 10-poligen Anschlüssen, gezeigt ist eine übliche Verdrahtung für 10-polige Anschlüsse.

⚡ Die gezeigte Steckerbelegung zum ISP-Programmiergerät entspricht einem üblichen Schema; prüfen Sie jedoch vor Anschluss anhand der Dokumentation Ihres Programmiergeräts, ob die gezeigte Verdrahtung auch für Ihr Gerät zutreffend ist!

i Sie können das ISP-Programmiergerät während der Schaltungs- und Programmentwicklung angeschlossen lassen und jederzeit ein neues Programm in die MCU übertragen, sodaß der Entwicklungszyklus kurz ist. Probleme können im Zusammenhang mit Bausteinen auftreten, die ebenfalls am SPI-Bus angeschlossen werden, Abschnitt 8.2.

Abb. 1.11 links zeigt auch den Anschluss eines TTL-RS232-USB-Kabels vom Typ TTL-232R-5V der Firma FTDI. Ein solches Kabel erlaubt es, die serielle Schnittstelle der MCU an USB-Schnittstellen eines modernen PCs anzuschliessen, der nicht mehr über die

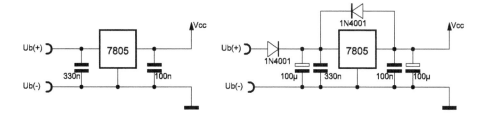

Abb. 1.12. Links: einfache Spannungsversorgung mit Linearregler zum Betrieb eines ATmega16 mit klassischen 5 V. Rechts: verbesserte Schaltung mit Linearregler. Die genauen Kapazitäten entnehmen Sie bitte dem Datenblatt zu Ihrem Linearregler.

früher übliche RS232-Schnittstelle verfügt, Abschnitt 6.2. Die früher notwendige Beschaltung der MCU mit Wandlerbausteinen vom Typ MAX232 o. ä. entfällt damit.

1.8.4 Spannungsversorgung

ATmega16-MCUs gibt es in zwei Varianten, die sich in der benötigten Betriebsspannung unterscheiden. Der Typ ATmega16 wird mit 4,5–5,5 V betrieben, der Typ ATmega16L/ATmega16A mit 2,7–5,5 V. Planen Sie den Einsatz in batteriebetriebenen Geräten oder sind in Ihrer Schaltung 3,3 V- oder 3 V-Komponenten vorhanden, kann die A- oder L-Variante eine gute Wahl sein. Durch die Toleranz im Voltbereich benötigt die MCU keine hochstabilisierte Spannungsquelle, Schwankungen wirken sich jedoch auf die Genauigkeit aller internen Oszillatoren aus.

Abb. 1.12 links zeigt eine einfache Stabilisierung für die klassische 5 V-Spannung mit einem Linearregler vom Typ 7805, der mit zwei Kondensatoren beschaltet werden muß. Die verbesserte Variante (Abb. 1.12 rechts) enthält eingangsseitig einen Elektrolytkondensator zur Glättung der Eingangsspannung, eine Diode als Verpolungsschutz sowie eine weitere Diode zum Schutz des Reglers vor Spannungsumkehr beim Abschalten.

Der gezeigte einfache und günstige Linearregler benötigt mindestens 7 V Eingangsspannung und setzt höhere Spannungen in Wärme um. Zur Energieeinsparung sind daher bei höheren Eingangsspannungen Schaltregler zu empfehlen. Ähnlich einfach wie ein 7805 sind die Typen TMA 1205S oder R-785.0 zu benutzen.

Rechnen Sie mit starken Spannungsschwankungen, die Sie nicht durch eine Stabilisierungsschaltung auffangen können oder wollen, können Sie den eingebauten Brown-Out-Detektor aktivieren [1, pp. 40]. Diese Schaltung löst einen Reset der MCU aus, wenn die Betriebsspannung unter einen Schwellenwert von 4,0 V oder 2,7 V sinkt. Der Brown-Out-Detektor benötigt jedoch einen ständigen Mindeststrom, der in stromsparenden Systemen berücksichtigt werden muß.

Die Stromaufnahme der MCU ist recht gering und hängt von der Betriebsspannung, der Taktfrequenz und dem verwendeten Sleep-Modus ab [1, p. 292]. Im Modus „Aktiv" braucht die MCU 12–15 mA (bei 5 V/8 MHz) bzw 1,1 mA (bei 3 V/1 MHz). Im Modus „Idle" sinkt der Strombedarf auf 5,5–7 mA (bei 5 V/8 MHz) bzw. 0,35 mA (bei 3 V/1 MHz). Im Power-Down-Modus benötigt sie weniger als 15 μA (3 V).

---

i Wenn die Resourcen bzw. Ihrer Spannungs- und Stromversorgung gering sind, wie bei batteriebetriebenen Geräten, wählen Sie eine möglichst geringe Betriebsspannung und Taktfrequenz. Betreiben Sie den Haupttaktoszillator stromsparend (CKOPT-Fusebit, Seite 10). Verwenden Sie weitestgehend tiefe Sleep-Modi wie Power-Save oder Power-Down und schalten Sie alle unnötigen Baugruppen ab. Hinweise dazu finden Sie im Datenblatt [1, pp. 32].

---

i Wenn Ihre Schaltung keine hohe Stromaufnahme besitzt und die MCU über die serielle Schnittstelle an den USB-Port eines PCs angeschlossen ist, können Sie die Betriebsspannung aus der 5 V-Leitung des USB-Anschlusses abzweigen (bis zu 100 mA bei einem Low Powered-USB-Port, bis 500 mA an einem High Powered-USB-Port).

Zur Erzielung einer sauberen Spannungsversorgung der MCU muss zwischen Vcc und GND möglichst dicht an der MCU ein Stützkondensator von 100 nF geschaltet werden, beim ATmega16 auch zwischen AVcc und AGND. Der Grund für diesen Kondensator ist, daß die MCU bei vielen gleichzeitig stattfindenden Schaltvorgängen kurzfristig viel Strom benötigt, der nicht schnell genug von der Stromversorgung über die Leitungen nachgeliefert werden kann, ein Einbruch in der Betriebsspannung ist die Folge. Dies ist in Abb. 1.13 links zu sehen, in der die Spannung von nominal 5 V um 500 mV variiert, während die MCU permanent zwei 8 bit-Ports zwischen L- und H-Pegel umschaltet. Abb. 1.13 rechts zeigt, daß ein parallel geschalteter 100 nF-Kondensator die Spannungsschwankungen auf ca. 50 mV stabilisiert, da er kurzfristig die benötigte Ladung liefert, die anschliessend von der Stromversorgung allmählich über die Zuleitungen herangeführt wird.

1.8.5 Benötigte Hardware

Die im Buch vorgestellten Beispiele lassen sich auf einem Breadboard aufbauen und basieren auf den in Abb. 1.11 vorgestellten Grundschaltungen. Für den praktischen Einstieg benötigen Sie einige leicht beschaffbare elektronische Bauteile:
– Einen Mikrocontroller ATmega16 sowie ein paar Stützkondensatoren à 100 nF.
– Als Taktgeber 2 Kondensatoren à 22 pF sowie einen Quarz 6,144 000 MHz oder einen vergleichbaren TTL-Quarzoszillator. Wenn Sie Konstanten im Quellcode ändern, können Sie auch andere Quarzfrequenzen benutzen.
– Eventuell einen TTL-Quarzoszillator zum „Wiederbeleben" von MCUs mit falschen Fusebit-Einstellungen oder einen Rechteck-Signalgenerator.

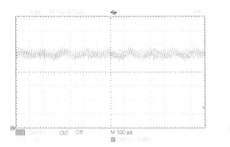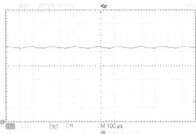

Abb. 1.13. Spannung zwischen Vcc und GND, gemessen direkt an den Versorgungspins einer MCU, die permanent zwei 8 bit-Ports simultan zwischen L- und H-Pegel umschaltet. Links: Betrieb ohne Stützkondensator, rechts: Betrieb mit 100 nF-Stützkondensator. Die Spannung von nominal 5 V variiert ohne Kondensator um ca. 500 mV, mit Kondensator nur um ca. 50 mV (y-Skalierung in beiden Oszillogrammen 500 mV/div).

- Einige 10 kΩ-Widerstände, Taster, LEDs und Vorwiderstände für die LEDs.
- Ein Breadboard, um die Experimente aufzubauen.
- Eine 5 V-Spannungsquelle.
- Ein ISP-Programmiergerät, z. B. Diamex USB ISP Programmer Stick.
- Ein TTL-USB-Kabel, z. B. FTDI TTL-232R-5V. Dieses Kabel besitzt einen USB-Stecker und eine sechspolige Buchsenleiste, die mit der seriellen Schnittstelle der MCU (USART) verbunden wird und über ein RS232-Protokoll auf TTL-Basis (5 V-Pegel) kommuniziert.
- Zum On-Chip-Debuggen ein JTAG-Programmergerät wie AVR ICE III.

Für einige Projekte werden weitere Bauteile benötigt. Wenn Sie den exakten Typ nicht vorrätig haben, können Sie oft Bauteile derselben Typreihe aus der Bastelkiste nehmen. Haben Sie z. B. statt eines 24C64-EEPROMs nur den Typ 24C128 vorrätig, können Sie auch diesen verwenden. Ggf. müssen Sie in solchen Fällen an den Programmen leichte Anpassungen vornehmen.

2 AVR®-Programmierung unter AVR-GCC

Nachdem wir im ersten Kapitel Elemente kennengelernt haben, die für Mikrocontroller typisch ist, werden wir in diesem Kapitel erfahren, wie ein C- oder Assemblerprogramm aufgebaut ist, das für den Ablauf in einem Mikrocontroller gedacht ist und wie wir mit den Controller-typischen Elementen umgehen müssen.

Alle Projekte, die in diesem Buch vorgestellt werden, wurden mit Hilfe der Entwicklungsumgebung *Atmel Studio®* von Atmel® in der Version 6 entwickelt, übersetzt und gelinkt. Diese Entwicklungsumgebung kann von der Homepage von Atmel frei heruntergeladen werden [2] und baut auf AVR-GCC, der freien Gnu-Compiler-Suite für AVR®-MCUs, auf, die Sie ebenso zur Programmentwicklung heranziehen können, Abschnitt 3.8 [22]. Diese Wahl der Entwicklungsumgebung beeinflußt die Art der Programmierung nur in der Weise, daß einiges in diesem Kapitel Gesagte typisch für AVR-GCC ist, insbesondere die Basisbibliothek AVR-Libc [6] und damit die benutzten Headerdateien und AVR-spezifischen Bibliotheksfunktionen.

Darüberhinaus hängt auch die Organisation von Projekten von der Entwicklungsumgebung ab, sodaß wir in diesem Kapitel von reinen C- bzw. Assemblerprojekten sprechen oder von gemischten C/Assemblerprojekten. Diese Unterscheidung schlägt sich in den Programmen nieder, die zum Übersetzen von Sourcecode benutzt werden, und damit in der Syntax einiger Elemente. Atmel Studio benutzt AVR-GCC als Compiler für C-Programme sowie den AVR-GCC-Assembler und AVRASM2 zum Übersetzen von Quellcode in Maschinensprache.

2.1 Aufbau eines C-Programms

Dieser Abschnitt stellt die typische Struktur eines C-Programms im Kontext der 8 bit-AVR-MCUs vor. [8] gibt Ihnen Hinweise zur effizienten Programmierung in C. Listing 2.1 zeigt die typische Struktur eines C-Programms für 8 bit-AVR-MCUs. Die einzelnen Komponenten werden in den folgenden Abschnitten besprochen.

Listing 2.1. Grundgerüst eines C-Programms.

```
1  #define F_CPU 6144000L
2
3  #include <avr/io.h>
4  #include <avr/interrupt.h>
5  #include <stdint.h>
6  // more includes
7
8  uint8_t globalVar;          // declare global variables
9  volatile uint8_t flagVar = 0; // declare variables for sharing
       between IRQ and main
10
```

```
11  ISR(vect1){
12    flagVar = 1;                 // do something asynchronously with
          high priority and signal it to main program
13  }
14
15  ISR(vect2){
16    // do something other asynchronously with high priority
17  }
18
19  void someMethod(uint8_t param){
20    // ordinary method implementation
21  }
22
23  int main(void){
24    uint8_t localVar;         // declare local variables
25
26    // initialize ports, MCU units
27    // configure interrupt sources
28    sei();                    // allow interrupts
29
30      while (1){
31      // do something with low priority or nothing
32      if (flagVar){          // react to flag from IRQ handler
33        someMethod(flagVar);
34        flagVar = 0;
35      }
36    }
37  }
```

Zu Beginn des Quellcodes muß die Definition der Taktfrequenz in Hertz erfolgen, da Headerdateien wie util/setbaud.h sie benutzen, um daraus z. B. Baudraten für serielle USART-Übertragungen zu berechnen. Sie können F_CPU selber nutzen, um daraus Vergleichswerte für Timer zu bestimmen:

```
#define F_CPU 6144000L

#define BAUD 9600
#include <util/setbaud.h>   // requires F_CPU to calculate
                            // baud rate value

// OCR1 value for 50 Hz compare match
#define OCR1VALUE ((uint16_t)(F_CPU/1024/50-1))
```

Headerfiles, globale Variablen und Konstanten

Anschliessend werden Standardheader eingebunden, die für I/O-Register Konstanten mit den Namen aus dem Datenblatt bereitstellen, das Arbeiten mit Interrupts ermöglichen oder C99-konforme Datentypen definieren (Abschnitt 2.1.1, Abschnitt 2.1.2). An dieser Stelle werden auch globale Variablen definiert, die von mehreren Methoden gemeinsam genutzt werden können. Sollen Variablen zwischen Interrupthandlern und dem Hauptprogramm geteilt werden, müssen sie mit dem Qualifier `volatile` markiert werden, Seite 43.

---

i Globale Variablen werden im SRAM angelegt und benötigen beim Zugriff mehr Flash-ROM-Speicher, da neben der Instruktion noch die SRAM-Adresse (jeweils 2 Byte) abgelegt wird. Lokale Variablen werden bevorzugt in Prozessorregistern oder im Stack angelegt und verbrauchen daher kein SRAM [8]. (Lokale Variablen, die mit dem Qualifier `static` versehen sind, werden dennoch im SRAM gespeichert, um ihren Wert über mehrere Aufrufe hinweg behalten zu können. Lediglich ihre Sichtbarkeit ist auf die Funktion beschränkt.) Prüfen Sie, ob eine Variable von ihrer Intention her wirklich global ist oder durch eine lokale Variable ersetzbar ist!

Der Programmkopf ist auch die Stelle, an der Sie Konstanten definieren. Konstanten werden mit dem Qualifier `const` gekennzeichnet (Seite 48) und sollten zusätzlich explizit im Programmspeicher abgelegt werden, um die Speicherung im SRAM zu vermeiden (Abschnitt 1.6.4).

Interrupts und normale Funktionen

Funktionen, die gemäß Standard-C deklariert sind, werden auf der Hauptprogrammebene ausgeführt, sofern sie nicht aus einem Interrupthandler heraus aufgerufen werden. Interrupthandler werden dagegen in Form von `ISR`-Blöcken bereitgestellt, die einer Namenskonvention folgen, Abschnitt 2.1.4.

⚡ Lassen Sie einen Interrupt zu, indem Sie das zugeordnete Kontrollbit in den Kontrollregistern von Zähler/Timern oder anderen Baugruppen setzen, müssen Sie auch den entsprechenden Interrupthandler `ISR(...)` implementieren. Unterlassen Sie dies und der Interrupt wird ausgelöst, springt die MCU in den Reset-Handler, da sie keinen passenden Handler findet. Ihr Programm führt in diesem Falle einen Kaltstart aus. Vergessene Interrupthandler können daher zu schwer auffindbaren Fehlern führen.

Hauptprogramm

Nach einem Reset springt die MCU über den Resetvektor in die `main()`-Methode, in der alle notwendigen Initialisierungen stattfinden müssen. Werden Interrupthandler benutzt, muß nach der Aktivierung der Interrupts über ihre Kontrollbits mit Hilfe des Befehls `sei()` das I-Flag gesetzt werden, um Interrupts global zuzulassen. Ein häufiger Fehler ist ein vergessener `sei()`-Befehl. Kernpunkt von `main()` ist eine Endlosschleife, die durchlaufen wird, solange die MCU mit Spannung versorgt wird und nicht einen Interrupthandler abarbeitet. Der Inhalt dieser Schleife ist variabel, er kann von „nichts" bis „alles" reichen. „Nichts" bedeutet, daß sämtliche Programmlogik in

Interrupthandlern enthalten ist. Dies ist möglich, aber u. U. gefährlich, da während der Ausführung eines Handlers i. A. kein anderer Interrupt zugelassen ist und je nach Laufzeit des Handlers Interrupts verloren gehen können.

„Alles" heißt, daß sämtliche Programmlogik in der Hauptschleife enthalten ist und auf Ereignisse erst reagiert werden kann, wenn die aktuellen Aufgaben abgeschlossen sind, was u. U. zu spät sein kann. In der Realität ist die richtige Verteilung der Programmlogik der Schlüssel zum Erfolg: einerseits Nutzung von Interrupthandlern, die schnell auf Interrupttrigger reagieren und schnell abgearbeitet werden können, andererseits die Hauptschleife, in der zeitunkritische oder komplexe Folge- oder Nebenarbeiten erledigt werden können. Oft stellt ein kurzer Interrupthandler Informationen für die Hauptschleife bereit, die anschließend in der Zeit zwischen zwei Triggern verarbeitet werden können.

Werden Interrupts nicht wie erwartet ausgeführt, ist häufig ein vergessener `sei()`-Befehl nach der Initialisierungsphase im Hauptprogramm der Grund.

Da MCU-Anwendungen häufig von (externen oder internen) Ereignissen getrieben sind, kann die Anwendungslogik vorteilhaft in Form eines Zustandsautomaten implementiert werden, siehe Abschnitt 5.8.4.

Wird die Programmlogik in Interrupts abgearbeitet, können Sie in der Warteschleife in `main()` in einen stromsparenden Sleep-Modus wechseln, der bis zum Eintreffen eines Triggers andauert, Abschnitt 1.4.3. Sobald dessen Bearbeitung beendet ist, kann die MCU erneut in den Sleep-Modus wechseln. Ein praktisches Beispiel ist die Digitaluhr, die nach der Aktualisierung der Anzeige und Abfrage der Tastatur im 50 Hz-Takt im Idle-Modus verharrt, Abschnitt 5.8.7.

Wenn Sie Sleep-Modi einsetzen, müssen Sie überlegen, welche Baugruppen oder Oszillatoren das Wakeup-Ereignis generieren und daher aktiv bleiben müssen. Berücksichtigen Sie, daß ein evt. abgeschalteter Oszillator länger braucht, um sicher anzuschwingen, d. h. die MCU erst nach einer gewissen Anzahl von Taktzyklen tatsächlich wieder Instruktionen ausführen kann. Beide Faktoren helfen Ihnen bei der Wahl des richtigen Sleep-Modus.

Verteilte Variablen

Im Programmrumpf von Listing 2.1 ist die Variable `globalVar` außerhalb jeder Funktion deklariert und daher als *globale Variable* in allen Funktionen des Moduls sichtbar. Auch `flagVar` ist eine globale Variable, die in `main()` und einem Interrupthandler benötigt wird. Im Gegensatz zu `globalVar` kann der Compiler beim Optimieren zur Übersetzungszeit nicht wissen, daß `flagVar` durch den Interrupthandler *jederzeit* verändert werden kann, da ein Interruptaufruf schwer durch eine Codeanalyse erfaß-

Tab. 2.1. Grundlegende portierbare Datentypen (nach C99-Standard). Zur Verwendung der C99-Typen muß `stdint.h` eingebunden werden.

Bitbreite	Datentyp signed (C99)	Datentyp unsigned (C99)	Typ (C-Standard)
8	`int8_t` (atomar auf AVR)	`uint8_t` (atomar auf AVR)	`(un)signed char`
16	`int16_t`	`uint16_t`	`(un)signed int`
32	`int32_t`	`uint32_t`	`(un)signed long int`
64	`int64_t`	`uint64_t`	`(un)signed long long int`

bar ist. Der Optimierungslauf entfernt daher i. A. anscheinend überflüssige Lese- oder Schreibzugriffe auf `flagVar`. Da sich der Inhalt der Variablen seit dem letzten Lesezugriff jedoch geändert haben kann, sind diese Zugriffe zur Aktualisierung notwendig. Sie müssen daher mit Hilfe des Qualifiers `volatile` dem Optimierer mitteilen, daß Zugriffe auf `flagVar` nicht optimiert werden dürfen, Abschnitt 2.1.1.

⚡ Spezielle Vorsicht ist geboten, wenn Sie auf globale Variablen sowohl von der Hauptprogramm- als auch der Interruptebene aus zugreifen. Für alle Variablen, die der Kommunikation zwischen Interrupthandler und Hauptprogramm dienen, z. B. in Form von Flags oder zur Datenübergabe, ist der Qualifier `volatile` notwendig.

ℹ Eine weitere Möglichkeit, globale Variablen als Flags oder zum Informationsaustausch anzulegen, besteht darin, ihnen mit dem Qualifier `register` dauerhaft ein Prozessorregister zuzuweisen, Abschnitt 2.1.1. Dies ist effizient, kostet jedoch ein Register und erfordert genaue Kenntnis der Registernutzung durch den C-Compiler.

2.1.1 Variablentypen und -deklarationen

Zur Programmierung von MCUs können alle einfachen C-Datentypen verwendet werden. Da es in diesen Umgebungen jedoch von großer Bedeutung ist, die Bitbreite der Variablen zu kontrollieren, um sie z. B. auf I/O-Register abzubilden, ist es empfehlenswert, Datentypen nach dem C99-Standard zu verwenden, aus denen Bitbreite und Vorzeichen klar hervorgehen und die über verschiedene Compiler hinweg gleiche Compilate erzeugen. Eine Frage wie „Wie groß ist ein `int` oder `long` auf AVR-MCUs?" kann dann mit „16 bzw. 32 bit" eindeutig geklärt werden, wenn als Datentyp `uint_16t` und `uint_32t` verwendet wird. Variablentypen nach C99-Standard sind in der Headerdatei `stdint.h` definiert, Tab. 2.1.

Für den diesem Buch zugrundeliegenden ATmega16 als 8 bit-MCU ist der Datentyp `uint8_t` die natürliche Wahl für Variablen mit kleinem positivem Werteumfang bzw. für die meisten Registerzugriffe. Einige Baugruppen wie Timer 1 arbeiten mit 16 bit-Werten, sodaß auch `uint16_t` benötigt wird. Ansonsten richten sich Variablentypen nach dem gewünschten Wertebereich, sollten jedoch aus Resourcengründen so klein wie möglich gewählt werden. `uint8_t` hat den zusätzlichen Vorteil, daß Operationen auf solchen Variablen atomar sind, eine wesentliche Voraussetzung für interruptsichere Programmierung, Abschnitt 2.1.3 und Abschnitt 2.1.4. Wir werden in diesem Buch weitestgehend C99-Typdefinitionen benutzen, und C-Typen wie `char` nur dann wählen, wenn Bibliotheksfunktionen dies erzwingen.

Die AVR GCC-Implementierung verfügt über den Fließkomma-Datentyp `float`. Der Compiler akzeptiert auch den Datentyp `double`, dieser ist jedoch als 32 bit-Wert implementiert und entspricht `float` [22].

Im Zusammenhang mit Mikrocontrollerprogrammierung, die oft unter dem Zwang steht, knappe Ressourcen zu sparen, ist es besonders wichtig, die Qualifier `volatile`, `const`, `register`und `__attribute__` zu kennen, mit denen Sie Variablendeklarationen modifizieren können.

Der `volatile`-Qualifier

`volatile` teilt dem Compiler mit, daß der Inhalt der Variablen jederzeit verändert werden kann, z. B. durch einen Interrupthandler, auch wenn dies durch eine Codeanalyse nicht erkennbar ist. Zugriffe auf die Variable dürfen daher nicht optimiert oder verändert werden, z. B. durch einmaliges Lesen der Variablen und Bereitstellen in einem Prozessorregister. Stattdessen muß ihr Inhalt vor jeder Verwendung aus dem SRAM geholt und nach jeder Veränderung sofort wieder ins SRAM zurückgeschrieben werden. Der Qualifier wird bei gemeinsamer Nutzung der Variablen durch Funktionen der Hauptprogramm- und Interruptebene wichtig, Abschnitt 2.1 auf Seite 43, und wird wie folgt verwendet:

```
volatile uint8_t flag;
uint8_t volatile flag;
volatile uint8_t* flag; // pointer to volatile flag
uint8_t volatile* flag  // pointer to volatile flag
```

`volatile` angewandt auf eine Struktur erklärt den ganzen Inhalt des `struct` für volatil, Sie können aber auch einzelne Mitglieder der Struktur für volatil erklären.

`volatile` ist notwendig, um korrekt mit verteilten Zugriffen auf Variablen zu arbeiten, speziell in Verbindung mit Interrupthandlern, schränkt aber die Optimierungsmöglichkeiten des Compilers ein und führt zu umfangreicherem und langsamerem Code, s. u. Prüfen Sie, ob Sie `volatile` tatsächlich benötigen.

Jede Operation auf globalen Variablen, die mit `volatile` markiert sind, erfordert zuvor einen Lesezugriff aufs SRAM, bei Veränderung einen folgenden Schreibzugriff, die nicht wegoptimiert werden dürfen. Die Zugriffe erfolgen mit Hilfe der Instruktionen lds und sts und erfordern jeweils 2 Worte Speicher und 2 Taktzyklen Ausführungszeit, wie Sie an folgendem Handler erkennen können:

```
volatile uint8_t clk = 50;

ISR(TIMER0_OVF_vect){
  if (--clk==0){
    clk = 50;
  } else {
    if (clk<=25){
      incrementCounter();
    }
  }
  cnt = clk;
}
```

Der Codeabschnitt wird vom Compiler mit standardmäßiger Optimierung (in Atmel Studio: Properties-Seite, Reiter „Toolchain", Eintrag „AVR/GNU C Compiler>Optimization", Wert „Optimization Level: Optimize (-O1)") wie folgt übersetzt:

```
volatile uint8_t clk = 50;

ISR(TIMER0_OVF_vect){
  ba: 1f 92          push   r1
  bc: 0f 92          push   r0
  be: 0f b6          in  r0, 0x3f   ; 63
  c0: 0f 92          push   r0
  c2: 11 24          eor r1, r1
  c4: 2f 93          push   r18
... dto for r19-r31
  if (--clk==0){
  dc: 80 91 60 00    lds r24, 0x0060
  e0: 81 50          subi   r24, 0x01 ; 1
  e2: 80 93 60 00    sts 0x0060, r24
  e6: 81 11          cpse   r24, r1
  e8: 04 c0          rjmp   .+8       ; 0xf2 <__vector_9+0x38>
    clk = 50;
  ea: 82 e3          ldi r24, 0x32 ; 50
  ec: 80 93 60 00    sts 0x0060, r24
  f0: 06 c0          rjmp   .+12      ; 0xfe <__vector_9+0x44>
  } else {
    if (clk<=25){
  f2: 80 91 60 00    lds r24, 0x0060
  f6: 8a 31          cpi r24, 0x1A ; 26
  f8: 10 f4          brcc   .+4       ; 0xfe <__vector_9+0x44>
      incrementCounter();
  fa: 0e 94 4d 00    call   0x9a  ; 0x9a <incrementCounter>
    }
  }
  cnt = clk;
```

```
 fe: 80 91 60 00    lds r24, 0x0060
102: 80 93 62 00    sts 0x0062, r24
}
106: ff 91          pop r31
... dto for r30-r18
11e: 0f 90          pop r0
120: 0f be          out 0x3f, r0  ; 63
122: 0f 90          pop r0
124: 1f 90          pop r1
126: 18 95          reti
```

Wie Sie sehen wird fünfmal mit `lds` und `sts` auf die SRAM-Adresse `0x0060` der Variablen `clk` zugegriffen, um sicherzustellen, daß der Wert von `clk` bei jeder Verwendung mit dem tatsächlichen Variableninhalt übereinstimmt. Dies ist das beabsichtigte Verhalten in Verbindung mit `volatile`.

In diesem Beispiel wissen wir jedoch, daß zwar von außen mehrfach lesend auf `clk` zugegriffen wird, aber nur `TIMER0_OVF_vect` den Inhalt von `clk` ändert, und eine Veränderung durch weitere Interrupthandler ausgeschlossen ist, da ein Handler nicht durch weitere Interrupts unterbrochen werden kann, sofern Sie dies nicht ausdrücklich durch die Instruktion `sei` im Interrupthandler zugelassen haben, Seite 19. Wir könnten also innerhalb des Handlers die üblichen Optimierungen vornehmen. Leider existiert kein „blockweises `volatile`", aber wir können die globale Variable zu Beginn des Interrupthandlers einer lokalen Variablen zuweisen, die am Ende des Handlers wieder in der globalen Variablen gespeichert wird:

```
volatile uint8_t clk = 50;

ISR(TIMER0_OVF_vect){
  uint8_t tmpClk = clk;
  if (--tmpClk==0){
    tmpClk = 50;
    } else {
    if (tmpClk<=25){
      incrementCounter();
    }
  }
  cnt = tmpClk;
  clk = tmpClk;
}
```

Dieser Codeabschnitt wird bei eingeschalteter Optimierung (Stufe -O1, Defaultwert) wie folgt übersetzt:

```
ISR(TIMER0_OVF_vect){
  ba: 1f 92          push  r1
  bc: 0f 92          push  r0
  be: 0f b6          in  r0, 0x3f  ; 63
  c0: 0f 92          push  r0
  c2: 11 24          eor r1, r1
  c4: 2f 93          push  r18
... dto for r19-r31
  uint8_t tmpClk = clk;
```

```
 de: c0 91 60 00    lds r28, 0x0060
if (--tmpClk==0){
 e2: c1 50          subi  r28, 0x01 ; 1
 e4: 29 f0          breq  .+10      ; 0xf0 <__vector_9+0x36>
   tmpClk = 50;
   } else {
   if (tmpClk<=25){
 e6: ca 31          cpi r28, 0x1A ; 26
 e8: 20 f4          brcc  .+8       ; 0xf2 <__vector_9+0x38>
      incrementCounter();
 ea: 0e 94 4d 00    call  0x9a  ; 0x9a <incrementCounter>
 ee: 01 c0          rjmp  .+2       ; 0xf2 <__vector_9+0x38>
volatile uint8_t clk = 50;

ISR(TIMER0_OVF_vect){
  uint8_t tmpClk = clk;
  if (--tmpClk==0){
    tmpClk = 50;
 f0: c2 e3          ldi r28, 0x32 ; 50
   } else {
   if (tmpClk<=25){
      incrementCounter();
   }
 }
 cnt = tmpClk;
 f2: c0 93 62 00    sts 0x0062, r28
 clk = tmpClk;
 f6: c0 93 60 00    sts 0x0060, r28
}
 fa: ff 91          pop r31
... dto for r30-r18
 114: 0f 90         pop r0
 116: 0f be         out 0x3f, r0  ; 63
 118: 0f 90         pop r0
 11a: 1f 90         pop r1
 11c: 18 95         reti
```

Nun wird in TIMER0_OVF_vect genau die Optimierung vorgenommen, die durch volatile verhindert werden soll: es wird nur je einmal mit lds oder sts auf die SRAM-Adresse 0x0060 zugegriffen, die lokale Variable wurde in das Register R28 optimiert, alle Operationen werden über R28 abgewickelt. Ist die exklusive Verwendung eines solchen Registers möglich, erhalten Sie schon bei kleinen Codeabschnitten Einsparungen an Flash-ROM und Ausführungszeit (im Beispiel 110 Bytes, mit lokaler Variable: 100 Bytes).

Der const-Qualifier

const teilt dem Compiler mit, daß sich der Wert der Variablen nicht ändern wird und daher Zugriffsoptimierungen möglich sind. Schreibzugriffe auf die Variable führen zur

Fehlermeldung „assignment of read-only variable 'pi'" beim Compilieren. Trotz dieses Qualifiers wird die Konstante im SRAM angelegt, wenn Sie nicht gemäß Abschnitt 1.6.4 verfahren. Beispiel:

```
const float pi = 3.1415927;                     // created in SRAM
const uint8_t PROGMEM bitpattern = 0b01101011;  // ... in flash ROM
```

Der `register`-Qualifier

`register` weist den Compiler an, dauerhaft ein Register für die Variable zu allokieren, um effizienter mit ihr arbeiten zu können. Beispiel:

```
register uint8_t clk asm("r2");
```

Verwenden Sie eines der Register R18–R27, R30 oder R31, so erhalten Sie die Warnung „call-clobbered register used for global register variable". Gemäß dem Verwendungsschema für Register innerhalb der Gnu-C-Welt sind dies Register, die von einer Funktion verändert werden dürfen, ohne ihren Inhalt zu sichern oder wiederherzustellen (Abschnitt 2.3 auf Seite 71), sodaß es nicht möglich ist, ein solches Register dauerhaft zu nutzen. Verwenden Sie stattdessen die Register R2–R17, R28 oder R29, die zwar von Funktionen ebenfalls verändert werden können, aber deren Ursprungszustand wiederhergestellt werden muß.

Register ab R8 können vom Compiler zur Übergabe von Funktionsargumenten benutzt werden (Abschnitt 2.3 auf Seite 71). Prüfen Sie, welche Register für die Argumentübergabe in Ihrem Programm notwendig bzw. welche frei sind.

Auch Bibliotheken wie die AVR-C-Bibliothek AVR-Libc können Register benutzen. Prüfen Sie, ob Sie Bibliotheken einbinden, deren Registernutzung Sie nicht kennen, und verzichten ggf. auf die feste Bindung einer Variablen an ein Register.

Wenn es Ihnen um Codeeffizienz und Geschwindigkeit geht, schreiben Sie kritische kritische Codeabschnitte besser in Assembler, anstelle `register` zu nutzen, das zu unerwartetem Code führen kann. Beispiel: das C-Fragment

```
register uint8_t clk asm("r17");

ISR(TIMER0_OVF_vect){
  if (--clk==0){
    clk = 50;
    incrementCounter();
  }
}
```

führt neben vielen überflüssigen push/pop-Paaren zu folgendem Code, in dem R17 zur Berechnung in R24 umkopiert wird:

```
ISR(TIMER0_OVF_vect){
      414: 1f 92          push   r1
... push many more register
      434: ff 93          push   r31
  if (--clk==0){
      436: 8f ef          ldi r24, 0xFF ; 255
      438: 81 0f          add r24, r17
      43a: 11 f0          breq  .+4       ; 0x440 <__vector_9+0x2c>
      43c: 18 2f          mov r17, r24
      43e: 03 c0          rjmp  .+6       ; 0x446 <__vector_9+0x32>
    clk = 50;
      440: 12 e3          ldi r17, 0x32 ; 50
    incrementCounter();
      442: 0e 94 08 02    call  0x410 ; 0x410 <incrementCounter>
  }
}
      446: ff 91          pop r31
... pop many more register
      464: 1f 90          pop r1
      466: 18 95          reti
```

Sie können den Interrupthandler erheblich effizienter durch eine manuell geschriebene Assembler-funktion implementieren (Syntax für AVR-GCC):

```
#include <avr/io.h>

.global TIMER0_OVF_vect
.extern incrementCounter

TIMER0_OVF_vect:
  push R18
  in R18, _SFR_IO_ADDR(SREG)      ; save SREG
  dec R17
  brne t0ov_1
  ldi R17, 50
  call incrementCounter
t0ov_1:
  out _SFR_IO_ADDR(SREG), R18     ; re-enable interrupts
  pop R18
  reti
```

Der `attribute`**-Qualifier**

`attribute` ist eine AVR-GCC-spezifische Erweiterung, um einer Variablen Merkmale mitzugeben, die für Compiler und Linker von Bedeutung sind, z. B. zur Ablage von unveränderlichen Variablen im Flash-ROM oder EEPROM, Abschnitt 1.6. Beispiel:

```
const uint8_t bitpattern __attribute__ ((progmem)) = 0b01101011;
const uint8_t PROGMEM bitpattern = 0b01101011;  // ... using macro
```

2.1.2 Symbole, Konstanten, Headerfiles

AVR-GCC stellt zahlreiche Standard- und AVR-spezifische Headerdateien bereit, in denen nützliche Funktionen oder Konstanten definiert werden [6].

Headerdatei `stdint.h`

`stdint.h` bietet Variablentypen nach C99-Standard an, mit denen Bitbreite und Vorzeichen genau spezifiziert werden können, Abschnitt 2.1.1.

Headerdatei `inttypes.h`

`inttypes.h` lädt intern `stdint.h` und stellt Makros für `printf()`- und `scanf()`-Formatbeschreiber zur Verfügung. Dieser Header ist nur dann notwendig, wenn diese beiden Funktionsgruppen aus `stdio.h` benutzt werden. Tab. 2.2 zeigt die neuen Formatbeschreiber, die wie folgt benutzt werden:

```
#include <inttypes.h>

uint8_t byteVal;
int16_t intVal;
uint32_t longVal;
printf("8 bit value: %" PRIu8 ", 16 bit value: %" PRIi16
  ", 32 bit hex value: %08" PRIx32 "\n", byteVal, intVal, longVal);
```

Headerdatei `math.h`

`math.h` enthält Definitionen wichtiger mathematischer Funktionen wie `sin()`.

Das Programm muß gegen die Bibliothek `libm.a` gelinkt werden, die eine auf 8 bit-AVR-MCUs zugeschnittene Implementierung der mathematischen Funktionen enthält. Atmel Studio fügt diese Referenz standardmäßig hinzu, sodaß Sie i. A. nicht daran denken müssen. (Werden die mathematischen Funktionen nicht benutzt, wird die Bibliothek vom Linker auch nicht eingebunden, sodaß das Vorhandensein dieser Referenz die Codegröße nicht negativ beeinflußt.)

Tab. 2.2. Zusätzliche Formatbeschreiber für C99-Datentypen aus `stdint.h` für die `printf()`- und `scanf()`-Funktionen. Die Beschreiber werden über `inttypes.h` eingebunden.

C99-Typ signed	Formatbeschreiber	C99-Typ unsigned	Formatbeschreiber
int8_t	PRIi8	uint8_t	PRIu8, PRIo8, PRIx8
int16_t	PRIi16, SCNi16	uint16_t	PRIu16, PRIo16, PRIx16, SCNu16, SCNo16, SCNx16
int32_t	PRIi32, SCNi32	uint32_t	PRIu32, PRIo32, PRIx32, SCNu32, SCNo32, SCNx32
int64_t	n.a.	uint64_t	n.a.

Tab. 2.3. Verschiedene Möglichkeiten zur wechselseitigen Umwandlung von Zahlen und Zeichenketten.

Zahl→Zeichenkette	Zeichenkette→Zahl
–	int aoi(), long atol()
–	double strtod(), double atof()
itoa(int)[1][2], ltoa(long)[1][2], utoa(unsigned int)[1][2], ultoa(unsigned long)[1][2]	long strtol()[1], unsigned long strtoul()[1]
printf()[3][4] und Varianten	scanf()[3][4] und Varianten

[1] Es können von 10 verschiedene Zahlenbasen angegeben werden, z. B. 2 für Binärzahlen und 16 für Hexadezimalzahlen.
[2] Nicht-Standard-Funktion.
[3] Aus `stdio.h`.
[4] Mögliche Formatbeschreiber: d, i für signed decimal, o, u, x/X für unsigned octal, unsigned decimal, unsigned hexadecimal, c für unsigned char, s für char* (Zeichenketten, Arrays aus Zeichen), e/E für double (Exponentialdarstellung), f/F für double (Fließkommadarstellung), g/G für double (wie eEfF, je nach Größenordnung der Zahl).

Headerdatei `string.h`

`string.h` enthält Funktionen zum Umgang mit Zeichenketten (Strings).

Headerdatei `stdlib.h`

`stdlib.h` definiert Funktionen wie `abs()` und `div()`, die Zufallsfunktion `rand()`, aber auch Funktionen zur Konversion zwischen Zeichenketten und Zahlen wie `atoi()` und `atof()`, Tab. 2.3. `strtol()` und `strtoul()` können Zahlen in anderen Basen als 10 verarbeiten. Nicht-C-konforme Funktionen sind `ltoa()`, `utoa()`, `ultoa()` und `itoa()`, die Stringrepräsentationen von Zahlen zu verschiedenen Basen, auch ungleich 10, konvertieren. Listing 2.2 demonstriert eine Reihe von Möglichkeiten, Ganz-

und Fließkommazahlen in Zeichenketten umzuwandeln und vice versa. Das Programm liefert folgende Ausgabe:

```
Lesen aus String:
Ints: iValue=-1745, lValue1=23494570, lValue2=-131071, ulValue=131071
Doubles: dValue1=6.230000e+23, dValue2=-6.230000e-23
Schreiben in String:
Ints: iValue=-1745, lValue1=23494570, ulValue=131071
Lesen aus String (2):
Ints: iValue=-1745, lValue1=23494570, lValue2=-131071, ulValue=131071
Doubles: dValue1=6.230000e+23, dValue2=-6.230000e-23
```

Listing 2.2. Test für die formatierte Ein- und Ausgabe in Strings.

```
1   #define F_CPU 6144000UL
2
3   #include <stdint.h>
4   #include <stdio.h>
5   #include <stdlib.h>
6   #include <avr/pgmspace.h>
7
8   // UART Initialization
9   #define BAUD 9600
10  #include <util/setbaud.h>
11  #include "uartlib.h"
12
13  int main(void){
14    initUART(UART_RXIRQ, UBRRH_VALUE, UBRRL_VALUE);
15
16    double dValue1, dValue2;
17    int iValue;
18    long lValue1, lValue2;
19    unsigned long ulValue;
20    char buffer[100], iBuffer[100], dBuffer[100];
21
22    uart_puts("Lesen aus String:\r\n");
23    dValue1 = atof("6.23e23");
24    dValue2 = strtod("-6.23e-23", NULL);
25    iValue = atoi("-1745");
26    lValue1 = atol("23494570");
27    lValue2 = strtol("-1FFFF", NULL, 16);
28    ulValue = strtoul("1FFFF", NULL, 16);
29    sprintf_P(iBuffer, PSTR("Ints: iValue=%d, lValue1=%ld, lValue2=%ld
        , ulValue=%lu\r\n"),
30      iValue, lValue1, lValue2, ulValue);
31    uart_puts(iBuffer);
32    sprintf_P(dBuffer, PSTR("Doubles: dValue1=%e, dValue2=%e\r\n"),
33      dValue1, dValue2);
34    uart_puts(dBuffer);
```

```
35
36    uart_puts("Schreiben in String:\r\n");
37    char iBufferShort[10], lBufferShort[10], ulBufferShort[10];
38    itoa(iValue, iBufferShort, 10);
39    ltoa(lValue1, lBufferShort, 10);
40    ultoa(ulValue, ulBufferShort, 10);
41    sprintf_P(buffer, PSTR("Ints: iValue=%s, lValue1=%s, ulValue=%s\r\
          n"),
42      iBufferShort, lBufferShort, ulBufferShort);
43    uart_puts(buffer);
44
45    uart_puts("Lesen aus String (2):\r\n");
46    sscanf_P(iBuffer, PSTR("Ints: iValue=%d, lValue1=%ld, lValue2=%ld,
          ulValue=%lu\r\n"),
47      &iValue, &lValue1, &lValue2, &ulValue);
48    sscanf_P(dBuffer, PSTR("Doubles: dValue1=%e, dValue2=%e\r\n"),
49      &dValue1, &dValue2);
50    sprintf_P(buffer, PSTR("Ints: iValue=%d, lValue1=%ld, lValue2=%ld,
          ulValue=%lu\r\n"),
51      iValue, lValue1, lValue2, ulValue);
52    uart_puts(buffer);
53    sprintf_P(buffer, PSTR("Doubles: dValue1=%e, dValue2=%e\r\n"),
54      dValue1, dValue2);
55    uart_puts(buffer);
56  }
```

Headerdatei `stdio.h`

Die Standard-C-Headerdatei `stdio.h` stellt für gewöhnlich I/O-Funktionen zum Arbeiten mit Dateien und Geräten bereit. Da im Zusammenhang mit 8 bit-AVR-MCUs weder ein Betriebs- noch ein Dateisystem existieren, ist im AVR-GCC nur ein kleiner Teil dieser Funktionen implementiert. Darüberhinaus deklariert dieser Header viele Funktionen mit großem Funktionsumfang, etwa `scanf()` und `printf()` zum formatierten Lesen und Schreiben von Daten. Da wir normalerweise die meisten der Formatierungsmöglichkeiten und Funktionen nicht benötigen, stellt AVR-GCC mehrere Implementierungen der Funktionen bereit, die wir über die Bibliotheksdatei auswählen, um den geringen Speicherplatz der MCU nicht zu überlasten. Es gibt drei Varianten der zugrundeliegenden Bibliothek:

- Minimale Implementierung mit Unterstützung der Ganzzahl- und Zeichenkettenformate. Diese Implementierung („libprintf_min" oder „libscanf_min") wird über Linkeroptionen ausgewählt.
- Normale Implementierung mit Unterstützung der Formate außer den Fließkommaformaten.
- Vollumfängliche Unterstützung aller Fließkommaformate. Die Implementierung („libprintf_flt" oder „libscanf_flt") wird über Linkeroptionen ausgewählt.

[6, Modules/stdio.h/Standard IO facilities/Function vfprintf()] erklärt im Detail, welche Funktionen in welchem Umfang implementiert sind, speziell welche Formatbeschreiber verfügbar sind.

Achten Sie darauf, welche Formatbeschreiber Sie von `scanf()` und `printf()` benötigen, und konfigurieren Sie den Linker entsprechend (Abschnitt 3.5.3 auf Seite 102). In Atmel Studio finden Sie die Einträge auf der Properties-Seite zum Projekt, Reiter „Toolchain", Abschnitt „AVR/GNU Linker>General".

Sie müssen die gewünschte Bibliothek noch im Solution Explorer durch Rechtsklick auf die Rubrik „Libraries" Ihres Projekts mit dem Eintrag „Add Library" hinzufügen. Sie finden die genannten Varianten der Bibliotheken unter den „Toolchain Libraries" als Optionen „libprintf_flt", „libprintf_min", „libscanf_flt" und „libscanf_min".

Da Formatstrings länger sein können und raren SRAM-Platz verbrauchen, existieren zwei alternative Funktionen `scanf_P()` und `printf_P()`, die es erlauben, den Formatstring im Programmspeicher abzulegen:

```
#include <avr/pgmspace.h>

sprintf_P(buffer, PSTR("Uhrzeit: %2u:%02u:%02u (hh:mm:ss)\r"),
    hours, minutes, seconds);

sscanf_P(buffer, PSTR("Uhrzeit: %2u:%02u:%02u (hh:mm:ss)\r"),
    &hours, &minutes, &seconds);
```

Um anzuzeigen, daß der Formatstring im Programmspeicher abgelegt werden soll, benötigen wir das Makro `PSTR()` aus `avr/pgmspace.h`. (Beachten Sie in diesem Zusammenhang, daß AVR-GCC für `scanf()` keine Formatbeschreiber zum Lesen von 8 bit-Zahlen aus einer Zeichenkette bereitstellt, der kleinste unterstützte Datentyp ist `int`. In der UART-Bibliothek ist daher eine Funktion `uart_sscanf_uint8_t()` implementiert, Abschnitt 6.3.)

Headerdatei `avr/io.h`

`avr/io.h` stellt symbolische Namen für die I/O-Register zur Ansprache der Hardware-Baugruppen bereit. Da Symbole helfen, feste typspezifische Zahlenangaben zu vermeiden, wird der Code leicht auf andere AVR-Typen portierbar.

Wie wir bereits bei der Vorstellung der Speicherstruktur in Abschnitt 1.6 gesehen haben, können wir I/O-Register über eine Speicheradresse oder eine I/O-Adresse ansprechen. `io.h` nimmt uns diese Überlegungen ab und erlaubt Zugriffe der Art

```
value = PINB;
PORTB = 0x3f;
```

(Zur Bedeutung dieses und der folgenden Beispiele lesen Sie bitte im Abschnitt über digitale Ein-/Ausgabe nach, Abschnitt 4.)

io.h stellt symbolische Namen für die einzelnen I/O-Pins und Bits der I/O-Register bereit, wie PB3 für das vierte Bit in PORTB oder UDRE für ein Flag in UCSRA. Um Register zu manipulieren, werden häufig nicht diese Bitnummern, sondern ein Binärwert im Bereich 0–255 benötigt, in dem das entsprechende Bit gesetzt oder gelöscht ist. Wir erreichen dies über den Bit-Shift-Operator << und die logischen Bitoperatoren | (or), & (and) und ~ (not):

```
PORTB |= (1<<PB3);     // set bit PB3 in PORTB
PORTB &= ~(1<<PB3);    // clear bit PB3 in PORTB
```

Flags zeigen die Bereitschaft oder den Zustand diverser Baugruppen der MCU an. Wir müssen daher häufig auf Werte von Flags reagieren und können die Bitoperationen nutzen, um die Flags aus dem Registerwert zu extrahieren und in einen Wahrheitswert umzuwandeln:

```
if (UCSRA & (1<<UDRE)){...}       // if bit UDRE in UCSRA is set
if (!(UCSRA & (1<<UDRE))){...}    // if bit UDRE in UCSRA is cleared
while (UCSRA & (1<<UDRE));         // while bit UDRE in UCSRA is set
while (!(UCSRA & (1<<UDRE)));      // while bit UDRE in UCSRA is cleared
```

Die ersten beiden Zeilen prüfen, ob ein bestimmtes Bit in einem I/O-Register gesetzt bzw. gelöscht ist, die beiden letzten Zeilen warten solange, bis ein Bit in einem I/O-Register gesetzt bzw. gelöscht ist.

io.h stellt noch das Makro RAMEND bereit, das die letzte verfügbare SRAM-Adresse enthält.

Headerdatei avr/interrupt.h
avr/interrupt.h definiert die für den eingestellten MCU-Typ gültigen Interruptvektoren, die in Abschnitt 2.1.4 benötigt werden.

Headerdatei util/delay.h
util/delay.h stellt zwei Funktionen bereit, mit denen Sie auf einfache Weise kleine (Mikrosekundenbereich) oder große (Milli- bis Sekundenbereich) Verzögerungen im Programmablauf erreichen:

```
#define F_CPU 6144000
#include <util/delay.h>


_delay_ms(500); // wait about 500 ms
_delay_us(100); // wait about 100 us
```

Beide Funktionen benötigen im Symbol F_CPU die Angabe des MCU-Taktes in Hertz.

Da die Verzögerung durch Ausführen von leeren Schleifen erzeugt werden, müssen Sie prüfen, ob
Sie in der Wartezeit andere Codeblöcke durchlaufen wollen und besser einen Timer benutzen, um die
Wartezeit abzubilden.

Headerdatei `avr/sleep.h`

Sie benötigen diese Headerdatei, wenn Sie zur Stromersparnis in die Sleep-Modi der
MCU wechseln wollen. Sie benutzen `set_sleep_mode()`, um den gewünschten Sleep-
Modus zu konfigurieren, z. B. `SLEEP_MODE_IDLE`, und `sleep_mode()`, um die MCU in
den eingestellten Sleep-Modus zu versetzen. Die Funktionen sind häufig einziger Bestandteil der Hauptschleife von interruptgetriebenen Programmen:

```
#include <avr/sleep.h>

int main(void){
  // initialize interrupts
  sei();

  while(1){
    set_sleep_mode(SLEEP_MODE_IDLE);
    sleep_mode();
  }
}
```

Benötigen Sie volle Kontrolle über den Ablauf, benutzen Sie `sleep_enable()` (setzt
das Sleep Enable-Bit und erlaubt den Wechsel in den Sleep-Modus), `sleep_cpu()`
(versetzt die MCU in den eingestellten Sleep-Modus) und `sleep_disable()` (löscht
das Sleep Enable-Bit wieder).

In Assemblerprogrammen für AVR-GCC setzen Sie die Bits direkt im Register
MCUCR. Beachten Sie, daß MCUCR in den Bits 0–3 Einstellungen für externe Interrupts
enthält, die nicht durch eine direkte Wertzuweisung gelöscht werden dürfen, sodaß
z. B. zunächst alle Modus-Bits gelöscht und anschliessend die benötigten Bits gesetzt
werden müssen:

```
#include <avr/io.h>

  in R17, _SFR_IO_ADDR(MCUCR)
  cbr R17, (1<<SM2)|(0b11<<SM0)          ; clear all mode bits
  sbr R17, (0<<SM2)|(0b00<<SM0)|(1<<SE)  ; set mode bits, enable sleep
  out _SFR_IO_ADDR(MCUCR), R17

mainLoop:
  sleep            ; enter sleep mode
  nop              ; do nothing after wake-up
  rjmp mainLoop
```

Weitere Header

Eine wichtige Headerdatei im Zusammenhang mit atomaren, d. h. nicht durch Interrupts unterbrechbaren Codeblöcken, ist `avr/atomic.h`, Abschnitt 2.1.3. Weitere Headerdateien werden bei der Vorstellung von MCU-Baugruppen wie z. B. EEPROM (Headerdatei `avr/eeprom.h`), USART (`util/setbaud.h`) oder TWI (`util/twi.h`) erklärt.

2.1.3 16 bit-Werte und -Register

Die Prozessorregister des ATmega16 sind 8 bit breit und können daher nur Werte kleiner 256 direkt verarbeiten. Die Werte der meisten I/O-Register besitzen ebenfalls eine Breite von 8 Bit, sodaß Sie den Großteil der Hardware über je ein Prozessorregister ansteuern können. Einige Baugruppen arbeiten mit einem größeren Wertebereich, z. B. der 16 bit-Timer 1, dessen Zählerstand oder Vergleichswert über je zwei 8 bit-I/O-Register angesprochen werden muss. Ein anderes Beispiel ist das 10 bit breite Ergebnis des ADC, das ebenfalls über zwei 8 bit breite I/O-Register ausgelesen werden muss. In solchen Fällen stellt die MCU ein I/O-Registerpaar zur Verfügung, dessen Namen auf H und L für das höherwertige bzw. niederwertige Byte enden, wie `TCNT1H`/`TCNT1L`, `OCR1AH`/`OCR1AL` oder `ADCH`/`ADCL`. Zusätzlich stellt die AVR-GCC-Bibliothek 16 bit breite Pseudoregister ohne die Suffixe H und L bereit, wie `TCNT1`, `OCR1A` oder `ADC`. Es gibt somit folgende Zugriffsmöglichkeiten für den Lesezugriff, von denen die erste für C-Programme zu empfehlen ist:

```
uint16_t value1 = TCNT1;      // recommended

uint8_t value2l = TCNT1L;     // access order L, H is significant
uint8_t value2h = TCNT1H;
uint16_t value2 = (value2h<<8) | value2l;
```

Für den Schreibzugriff existieren diese zwei Zugriffsvarianten, in diesem Fall ist die zweite für C-Programme vorzuziehen:

```
OCR1AH = (uint8_t)(value>>8); // access order H, L is significant
OCR1AL = (uint8_t)value;

OCR1A = value;                // recommended
```

Alle gezeigten 16 bit-Lese- und Schreiboperationen sind nichtatomar, da zwei separate 8 bit-Operationen benötigt werden. Da sich bei Leseoperationen der Wert zwischen diesen beiden Operationen ändern kann (beim ADC kann eine Konversion beendet sein, ein Zähler kann inkrementiert worden sein), stellt die AVR-MCU einen Synchronisierungsmechanisus bereit, der durch den Zugriff auf das niederwertige Byte ausgelöst wird. Beim Zugriff auf das niederwertige oder L-Byte eines Zählerregisters wird der Inhalt des höherwertigen oder H-Registers in ein temporäres Hilfsregister geschrieben und bis zum anschliessenden Lesen des H-Registers gespeichert. Umgekehrt wird beim Schreiben das höherwertige Byte im Hilfsregister zwischengespeichert, bis anschliessend das niederwertige Byte geschrieben wird. Für alle 16 bit-Werte, die auf diese Weise synchronisiert werden, existiert nur ein einziges gemeinsames Hilfsregister.

Lese- und Schreiboperationen auf 16 bit-Werten werden durch zwei separate 8 bit-Operationen realisiert. Um Datenänderungen zwischen den einzelnen Operationen vorzubeugen, müssen Sie folgende Zugriffssequenzen einhalten, wenn Sie explizit 8 bit-Zugriffe verwenden (für Assemblerprogrammierer unabdingbar), gezeigt am Beispiel des 16 bit-Zählerregisters TCNT1 [1, pp. 92]:

```
// read (C):
uint8_t low = TCNT1L;
uint8_t high = TCNT1H;

; read (assembler, avr-gcc):
#include <avr/io.h>
in r16, _SFR_IO_ADDR(TCNT1L)    ; low byte
in r17, _SFR_IO_ADDR(TCNT1H)    ; high byte

// write (C):
OCR1AH = (uint8_t)(value>>8);
OCR1AL = (uint8_t)value;

; write (assembler, avr-gcc):
#include <avr/io.h>
ldi r17, 0x20                   ; high byte
ldi r16, 0x10                   ; low byte
out _SFR_IO_ADDR(TCNT1H), r17
out _SFR_IO_ADDR(TCNT1L), r16
```

Bei Verwendung der 16 bit-Pseuderegister TCNT1, OCR1A etc. erzeugt der Compiler zwei atomare Operationen in der richtigen Reihenfolge, sodaß diese Variante für C-Programmierer vorzuziehen ist.

Beachten Sie, daß separate 8 bit-Lese- oder Schreiboperationen grundsätzlich durch Interrupts getrennt werden können. Das beschriebene Hilfsregister kann innerhalb des Interrupthandlers verändert werden und zu Dateninkonsistenz führen. Sperren Sie ggf. Interrupts vor Zugriffen auf 16 bit-Register und geben Sie sie anschliessend wieder frei:

```
// in C:
uint8_t sreg = SREG;     // save SREG
cli();                   // disable interrupts
value = TCNT1;           // do some 16 bit access
SREG = sreg,             // re-enable interrupts

; in Assembler (avr-gcc):
#include <avr/io.h>
in r18, _SFR_IO_ADDR(SREG)    ; save SREG
cli                           ; disable interrupts
```

```
in r16, _SFR_IO_ADDR(TCNT1L)    ; do some 16 bit access
in r17, _SFR_IO_ADDR(TCNT1H)

out _SFR_IO_ADDR(SREG), r18     ; re-enable interrupts
```

Die geschilderte Möglichkeit, Operationen atomar auszuführen, indem Sie in einem Block Interrupts sperren, wird durch die Headerdatei util/atomic.h unterstützt. Sie stellt ein Makro ATOMIC_BLOCK bereit, das die notwendige Behandlung von Interruptflag und Statusregister übernimmt:

```
#include <util/atomic.h>
volatile uint16_t cnt;

ISR(TIMER1_OVF_vect){
  cnt++;
}

int main(void){
  uint16_t copyOfCnt;
  while (1){
    ATOMIC_BLOCK(ATOMIC_RESTORESTATE){
      copyOfCnt = cnt;
    }
    ... do something with copyOfCnt ...
  }
}
```

Der Codeblock innerhalb des ATOMIC_BLOCK wird ohne Unterbrechung durch Interrupts ausgeführt, da zu seinem Beginn der Inhalt des Statusregisters gesichert und das I-Flag gelöscht wird. Durch die Angabe ATOMIC_RESTORESTATE wird das Statusregister nach Abschluss des Blocks in den vorigen Zustand zurückversetzt. Wollen Sie das I-Flag am Blockende setzen oder löschen, können Sie als Parameter ATOMIC_FORCEON oder ATOMIC_FORCEOFF benutzen und Flash-ROM bzw. Taktzyklen sparen, da in diesen beiden Fällen das Flag nicht zwischengespeichert werden muss. Innerhalb eines atomaren Blocks können mit Hilfe des Makros NONATOMIC_BLOCK und des Parameters ATOMIC_RESTORESTATE kurzfristig Interrupts wieder freigegeben werden.

2.1.4 Interrupts und -vektoren

Den einzelnen Interrupttypen sind Kontrollbits in den I/O-Registern der entsprechenden Baugruppen zugeordnet, z. B. das Kontrollbit INT0 im I/O-Register GICR für den externen Interrupt Nr. 0. Sie müssen Interrupts durch Setzen des jeweiligen Kontrollbits aktivieren und zusätzlich das globale Interruptflag I im Statusregister mit der Funktion sei() (C) bzw. der Instruktion sei (Assembler) setzen. Durch Löschen des Kontrollbits werden die Interrupts deaktiviert.

Interruptvektoren bilden sich aus den symbolischen Namen der Interrupts gemäß Datenblatt mit angehängtem _vect (Tab. 1.7) und werden über die Headerdatei avr/interrupt.h bereitgestellt. Beispiel

```
#include <avr/interrupt.h>

ISR(INT0_vect){ ... }

ISR(USART_RXC_vect){ ... }

int main(void){
  GICR |= (1<<INT0);     // enable external interrupt INT0
  UCSRB |= (1<<RXCIE);   // enable USART receive interrupt
  sei();                 // enable interrupts globally
}
```

Assemblerprogrammierer, die den Atmel-Assembler AVRASM2 nutzen, benötigen die Headerdatei iom16.h.

Wenn Sie Interrupts in Ihrem Programm benutzen, müssen Sie einige Besonderheiten berücksichtigen:
- Funktionen, die aus der Haupt- und der Interruptebene heraus aufgerufen werden, müssen *reentrant* sein, d. h. mehrere parallele Aufrufe dürfen sich nicht gegenseitig beeinflussen. Da sie verwendete Register nicht klonen können, vermeiden Sie besser solche Konstruktionen.
- Variablen, die von Hauptprogramm und Interrupthandler gemeinsam genutzt werden, müssen mit volatile gekennzeichnet sein, Abschnitt 2.1.1.
- Zugriffe auf solche Variablen müssen *atomar* sein, insbesondere wenn auf Maschinenspracheebene mehrere Instruktionen zur Realisierung des Zugriffs benötigt werden. Es besteht sonst die Gefahr, daß die Daten zwischen den einzelnen Instruktionen verändert werden, z. B. durch zwischenzeitlich ausgelöste Interrupthandler. Dies ist bei allen Datentypen der Fall, die breiter als 8 bit sind, also z. B. bei int oder uint16_t sowie Zugriffe auf 16 bit-I/O-Register, Abschnitt 2.1.3.
  Müssen Sie nur Flags oder Statuswerte zwischen Hauptprogramm und Interrupthandler austauschen, benutzen Sie uint8_t, um atomare Zugriffe zu realisieren.

2.2 Aufbau eines reinen Assemblerprogramms

Mikrocontroller sind prädestiniert für Aufgaben, die häufig klein oder zeitkritisch sind, sodaß Sie immer wieder entscheiden müssen, ob ein C-Programm oder ein kompaktes geschwindigkeitsoptimales Assemblerprogramm zur Lösung geeignet ist. In Atmel Studio können Sie reine Assemblerprogramme als Projekt mit dem „Assembler"-Projekttemplate anlegen. Dieser Ansatz hat Vor- und Nachteile:

– Sie haben volle Kontrolle über jedes erzeugte Byte im flash-fähigen Image, es wird nur der von Ihnen geschriebene Code ins Image übertragen.
– Der Quellcode wird als .asm-Datei angelegt und mit dem AVRASM2-Assembler übersetzt [10].
– Dieser Assembler kann nur eine Quellcodedatei verarbeiten, weitere dazugehörende Dateien müssen via .include eingebunden werden.
– Es können keine Bibliotheken benutzt werden.
– Alle Interruptvektoren müssen wie im folgenden gezeigt vollständig enthalten sein und ggf. auf den Resetvektor verweisen, wenn sie nicht benötigt werden.

Das Grundgerüst eines Assemblerprogramms Listing 2.3 enthält folgende Teile:
– Bereitstellung einer Zieladresse für jeden Interruptvektor in Form einer Sprunganweisung jmp zum Interrupthandler,
– Initialisierung des Stackpointers durch Setzen auf RAMEND und
– Freigabe von Interrupts, falls notwendig.

Listing 2.3. Grundgerüst eines reinen Assemblerprogramms in der Syntax für den Atmel Assembler AVRASM2 (ATmega16).

```
1   .device ATMEGA16
2
3   .org 0x0000
4       jmp     RESET           ; Reset Handler
5       jmp     INT0            ; IRQ0 Handler
6       jmp     INT1            ; IRQ1 Handler
7       jmp     TIM2_COMP       ; Timer2 Compare Handler
8       jmp     TIM2_OVF        ; Timer2 Overflow Handler
9       jmp     TIM1_CAPT       ; Timer1 Capture Handler
10      jmp     TIM1_COMPA      ; Timer1 CompareA Handler
11      jmp     TIM1_COMPB      ; Timer1 CompareB Handler
12      jmp     TIM1_OVF        ; Timer1 Overflow Handler
13      jmp     TIM0_OVF        ; Timer0 Overflow Handler
14      jmp     SPI_STC         ; SPI Transfer Complete Handler
15      jmp     USART_RXC       ; USART RX Complete Handler
16      jmp     USART_UDRE      ; UDR Empty Handler
17      jmp     USART_TXC       ; USART TX Complete Handler
18      jmp     ADC             ; ADC Conversion Complete Handler
19      jmp     EE_RDY          ; EEPROM Ready Handler
20      jmp     ANA_COMP        ; Analog Comparator Handler
21      jmp     TWSI            ; Two-wire Serial Interface Handler
22      jmp     EXT_INT2        ; IRQ2 Handler
23      jmp     TIM0_COMP       ; Timer0 Compare Handler
24      jmp     SPM_RDY         ; Store Program Memory Ready Handler
25
26  RESET:
27      ldi     R16,high(RAMEND); Main program start
```

```
28    out    SPH,R16      ; Set Stack Pointer to top of RAM
29    ldi    R16,low(RAMEND)
30    out    SPL,R16
31    ...
32    sei                 ; Enable interrupts if required
33    ...
34  .exit
```

Listing 2.3 enthält für *jeden möglichen* Interruptvektor des ATmega16 eine Sprungin-
struktion jmp zum entsprechenden Handler. Der Typ des Vektors ergibt sich aus der
Position des Sprungbefehls im Flash-ROM, d. h. im Normalfall steht an Adresse 0x000
der RESET-Vektor, an dritter Stelle (Adresse 0x000+2×4= 0x008) der INT1-Vektor usw.
Damit diese Zuordnung möglich ist, müssen Sie für alle, auch die nicht benötigten,
Vektoren einen 4 Byte langen Eintrag in der Vektortabelle vorsehen. Lassen Sie einen
unbenutzten Vektor fort, verrutschen die folgenden jmp-Instruktionen und damit die
Typen der Handler.

Sie können die Adressen Ihrer benutzten Vektoren durch .org-Direktiven korrigieren und damit Lücken in der Vektortabelle schaffen oder unbenutzte Vektoren mit
den Instruktionen reti nop füllen. Es ist dann aber schwierig, unvorhergesehene Interrupttrigger zu identifizieren, die durch Programmierfehler auftreten, da entweder
zufällige Speicherinhalte als Instruktionen interpretiert werden oder Interrupts ausgelöst und sofort beendet werden, also unbemerkt bleiben. In beiden Fällen sind die
Fehler schwer zu reproduzieren. In der Regel werden unbenutzte Interrupts auf den
Reset-Handler gelegt. Treten sie doch auf, wird ein Reset ausgeführt, der relativ eindeutig erkannt werden kann.

Im Reset-Handler wird der Stackpointer SP initialisiert, d. h. mit Hilfe des Symbols RAMEND auf das Speicherende gesetzt, sodaß der Stack vom Ende des SRAMs her
aufgebaut wird. Die Makros high() und low() unterstützen das Zerlegen der Speicheradresse in ein High- und Low-Byte.

[9] enthält eine Übersicht über die verfügbaren Assemblerinstruktionen, mit denen das Hauptprogramm formuliert werden kann, sowie Details zu Ausführungszei-
ten, Opcodes, Beeinflussung der Statusflags und eine thematische Gruppierung. Beachten Sie besonders, welche Instruktionen mit welchen der 32 verfügbaren Register
möglich sind, bzw. welche Restriktionen jeweils zu beachten sind.

Sie können einige Richtlinien zur Nutzung der Register in reinen Assemblerprogrammen aufstellen: **i**
- Die Registerpaare R27:R26, R29:R28 und R31:R30 stellen die 16 bit-Pointerregister X, Y und Z dar.
  Alle Pointerregister können ins SRAM zeigen, Z zusätzlich ins Flash-ROM. Benötigen Sie Pointer
  ins SRAM, nutzen Sie die Register R26–R31. Für Zugriffe aufs Flash-ROM benötigen Sie R31:R30
  sowie R0 für die lpm-Instruktion.
- Als Registerpaar für 16 bit-Werte ist R25:R24 geeignet, da es für die Instruktionen adiw und sbiw
  im immediate-Adressmodus verwendet werden kann, ohne ein Pointerregister zu blockieren.

- Gezieltes Setzen und Löschen von einzelnen Bits ist über die Instruktionen sbr und sbr in den Registern R16–R31 möglich. Zusätzlich kann mit Hilfe der Instruktionen sbrc und sbrs der Zustand einzelner Bits in *allen* Registern als Sprungbedingung genutzt werden.
- Direktes Laden von Werten ist mit den Registern R16–R31 im „immediate mode" möglich. Dies betrifft die Befehle ldi, andi, ori, cbr, sbr, cpi, sbci, subi und ser. Direkte wortweise Addition/Subtraktion von Werten ist über die Instruktionen adiw und sbiw mit den Registerpaaren R25:R24, R27:R26, R29:R28 und R31:R30 möglich.
- Für andere Zwecke können die Register R0–R15 benutzt werden.

(Wenn Sie Assembler- und C-Programme mischen, ist die Registernutzung durch Codepassagen, die vom C-Compiler erzeugt wurden, komplexer, siehe unten.

Das in Abschnitt 2.1.3 zur Behandlung von 16 bit-Registern Gesagte ist im Rahmen der Assemblerprogrammierung besonders zu beachten, da hier keine 16 bit-Pseudoregister zur Verfügung stehen und Sie 16 bit-Zugriffe selber in 8 bit-Operationen auflösen müssen.

Listing 2.4 zeigt ein vollständig in Assembler geschriebenes Beispiel, das dem Blinker mit Hard- und Softwaretimern aus Abschnitt 5.8.2 entspricht. Der Quellcode zeigt die Syntax des Atmel-Assemblers AVRASM2. Bei einem Assemblerprojekt bietet Atmel Studio keine Möglichkeit, mit einem Linker Bibliotheken hinzuzufügen, sodaß wir die Hardwareansteuerung der Timer/Counter-Baugruppe „von Hand" ausprogrammieren müssen. Um dennoch ähnlich wie bei Nutzung eigener C-Bibliotheken vorzugehen, sind einige Konstanten, die für die Steuerregister benötigt werden, in einer wiederverwendbaren Include-Datei ausgelagert, Listing 2.5.

Listing 2.4. Reines Assemblerprogramm (Blinker), Syntax für Atmel-Assembler AVRASM2 (Programm AsmMixTest.c).

```
1  .device ATMEGA16
2  .include "tmrcntLibDefines.inc"
3
4  ; user configuration
5  .equ   F_CPU     = 6144000
6  .equ   OCR0_FREQ = 50
7  .equ   OVF0_VALUE  = (F_CPU/1024/OCR0_FREQ)-1
8  .equ   OCR1_FREQ = 2
9  .equ   OCR1_VALUE  = (F_CPU/1024/OCR1_FREQ)-1
10
11 .equ   D_LED_GREEN = DDD5
12 .equ   P_LED_GREEN = PD5
13 .equ   D_LED_RED = DDD6
14 .equ   P_LED_RED = PD6
15 .macro   TOGGLELED_RED
16   in temp1, PORTD
17   ldi temp2, (1<<P_LED_RED)
18   eor temp1, temp2
```

```
19    out PORTD , temp1
20  . endm
21  . macro   TOGGLELED_GREEN
22    in temp1 , PORTD
23    ldi temp2 , (1<<P_LED_GREEN )
24    eor temp1 , temp2
25    out PORTD , temp1
26  . endm
27  . macro initPorts
28    sbi DDRD , D_LED_GREEN
29    sbi DDRD , D_LED_RED
30  . endm
31
32  ; register assignments
33  . def   SUBCLKCNT = R16
34  . def   temp1     = R17
35  . def   temp2     = R18
36
37  . cseg
38  ; --------- IRQ vectors
39  . org 0x0000
40    jmp    RESET
41    reti nop ; jmp    INT0
42    reti nop ; jmp    INT1
43    reti nop ; jmp    TIM2_COMP
44    reti nop ; jmp    TIM2_OVF
45    reti nop ; jmp    TIM1_CAPT
46    jmp    TIM1_COMPA
47    reti nop ; jmp    TIM1_COMPB
48    reti nop ; jmp    TIM1_OVF
49    jmp    TIM0_OVF
50    reti nop ; jmp    SPI_STC
51    reti nop ; jmp    USART_RXC
52    reti nop ; mp  USART_UDRE
53    reti nop ; jmp    USART_TXC
54    reti nop ; jmp    ADC
55    reti nop ; jmp    EE_RDY
56    reti nop ; jmp    ANA_COMP
57    reti nop ; jmp    TWSI
58    reti nop ; jmp    EXT_INT2
59    reti nop ; jmp    TIM0_COMP
60    reti nop ; jmp    SPM_RDY
61
62  ; ---------- RESET/main loop
63  RESET:
64    ldi    temp1 ,high(RAMEND)  ; Main program start
65    out    SPH ,temp1        ; Set Stack Pointer to top of RAM
66    ldi    temp1 ,low (RAMEND)
67    out    SPL ,temp1
```

```
68
69    initPorts
70
71    ;initOverflow ( TIMER_TIMER0 , 255 - OVF0VALUE, TIMER_CLK_PSC1024 ,
          TIMER_ENAIRQ);
72    ldi temp1, 255-OVF0_VALUE
73    out TCNT0, temp1
74    in temp1, TIMSK
75    sbr temp1, (1<<TOIE0)
76    out TIMSK, temp1  ; enable IRQ
77    ldi temp1, (TIMER_CLK_PSC1024 <<CS00)
78    out TCCR0, temp1  ; set prescaler and OVF mode
79    ; initCTC ( TIMER_TIMER1 , OCR1VALUE , TIMER_COMPNOACTION ,
          TIMER_CLK_PSC1024 , TIMER_ENAIRQ);
80    ldi temp1, high(OCR1_VALUE)
81    out OCR1AH, temp1
82    ldi temp1, low(OCR1_VALUE)
83    out OCR1AL, temp1   ; set compare value
84    clr temp1
85    out TCNT1H, temp1
86    out TCNT1L, temp1   ; clear counter
87    in temp1, TIMSK
88    sbr temp1, (1<<OCIE1A)
89    out TIMSK, temp1  ; enable IRQ
90    ldi temp1, (TIMER_COMPNOACTION <<COM1A0)|(0b00<<WGM10)
91    out TCCR1A, temp1   ; set CTC, no output pin action
92    ldi temp1, (0b01<<WGM12)|(TIMER_CLK_PSC1024 <<CS10)
93    out TCCR1B, temp1   ; set CTC, prescaler
94    ldi temp1, (0<<SM2)|(0b00<<SM0)|(1<<SE)
95    out MCUCR, temp1    ; set sleep_mode_idle and enable sleep
96
97    ldi SUBCLKCNT, OCR0_FREQ
98    sei           ; Enable interrupts if required
99  mainLoop:
100    sleep          ; enter sleep mode
101    nop            ; do nothing after wake-up
102    rjmp mainLoop
103
104  ; ----------- IRQ handler
105  TIM1_COMPA:
106    ;push temp1       ; push/pop only required if main program
107    ;push temp2       ; does use temp1/temp2
108    TOGGLELED_GREEN
109    ;pop temp2
110    ;pop temp1
111    reti
112
113  TIM0_OVF:
114    ;push temp1        ; push/pop only required if main program
```

```
115    ;push temp2         ; does use temp1/temp2
116    ldi temp1 , 255-OVF0_VALUE
117    out TCNT0 , temp1
118
119    dec SUBCLKCNT
120    brne tim0ovfEnd
121    ldi SUBCLKCNT , OCR0_FREQ
122    TOGGLELED_RED
123  tim0ovfEnd :
124    ;pop temp2
125    ;pop temp1
126    reti
127
128  .exit
```

Listing 2.5. Reines Assemblerprogramm, Includedatei für Konstanten, Syntax für Atmel-Assembler AVRASM2 (Programm AsmMixTestS.S).

```
1    .equ TIMER_TIMER0 = 0
2    .equ TIMER_TIMER1 = 1
3    .equ TIMER_TIMER2 = 2
4
5    .equ TIMER_DISIRQ = 0
6    .equ TIMER_ENAIRQ = 1
7
8    .equ TIMER_PININPUT   = 0
9    .equ TIMER_PINOUTPUT  = 1
10
11   .equ TIMER_COMPNOACTION = 0
12   .equ TIMER_COMPTOGGLE = 1
13   .equ TIMER_COMPCLEAR   = 2
14   .equ TIMER_COMPSET     = 3
15   .equ TIMER_PWM_NONINVERS= 2
16   .equ TIMER_PWM_INVERS = 3
17
18   .equ TIMER_CLK_STOP    = 0
19   .equ TIMER_CLK_PSC1    = 1
20   .equ TIMER_CLK_PSC8    = 2
21   .equ TIMER_CLK_PSC64   = 3
22   .equ TIMER_CLK_PSC256 = 4
23   .equ TIMER_CLK_PSC1024   = 5
24   .equ TIMER_CLK_Tin_HL = 6
25   .equ TIMER_CLK_Tin_LH = 7
26   .equ TIMER_CLK_PSC32   = 6
27   .equ TIMER_CLK_PSC128 = 7
28
29   .equ TIMER_ICP_HL    = 0
30   .equ TIMER_ICP_LH    = 1
```

2.3 Aufbau gemischter C- und Assemblerprogramme

Gemischte C-/Assemblerprogramme legen Sie in Atmel Studio als Projekt mit dem „C/C++"-Projekttemplate an. Dieser Ansatz hat Nach- und viele Vorteile:
- Sie haben in den C-Modulen kaum Kontrolle über den Inhalt der Flash-ROM-Datei, neben Ihrem explizit formulierten Programmcode wird vom C-Compiler eine komplexe Infrastruktur angelegt.
- Sie können in einem C-Projekt ausschliesslich mit Assemblerdateien arbeiten, und haben dann große Kontrolle über das Compilat. Um den Assemblercode aus C heraus nutzen zu können, müssen Sie passende Headerdateien bereitstellen. Die Bibliothek aus Abschnitt 6.3 zeigt diese Möglichkeit.
- Der Quellcode wird als .s- oder .S-Datei angelegt und mit dem AVR-GCC-Compiler übersetzt, der auch einen Assembler enthält [24].
- Der Compiler kann mehrere C- oder Assembler-Quellcodedateien verarbeiten.
- Es können externe Bibliotheken benutzt werden.
- Sie müssen nur die wirklich benötigten Interrupthandler bereitstellen, da die Interruptvektoren vom Compiler korrekt in die Sprungtabelle eingetragen werden.

Aufgrund der komplexen Infrastruktur, die für Ihr Programm erzeugt wird, werden wir in diesem Buch für gemischte Beispiele stets ein Rahmenprogramm mit einer `main()`-Funktion in C schreiben, das Funktionen aufruft, die in Assembler geschrieben sind. Auf diese Weise können wir die Infrastruktur nutzen, ohne sie in Assembler nachbilden zu müssen. Speziell können wir dann alle Bibliotheken des Buches auch aus Assemblerfunktionen heraus nutzen.

Weiterhin ist es am einfachsten, C- und Assemblerfunktionen in separaten Dateien zu speichern. Sie legen dazu in Atmel Studio ein C-Projekt an und erzeugen alle Quellcodedateien (C oder Assembler) über das Kontextmenu des Projektes im Solution Explorer (rechter Mausklick auf das Projekt) und den Befehl „Add New Item". Wählen Sie im Dialog „Add New Item" einfach den gewünschten Typ „C File", „Include File", „Preprocessing Assembler File (.S)" oder „Assembler File (.s)" aus.

Atmel Studio verwendet zwei verschiedene Assemblerprogramme, je nachdem, mit welchem Template Sie das Projekt anlegen. Beide Assembler unterscheiden sich geringfügig in ihrer Syntax, siehe Tab. 2.4. Verwechseln Sie diese Syntax nicht mit der AVR-Maschinensprache oder deren symbolischer Repräsentation, den Mnemonics, die in beiden Fällen identisch sind.

Bei reinen Assemblerprojekten, die auf dem Projekttemplate „Assembler" basieren, wird der Quellcode als .asm-Datei angelegt und der AVRASM2-Assembler benutzt [10]. Dieser Assembler kann nur eine Quellcodedatei verarbeiten, weitere Dateien müssen via .include eingebunden werden. Der Assembler kennt die Direktiven .equ und .def, aber kein .extern, da keine Benutzung von Bibliotheken möglich ist. Alle Interruptvektoren müssen wie in Listing 2.3 und Listing 2.4 gezeigt vollständig enthalten sein und ggf. auf den Resetvektor zeigen.

Bei gemischen Projekten, die auf dem Projekttemplate „C/C++" aufbauen, findet der AVR-GCC-Assembler Anwendung, um den Quellcode zu übersetzen, der in .s- oder .S-Dateien (Assembler) oder

Tab. 2.4. Die wichtigsten Unterschiede zwischen den beiden im Atmel Studio verwendeten Assemblern.

AVRASM2 [10]	AVR-GCC [24]
–	`.extern`, `.global`
`.device`	–
`high()`, `low()`	`hi8()`, `lo8()`
`.cseg`, `.dseg`, `.eseg`	`.text`, `.data`
`.equ symbol=expr`	`.equ symbol,expr`, `#define symbol expr`
`.def name=reg`	`#define name reg`
`.include`	`.include`, `#include`
`.byte byteLen` (in `.dseg`)	`.byte`, `.word`, `.ascii`, `.asciz` (Label ggf. mit `.global` als globales Symbol deklarieren, uninitialisiert abgelegt in SRAM je nach Sektion (`.data`/`.section .data` oder `.section .bss`), mit gegebenen Werten abgelegt im Flash-ROM Sektion `.text`)
–	`.comm name, byteLen` (globales Symbol, immer uninitialisiert in SRAM Sektion `.bss` abgelegt)
–	`.lcomm name, byteLen` (immer uninitialisiert in SRAM Sektion `.bss` abgelegt)
`.db value+`, `.dw value+` (in `.cseg` oder `.eseg`, Konstanten)	–
`.org adr`	`.org adr`

`.c`-Dateien (C) vorliegt. Die `.S`-Dateien werden mit dem C-Präprozessor verarbeitet und können Anweisungen wie `#include` oder `#define` enthalten. Die Direktive `.extern` erlaubt Aufruf und Nutzung von Funktionen oder Variablen, die nicht im Assemblercode, sondern in Bibliotheken oder Quellcodedateien in der Sprache C definiert sind.

Im Gegensatz zu reinen Assemblerprogrammen, die mit AVRASM2 übersetzt werden, müssen Sie beim AVR-GCC darauf achten, bei den Instruktionen `in` und `out` über das Makro `_SFR_IO_ADDR()` Speicher- in I/O-Adressen umzuwandeln, siehe unten!

2.3.1 Speicheradressen vs. I/O-Adressen (Registernummern)

Bereits in Abschnitt 1.6 wurde im Zusammenhang mit I/O-Registern der Unterschied zwischen Speicher- und I/O-Adresse angesprochen. Da dieser Unterschied beim Schreiben von Assemblerquellcode leicht zu Verwirrung und Fehlern führt, wollen wir ihn hier noch einmal untersuchen.

Die Assemblerinstruktionen `lds` und `sts` arbeiten auf *Speicheradressen*, die entweder im SRAM liegen oder bei I/O-Registern im ATmega16 mit einem Offset von `0x20` ins SRAM gemappt sind. Aus Sicht beider Instruktionen ist dieses Mapping irrelevant, da sie nur Adressen und Daten sehen, nicht jedoch die Herkunft (SRAM oder I/O-Register) der Daten. Beide Instruktionen sind 32 bit (2 Worte) breit und benötigen zu ihrer Ausführung 2 Taktzyklen.

Um schnelleren und effizienteren Code schreiben zu können, existieren die ähnlichen Instruktionen in und out, die auf *I/O-Adressen* arbeiten, jeweils nur 16 bit (1 Wort) breit sind und innerhalb eines einzelnen Taktzyklus ausgeführt werden. Aufgrund der geringen Bitzahl des Opcodes besitzen sie nur einen 6 bit-Adressraum, der für 64 Register ausreicht, ebendie 64 I/O-Register eines ATmega16.

Die C-Headerdatei avr/io.h definiert Symbole für die *Speicheradressen* aller I/O-Register, die für die Verwendung mit in oder out mit Hilfe des Makros _SFR_IO_ADDR() in I/O-Adressen umgewandelt werden müssen. PORTA z. B. besitzt die Speicheradresse 0x3b, aber die I/O-Adresse 0x1b, wie ein Blick ins Datenblatt [1, p. 331] bestätigt. Dort steht als Adresse von PORTA

```
$1B ($3B)
```

Zahlen ohne Auszeichnung wie $1B bedeuten I/O-Adressen, Speicheradressen sind eingeklammert. Folgender Ausschnitt aus einer .S-Assemblerdatei eines gemischten C-/Assemblerprojekt zeigt das Resultat der Übersetzung der Instruktionen out bzw. lds, je einmal mit und ohne Adressumrechnung mittels _SFR_IO_ADDR(). Der Code

```
#include <avr/io.h>
; for avr-gcc
    out PORTA, R16                  ; not OK
    out _SFR_IO_ADDR(PORTA),R16     ; OK
    lds R16, PORTA                  ; OK
    lds R16, _SFR_IO_ADDR(PORTA)    ; not OK
```

wird von AVR-GCC gemäß der resultierenden .lss-Datei übersetzt zu

```
7c: 0b bf           out 0x3b, r16 ; 59  ; PORTA (not OK)
7e: 0b bb           out 0x1b, r16 ; 27  ; _SFR_IO_ADDR(PORTA) (OK)
80: 00 91 3b 00     lds r16, 0x003B     ; PORTA (OK)
84: 00 91 1b 00     lds r16, 0x001B     ; _SFR_IO_ADDR(PORTA) (not OK)
```

Die erste Zeile ist falsch, da out als Adressparameter eine I/O-Adresse, also 0x1b, erwartet, aber die Speicheradresse 0x3b erhält. In der zweiten Zeile wird die Speicheradresse vor der Übergabe an out richtigerweise in die I/O-Adresse umgerechnet. Die vierte Zeile ist wiederum falsch, da lds die Speicheradresse 0x3b erwartet, aber durch die (hier überflüssige) Umrechnung die I/O-Adresse 0x1b erhält. Richtig ist dagegen die dritte Zeile, in der die als Symbol PORTA gespeicherte Speicheradresse ohne Umrechnung verwendet wird. Darüberhinaus zeigt das Listing die Einsparung von je zwei Byte an Flash-ROM durch die Verwendung der I/O-Instruktionen.

Es gibt eine Reihe weiterer Instruktionen, die wie in und out auf I/O-Adressen arbeiten statt auf Speicheradressen. Zu diesen gehören die Sprunginstruktionen sbis und sbic, die in Abhängigkeit des Zustands eines Bits in einem I/O-Register einen Sprung ausführen, sowie die Instruktionen sbi und cbi, mit denen Sie Bits in I/O-Registern setzen bzw. löschen können.

AVRASM2, der bei reinen Assemblerprojekten zum Einsatz kommt, kennt das Makro _SFR_IO_ADDR() ⚡
nicht. Symbole wie PORTA sind durch eine andere Includedatei bereits mit der I/O-Adresse belegt und
können bei in- oder out-Instruktionen ohne Umrechnung angegeben werden.

2.3.2 Übergabe von Argumenten, Registernutzung

Bei gleichzeitiger Verwendung beider Programmiersprachen müssen Sie Kenntnisse
über die Art der Werteübergabe zwischen beiden Sprachen besitzen, die in [11] [22] [6]
geschildert ist.

Argumente in festen Parameterlisten werden den Registern R25–R8 zugewiesen,
wobei das erste Argument von R25 an abwärts gespeichert wird. Es werden soviele
Register verwendet, wie notwendig sind, um das Argument in seiner ganzen Größe zu
speichern. Jedem Argument wird eine *gerade* Zahl an Registern zugewiesen, sodaß
Bytewerte (uint8_t-Typen) in R25:R24 übergeben werden, ebenso auch uint16_t-
Typen. 32 bit-Werte oder Fließkommawerte benötigen vier Register, also z. B. R25:R22.
Es ergibt sich folgendes Schema für den Aufruf einer Funktion f():

Register	R19–R8	R20	R21	R22	R23	R24	R25
f(uint8_t a)	–	–	–	–	–	a	0
f(uint16_t a)	–	–	–	–	–	lo8(a)	hi8(a)
f(uint32_t a)	–	–	–	lo8(a)	hi8(a)	hlo8(a)	hhi8(a)
f(uint8_t a, uint8_t b)	–	–	–	b	0	a	0
f(uint16_t a, uint16_t b)	–	–	–	lo8(b)	hi8(b)	lo8(a)	hi8(a)

Rückgabewerte von Funktionen werden in gleicher Weise in den Registern R25–R18
zurückgeliefert. Je nach Größe des Rückgabewertes werden unterschiedlich viele Registerpaare benutzt, beginnend mit R25:R24:

Register	R19–R8	R20	R21	R22	R23	R24	R25
uint8_t f()	–	–	–	–	–	r	–
uint16_t f()	–	–	–	–	–	lo8(r)	hi8(r)
uint32_t f()	–	–	–	lo8(r)	hi8(r)	hlo8(r)	hhi8(r)

Informationen darüber, wie innerhalb von C- und Assemblerfunktionen mit Registern
umgegangen wird bzw. umgegangen werden muß, können Sie aus [6, Frequently Asked Questions/What registers are used by the C Compiler] erhalten, Tab. 2.5 fasst das
Wesentliche zusammen:

- R0 und R1 können innerhalb einer Assemblerfunktion frei genutzt werden. Sie
  muß R1 vor Aufruf weiterer Funktionen oder vor dem Rücksprung auf 0 setzen.
- Die „call-used register" R18–R27, R30, R31 können innerhalb der Assemblerfunktion frei genutzt werden, ohne daß ihr Inhalt gesichert und wiederhergestellt wer-

den muß. Dies gilt für C-Funktionen, die Sie aus der Assemblerfunktion heraus aufrufen, ebenso. Sie müssen Register, deren Inhalt Sie nicht verlieren wollen, daher vor Aufruf der C-Funktion sichern und nach dem Aufruf wiederherstellen:

```
ASMfunc:
  ldi R18, 0x5f    ; content which must be preserved over C call
  push R18         ; save content
  call Cfunction   ; call C function
  pop R18          ; restore content (for purpose of ASMfunc)
  inc R18
  ret              ; R18 remains changed after ASMfunc
```

Das Instruktionspaar push-pop sichert den Inhalt von R18 über den Aufruf der C-Funktion hinweg, sodaß die Assemblerfunktion mit dem unveränderten Inhalt weiterarbeiten kann.

– Die „call-saved register" R2–R17, R28, R29 können innerhalb der Assemblerfunktion frei genutzt werden, Sie müssen Ihre Inhalte jedoch zu Beginn der Funktion sichern und vor dem Rücksprung wiederherstellen. Auch C-Funktionen, die Sie aus Assembler heraus aufrufen, können diese Register nutzen und verändern, ihre Inhalte werden jedoch von der C-Funktion gesichert und wiederhergestellt, sodaß eine Assemblerfunktion keine Veränderung durch den C-Aufruf bemerkt:

```
ASMfunc:
  push R16         ; ASMfunc must save
  ldi R16, 0x5f    ; change content
  call Cfunction   ; call C function, C saves/restores it!
  inc R16          ; is now 0x60
  pop R16          ; ASMfunc must restore original content
  ret              ; R16 is untouched after ASMfunc
```

Wie Sie sehen, steht nun das push-pop-Paar zu Beginn und am Ende der Assemblerfunktion, um das call-saved register R16 zu sichern, und klammert nicht den Aufruf der C-Funktion ein.

2.3.3 Deklarationen von Funktionen und Variablen

C-Funktionen, die Sie aus Assemblerfunktionen heraus aufrufen wollen, müssen im Assemblermodul als .extern deklariert werden, um sichtbar zu werden. Das gleiche gilt für C-Variablen, Listing 2.7. Umgekehrt müssen Assemblerfunktionen im Assemblercode als .global deklariert werden, um im C-Modul sichtbar zu sein, ebenso wie alle Variablen, die im Assemblercode erzeugt werden und in C-Modulen sichtbar sein sollen. Im C-Quellcode müssen Sie einen Funktionsprototypen mit dem Attribut extern anlegen bzw. eine extern-Variable deklarieren, Listing 2.6. In Tab. 2.6 ist der Sachverhalt zusammengefaßt.

Tab. 2.5. Verwendung von Registern in Assemblerfunktionen und das Zusammenspiel mit C-Funktionen. Angegeben ist, wer Inhalte verändern kann bzw. sichern und wiederherstellen muß.

Register	Assemblerfunktion, gerufen aus C	C-Funktion, gerufen aus Assembler
R0	Frei nutzbar.	C kann Inhalt verändern ohne zu sichern.
R1	Frei nutzbar, vor `ret` auf 0 setzen. Vor Aufruf von C auf 0 setzen.	C setzt vor `ret` auf 0.
R18–R27, R30, R31	Frei nutzbar. Vor Aufruf von C-Funktionen sichern, danach wiederherstellen, wenn Inhalt wichtig für die Assemblerfunktion ist.	C kann Inhalte verändern ohne zu sichern.
R2–R17, R28, R29	Frei nutzbar, zu Funktionsbeginn sichern, vor `ret` wiederherstellen. Bei Aufruf von C-Funktionen nichts zu beachten.	C sichert Inhalte.

Tab. 2.6. Deklaration und Aufruf von Assemblerfunktionen in C-Quellcode und C-Funktionen in Assemblercode [11].

C-Quellcode	Assemblercode
`uint8_t x;` (lege Variable an)	`.extern x` (mache C-Variable sichtbar) `lds R16, x` (nutze sie)
`extern uint8_t y;` (mache Asm-Variable sichtbar) `y = 27;` (nutze sie)	`.comm y, 1` (lege Variable an)
`void Cfunction(void){...};` (Funktion erzeugen)	`.extern Cfunction` (mache C-Funktion sichtbar) `call Cfunction` (rufe C-Funktion)
`extern void AsmFunction(void);` (Assemblerfunktion sichtbar machen) `AsmFunction();` (aufrufen)	`.global AsmFunction` `AsmFunction:` `...` `ret`

2.3.4 Inline-Assembler

Wollen Sie einige wenige Assemblerinstruktionen an vielen Stellen in den C-Quellcode einfügen, lohnt es sich nicht oder ist schwierig, eine separate Assemblerdatei anzulegen und die Instruktionen in (oft nur kleine) Funktionen zu verpacken. Sie können dann Assemblerinstruktionen direkt in den C-Quellcode einfügen [6, Inline Assembler Cookbook] [23, ch. Assembler Instructions with C Expression Operands]. Der dazu notwendige Befehl `asm()` erwartet vier Parameter, die durch Doppelpunkte getrennt werden:

```
asm(Code :
    Liste Ausgabeoperanden :
    Liste Eingabeoperanden
    [: Liste benutzte Register]);
```

Der vierte Parameter kann samt Trennsymbol entfallen. Die Bedeutung der einzelnen Teile erkennen Sie am besten anhand einiger Beispiele:

```
uint8_t result;
asm("in %[retValue], %[port]" : [retValue] "=r" (result) :
  [port] "I" (_SFR_IO_ADDR(PINC)));
asm("nop"::);
asm("out %0, %1" :: "I" (_SFR_IO_ADDR(PORTD)), "r" (result));
```

Die Übersetzung liefert folgenden Assemblercode:

```
f4: 83 b3       in   r24, 0x13 ; 19
f6: 00 00       nop
f8: 82 bb       out  0x12, r24 ; 18
```

Im ersten Parameter wird die Assemblerinstruktion als Zeichenkette übergeben. Der zweite und dritte Parameter spezifizieren die Verknüpfung von Prozessorregistern mit C-Ausdrücken und Einträgen der Liste der Aus- und Eingabeoperanden. Der Ausdruck %i bezieht sich auf den *i*-ten Parameter der beiden Listen (Zählung von Null beginnend), wobei beide Listen zusammengenommen werden. Möchten Sie einzelnen Ein- oder Ausgabeoperanden sprechende Namen zuweisen, setzen Sie die Namen in eckige Klammmern. Sie können anschliessend die Namen (einschliesslich Klammern) anstelle der Parameternummern verwenden. Der letzte, vierte Parameter zählt die Register auf, die durch das Inline-Fragment verändert werden.

---

i Da die Syntax und Symbolik der Parameter komplex werden kann, ist zur Fehlersuche ein Blick in die Assemblerdatei `.lss` hilfreich. Fehler im erzeugten Assemblercode stehen nur in der temporären `.s`-Datei, die normalerweise gelöscht wird. Um Einblick in temporäre Artefakte zu erhalten, schalten Sie die Compileroption `-save-temps` ein (Properties-Seite, Reiter „Toolchain", Eintrag „AVR/GNU C Compiler>Miscellaneous", Option „Do not delete temporary files").

---

i Inline-Assembler ist für kleine Codeabschnitte überschaubar. Aufgrund der Mächtigkeit und der daraus resultierenden komplexen Syntax und erschwerten Lesbarkeit ist es bei längeren Abschnitten in Maschinensprache sinnvoll, sie in eine eigene `.S`-Assemblerdatei auszulagern.

Die Typen und Eigenschaften der einzelnen Ein- und Ausgabeoperanden werden durch Kennbuchstaben beschrieben, Tab. 2.7. So beschreibt `=r` z. B. ein beliebiges Register, `a` ein Register im Bereich R16–R23 oder `I` eine positive 6 bit-Integerzahl. Die

Tab. 2.7. Kennbuchstaben zur Beschreibung der Typen von Ein- und Ausgabeoperanden, die vom Inline-Assembler `asm()` erkannt werden.

Code	Bedeutung	Code	Bedeutung
a	Oberes Register R16–R23	b	Pointerregister Y, Z
c	Oberes Register R16–R31	e	Pointerregister X–Z
l	Unteres Register R0–R15	q	Stackpointer SP
r	Register R0–R31	w	LSB eines oberen Registerpaars R24, R26, R28, R30
t	Temporäres Register R0	x–z	Pointerregister X–Z
I	Positive 6 bit-Zahl 0–63	K	Ganzzahl 2
J	Negative 6 bit-Zahl -63–0	L	Ganzzahl 0
M	8 bit-Ganzzahl 0–255	N	Ganzzahl -1
O	Ganzzahl 8, 16, 24	P	Ganzzahl 1

Kennzeichnung eines Ein- oder Ausgabeparameters erfolgt über Sonderzeichen: = ist ein Write only- oder Ausgabeoperand, + ein Read-/Write-Parameter (der unter den Ausgabeoperanden gelistet werden muß) und & ein Register, das ausschliesslich für Ausgabeoperanden verwendet werden soll.

Einige Kennbuchstaben beschreiben Eingangsoperanden, die Ganzzahl-Konstanten mit festen Werten oder Werten aus einer Wertemenge darstellen. In den runden Klammern muß dann ein C-Ausdruck stehen, der zum Übersetzungszeitpunkt in eine Konstante umgerechnet werden kann, oder eine Zahl, die im vorgesehenen Wertebereich liegt:

```
asm("ldi R16, %0" :: "M" (0x30) : "r16");
// ok, translated into:
10a:   00 e3          ldi r16, 0x30 ; 48


asm("ldi R16, %0" :: "K" (0x30) : "r16");
// not ok, results in error "'impossible contraint in asm"'

asm("ldi R16, %0" :: "K" (0x02) : "r16");
// ok, translated into:
10a:   02 e0          ldi r16, 0x02 ; 2
```

Breitere Datentypen wie `uint16_t` benötigen zur Speicherung mehrere Register. Um auf die einzelnen Bytes eines solchen Parameters gezielt zugreifen zu können, fügen Sie die Symbole A–D vor der Parameternummer hinzu:

```
counter = TCNT1;
asm("out %0, %A2\n\t"
  "out %1, %B2\n\t" ::
  "I" (_SFR_IO_ADDR(PORTD)), "I" (_SFR_IO_ADDR(PORTB)),
    "r" (counter));
```

```
// translated into:
 fa:   8c b5          in   r24, 0x2c ; 44   counter = TCNT1;
 fc:   9d b5          in   r25, 0x2d ; 45
 fe:   82 bb          out  0x12, r24 ; 18   asm(...)
100:   98 bb          out  0x18, r25 ; 24
```

Für den 16 bit-Parameter counter bezeichnet im Beispiel %2 den ganzen Parameter (in R25:R24 gespeichert), %A2 das Register R24 für das niederwertige Byte (LSB) und %B2 das Register R25 fürs höherwertige Byte (MSB). Auf die vier Bytes/Register eines Parameters vom Typ uint32_t mit einer angenommenen Parameternummer 2 müssten Sie über %A2 (LSB) bis %D2 (MSB) zugreifen.

Die Buchstabensymbole werden auch genutzt, wenn Sie als z. B. Parameter %0 ein Pointerregisterpaar verwenden und anstelle einer Registernummer wie R30 die alternative Bezeichnung Z benötigen. Sie können dies über die Angabe %a0 ausdrücken:

```
asm("ld __tmp_reg__, %1+\n\t"
  "out %0, __tmp_reg__" :: "I" (_SFR_IO_ADDR(PORTD)), "e" (channels));
// translated into (.s file):
ld __tmp_reg__, r30+
out 18, __tmp_reg__
```

```
asm("ld __tmp_reg__, %a1+\n\t"
  "out %0, __tmp_reg__" :: "I" (_SFR_IO_ADDR(PORTD)), "e" (channels));
// translated into (.lss file):
 106: 01 90          ld   r0, Z+
 108: 02 ba          out  0x12, r0  ; 18
```

Über das Schlüsselwort volatile teilen Sie dem Compiler mit, daß keine Optimierung vorgenommen werden darf, die zu Veränderungen oder Entfernung des Codes führt:

```
asm volatile (...);
```

Soll mehrzeiliger Assemblercode eingebettet werden, schreiben Sie jede Instruktion in eine separate Zeile und trennen diese zusätzlich mit \n:

```
asm volatile (
  "nop\n\t"
  "nop\n\t"
  "nop\n\t"
  ::: );
```

2.3.5 Beispiel

In Listing 2.6 und Listing 2.7 ist ein Beispiel zur Mischung von C- und Assemblermodulen gezeigt. Beide Listings sind Bestandteil eines C-Projektes, sodaß die gesamte

Programminfrastruktur, die der C-Compiler erzeugt, zur Verfügung steht und `main()` als Startpunkt dient.

`main()` ruft drei Assemblerfunktionen `initCounter()`, `incrementCounter()` und `getValueWithBit15Set()` auf, die in Assembler geschrieben sind und mit `extern` als Funktionsprototyp deklariert sind. Im Assemblerprogramm müssen drei gleichnamige Labels existieren und dem Linker mit dem Schlüsselwort `.global` bekanntgegeben werden. Die Variable `initialValue`, die zur Initialisierung des Zählers dient, wird über die Direktive `.comm` ebenfalls im Assemblercode angelegt und zugleich als globales Symbol exportiert, sodaß sie im C-Modul sichtbar ist. Dort muß sie allerdings ebenso wie die drei Funktionen mit `extern` gekennzeichnet werden, damit sie benutzt werden kann. Zwei der Assemblerfunktionen benutzen das Register `R18`, das gemäß Abschnitt 2.3.2 frei verfügbar ist und durch die Funktion nicht gesichert werden muß.

Innerhalb der `while`-Schleife wird die Funktion `getValueWithBit15Set()` gerufen, die ihrerseits eine C-Funktion `getValueDoubled()` aufruft. Dazu wird die C-Funktion im Assemblermodul als `.extern` deklariert. Die Übergabe des `uint8_t`-Parameters bzw. des `uint16_t`-Rückgabewerts erfolgt über das Registerpaar `R25:R24`.

Der Interrupthandler `TIMER0_COMP_vect` in Abschnitt 2.3.6 und Abschnitt 4.9 zeigt, wie aus Assemblerfunktionen auf C-Arrays zugegriffen und lokale und statische Variablen angelegt werden können.

Listing 2.6. Mischung C-Assembler, C-Teil (Programm AsmMixTest.c).

```
1  /*
2    Mixing of C and assembler functions.
3  */
4  #include <avr/io.h>
5
6  extern uint8_t initialValue;
7  extern void initValues(void);
8  extern void incrementCounter(void);
9  extern uint16_t getValueWithBit15Set(uint8_t);
10
11 uint8_t cnt;
12
13 uint16_t getValueDoubled(uint8_t param){
14   return param*2;
15 }
16
17 int main(void){
18   initValues();
19   cnt = initialValue;
20     while(1) {
21     incrementCounter();
22     uint8_t cntTmp = cnt;
23         uint16_t value = getValueWithBit15Set(cnt);
```

```
24       uint16_t valueTmp = value;
25     }
26 }
```

Listing 2.7. Mischung C-Assembler, Assembler-Teil (Programm AsmMixTestS.S).

```
1  ; Mixing of C and assembler functions.
2  #include <avr/io.h>
3
4  .global initValues          ; export asm methods
5  .global incrementCounter
6  .global getValueWithBit15Set
7  .extern cnt                 ; reference C var
8  .extern getValueDoubled     ; reference C method
9
10 .comm initialValue, 1       ; var declaration (uint8_t)
11 .comm initialValueW, 2      ; var declaration (uint16_t)
12
13 ; init global variable (void method)
14 initValues:
15   ldi R18, 5                ; R18 can freely be used
16   sts initialValue, R18
17   ldi XL, lo8(initialValueW)
18   ldi XH, hi8(initialValueW)
19   ldi R18, 0x34
20   st X, R18
21   ldi R18, 0x12
22   st -X, R18
23   ret
24
25 ; increment external variable (void method)
26 incrementCounter:
27   lds R18, cnt
28   inc R18
29   sts cnt, R18
30   ret
31
32 ; gets a parameter, manipulate it by calling external C function
33 ; and returns (2*(value+1))|(2^15)
34 getValueWithBit15Set:
35   ; uint8_t param is passed in R24 (R25 not used for 8 bit)
36   inc R24
37   clr R25
38   ; uint8_t param is passed in R24 (R25 not used for 8 bit)
39   call getValueDoubled
40   ; set bit 15 in return value in R25:R24
41   sbr R25, (1<<7)
42   ret
```

2.3.6 Interrupthandler in Assembler

Sie können auch Interrupthandler komplett in Assembler schreiben. Diese werden wie die im Beispiel vorgestellten „normalen" Funktionen mit einem globalen Label versehen, das dem Namen des Interruptvektors aus Tab. 1.7 entspricht. Zum Schreiben eines korrekten Handlers ist es wichtig, die Details der Interruptauslösung zu verstehen, die in Abschnitt 1.5 geschildert wurden. Aus diesem Ablauf ergeben sich Konsequenzen, in denen sich Interrupthandler von normalen Funktionen unterscheiden:

- Der Rücksprung aus dem Handler erfolgt mit der Instruktion reti, nicht ret.
- Alle im Handler benutzten Register müssen zu Beginn mit push auf dem Stack gesichert und hernach mit pop wiederhergestellt werden, da der Handler jederzeit aufgerufen werden kann und das unterbrochene Programm selber keine Möglichkeit zur Sicherung hat.
- Das Statusregister SREG muß vom Handler selber gesichert und wiederhergestellt werden, z. B. in einem Register oder auf dem Stack.

Ein typischer Interrupthandler z. B. für einen Timer 0-Output Compare Match weist daher eine Struktur wie die folgende auf:

```
.global TIMER0_COMP_vect      ; export symbol

TIMER0_COMP_vect:
  push R18                     ; save register used
  push R19
  push R20
  push R21
  in R18, _SFR_IO_ADDR(SREG)   ; save status register in stack
  push R18
  ; sei if required
  ...
  ; cli
  pop R18                      ; restore status register
  out _SFR_IO_ADDR(SREG), R18
  pop R21                      ; restore register
  pop R20
  pop R19
  pop R18
  reti
```

Hier wird das Statusregister auf dem Stack gesichert, Sie können aber auch das hier exemplarisch verwendete Register R18 als Speicher nutzen, wenn Sie genügend Register für den Handler frei haben. Abschnitt 4.9 zeigt als konkretes Beispiel einen in Assembler geschriebenen TIMER0_COMP_vect-Interrupthandler.

3 Praktischer Einstieg mit Atmel Studio®

Wie bereits angesprochen, wurden alle Projekte in diesem Buch mit der Entwicklungsumgebung *Atmel Studio®* von Atmel® in der Version 6 entwickelt, übersetzt und gelinkt, ebenso wurde die MCU aus Atmel Studio heraus konfiguriert und programmiert. Atmel Studio kann von der Homepage von Atmel heruntergeladen werden [2] und baut auf der Gnu-Compiler-Suite AVR-GCC auf [22]. Dieses Kapitel zeigt, wie Sie Projekte in Atmel Studio anlegen, übersetzen, linken und in die MCU übertragen sowie offline und innerhalb einer Schaltung debuggen.

3.1 Anlegen einer Lösung und eines Projektes

Konzeptionell sieht Atmel Studio *Solutions* (Lösungen) und *Projekte* als Ausgangspunkt der Entwicklungsarbeit vor. Eine Lösung enthält ein oder mehrere Projekte, die zusammengenommen ein Problem lösen. Projekte enthalten die eigentlichen Entwicklungsartefakte wie Quellcodedateien. Aus jedem Projekt entsteht entweder ein lauffähiges Programm, das in die MCU geladen werden kann, oder eine Bibliothek, die einem anderen Projekt als externe Komponente hinzugefügt wird. Bei der Entwicklung eines verteilten Systems z. B. kann eine Lösung namens SPITest aus einem SPI-Master und einem SPI-Slave bestehen. Der Quellcode des Masters kann in einem Projekt SPIMaster abgelegt werden, der des Slave in einem Projekt SPISlave. Der Quellcode kann für jedes Projekt separat übersetzt und gelinkt werden, jedes Projekt einen anderen Typ haben (C, Assembler, Bibliothek). Atmel Studio bildet die Lösungs-Projekt-Struktur im Dateisystem nach:

```
Verzeichnis von SPITest            (Solution)
+- SPITest.atsln
+- SPITest.atsuo
+- Verzeichnis von SPIMaster       (C-Projekt)
|   +- SPIMaster.cproj, SPIMaster.c, SPIMaster.h
|   +- Debug                       (Konfiguration)
|      +- Makefile, SPIMaster.elf, .hex, .lss, .map, .o, .srec, .eep
+- Verzeichnis von SPISlave        (Assembler-Projekt)
    +- SPISlave.aproj, SPISlave.asm
    +- Debug                       (Konfiguration)
       +- Makefile, SPISlave.elf, .hex, .lss, .map, .o, .srec, .eep
```

Die Verzeichnisse namens Debug spiegeln eine bestimmte Konfiguration von Compiler und Linker wider, Seite 81.

Jedes Beispiel im Buch kann als eigenes C-Projekt angelegt werden. Als Beispiel werden wir eine Lösung AVRBuchDemo erzeugen und darin exemplarisch ein Projekt DigIO24Dekoder für das Beispiel aus Abschnitt 4.6 anlegen, um die Arbeit mit Atmel Studio kennenzulernen.

3.1.1 Erzeugen einer Solution

Benutzen Sie nach dem Start von Atmel Studio den Eintrag „File>New>Project (Ctrl-Shift-N)" im File-Menu, um eine Solution anzulegen:

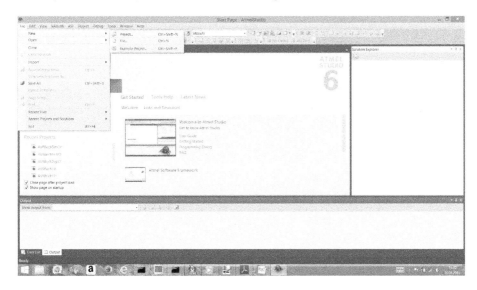

Wählen Sie im „New Project"-Dialog auf der linken Seite das Template „Atmel Studio Solution" aus und geben Sie in den unteren Eingabefeldern den Namen der Solution (AVRBuchDemo) und das Verzeichnis an, in dem alle Dateien gespeichert werden:

Im folgenden werden Sie zahlreiche Einstellungen vornehmen, z. B. welche Bibliotheken hinzugefügt, welche Optimierungs- und Debug-Level benutzt oder in welchem Pfad die Build-Artefakte abgelegt werden sollen. Da sich solche Einstellungen häufig zwischen einem Debugging- und einem Produktions-Szenario unterscheiden, kann Atmel Studio mehrere Parametersätze oder *configurations* verwalten. Per Default ist die „Debug"-Konfiguration aktiv. Sie können über den *configuration manager* neue Konfigurationen anlegen, aktivieren oder löschen. Er wird über die Properties-Seite eines

Projekts (Rechtsklick im Solution Explorer auf das Projekt, Kontextmenu „Properties"), Link „Configuration Manager ..." aufgerufen:

Die Einstellungen der Properties-Seite werden über ein Dropdown-Menu einer bestimmten Konfiguration zugeordnet:

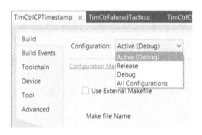

Eigene Konfigurationen sind nützlich, wenn Sie Varianten im Quellcode anhand von Symbolen unterscheiden, also Konstruktionen der Art

```
#define BUZZER_WITH_ELECTRONIC  1

void startSignal(void){
  #ifdef BUZZER_WITH_ELECTRONIC
  PORTD |= (1<<PD5);
  #else
  startTimer(440 /*frequency*/);
  #endif
}
```

benutzen. Hier soll zur Erzeugung eines Summtons durch das Symbol BUZZER_WITH_ELECTRONIC unterschieden werden zwischen einem Summer mit integrierter Elektronik, der über einen Wechsel des Signalpegels eingeschaltet wird, und einem ohne Elektronik, für den via Timer ein Rechtecksignal erzeugt werden muß. Sie können sich für die Variante mit Elektronik eine Konfiguration anlegen, in der das Symbol definiert ist (Properties-Seite, Reiter "Toolchain"', Eintrag „AVR/GNU C Compiler>Symbols"), und eine, in der das Symbol fehlt. Symbole, die an .S-Assemblerdateien übergeben werden sollen, werden im Eintrag „AVR/GNU Assembler" im Textfeld „Assembler Flags" mit der Syntax -DSymbol angelegt.

3.1.2 Projekte für ausführbare C-Programme

Zum Anlegen eines Projekts innerhalb der Solution benötigen Sie den *Solution Explorer*, den Sie nach dem Anlegen oder Öffnen einer Solution auf der rechten Seite finden. Nach dem Erzeugen einer Solution ist der Explorer leer, enthält bei bereits vorhandenen Solutions aber alle darin angelegten Projekte:

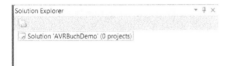

Durch einen Rechtsklick mit der Maus über der Solution öffnen Sie ein Kontextmenü und wählen darin „Add>New Project" aus:

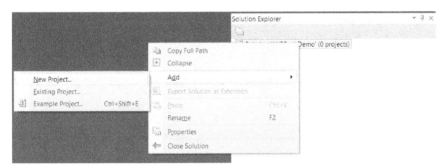

Auf der sich öffnenden Seite wählen Sie in der linken Spalte, ob Sie ein C/C++- oder ein Assemblerprojekt anlegen möchten. In der mittleren Spalte wählen Sie den Projekttyp aus, in diesem Buch werden wir „GCC C Executable Project" und „GCC C Static Library Project" verwenden. Der erste Typ ist für lauffähige Programme wie den geplanten Dekoder vorgesehen, während Sie mit dem zweiten Typ Bibliotheken erzeugen, die nicht ausführbar sind und zu „Executable"-Projekten hinzugefügt werden. In diesem Buch werden wir einige statische Bibliotheken erstellen, die in allen Projekten benutzt werden.

Nach Klick auf die „OK"-Schaltfläche wählen Sie in dem sich öffnenden Dialog den Typ der MCU, der dem Programmcode zugrundeliegen soll, also „ATmega16":

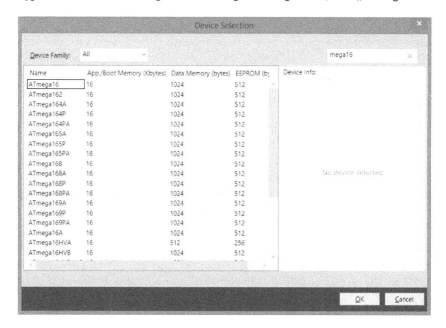

Nach erneuter Bestätigung mit „OK" wird das Projekt angelegt, und es öffnet sich ein
Editor mit einer neuen, noch leeren C-Datei:

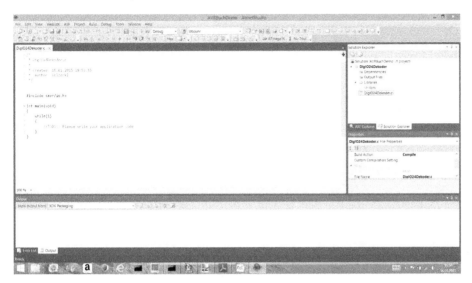

Das soeben erzeugte Projekt und die C-Datei sind im Solution Explorer sichtbar:

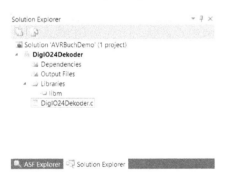

Sie sehen im Solution Explorer stets alle zum Projekt gehörenden Quellcodedateien, die statischen
Bibliotheken, die vom Linker eingebunden werden, sowie alle erzeugten Artefakte wie Assembler-
und Mapdateien. Einige Artefakte wie Assembler- und Mapdateien werden durch den Compiler/Linker
erzeugt und sind erst nach einem Compile/Link-Vorgang sichtbar.

3.1.3 Projekte für statische Bibliotheken

In Projekten für statische Bibliotheken benötigen wir neben der C-Datei mit dem Quellcode noch eine Headerdatei. Sie fügen einem Projekt weitere Dateien hinzu, indem Sie

im Solution Explorer auf dem Projekt durch Rechtsklick das Kontextmenu öffnen und darin „Add>New Item" auswählen:

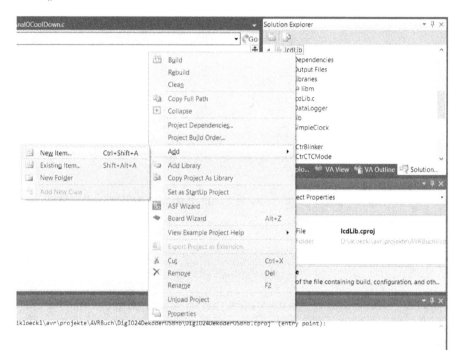

Passend zum zuvor ausgewählten Projekttyp erhalten Sie eine Liste von möglichen Dateitypen, u. a. den gesuchten Typ „Include File":

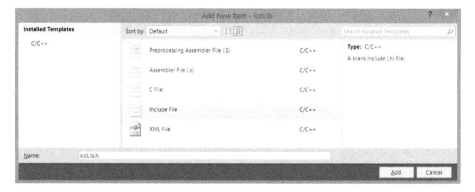

Auch hier öffnet sich ein Editor mit einer neuen, noch leeren Headerdatei, die im Solution Explorer dem Projekt hinzugefügt worden ist. Auf analoge Weise gehen Sie vor, wenn Sie weitere Quellcode- oder andere Dateien hinzufügen möchten oder Assemblerprojekte verwenden.

3.2 Übersetzen und Linken eines Programms

Nach dem Anlegen eines Projektes können wir die leere C-Datei mit Quellcode füllen. Für das Beispiel kopieren Sie bitte den Inhalt von Listing 4.1 in die C-Datei. Wenn wie in diesem Falle keine Bibliotheken benötigt werden, können Sie den Quellcode nun übersetzen und eine Ausgabedatei erzeugen, die ins Flash-ROM der MCU übertragen werden kann. Suchen Sie dazu in der Toolbar die Schaltfläche mit drei Pfeilen und dem Tooltip „Build DigIO24Dekoder" oder alternativ den entsprechenden Menueintrag im „Build"-Menu:

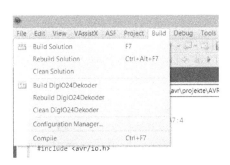

Im „Output"-Fenster am unteren Rand erscheinen die Meldungen des Compilers und Linkers für das Projekt. Besonders wichtig ist, ob erfolgreich ein flashfähiges Image erstellt werden konnte, was an der Meldung „Build succeeded" zu erkennen ist:

Aufgetretene Fehler werden am unteren Rand in der „Error List" aufgelistet:

Error List

1 Error	0 Warnings	1 Message	

Description
1 'P_INPUTD' undeclared (first use in this function)
2 each undeclared identifier is reported only once for each function it appears in

Error List **Output**

Durch einen Doppelklick in einer Zeile können Sie direkt zu der Stelle im Sourcecode-Editor springen, an der der Fehler festgestellt wurde.

Sie können dem Compiler- und Linker-Protokoll wichtige Informationen über den Resourcenbedarf Ihres Programms entnehmen. Knapp vor Ende des Protokolls wird der benötigte Speicherplatz in Flash-ROM und SRAM in Bytes und Prozent des verfügbaren Speicherplatzes angezeigt:

```
Program Memory Usage    : 230 bytes    1,4 % Full
Data Memory Usage       : 0 bytes    0,0 % Full
```

Haben Sie die Resourcen der MCU überschritten, z. B. durch Deklaration eines 1766 Bytes großen Arrays, das mehr als die verfügbaren 1024 Bytes des SRAMs benötigt, wird dies im Protokoll vermerkt:

```
Error 1
Program Memory Usage :   4112 bytes   25,1 % Full
Data Memory Usage    :   1766 bytes  172,5 % Full   (Memory Overflow)
```

Erzeugte Artefakte

Von Compiler und Linker werden neben einer Datei, die ins Flash-ROM übertragen werden kann, weitere Artefakte erzeugt, die nützliche Informationen enthalten. Sie sind im Solution Explorer unter der Rubrik „Output Files" zu finden:

Wichtige Dateien sind:
- Das ins Flash-ROM übertragbare ausführbare Programm im Intel-HEX-Format (Dateiendung `.hex`) und im ELF-Format (Dateiendung `.elf`). Das Intel-HEX-Format ist ein seit den 1970er-Jahren verbreitetes Format, um ausführbare Programme im ASCII-Format auszutauschen und in Mikrocontroller zu übertragen. Es enthält den binären Programmcode im editierbaren ASCII-Format sowie eine Prüfsumme. Die `.elf`-Dateien („production files") enthalten den binären Programmcode im ELF-Format (executable and linkable format), zusätzlich jedoch auch die binären Daten für EEPROM-Inhalte, Fuse- oder Lockbits, falls vorhanden. Sie erhalten auf diese Weise eine einzige Datei, die *alle* zum vollständigen Programmieren der MCU notwendigen Artefakte enthält.

– Das ins EEPROM übertragbare EEPROM-Speicherabbild, falls vorhanden (Datei-
  endung .eep).
– Die vom Compiler erzeugten Assemblerinstruktionen nach Auflösen aller #DEFINE-
  Befehle und nach dem Optimierungslauf (Dateiendung .lss).
– Eine Auflistung der vom Linker vergebenen Positionen von Variablen und Funk-
  tionen in den verschiedenen Speicherbereichen (Mapdatei, Endung .map).

Sie können die .lss-Datei nutzen, um mehr über die vorgenommenen Optimierungen Ihres Quellcodes zu erfahren, um mehr über die Assemblerprogrammierung zu lernen, oder um die beim Funktionsaufruf zur Parameterübergabe verwendeten Register zu eruieren. Dies kann besonders beim Mischen
von C- und Assemblerfunktionen nützlich sein. Sie erfahren weiterhin aus dieser Datei, welche Register in den einzelnen Funktionen verwendet werden bzw. welche zu Ihrer Verfügung stehen.

Die Rubrik „Dependencies" listet direkt und indirekt inkludierte Headerdateien auf:

Sie können diese Informationen nutzen, wenn Sie unerwartete Deklarationen bemerken und feststellen wollen, welche Headerdateien tatsächlich aus welchen Verzeichnissen geladen wurden.

3.3 Programmierung (Flashen)

Nach dem (erfolgreichen) Übersetzen und Linken eines Programms sind wir bereit für
den letzten Schritt der einführenden Demonstration, der Übertragung des ausführbaren Programms in einer .hex- oder .elf-Datei ins Flash-ROM der MCU, auch „Flashen" genannt. Für diese Übertragung stehen Ihnen mehrere Wege offen:
– Aus Atmel Studio heraus über die SPI-Schnittstelle,
– aus einer Kommandozeile heraus über die SPI-Schnittstelle, sowie

– aus Atmel Studio heraus über die JTAG-Schnittstelle.

Die JTAG-Schnittstelle erlaubt neben dem Beschreiben und Auslesen aller Speicherbereiche auch das Debugging des Programms direkt in der Zielhardware („On-Chip debugging", OCD), Abschnitt 3.7.

3.3.1 Die Atmel Studio-Kommandozeile

Sie starten die Atmel Studio-Kommandozeile über den Menupunkt „Tools>Command Prompt". Es öffnet sich eine DOS-Box, in der Sie mit dem Programm `atprogram` Befehle zum Konfigurieren und Programmieren der MCUs eingeben können. `atprogram` verfügt über eine eingebaute allgemeine und befehlsspezifische Hilfe:

```
d:\ikloeckl\avr\projekte\AVRBuch\AnaIOCoolDown>atprogram
<Hilfetext allgemein>
d:\ikloeckl\avr\projekte\AVRBuch\AnaIOCoolDown>atprogram help program
<Hilfetext zum Programmieren>
```

```
C:\Windows\System32\cmd.exe
Commands:
    calibrate   Performs the oscillator calibration procedure.
    chiperase   Full erase of chip.
    dwdisable   Disable debugWIRE interface.
    erase       Erase the specified memory.
    exitcodes   Display possible exit codes for atprogram.
    help        Displays help for a specific command.
    info        Display information about a device.
    interactive Run in interactive mode.
    list        Detect and print information about connected Atmel Tools.
    migration   Display help for migration from old command line utilities.
    panel       Pops-up Tool's settings Dialog.
    program     Program device with data from <file>.
    read        Read the contents of the memory on the device.
    reset       Reset all domains and jump to the reset vector.
    secure      Set the security bit on UC3 and ARM devices.
    selftest    Performs the selftest procedure on Atmel-ICE.
    verify      Verify content of memory based on a file.
    version     Display the version.
    write       Write to the memory with values entered on the command line.

Arguments:
    Use atprogram help <command> to get available attributes.

Example:
    atprogram -t jtagice3 -i jtag -d at32uc3b0512 program -f e:\file.elf
    atprogram -t avrone -i pdi -d atxmega128a1 chiperase

For command specific help, use atprogram help <command>
```

Wichtige Befehle sind `read`, `chiperase`, `program` und `write`. Daneben existiert eine Reihe weiterer Kommandos, wie Sie dem Hilfetext entnehmen können. In allen Fällen muß ein Kommunikationskanal zur ISP- oder JTAG-Hardware (unter Windows i. A. ein COM-Port), das zu benutzende Übertragungsprotokoll (hier: ISP) und der Typ der Hardware angegeben werden. Letzteren können Sie der Dokumentation Ihres Programmiergeräts entnehmen, im Beispiel wird stk500 benutzt, was meist auch für nicht dokumentierte Programmiergeräte funktioniert. Das Programmiergerät wird über die SPI-Schnittstelle mit der MCU verbunden, wie in Abb. 1.11 gezeigt bzw. in der Dokumentation Ihres Geräts beschrieben.

Der write-Befehl erlaubt es, Fusebits und andere Konfigurationsbits zu ändern, z. B. die zwei Bytes der Fusebits. Der Hilfetext liefert Anwendungsbeispiele:

```
d:\ikloeckl\avr\projekte\AVRBuch\AnaIOCoolDown>atprogram
  -t stk500 -c COM3 -i ISP -d atmega16
  write -fs --values 99FF
```

```
C:\Windows\System32\cmd.exe

Example:
  atprogram -t jtagice3 -i jtag -d at32uc3b0512 program -f e:\file.elf
  atprogram -t avrone -i pdi -d atxmega128a1 chiperase

For command specific help, use atprogram help <command>

D:\ikloeckl\avr\projekte\AVRBuch\AnaIOCoolDown>atprogram help write
Usage:
  atprogram [options] write <arguments>

Information:
  Write to the memory with values entered on the command line. The values
  provided will be written to all selected address spaces. At least one
  address space must be provided.

Options:
  Execute atprogram without arguments to list available options.

Arguments:
  -fl --flash                 Write to flash. tinyAVR/megaAVR and AVR XMEGA
                              only.
  -ee --eeprom                Write to eeprom. tinyAVR/megaAVR and AVR
                              XMEGA only.
  -us --usersignature         Write to user signature.
  -fs --fuses                 Write to fuses.
  -lb --lockbits              Write to lockbits.
  --values (value)            Hex encoded values to write, ex: 0102040A0F
  -o  --offset (offset)       Values is written from this offset.
  -v  --verify                Verify memory contents after write.

Examples:
  atprogram -t avrone -i jtag -d atmega2560 write -fl -o 0x10 --values AAFF
    Write the hex-encoded values AAFF to offset 0x10 in the flash of the ATmega2560 device.

  atprogram -t avrone -i jtag -d at32uc3a0512 write -o 0x80800000 --values AAFF
    Write the values AAFF to the user page of an UC3A0512 device.

  atprogram -t avrone -i jtag -d at32uc3b0512 write -fs -o 0xfffe1410 --values FFFFFFFE
    Program LOCK0 in FGPFRLO of an UC3B0512 device.

  atprogram -t samice -i jtag -d atsam3s4c write -lb --values aaaa
    Program lock regions 1,3,5,7,9,11,13 and 15 of an atsam3s4c device.

D:\ikloeckl\avr\projekte\AVRBuch\AnaIOCoolDown>
```

program wird benutzt, um einen Speicherbereich (EEPROM, Programm-Flash) mit dem Inhalt einer Datei zu beschreiben, z. B. um ein Programm zu flashen:

```
d:\ikloeckl\avr\projekte\AVRBuch\AnaIOCoolDown>atprogram
  -t stk500 -c COM3 -i ISP -d atmega16
  program --verify -fl --format hex -f AnaIOCoolDown.hex
```

Anhand der Optionen -verify und -format überprüfen Sie die korrekte Programmierung des Flash-ROMs bzw. legen das Format der Eingabedatei (HEX oder ELF) fest. Wiederum liefert der Hilfetext weitere Erklärungen und Beispiele:

```
C:\Windows\System32\cmd.exe                                          _ □ ×

D:\ikloeckl\avr\projekte\AVRBuch\AnaIOCoolDown>atprogram help program
Usage:
    atprogram [options] program <arguments>

Information:
    Program device with data from <file>. File format is determined from its
    suffix unless specified. If no address space name is specified, flash is
    assumed for Tiny/Mega and XMega, base for uc3 and SAM.

Options:
    Execute atprogram without arguments to list available options.

Arguments:
    -fl --flash            Program flash address space. tinyAVR, megaAVR
                           and AVR XMEGA only.
    -ee --eeprom           Program eeprom address space.
    -us --usersignature    Program user signature.
    -up --userpage         Program userpage.
    -fs --fuses            Program fuses.
    -lb --lockbits         Program lockbits.
    -f  --file (file)      File to be programmed. Intel hex, elf or
                           binary.
    -o  --offset (offset)  Input file contents will be written to this
                           offset. Default offset is 0. Only valid for
                           binary file format.
    --format (format)      Specify the format of file. Supported input
                           formats are 'elf', 'hex' and 'bin'.
    -c  --chiperase        Perform a chip erase before programming.
    -e  --erase            Erase only affected pages before programming.
                           AVR UC3 and AVR XMEGA only. SAM devices will
                           always do this.
    --verify               Verify memory after programming.
    -l  --list             List content of file.

Examples:
    atprogram -t avrone -i jtag -d atmega2560 program -c -fl -f source.elf
        Perform chiperase and program only the segments of source.elf that map to flash.

    atprogram -t avrone -i jtag -d at32uc3a0512 program -e --verify -f source.elf
        Erase only affected pages, program all segments in source.elf and verify.

    atprogram -t samice -i jtag -d atsam3s4c program -lb -f lockbits.bin
        Program lockbits as contained in a binary file.

D:\ikloeckl\avr\projekte\AVRBuch\AnaIOCoolDown>
```

Sie können mehrere Aktionen, z. B. das Löschen des Chips, das Flashen eines Programms und die anschliessende Überprüfung zusammenfassen:

```
d:\ikloeckl\avr\projekte\AVRBuch\AnaIOCoolDown>atprogram
  -t stk500 -c COM3 -i ISP -d atmega16
  chiperase
  program --verify -fl --format hex -f AnaIOCoolDown.hex
```

> **i** Sie können den Entwicklungszyklus effizient gestalten, wenn Sie Atmel Studio zum Editieren und Compilieren/Linken des Quellcodes benutzen, und das Flashen des Programms über ein gleichzeitig geöffnetes DOS-Fenster vornehmen. Sie müssen dann den Editor nicht verlassen und sparen viele Mausklicks, die zum Öffnen des Programmierdialogs und Vornehmen aller Einstellungen notwendig wären.

3.3.2 Die Atmel Studio-GUI

Zur Programmierung der MCUs über das SPI-Interface aus Atmel Studio heraus muß das Programmiergerät zunächst in Atmel Studio bekanntgemacht werden. Dazu müssen Sie ein *Target* hinzufügen, indem Sie das Menu „Tools>Add target" auswählen:

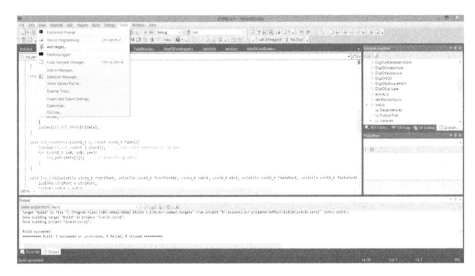

Daraufhin öffnet sich ein Dialog, in dem die angeschlossenen Programmiergeräte erscheinen. Wählen Sie den Typ des Programmiergeräts und den physischen Port, an dem es angeschlossen ist, aus:

Zum Flashen eines Programm klicken Sie auf die Schaltfläche „Device Programming (Ctrl-Shift-P)":

Wählen Sie im folgenden Dialog in den Dropdownboxen der oberen Reihe das soeben angelegte Tool und Interface aus und klicken „Apply":

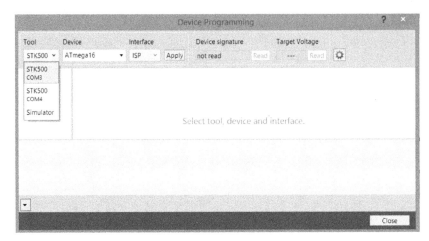

Ein wichtiger Schritt ist die Einstellung der korrekten Programmiergeschwindigkeit. Die Programmierung über die SPI-Schnittstelle darf nur mit maximal einem Viertel der Taktgeschwindigkeit der MCU erfolgen. Prüfen Sie daher die Einstellung in der Karte „Interface Settings" und stellen Sie den Regler ggf. auf einen Wert ein, der nicht zu groß ist:

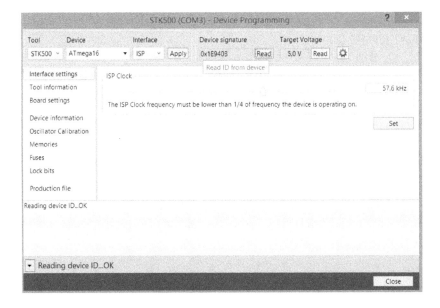

Sie können die MCU-Signatur auslesen, um zu testen, daß die Verbindung zum Programmiergerät und die Einstellungen korrekt sind.

Ein häufiges Problem beim Flashen ist die Einstellung einer zu hohen Programmiergeschwindigkeit, vor allem in Verbindung mit falsch gesetzten Fusebits zur Taktquellenauswahl. Beachten Sie, daß ein ATmega16 fabrikmäßig mit dem aktiven internen RC-Oszillator (1 MHz Taktfrequenz) ausgeliefert wird, der auch dann benutzt wird, wenn Sie einen schnelleren Quarz angeschlossen, diesen aber noch nicht über die Fusebits aktiviert haben. Die höchste Programmiergeschwindigkeit wäre in diesem Falle 115,2 kHz, um sicher unter dem Viertel der Taktfrequenz (250 kHz) zu bleiben. Erst nachdem Sie die Übertragungsgeschwindigkeit auf diesen niedrigen Wert eingestellt haben, können Sie die Fusebits setzen, um den externen Quarz zu aktivieren. Ist dies gelungen, können Sie die Übertragungsgeschwindigkeit wieder erhöhen.

Ein weiteres Problem kann auftreten, wenn Sie ISP-Programmiergeräte zusammen mit SPI-Bausteinen am SPI-Bus betreiben und die Programmierung oder die Kommunikation mit den SPI-Bausteinen fehlschlägt. Prüfen Sie, ob Sie Programmiergerät und SPI-Bausteine korrekt voneinander entkoppelt haben, Abschnitt 8.2.

Nun müssen Sie die Einstellungen der Fusebits kontrollieren und ggf. die gewünschte Taktquelle aktivieren. Die Karte „Fuses" zeigt als Beispiel eine Einstellung der Fusebits für einen externen Quarzkristall mit hoher Frequenz:

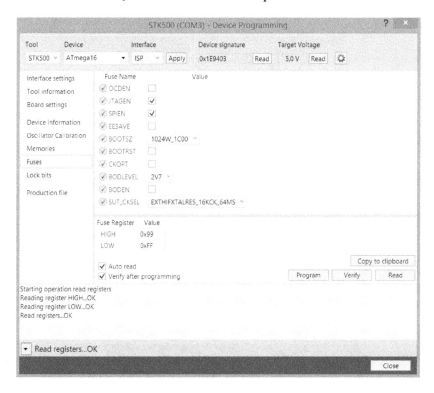

Andere Einstellungsmöglichkeiten für den Takt finden Sie in der Dropdownbox „SUT_CKSEL". Die Listeneinträge enthalten ein Kürzel für die Taktquelle (Fusebits CKSEL3:0) sowie die Dauer der Startphase (Fusebits SUT1:0), z. B.

```
INTRCOSC_6CK_0MS      (interner RC-Oszillator)
INTRCOSC_6CK_4MS
INTRCOSC_6CK_64MS
EXTRCOSC_...          (externer Oszillator)
EXTLOFXCTAL_...
EXTLOFXTALRES_...     (Quarz niederer Frequenz)
EXTMIDFXTALRES_...    (Quarz mittlerer Frequenz)
EXTHIFXTALRES_...     (Quarz hoher Frequenz)
```

Prüfen Sie neben der Programmiergeschwindigkeit immer, ob die korrekte Taktquelle über Fusebits aktiviert ist!

Der letzte Schritt der Programmierung ist die Auswahl der zu schreibenden Datei, in unserem Beispiel einer .hex-Datei. Wählen Sie auf der Karte „Memories" über die Dropdownbox oder den Filedialog („...") die gewünschte Datei aus und klicken Sie auf „Program":

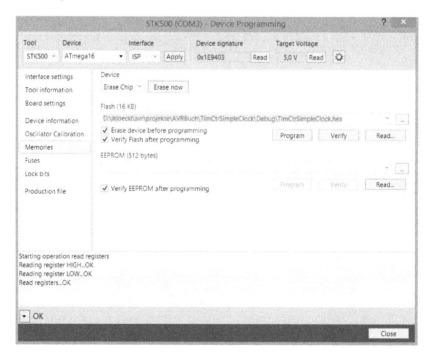

Sie können das Flash-ROM oder EEPROM beschreiben, auslesen oder gegen die angegebene Datei prüfen.

3.4 Unterstützung der Quellcodebearbeitung, Code Snippets

Atmel Studio kennt das Konzept von *code snippets*, mehr oder minder großen Textfragmenten, die Sie auf einfache Weise in ihren Quellcode einfügen und die neben festem Text Platzhalter besitzen können, die Sie beim Einfügen mit Inhalt füllen. So erhalten Sie im Editorfenster z. B. nach Eintippen von „if" ein Kontextmenu mit Vorschlägen für Textfragmente im Kontext einer if-Entscheidung, die das Eingeben von Codepassagen sehr erleichern:

```
sendBuffer[0] = i%2;
twi_putcMasterTransmit(PORT_ADDR, sendBuffer, 1);
_delay_ms(100);
}

if

- if
1), if () { ... }          VA Snippet [ Edit ]
1), if () { ... } else { }   Accept with: <TAB> or <ENTER>
    INTCONT(OINT  INTING, OOINT INEOE, OOINEL_VALUE);

double dValue1, dValue2;
int iValue;
long lValue1, lValue2;
```

Durch Drücken der Tabulator- oder Enter-Taste übernehmen Sie den Textvorschlag und können nun evt. noch aktuelle Werte einsetzen, anschliessend wird der Cursor an eine sinnvolle Stelle im Fragment gesetzt:

```
twi_putcMasterTransmit(PORT_ADDR, sendBuffer, 1);
_delay_ms(100);
}

if ()
{
}
else
{
}

testLoopH();
```

Die Erzeugung und Bearbeitung von Snippets erfolgt über den Menupunkt „VAssistX>Refactor>Edit Refactoring Snippets":

Sie können in dem sich öffnenden Dialogfenster „VA Snippet Editor" vorhandene Fragmente ändern oder neue anlegen:

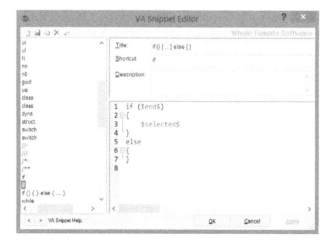

Anhand der existierenden Fragmente können Sie die Benutzung von Platzhaltern und Variablen verstehen, z. B. zur Erzeugung einer for-Schleife:

```
for (int $Index$ = 0; $Index$ < $Length$ ; $Index$++)
{
  $end$
}
```

Alternativ können Sie auch Abschnitte in Ihrem Quelltext markieren und über den Menupunkt „VAssistX>Insert VA Snippet ... >Create VA Snippet from Selection" in ein Textfragment umwandeln. Die Fragmente sind pro Sprache in Textform in Template-dateien gespeichert, die unter einem Pfad wie diesem liegen:

```
C:\Users\ikloeckl\AppData\Roaming\VisualAssistAtmel\Autotext\cpp.tpl
```

3.5 Gliederung von Projekten mit Libraries

Im Buch werden zahlreiche Funktionseinheiten über *Bibliotheken* angesprochen, die Routineaufgaben wie Initialisierung, Bearbeitung bestimmter Ereignisse oder Hilfs-funktionen übernehmen. Der Vorteil von Bibliotheken ist, daß sie als fertige Kompo-nente zu Projekten hinzugefügt werden können.

3.5.1 Erstellung einer Bibliothek

Um eine Bibliothek mit Atmel Studio zu erstellen, müssen Sie beim Erzeugen eines Projekts den Typ „Static library" wählen, Abschnitt 3.1.3. Das Resultat des Buildvor-gangs einer Bibliothek ist keine .hex- oder .elf-Datei, die Sie ins Flash-ROM der MCU übertragen können, sondern eine .a-Datei (Archivdatei). Da Bibliotheken nicht eigen-ständig lauffähig sind, können Sie diese Datei nicht ins Flash-ROM übertragen.

3.5.2 Nutzung einer Bibliothek

Um eine Bibliothek aus einem Projekt heraus zu nutzen, müssen Sie zwei Vorberei-tungen treffen:
- Sie müssen sowohl dem Präprozessor als auch dem Compiler den Pfad zu den Headerdateien bekanntgeben, die zur Bibliothek gehören.
- Sie müssen dem Linker den Pfad zur Bibliotheksdatei bekanntgeben.

Die Bekanntgabe der Headerdateien erfolgt durch den Eintrag eines Include-Pfades auf der Properties-Seite des Projektes, die Sie im Solution Explorer über einen Rechts-Mausklick und den Befehl „Properties" aus dem Kontextmenu aufrufen:

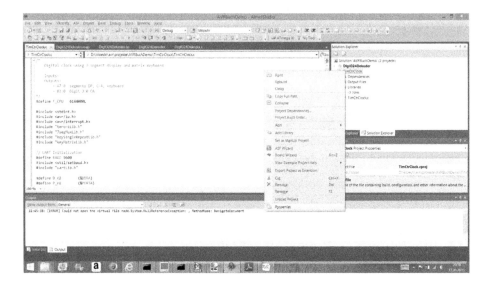

Auf der Properties-Seite finden Sie zahlreiche Einstellungsmöglichkeiten. Bezüglich der Bibliotheken ist der Reiter „Toolchain" interessant. Durch Klick auf die „Toolchain"-Schaltfläche öffnet sich eine Baumansicht der Tools, die zum Compilieren und Linken verwendet werden. Wählen Sie unter „AVR/GNU C Compiler" den Eintrag „Directories" aus und benutzen Sie die Plus-Schaltfläche, um in einem Verzeichnis-Browser den Pfad zur Headerdatei bekanntzugeben:

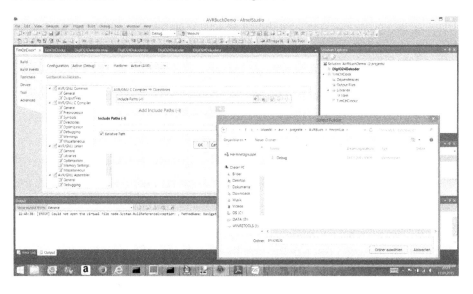

Fügen Sie für jede benötigte Bibliothek den Pfad zur Headerdatei hinzu und speichern Sie die geänderten Properties. Die Include-Pfade werden in relativer Form dargestellt:

Das Hinzufügen der Bibliothek erfolgt im Solution Explorer. Öffnen Sie über der Rubrik „Libraries" mit einem Rechtsklick das Kontextmenu und wählen „Add Library":

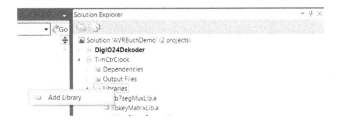

Sie erhalten einen Dialog, in dem Sie Bibliotheken auswählen können, die
- mitinstallierter Bestandteil von Atmel Studio sind („Toolchain Libraries"), wie mathematische oder Ein-Ausgabe-Bibliotheken,
- in der gleichen Solution angelegt sind wie Ihr Projekt („Project Libraries"), oder
- irgendwo im Dateisystem abgelegt sind, da sie mit einer anderen Solution verknüpft sind („Browse Libraries").

Alle hinzugefügten Bibliotheken erscheinen im Solution Explorer unter der Rubrik „Libraries" oder auf der Properties-Seite im Reiter „Toolchain" unter dem Eintrag „AVR/GNU Linker>Libraries":

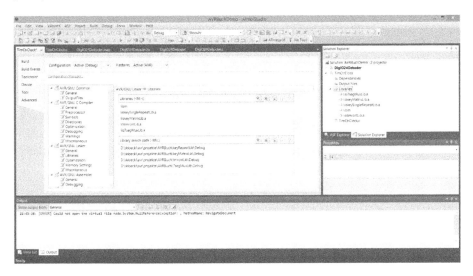

Haben Sie für alle Bibliotheken die Pfade zur Headerdatei und zur Bibliotheksdatei eingestellt, können Sie die Makros und Funktionen der Bibliothek über CodeAssist finden und das Projekt korrekt übersetzen und linken.

3.5.3 Mathematische und andere Standardbibliotheken

Standardmäßig sind alle Einstellungen von Atmel Studio so gewählt, daß das erzeugte ausführbare Programm minimale Resourcen verbraucht. Dies wird erreicht, indem die Standardbibliothek für Ein- und Ausgaben auf Integerverarbeitung ausgelegt ist. Benötigen Sie in einem Projekt formatierte Ein- oder Ausgaben für Fließkommazahlen, müssen Sie die Linkereinstellungen so anpassen, daß die Fließkommavariante der Bibliothek eingebunden wird. Für das Projekt aus Abschnitt 9.6 wird z. B. formatierte Fließkommaausgabe mit `printf()` benötigt. Markieren Sie in solchen Fällen auf der Properties-Seite Ihres Projektes im Reiter „Toolchain", Eintrag „AVR/GNU Linker>General" die Option „Use vprintf library":

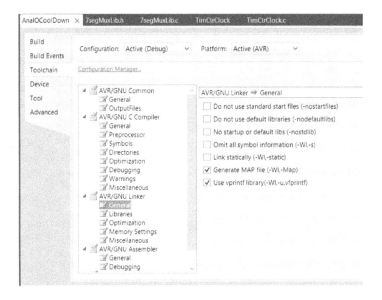

Im Solution Explorer müssen Sie die Fließkommabibliothek durch Rechtsklick auf die Rubrik „Libraries" und Auswahl des Eintrag „Add Library" hinzufügen. Sie finden sie unter den „Toolchain Libraries" als Option „libprintf_flt":

(An dieser Stelle könnten Sie auch eine Minimalversion der Bibliothek einbinden, falls Sie mehr Resourcen sparen müssen.)

3.6 Simulation und Debugging

Atmel Studio verfügt über einen Simulator/Debugger, mit dem Sie auch ohne angeschlossene Hardware Programme ausführen und debuggen können [4].

Sie müssen vor einem Debuggerlauf das Projekt, das untersucht werden soll, markieren. Dazu rufen Sie im Solution Explorer durch einen Rechtsklick auf dem Projekt das Kontextmenu auf und wählen „Set as Startup Project" aus:

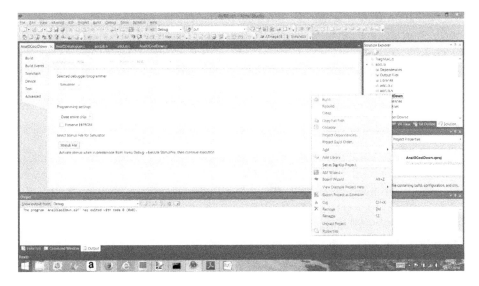

Über dieses Kontextmenu können Sie auch den Befehl „Project Properties" auswählen, um die Properties-Seite Ihres Projektes zu öffnen. Auf der Properties-Seite wählen Sie im Reiter „Tool" als Debugger/Programmer den Eintrag „Simulator" aus und speichern die Properties anschliessend:

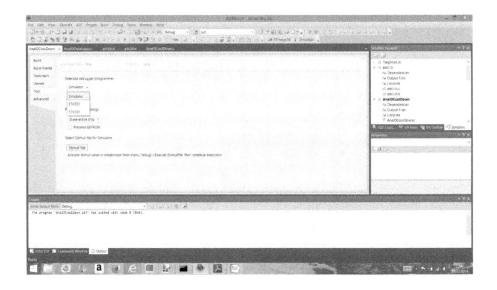

3.6.1 Debugging eines C-Programms

Zum Start einer Debuggingsitzung klicken Sie in der Toolbar auf die Schaltfläche „Start Debugging and Break (Alt+F5)". Der Quellcode des als „Startup Project" ausgewählten Projekts wird übersetzt, anschließend startet der Simulator und wartet auf Benutzereingaben. Im Quellcodeeditor auf der linken Seite können Sie die schritt- oder blockweise Ausführung des Quellcodes anhand der Cursormarkierung nachverfolgen. Rechts und unten sind verschiedene Views eingeblendet, die über Optionen aus- und wieder eingeblendet werden können. Soll das Programm sofort ausführt werden, starten Sie die Debuggersitzung mit „Start Debugging (F5)". Der Debugger stoppt dann erst beim Erreichen eines Breakpoints.

In der I/O-View auf der rechten Seite sind die I/O-Baugruppen aufgelistet. Wollen Sie z. B. die ADC-Bibliothek debuggen, klappen Sie in der „IO View" den Eintrag „ADC_Converter" auf. In der oberen Hälfte der I/O-View, dem „Peripheral Pane", werden alle Baugruppen dargestellt. Die untere Hälfte, das „Register Pane", zeigt alle zu dieser Baugruppe gehörenden I/O-Register und ihre aktuelle Konfiguration. Wenn möglich, werden einzelne Bits zusammengefaßt und als Dropdown-Liste dargestellt, alle Bits sind jedoch auch immer einzeln dargestellt:

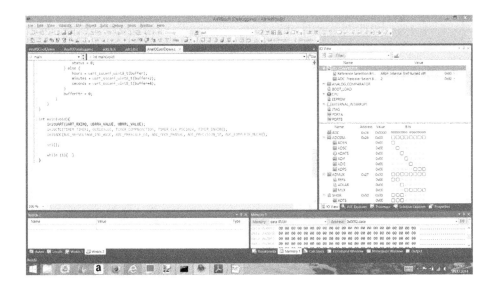

Beide Panes können durch Schaltflächen ein- oder ausgeschaltet werden, um z. B. mehr oder weniger Platz in der I/O-View bereitzustellen.

Sie können im Quellcodeeditor Breakpoints setzen, an denen die simulierte Programmabarbeitung stoppen soll, indem Sie in die äußerste linke Spalte im Editor klicken. Programmzeilen, in denen ein Breakpoint gesetzt ist, werden rot unterlegt. Durch erneutes Klicken in die äußere Spalte entfernen Sie Breakpoints wieder. Breakpoints können jederzeit, auch während einer laufenden Simulation, gesetzt oder gelöscht werden. Haben Sie alle Breakpoints wie gewünscht gesetzt, steuern Sie die Programmabarbeitung durch verschiedene Kommandos:

- Klick auf die Schaltfläche „Continue (F5)" führt das Programm bis zu einem Breakpoint aus.
- „Step Into (F11)" führt eine Codezeile aus und springt ggf. in eine Funktion hinein.
- „Step Over (F10)" führt eine Codezeile aus und durchläuft Funktionen, die von dieser aufgerufen werden, vollständig, stoppt also nach der Zeile mit dem Funktionsaufruf.
- „Step Out (Shift+F11)" führt die aktive Funktion bis zu ihrem Ende aus.
- „Run to Cursor (Ctrl+F10)" führt das Programm bis zur Zeile mit dem Cursor aus.

Die Views zeigen nach jedem Schritt den aktuellen Zustand der MCU (Prozessorregister, I/O-Register, Speicherbereiche) an:

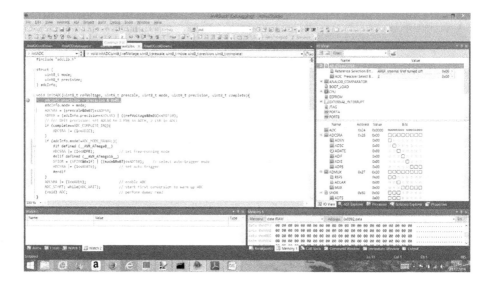

Änderungen an Variablen, Speicherzellen oder I/O-Registern werden rot markiert dargestellt:

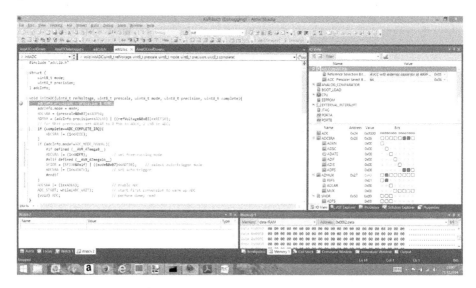

Sie können während der Simulation jederzeit den Inhalt eines Registers ändern, indem Sie in die Kästchen klicken, die Registerbits repräsentieren. In der View „Memories" werden die Inhalte der verschiedenen Speicherbereiche (SRAM, Flash-ROM, EEPROM) angezeigt, die Sie während der Debuggingsitzung ändern können. Um Variablen zu untersuchen oder zu ändern, gibt es mehrere Möglichkeiten:

– Die „Auto"-View zeigt alle Variablen an, die an der aktuellen und der vorigen Programmausführungsstelle benutzt werden.

- Die „Local"-View zeigt die Variablen im aktuellen Ausführungskontext an, d. h. der Funktion, in der die aktuelle Programmausführungsstelle liegt. Dieser Kontext kann über die „Debugger Location"-Schaltfläche der Toolbar geändert werden, oder durch Anklicken eines Kontexts in der „Call Stack/Threads"-View.
- Die „Watch"-View erlaubt es Ihnen, Ausdrücke (einfache Variablennamen oder komplexe Berechnungen) zu speichern und mit aktuellen Werten ständig anzuzeigen.
- Die „Immediate"-View erlaubt Ihnen die Eingabe von Ausdrücken, in denen Variablen auftreten dürfen. Nach Beenden der Eingabe mit der Return-Taste wird der Wert des Ausdrucks, z. B. der Variableninhalt angezeigt.

In den Watch-, Memory- und Immediate-Views können Sie die angezeigten Werte durch Formatbeschreibungen formatieren, die den Formatbeschreibern von `printf()` nachempfunden sind, aber kein führendes „%" erfordern:

```
value,fmtStr (fmtStr := d, i, u, o, x, X, x1, x2, x4, x8, f, e, g, c)
```

Auf diese Weise können Sie z. B. den Inhalt der Variablen `cnt` in der „Immediate"-View abfragen:

```
cnt<RETURN>
5
cnt,x<RETURN>
0x05
cnt,x2<RETURN>
0x0005
(uint8_t)(cnt+1),x<RETURN>
0x06
```

In der „Watch"-View geben Sie die Ausdrücke in der Spalte „Name" ein:

Eine schnelle Inspektion von Variableninhalten ist möglich, indem Sie den Cursor auf die Variable positionieren und warten, bis ein Tooltip erscheint und ihren Wert anzeigt. Komplexe Datentypen bieten eine Baumsicht auf ihre Komponenten an, die Sie aufklappen können. Die Werte von Variablen können im Tooltip verändert werden.

Sie können die Herkunft der Daten in Ausdrücken spezifizieren, indem Sie dem Ausdruck einen symbolischen Namen für den fraglichen Speicherbereich nachstellen:

```
value,flash|data|sram|reg|io|eeprom
```

Diese Möglichkeit ist insbesondere für das „Address"-Feld in der „Memory"-View von Bedeutung. `value` ist dann ein Ausdruck, der eine Speicheradresse liefert.

Sind in Ihrem Programm Interrupts aktiviert, müssen Sie ggf. nach dem Klicken von „Continue (F5)" längere Zeit warten, bis der Simulator die Timer o. ä. soweit inkrementiert hat, daß das Interruptereignis eintritt. Es kann daher sinnvoll sein, beim Arbeiten mit Output Compare-Ereignissen o. ä. während der Debuggersitzung kleine Werte für die Timer-Prescaler zu wählen, damit der Trigger früher ausgelöst und die Wartezeit reduziert wird.

3.6.2 Debuggen von Assemblerprogrammen

Assemblermodule können auf dieselbe Weise mit dem Debugger untersucht werden wie C-Module, Sie können sowohl im C- als auch im Assemblercode Breakpoints setzen, mit den verschiedenen Schrittfunktionen einzelne Instruktionen oder Unterprogrammaufrufe ausführen lassen und Speicherinhalte sehen. Für Assemblermodule ist die „Processor"-View von Bedeutung, die die Prozessorregister, das Statusregister sowie Programmzähler und Stackpointer zeigt.

---

i Sehr nützlich zur Abschätzung des Zeitverhaltens Ihres Assemblerprogramms sind die Angaben „Cycle Counter" und „Stop Watch" in der Prozessor-View. Es handelt sich dabei um eine durchlaufende Zählung der seit Start des Programms/der Debuggersitzung verbrauchten Taktzyklen und die dafür notwendige Zeit, die vom eingestellten MCU-Takt abhängt. Wenn Sie nicht an Taktzyklen, sondern an Zeitinformationen interessiert sind, müssen Sie zu Beginn der Debuggersitzung die verwendete MCU-Taktfrequenz einstellen, um genaue Angaben von der Stopuhr zu erhalten.

Als Beispiel wurde ein Breakpoint im Assemblercode Listing 2.7 nach dem Initialisieren der Variablen `initialValue` gesetzt. In der „Memory"-View erscheint nach Ausführung der `sts`-Instruktion eine rote Markierung an Adresse `0x061` im SRAM („data IRAM"), die anzeigt, daß sich der Inhalt dieser Zelle geändert hat:

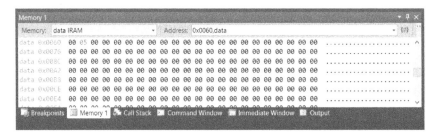

Variablenadresse können Sie für globale Variablen aus der `.map`-Datei auslesen, Seite 27 und Seite 88.

Innerhalb des Assemblerquellcodes können Sie über die Tastenkombination Shift-F9 oder durch Rechtsklick mit der Maus auf eine Variable, die in C deklariert wurde (hier `cnt`), das „QuickWatch"-Fenster öffnen und Datentyp sowie aktuellen Wert sehen. Über die Schaltfläche „Add Watch" können Sie diese Variable dauerhaft in die „Watch"-View in der unteren Reihe links übernehmen:

3.7 On-chip-Debugging mit der JTAG-Schnittstelle

Der ATmega16 verfügt als kleinstes Modell der megaAVR-Reihe über eine JTAG-Schnittstelle, einem Industriestandard, mit dem programmierbare Schaltkreise wie Mikrocontroller und FPGAs automatisiert programmiert und getestet werden können. Für uns ist diese Schnittstelle interessant, da sie das *On-Chip-Debugging* erlaubt. Dabei wird ein Programm auf einer MCU ausgeführt, die in einer elektronischen Schaltung eingebaut ist, d. h. die Programmausführung erfolgt unter Originalbedingungen, aber unter Kontrolle eines Debuggers mit allen Möglichkeiten wie Setzen von Breakpoints, Ausführung im Einzelschrittmodus, Untersuchung und Veränderung von Speicherzellen, Variablen und I/O-Registern.

Die JTAG-Schnittstelle nutzt zur Datenübertragung gemäß Tab. 3.1 vier Portpins, die durch die Programmierung des Fusebits `JTAGEN` automatisch vom Digitalport entkoppelt und als JTAG-Leitungen geschaltet werden. Es ist daher nicht erforderlich, diese Pins manuell als Aus- oder Eingang zu konfigurieren. Im Auslieferungszustand des ATmega16 ist `JTAGEN` bereits programmiert, sodaß Sie sofort ein JTAG-Programmiergerät anschliessen können. Verbinden Sie das Programmiergerät und die MCU wie in Tab. 3.1 beschrieben. Ist `JTAGEN` nicht programmiert, müssen Sie dies vor einer Debuggingsitzung mit einem ISP-Programmiergerät nachholen.

Zum On-Chip-Debugging müssen Sie das Fusebit `JTAGEN` programmieren (Auslieferungszustand beim Atmega16). Zu Beginn einer Debuggingsitzung programmiert Atmel Studio noch das Fusebit `OCD`, am Ende versetzt Atmel Studio das `OCD`-Bit wieder in den unprogrammierten Zustand.

Signal	Pin Gerät	Pin MCU	Signal	Pin Gerät	Pin MCU
TCK	1	24, C2	Gnd	2, 10	GND
TMS	5	25, C3	VTG	4	Vcc
TDO	3	26, C4	nRST	6	9, $\overline{\text{RESET}}$
TDI	9	27, C5			

Tab. 3.1. Verbindung eines JTAG-Programmiergeräts mit der ATmega16-MCU.

3.7.1 Programmieren von Flash-ROM und Fusebits über JTAG

Als Beispiel verwenden wir ein JTAG-fähiges Programmiergerät vom Typ JTAG ICE3. Nach erfolgter Verkabelung finden Sie das Gerät nicht unter „Add Target" wie ein ISP-Programmiergerät, sondern direkt im Programmierdialog (in Atmel Studio in der Menuleiste als „Device Programming (Ctrl-Shift-P)". Die Dropdownbox zur „Tool"-Auswahl enthält dann einen Eintrag „JTAGICE3" gefolgt von der Seriennummer Ihres Gerätes. Wählen Sie den Interfacetyp „JTAG":

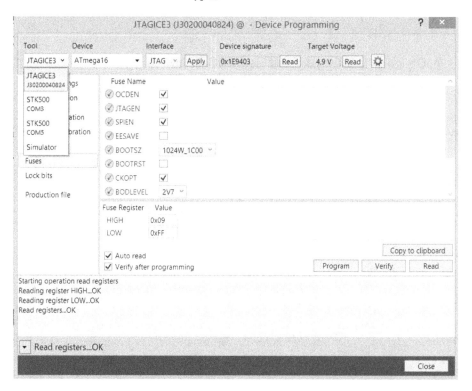

Haben Sie das Gerät ausgewählt, müssen Sie es noch konfigurieren. Sie finden die Einstellungen im Reiter „Interface settings". Wie bei ISP-Programmiergeräten müssen Sie darauf achten, daß der JTAG-Takt nicht zu groß ist. Da das JTAG-Interface es gestattet, mehrere JTAG-fähige MCUs, CPLDs oder FPGAs in einer Kette („daisy chain") hintereinander anzuordnen, müssen Sie noch auswählen, ob Sie eine solche Kette betreiben und wenn ja, wo die AVR MCU in der Kette angeordnet ist. Ist die MCU das einzige Gerät am JTAG-Programmiergerät, wählen Sie die Option „Target device is not part of a JTAG daisy chain" aus (Defaulteinstellung). Sie können nun über das JTAG-Interface Fusebits lesen und ändern sowie Programme ins Flash-ROM laden etc.

Achten Sie auf eine korrekte Einstellung des JTAG-Taktes TCK. TCK darf maximal ein Viertel der Größe des MCU-Taktes erreichen, um eine sichere Datenübertragung zu gewährleisten.

3.7.2 Debugging

Möchten Sie ein Programm debuggen, müssen Sie die geschilderten Einstellungen für das JTAG-Interface auf der „Properties"-Seite eines Projektes ebenfalls vornehmen. Die Properties-Seite erhalten Sie durch Rechtsklick auf das Projekt im Solution Navigator und Auswahl von „Properties" im Kontextmenu. Die Einstellungen sind auf der Karte „Tools" nach Auswahl des richtigen Programmiergeräts zu finden:

Damit wird das JTAG-Programmiergerät als aktuelles Werkzeug für den Debugger markiert, erkennbar in der Menuleiste hinter dem Hammer- oder Werkzeug-Icon:

Wenn Sie nun den Debugger mit dem Pfeil-Icon oder F5 starten, wird das eingetragene Werkzeug, also das JTAG-Programmiergerät, benutzt und Sie können bei Bedarf das Programm im Flash-ROM schrittweise in der echten Hardwareumgebung ausführen (On-Chip Debugging). Haben Sie z. B. im Quelltext Breakpoints gesetzt, stoppt die Abarbeitung des Programms an dieser Stelle, und die MCU wartet mit der Ausführung der nächsten Instruktion auf ein „Step"-Kommando.

Sie können in der „I/O View" nun direkt auf die I/O-Register der Hardware zugreifen, z. B. die Ports auswählen, im Datenrichtungsregister Pins als Ausgänge konfigurieren und durch Ankreuzen der Pins im PORTn-Register den Pegel am Pin ändern. Ebenso können Sie die an Pins anliegenden Pegel sowie die aktuellen Zählerstände der Timer/Counter sehen.

Alle Baugruppen arbeiten wie im Normalbetrieb, denken Sie aber daran, daß Sie u. U. den MCU-Takt im Einzelschrittmodus vorgeben und damit z. B. Zähler nur dann inkrementiert werden, wenn Sie (viele) Schritte ausführen.

3.7.3 Tracing

In einer JTAG-Sitzung können Sie neben dem Einzelschrittmodus noch das sog. *Tracing* nutzen, um Informationen über das Verhalten Ihres Programms zu gewinnen. Sie können an geeigneten Stellen im Quellcode Informationen in das *On-Chip Debugging Register* OCDR schreiben, die alle 50 ms vom Debugger abgefragt und angezeigt werden. Möchten Sie z. B. feststellen, ob ein Timer-Interrupt eine Variable subClk dekrementiert, können Sie folgende Zeile benutzen, um diese Information in OCDR zu schreiben:

```
uint8_t subClk;

ISR(TIMER1_COMPA_vect){
  subClk--;
  OCDR = subClk;
}
```

In Atmel Studio sind die empfangene Werte von OCDR im „Output"-Fenster unter der Rubrik „IDR messages" zu finden:

Im OCDR-Register kann ein Byte an Information übergeben werden. Änderungen in OCDR, die schneller als im 50 ms-Takt erfolgen, werden vom Debugger nicht mehr wahrgenommen.

3.8 Weitere Entwicklungsumgebungen

Die von Atmel bereitgestellte Entwicklungsumgebung Atmel Studio, die in diesem Kapitel vorgestellt wurde, bietet zahlreiche Tools und Entwicklungswerkzeuge an und baut auf der GNU-Toolchain „AVR-GCC" auf (Assembler, Compiler, Linker, Archivierer, Laufzeitbibliothek). Atmel bietet neben einem Download von Atmel Studio für Windows [2] einen Download dieser Toolchain für Windows und Linux an [3].

Ebenfalls auf der AVR-GCC-Toolchain basiert die Entwicklungsumgebung WIN-AVR für Windows-Systeme. AVR-GCC ist auch für Linux- und Mac-Systeme verfügbar, die Paketnamen, die dem Package Manager übergeben werden, enthalten die Zeichenkette `avr`, z. B. `gcc-avr`. Für Mac-Systeme steht CrossPack zur Verfügung [25]. Falls Sie keine für Ihr System konfektionierte AVR-GCC-Suite finden, können Sie die benötigten Komponenten selber zusammenstellen. Sie benötigen die GCC-Binutils (Assembler, Linker, Hilfsprogramme), GCC (Crosscompiler), AVR-Libc (C-Standardbibliothek für AVR) und AVRDUDE (Programmiersoftware).

Ist in Ihrer AVR-GCC-Suite keine graphische Entwicklungsumgebung dabei, erfolgt die Erstellung des ausführbaren Programms auf der Kommandozeile i. A. mit dem Program `make` und dem entsprechenden Target, meist `all`. Das ausführbare Programm wird mit AVRDUDE oder einer anderen Programmiersoftware ins Flash-ROM übertragen.

4 Digital-I/O

Die einfachste Funktion einer MCU ist die Bereitstellung von digitalen Ein- und Ausgängen. AVR®-MCUs verfügen über eine Baugruppe, die typischerweise 8 digitale Ein-
und Ausgänge in sog. *Ports* bündelt. Je nach AVR- und Gehäusetyp gibt es mehr oder
weniger dieser Ports, teilweise mit geringerer Breite. Der ATmega16 besitzt vier 8 bit-
Ports PORTn, n=A–D, stellt also 32 digitale Ein-/Ausgänge zur Verfügung. Ports werden genutzt, um externe digitale Signale einzulesen oder zu erzeugen. Dies geschieht
oft unter Softwarekontrolle, kann aber auch automatisch per Hardware erfolgen, z. B.
in Verbindung mit der Timer/Counter-Baugruppe. Die Ports des ATmega16 sind elek-
trisch so ausgelegt, daß Sie kleine Lasten wie Normalstrom-LEDs direkt anschliessen
können. Höhere Lasten werden wie unten gezeigt über Treiberstufen angesteuert.

---

i Der maximale Ausgangsstrom des ATmega16 hängt vom Gehäusetyp ab [1, pp. 291]. Das PDIP-Gehäuse
kann als absolute Obergrenze 40 mA pro I/O-Pin liefern, jedoch nicht mehr als 200 mA über die Vcc-
/GND-Pins aufnehmen. Beim TQFP-Gehäuse beträgt die maximale Stromaufnahme 400 mA.

Im Normalfall kann ein I/O-Pin bei 5 V Betriebsspannung Ströme bis zu 20 mA aufnehmen (L-
Pegel, sink current) oder liefern (H-Pegel, source current). Beim PDIP-Gehäuse darf die Summe aller
Ströme der L- bzw. H-aktiven I/O-Pins 200 mA nicht überschreiten, beim TQFP-Gehäuse darf die Sum-
me der Ströme von Port A 100 mA nicht überschreiten, die Summe der Ports B–D ebenfalls nicht.

4.1 Pin-Zuordnung

Aufgrund der zahlreichen Funktionseinheiten der MCU sind die I/O-Pins neben ihrer
Funktion als digitale Portpins mit Ein- oder Ausgangssignalen diverser Baugruppen
belegt. Die alternativen Pinbelegungen des ATmega16 sind in Abb. 1.1 und Tab. 4.1 gezeigt. Im Grundzustand sind alle I/O-Pins Digitaleingänge und werden von Bits in den
Datenrichtungs- und Portregistern DDRn, PORTn und PINn gesteuert.

⚡ MCUs vom Typ ATmega16 werden mit programmiertem Fusebit JTAGEN ausgeliefert, d. h. am Port C
ist an vier Pins das JTAG-Interface aktiviert. Wenn Sie die Pins PC5:2 zur Ein- oder Ausgabe nutzen
wollen, müssen Sie über das Fusebit das JTAG-Interface deaktivieren.

Aktivieren Sie Kommunikationsbaugruppen wie den USART, werden einige I/O-Pins
automatisch mit der entsprechenden Baugruppe verbunden, unabhängig von den
Einstellungen in DDRn, PORTn oder PINn. Welche Pins automatisch umgeschaltet
werden, können Sie ebenfalls der Tab. 4.1 entnehmen. Andere Baugruppen wie Ti-
mer/Counter erlauben es, Signale der Baugruppe an I/O-Pins weiterzuleiten oder von
dort einzulesen, wenn Sie es wünschen, dies geschieht jedoch nicht automatisch. Die
entsprechenden Pins tragen in der Tabelle den Vermerk „manuell", d. h. Sie müssen
die Alternativfunktion durch Kontrollregister der Baugruppe aktivieren und die Pins

Tab. 4.1. Belegung der I/O-Pins alternativ zu ihrer Funktion als digitale Ein- oder Ausgänge (ATmega16) [1, pp. 55]. In Klammern angegeben ist die Art der Umschaltung der Datenrichtung oder Portfunktion, „manuell" bedeutet, die alternative Funktion muss durch Schreiben in das Datenrichtungs- und Portregister manuell auf die I/O-Pins gelegt werden.

Digital-I/O	Alternativfunktion
A0–A7	ADC0–ADC7 (manuell)
B0	XCK, T0 (manuell)
B1	T1 (manuell)
B2	AIN0 (manuell), INT2 (manuell, IRQ wird immer getriggert)
B3	AIN1, OC0 (manuell)
B4	$\overline{\text{SS}}$ (autom. Eingang durch SPEN im Slavebetrieb, sonst kontrolliert durch DDB4)
B5	MOSI (autom. Eingang durch SPEN im Slavebetrieb, sonst kontrolliert durch DDB5)
B6	MISO (autom. Eingang durch SPEN im Masterbetrieb, sonst kontrolliert durch DDB6)
B7	SCK (autom. Eingang durch SPEN im Slavebetrieb, sonst kontrolliert durch DDB7)
C0	SCL (autom. Ein-/Ausgang durch TWEN)
C1	SDA (autom. Ein-/Ausgang durch TWEN)
C2	TCK (autom. Eingang durch JTAGEN)
C3	TMS (autom. Eingang durch JTAGEN)
C4	TDO (autom. Ein-/Ausgang durch JTAGEN)
C5	TDI (autom. Eingang durch JTAGEN)
C6	TOSC1 (autom. Eingang durch AS2)
C7	TOSC2 (autom. Eingang durch AS2)
D0	RXD (autom. Eingang durch RXEN)
D1	TXD (autom. Ausgang durch TXEN)
D2	INT0 (manuell, IRQ wird immer getriggert)
D3	INT1 (manuell, IRQ wird immer getriggert)
D4	OC1B (manuell)
D5	OC1A (manuell)
D6	ICP1 (manuell)
D7	OC2 (manuell)

in DDRn manuell als Ein- oder Ausgang konfigurieren, um die Signale der Baugruppe zu den I/O-Pins zu routen.

4.2 Registerbeschreibung

Die Ports A–D des ATmega16 werden von den Registern der Abb. 4.1 gesteuert.

4.2.1 Digitale Ein- und Ausgabe

Die Digital-I/O-Einheit besteht aus vier Ports n=A–D, die durch je drei Register gesteuert werden. Das Datenausgangsregister (port register) PORTn besitzt folgende Bits:

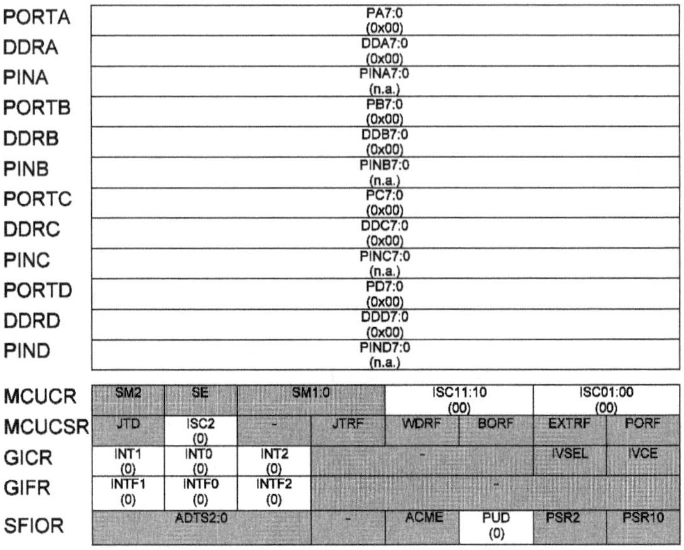

PORTA	PA7:0 (0x00)
DDRA	DDA7:0 (0x00)
PINA	PINA7:0 (n.a.)
PORTB	PB7:0 (0x00)
DDRB	DDB7:0 (0x00)
PINB	PINB7:0 (n.a.)
PORTC	PC7:0 (0x00)
DDRC	DDC7:0 (0x00)
PINC	PINC7:0 (n.a.)
PORTD	PD7:0 (0x00)
DDRD	DDD7:0 (0x00)
PIND	PIND7:0 (n.a.)

	7	6	5	4	3	2	1	0
MCUCR	SM2	SE	SM1:0		ISC11:10 (00)		ISC01:00 (00)	
MCUCSR	JTD	ISC2 (0)	-	JTRF	WDRF	BORF	EXTRF	PORF
GICR	INT1 (0)	INT0 (0)	INT2 (0)	-			IVSEL	IVCE
GIFR	INTF1 (0)	INTF0 (0)	INTF2 (0)	-				
SFIOR	ADTS2:0			-	ACME	PUD (0)	PSR2	PSR10

Abb. 4.1. Register, die zur Steuerung der Digital-I/O-Ports dienen. Bits, die nicht zur Digital-I/O-Baugruppe gehören, sind grau unterlegt. In Klammern angegeben sind die Defaultwerte nach einem Reset.

– Pn7–Pn0 – Bestimmen den Pegel, der am I/O-Pin b (0–7) von Port n erscheint, wenn dieser als Ausgang geschaltet ist (1 entspricht H-Pegel, 0 entspricht L-Pegel). Ist der Pin als Eingang geschaltet, legt eine 1 fest, daß der zugehörige interne Pullup-Widerstand aktiviert ist (0 deaktiviert ihn).

Die Bedeutung der Bits der Dateneingangsregister (port input register) PINn ist:

– PINn7–PINn0 – Spiegeln den Pegel von Pin b (0–7) in Port n wider (1 entspricht H-Pegel, 0 entspricht L-Pegel). Über PINnb wird immer der Signalpegel am I/O-Pin abgefragt, unabhängig davon, ob dieser als Ein- oder Ausgang konfiguriert ist.

Die Bits der Datenrichtungsregister (data direction register) DDRn bedeuten:

– DDn7–DDn0 – Bestimmen, ob Pin b (0–7) von Port n als Ausgang (1) oder Eingang (0) geschaltet wird.

Die Bedeutung der Bits des Sonderfunktionsregisters SFIOR ist folgende:

– PUD – 1 deaktiviert alle internen Pullup-Widerstände, unabhängig von der Einstellung in DDRn/PORTn. 0 läßt die Aktivierung der Widerstände zu (Default).

Tab. 4.2. Beschreibung der Kontrollbits für die Digital-I/O-Einheit (ATmega16).

DDnb	PINnb	Pnb	Beschreibung
0	je nach Pegel	0	Eingang, Three-State-Zustand
0	je nach Pegel	1	Eingang, interner Pullup
1	0	0	Push-Pull- oder Open-Drain-Ausgang, Pin führt L-Pegel (sink)
1	1	1	Push-Pull-Ausgang, Pin führt H-Pegel (source)
0	je nach Pegel	0	Open-Drain-Ausgang, Three-State-Zustand oder H-Pegel (mit externem Pullup-Widerstand)

Die Arbeitsweise eines jeden I/O-Pins, für den keine Alternativfunktion aktiviert und der daher als Digitaleingang oder -ausgang konfiguriert ist, wird durch je ein Bit im Datenrichtungsregister, Datenausgangsregister und Dateneingangsregister gemäß Tab. 4.2 bestimmt. Grundsätzlich gilt:

- Pin *b* von Port *n* wird zum Ausgang, wenn Bit DDnb in DDRn auf 1 gesetzt ist.
    - Der Pin wird auf L-Pegel gesetzt (nimmt Strom auf), wenn das korrespondieren Bit Pnb in PORTn auf 0 gesetzt wird. Das Lesebit PINnb ergibt beim Lesezugriff 0, unabhängig vom Wert, der in PINnb geschrieben wurde.
    - Der Pin wird auf H-Pegel gesetzt (liefert Strom), wenn das korrespondieren Bit Pnb in PORTn auf 1 gesetzt wird. Das Lesebit PINnb liefert beim Lesezugriff 1, unabhängig vom Wert, der in PINnb geschrieben wurde.
- Pin *b* von Port *n* wird zum Eingang, wenn Bit DDnb in DDRn auf 0 gesetzt ist.
    - Der interne Pullup-Widerstand ist deaktiviert, wenn das entsprechende Bit PORTnb auf 0 gesetzt wird. Ein Eingangspin ist dann im Three-State-Zustand und kann nur sinnvoll gelesen werden, wenn der Pin beschaltet ist und ein definierter Pegel anliegt. Das Bit PINnb entspricht dem Pegel am Pin.
    - Der interne Pullup-Widerstand wird aktiviert, wenn das entsprechende Bit PORTnb auf 1 gesetzt wird. Das korrespondierende Bit PINnb entspricht dem Pegel am Pin. Ist der Pin unbeschaltet, wird PINnb durch den Pullup-Widerstand auf 1 gesetzt.

Ein Reset konfiguriert die I/O-Pins als Digitaleingänge im Three-State-Zustand.

PINnb liefert bei einem Lesezugriff den Pegel, der tatsächlich am Pin anliegt, unabhängig davon, ob der Wert von einem Eingangspin, einem per Software beschriebenen Ausgangspin oder einer alternativen Pinfunktion entstammt [1, p. 51, 55]. Der Wert von PINnb spiegelt *nicht* den Status des Pullup-Widerstands wider, der durch Schreiben in PINnb aktiviert oder deaktiviert wird.

Aufgrund der internen Schaltung kann der Wert, der in einen Ausgabepin geschrieben wurde, nicht im unmittelbar folgenden Taktzyklus zurückgelesen werden. Stattdessen muss vor dem Lesezugriff eine nop-Instruktion ausgeführt werden, um die Laufzeit durch die Schaltung auszugleichen [1, p. 53f].

Ist Pnb 0, kann der Pin als Open-Drain-Ausgang betrieben werden. Ist auch DDnb 0, ist der Ausgang im Three-State-Zustand oder liegt über einen externen Pullup-Widerstand auf H-Pegel. Über PINnb können Sie feststellen, ob ein parallel angeschlossener Open-Drain-Ausgang L-Pegel führt.

4.2.2 Umschaltung auf Ausgänge, definierte Startzustände

Nach dem Einschalten oder einem Reset sind die I/O-Pins als Three-State-Eingänge konfiguriert, und ein definiertes Vorgehen ist nötig, um unbeabsichtigte Pegel oder Flanken an den Portpins zu vermeiden, die angeschlossene Bausteine steuern [1, pp. 51]. Unproblematisch ist es, nach einem solchen Betriebszustand I/O-Pins als Ausgänge mit L-Pegel zu konfigurieren, da nur ein Bit im Register DDRn gesetzt werden muß, um den gewünschten Zustand zu erreichen:

DDRnb	PORTnb	Bedeutung
0	0	Three-State-Eingang ohne Auswirkung auf die Schaltung.
1	0	Ausgang mit L-Pegel, die Schaltung sieht sofort L-Pegel.

Sollen I/O-Pins nach einem solchen Betriebszustand dagegen zu Ausgängen mit H-Pegel werden, müssen Sie Bits in den beiden Registern DDRn und PORTn setzen und – da dies nicht gleichzeitig möglich ist – entscheiden, welches der Register zuerst verändert werden soll. Mit dem folgenden Assemblerfragment für den AVR-GCC ist ein Vergleich beider Varianten möglich:

```
#include <avr/io.h>
.global testLoopH
testLoopH:
  clr R18
  out _SFR_IO_ADDR(DDRB), R18    ; set I/O pins to original state
  out _SFR_IO_ADDR(PORTB), R18   ; (three-state input)
  nop
  nop
  nop
  nop
  nop
  nop
  sbi _SFR_IO_ADDR(DDRB), 2      ; init marker
  cbi _SFR_IO_ADDR(PORTB), 2
  sbi _SFR_IO_ADDR(PORTB), 2     ; marker (1)
  cbi _SFR_IO_ADDR(PORTB), 2
  sbi _SFR_IO_ADDR(PORTB), 4     ; set PB4 to H
  sbi _SFR_IO_ADDR(PORTB), 2     ; marker (2)
  cbi _SFR_IO_ADDR(PORTB), 2
  sbi _SFR_IO_ADDR(DDRB), 4      ; set B3, B4 as outputs
  sbi _SFR_IO_ADDR(DDRB), 3
```

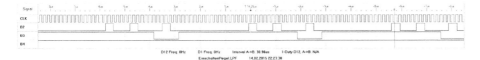

Abb. 4.2. Signalverlauf beim Konfigurieren von Ausgängen mit H-Pegel. Signale von oben nach unten: CLK (MCU-Takt), B2, B3, B4. Zur Zeitkorrelation ist ganz oben der MCU-Takt eingeblendet (1 Impuls entspricht einem Taktzyklus). Signal B4 zeigt Variante 1 (erst Pullup-Widerstand aktivieren, dann Ausgang konfigurieren), Signal B3 zeigt Variante 2 (sofort Ausgang konfigurieren, dann auf H-Pegel setzen). B2 ist das Markersignal, das mit einem H-Pegel Änderungen an den Registern anzeigt. Bei Variante 2 ist über 6 Taktzyklen deutlich ein L-Puls zu erkennen.

```
sbi  _SFR_IO_ADDR(PORTB), 2     ; marker (3)
cbi  _SFR_IO_ADDR(PORTB), 2
sbi  _SFR_IO_ADDR(PORTB), 3     ; set PB3 to H
rjmp testLoopH
```

Bei Variante 1 wird zunächst das Bit in PORTn gesetzt:

DDRnb	PORTnb	Bedeutung
0	0	Three-State-Eingang ohne Auswirkung auf die Schaltung.
0	1	Eingang mit Pullup-Widerstand, die Schaltung sieht nun schon H-Pegel und erkennt keinen Unterschied zwischen dem H-Pegel-Ausgang und einem Pullup-Pegel.
1	1	Ausgang mit H-Pegel, die Schaltung sieht weiterhin H-Pegel.

Mit dieser Reihenfolge können Ausgänge sofort auf H-Pegel gesetzt werden, wie in Abb. 4.2 unten zu sehen ist. Das Signal B4 ist nach diesem Verfahren konfiguriert worden und führt über die ganze Zeit ausschliesslich H-Pegel. Ist der Zwischenzustand mit Pullup-Widerständen am Eingang nicht akzeptabel, müssen die internen Pullup-Widerstände durch Setzen von PUD im I/O-Register SFIOR generell deaktiviert werden.

Die Reihenfolge in Variante 2 ist diese:

DDRnb	PORTnb	Bedeutung
0	0	Three-State-Eingang ohne Auswirkung auf die Schaltung.
1	0	Ausgang, L, Schaltung sieht L-Pegel.
1	1	Ausgang, H, Schaltung sieht H-Pegel.

Auch mit dieser Reihenfolge können Ausgänge auf H-Pegel gesetzt werden, die angeschlossene Schaltung sieht aber für einen kurzen Moment einen L-Pegel, wie Abb. 4.2 Mitte unten beim Signal B3 zeigt, das für 6 Taktzyklen auf L-Pegel liegt. In vielen Fällen, etwa der Ansteuerung einer LED, ist dies nicht von Bedeutung, die entstehenden HL- und LH-Flanken können jedoch in der angeschlossenen Schaltung unbeabsichtigte Schaltvorgänge auslösen (so kann die LH-Flanke beim Beispiel aus Abschnitt 8.7 einen unbeabsichtigten Trigger der Latches auslösen).

> **i** Das geschilderte Vorgehen stellt sicher, daß während der Einschaltphase keine unbeabsichtigten Spannungspegel an Digitalausgängen auftreten. Denken Sie daran, auch die weiteren Komponenten Ihrer Schaltung wie Logik- oder Peripheriebausteine dagegen zu sichern, z. B. durch Einbau von (schwachen) Pullup- oder Pulldown-Widerständen. In Abb. 4.26, Abb. 8.7 und Abb. 8.14 wird dies am Beispiel des Select-Eingangs $\overline{CS}$ von SPI-Bausteinen gezeigt.

4.2.3 Externe Interrupts

Logische L-Pegel oder Pegeländerungen von externen Signalen, die an den Pins INT0–INT2 anliegen, können *externe Interrupts* auslösen. Die Bearbeitung dieser Interrups erfolgt durch die Interrupthandler INT0_vect, INT1_vect und INT2_vect.

> **i** Besondere Hinweise zum Betrieb von externen Interrupts im Zusammenhang mit einem der Sleep-Modi der MCU sind in Abschnitt 1.4.3 und [1, p. 66] nachzulesen. In tiefen Sleep-Modi wie Power-Save werden nur noch L-Pegel als Trigger erkannt, da die Flankenerkennung vom Hauptoszillator der MCU abhängig ist (Abschnitt 7.5), sodaß nur sie noch als Wakeup-Trigger in Frage kommen.

Folgende Bits des MCU-Kontrollregister (MCU control register) MCUCR sind für die Kontrolle externer Interrupts relevant:
- ISC01–ISC00, ISC11–ISC10 – Geben an, welche Signalformen als Trigger für den Interrupteingang INT0 bzw. INT1 gemäß Tab. 4.3 aktiv sind.

Zum externen Interrupt 2 gehören diese Bits des MCU-Kontroll- und Statusregisters (MCU control and status register) MCUCSR:
- ISC2 – Legt gemäß Tab. 4.3 fest, welche Signalform als Trigger für den Interrupteingang INT2 aktiv ist.

> **i** Bei pegelgesteuerten Interrupts muß der L-Pegel eine längere Zeitspanne anliegen als die aktuelle Instruktion zur Ausführung benötigt, um sicher erkannt zu werden. Liegt der L-Pegel nach Ende des Interrupthandlers immer noch an, wird dies als weiterer Trigger gewertet und (nach Ausführung einer Instruktion des Hauptprogramms) der Interrupt erneut ausgelöst.

Zu den externen Interrupts gehören folgende Bits des Interrupt-Kontrollregister (general interrupt control register) GICR:
- INT0, INT1 – 1 aktiviert die Interruptfunktion für die I/O-Pins INT0 bzw. INT1. Ein Interrupt wird ausgelöst, wenn die Triggerbedingung aus MCUCR erfüllt ist.

Tab. 4.3. Beschreibung der ISC1i/ISC0i-Kontrollbits, die die Triggerbedingung für externe Interrupts festlegen (ATmega16). Die Triggerbedingung wird unabhängig davon geprüft, ob der Portpin als Eingang oder Ausgang geschaltet ist.

ISC11 : 10	Beschreibung	ISC01 : 00	Beschreibung	ISC2	Beschreibung
00	L-Pegel an INT1 erzeugt Interrupt[3]	00	dto. für INT0	–	–
01	Jede Flanke an INT1 erzeugt Interrupt[12]	01	dto. für INT0	–	–
10	HL-Flanke an INT1 erzeugt Interrupt[12]	10	dto. für INT0	0	dto. für INT2
11	LH-Flanke an INT1 erzeugt Interrupt[12]	11	dto. für INT0	1	dto. für INT2

[1] Die Erkennung von Flanken erfordert das Vorhandensein eines I/O-Taktes, d. h. es muss sichergestellt sein, daß die MCU nicht in einem Sleep-Modus betrieben wird, der den I/O-Takt ausschaltet.

[2] Der Impuls, der die Flanke generiert, muß zur sicheren Erkennung der Triggerbedingung länger als eine Taktperiode sein.

[3] Der L-Pegel muß zur sicheren Erkennung der Triggerbedingung länger angelegt sein, als die MCU zur Bearbeitung der aktuellen Instruktion benötigt.

– INT2 – 1 aktiviert die Interruptfunktion für den I/O-Pin INT2. Ein Interrupt wird ausgelöst, wenn die Triggerbedingung aus MCUCSR erfüllt ist.

Im Interrupt-Flagregister (general interrupt control register) GIFR gehören folgende Bits zu externen Interrupts:
– INTF0 – Wird gesetzt, wenn die Interruptbedingung gemäß ISC01–ISC00 erfüllt ist. Ein Interrupt (Vektor INT0_vect) wird ausgelöst, wenn zusätzlich das I-Bit in SREG und das INT0-Bit in GICR gesetzt sind.
– INTF1 – Wird gesetzt, wenn die Interruptbedingung gemäß ISC11–ISC10 erfüllt ist. Ein Interrupt (Vektor INT1_vect) wird ausgelöst, wenn zusätzlich das I-Bit in SREG und das INT1-Bit in GICR gesetzt sind.
– INTF2 – Wird gesetzt, wenn die Interruptbedingung gemäß ISC2 erfüllt ist. Ein Interrupt (Vektor INT2_vect) wird ausgelöst, wenn zusätzlich das I-Bit in SREG und das INT2-Bit in GICR gesetzt sind.

Bei flankengesteuerten Interrupts wird das Interruptflag beim Auftreten des Triggers gesetzt und beim Start des Interrupthandlers automatisch gelöscht. Bei pegelgesteuerten Interrupts ist der Trigger dagegen aktiv, solange der L-Pegel anliegt, sodaß der Handler nach dem Rücksprung u. U. noch mehrfach getriggert wird.

Das Setzen der Bits in MCUCR und GICR ist nicht ausreichend, um externe Interrupts auszulösen, zuvor muss das globale Interruptflag gesetzt werden, sodaß sich folgendes Setup ergibt:

```
// for INT0 (C)
cli();                      // disable interrupts globally
MCUCR &= ~(3<<ISC00);       // clear ISC01, ISC00
MCUCR |= (mode<<ISC00);     // set ISC01-ISC00 according to mode
GICR |= (1<<INT0);          // activate INT0
sei();                      // activate interrupts globally


// for INT0, (AVR-GCC assembler)
cli                         // disable interrupts globally
in   R16, _SFR_IO_ADDR(MCUCR)
cbr/sbr R16, 1<<ISC00       // clear/set ISC00 according to mode
cbr/sbr R16, 1<<ISC01       // clear/set ISC01 according to mode
out _SFR_IO_ADDR(MCUCR), R16
in   R16, _SFR_IO_ADDR(GICR)
sbr R16, 1<<INT0            // activate INT0
out _SFR_IO_ADDR(GICR), R16
sei                         // activate interrupts globally
```

(Die Assemblerinstruktionen cbi und sbi können hier nicht benutzt werden, da sowohl MCUCR als auch GICR eine I/O-Adresse über 32 besitzen.)

---

i Trigger werden unabhängig davon ausgelöst, ob der zugeordnete Portpin als Eingang oder Ausgang geschaltet ist. Ist der Pin als Eingang geschaltet, kann nur die am Pin angeschlossene Schaltung Interrupts auslösen. Ist der Pin als Ausgang geschaltet, kann ein Interrupt zusätzlich zur externen Schaltung durch Setzen des Portpins auf L- oder H-Pegel per Software ausgelöst werden.

4.3 Compilerunterstützung, symbolische Namen (AVR-GCC)

AVR-GCC unterstützt die Programmierung der Digital-I/O-Einheit durch die Bereitstellung wichtiger Konstanten im Headerfile avr/io.h, z. B. die symbolischen Namen von I/O-Registern wie PORTB oder PINC. „Echte Männer" könnten dazu tendieren, Programme wie dieses zu schreiben:

```
DDRD = 0b00100100;   // set PB5, PB2 as output, anything else as input
PORTB = 0x24;        // set PB5, PB2 to H
PORTB &= ~0x20;      // set PB5 to L
```

Diese Notation ist denkbar kurz und kann vom Compiler direkt in effizienten Code übersetzt werden. Sie ist jedoch schwer zu lesen, die Gefahr, sich bei Bitpositionen zu verzählen, ist groß, und die Portierung auf einen anderen MCU-Typ, bei dem andere I/O-Pins verfügbar sind, ist aufwendig, da alle Zugriffe über den gesamten Quellcode verstreut sind.

AVR-GCC stellt zur Unterstützung der Lesbarkeit in `avr/io.h` symbolische Namen für einzelne Eingangs-, Ausgangs- und Datenrichtungspins zur Verfügung. Die Bitnummern der I/O-Pins für die Datenausgaberegister `PORTn` heißen Pnb, z. B. PB0 oder PC6. Die Bitnummern der Pins für die Datenrichtungsregister `DDRn` und die Dateneingangsregister `PINn` werden mit DDnb und PINnb bezeichnet, z. B. DDB0, DDC6 und PINB0, PINC6.

`avr/io.h` stellt Symbole für Portpins bereit, bei denen es sich um *Bitnummern* handelt, nicht um Bitmasken! Beim Maskieren von z. B. Inhalten von I/O-Registern können Sie diese Zahlen nicht direkt als Bitmaske verwenden, sondern Sie müssen sie als Schiebefaktor betrachten: PB0=0, PB6=6 (Bitnummern), 1«PB0=1, 1«PB6=0x40 (Bitmasken).

Das Setzen eines oder mehrerer Portpins, z. B. B5 und B2, auf H- oder L-Pegel wird in C mit Hilfe der logischen Bitoperatoren realisiert:

```
PORTB |= (1<<PB5);              // set PB5 to H using bit mask
PORTB &= ~(1<<PB5);             // set PB5 to L using bit mask

PORTB |= (1<<PB5)|(1<<PB2);     // set PB5 and PB2 to H using mask
PORTB &= ~((1<<PB5)|(1<<PB2));  // set PB5 and PB2 to L using mask
```

Durch die Konstruktionen 1«PB5 werden die Bitnummern in Bitmasken umgewandelt. Setzen und Löschen von Bits erfolgt mit Hilfe der Bitoperatoren & und | und den Masken. Dieses Beispiel ist leserlicher als die direkte Angabe (hexa-)dezimaler Konstanten, da sie die verwendeten Pins deutlich macht und nur die betroffenen Bits ändert, nicht den gesamten Registerwert. Sie ist jedoch schreibaufwendiger und codiert die Pins immer noch hart im Programmcode. Eine weitere Abstraktion könnte in dieser Weise erfolgen:

```
// in header of file:
#define P_LED_GREEN (1<<PB5)
#define P_LED_RED (1<<PB2)
#define LED_ON(p) (PORTB &= ~p)
#define LED_OFF(p) (PORTB |= p)

// throughout source code:
LED_ON(P_LED_GREEN|P_LED_RED);   // set PB5 and PB2 to L
LED_OFF(P_LED_GREEN|P_LED_RED);  // set PB5 and PB2 to H
```

oder in dieser:

```
// in header of file:
#define P_LED_GREEN (1<<PB5)
#define P_LED_RED (1<<PB2)
#define GREEN_ON   (PORTB &= ~P_LED_GREEN)
#define GREEN_OFF  (PORTB |= P_LED_GREEN)
```

```
// throughout source code:
GREEN_OFF;        // switch off green LED
GREEN_ON;         // switch on green LED
```

Hier sind Port- und Bitdefinitionen im Header als Präprozessor-Symbole angelegt, die einfach geändert werden können. Bei der zweiten Alternative werden Zugriffe auf gleiche Ports evt. durch mehrere Assemblerinstruktionen realisiert. Welche Art für Sie die richtige ist, müssen Sie unter Berücksichtigung von Leserlichkeit, Portierbarkeit und Effizienz entscheiden. Im Buch werden diese ausführlichen Varianten benutzt und über Zugriffsmakros und eine Funktion initPorts() sichergestellt, daß alle Spezifika der Pinbelegung und Portkonfiguration zu Beginn des Programms an einer Stelle zusammengefaßt sind.

Das Lesen eines Portpins in C erfolgt in ähnlicher Weise:

```
uint8_t dataIn = (PINB&(1<<PINB5))>>PINB5; // read PB5, is 0 or 1
```

oder leserlicher, portierbarer und leichter änderbar

```
#define READPIN ((PINB&(1<<PINB5))>>PINB5)

uint8_t dataIn = READPIN;  // read PB5, is 0 or 1
```

Mit dieser Variante wird der Zustand von B5 als Binärwert (0 oder 1) erhalten. Wird der gelesene Wert nur als if-Bedingung verwendet, ist es nicht nötig, ihn zuvor auf Bit 0 zu schieben (auf den Bereich 0 oder 1 einzugrenzen), und READPIN vereinfacht sich:

```
#define READPIN (PINB&(1<<PINB5))

if (READPIN){            // is 0 or 0x20
  // PINB5 is H
} else {
  // PINB5 is L
}
```

Die hier skizzierte Abstraktion von fachlichen Werten und Realisierung auf Ebene der Digitalports wird in Abschnitt 4.6 an einem konkreten Beispiel erläutert.

Die Register PORTA–PIND besitzen I/O-Adressen unter 32, sodaß die obigen Beispiele in Assembler einfacher realisiert werden können, da die Instruktionen cbi und sbi bzw. sbic und sbis direkt Bits in den I/O-Registern verändern bzw. testen:

```
; for avr-gcc
sbi _SFR_IO_ADDR(PORTB), PB5    ; set PB5 to H
cbi _SFR_IO_ADDR(PORTB), PB5    ; set PB5 to L
sbi _SFR_IO_ADDR(PORTB), PB2    ; set PB2 to H
cbi _SFR_IO_ADDR(PORTB), PB2    ; set PB2 to L

; one way to query PINB5
in  R16, _SFR_IO_ADDR(PINB)
```

```
andi R16, 1<<PINB5              ; check if PINB5 is set
breq B5isL                     ; B5=1->Z cleared, B5=0->Z set
  ; if you're here, B5 is H

; other way to query PINB5
sbis _SFR_IO_ADDR(PINB), PINB5  ; check if PINB5 is set
  ; if you're here, B5 is L
  rjmp B5isL
B5isH:
  ; if you're here, B5 is H
```

Zuweilen sollen Digitalports als Parameter an eine Methode übergeben werden, z. B. um die Konfiguration zu vereinheitlichen. Ein erster Ansatz kann folgendermassen aussehen:

```
// define pins/ports used
#define D_OUTPUTC ((1<<DDC5)|(1<<DDC4)|(1<<DDC3)|(1<<DDC2))
#define D_INPUTC  ((1<<DDC1)|(1<<DDC0))
#define P_OUTPUTC ((1<<PC5)|(1<<PC4)|(1<<PC3)|(1<<PC2))
#define P_INPUTC  ((1<<PC1)|(1<<PC0))
#define I_INPUTC  ((1<<PINC1)|(1<<PINC0))

void initPort(uint8_t ddr, uint8_t port, uint8_t outputMask,
  uint8_t values, uint8_t inputMask, uint8_t pullupMask){
  ddr |=  outputMask;     // set bit for output pins
  ddr &= ~inputMask;      // clear bit for input pins
  port |=  (inputMask&pullupMask);  // configure pull-ups for inputs
  port &= ~outputMask;    // clear output pins
  port |= outputMask&values;  // set to requested value
}

int main(void){
  initPort(DDRC, PORTC, D_OUTPUTC, 0, D_INPUTC, P_INPUTC);
}
```

Dieser auf den ersten Blick nachvollziehbare Code erfüllt nicht die Erwartungen, da beim Aufruf von initPorts() die I/O-Register *by value* übergeben werden. Anstelle das Register selber zu sehen, erhält die Funktion den aktuellen *Wert* des Registers. Um das erwartete Resultat zu erhalten, gehen Sie wie folgt vor [6, Frequently Asked Questions]:

```
// define pins/ports used
#define D_OUTPUTC ((1<<DDC5)|(1<<DDC4)|(1<<DDC3)|(1<<DDC2))
#define D_INPUTC  ((1<<DDC1)|(1<<DDC0))
#define P_OUTPUTC ((1<<PC5)|(1<<PC4)|(1<<PC3)|(1<<PC2))
#define P_INPUTC  ((1<<PC1)|(1<<PC0))
#define I_INPUTC  ((1<<PINC1)|(1<<PINC0))

void initPort(volatile uint8_t *ddr, volatile uint8_t *port,
  uint8_t outputMask, uint8_t values, uint8_t inputMask,
  uint8_t pullupMask){
```

```
  *ddr |= outputMask;       // set bit for output pins
  *ddr &= ~inputMask;       // clear bit for input pins
  *port |= (inputMask&pullupMask); // configure pull-ups for inputs
  *port &= ~outputMask;     // clear output pins
  *port |= outputMask&values; // set to requested value
}

int main(void){
  initPort(&DDRC, &PORTC, D_OUTPUTC, 0, D_INPUTC, P_INPUTC);
}
```

Beim Funktionsaufruf wird anstelle des Werts eines Registers (PORTC) nun ein *Pointer auf Regis-ter* übergeben (&PORTC) und *call by reference* möglich. Die fraglichen Parameter besitzen den Typ volatile uint8_t *, die Funktion greift über den Dereferenzierungsoperator * auf die Werte der Register zu, um sie zu lesen und zu ändern.

4.4 Ausgabebeschaltungen

Abb. 4.3 zeigt einige typische Ausgangsbeschaltungen von digitalen Ports. Logikgatter mit TTL-Pegeln, wie die Vertreter der früher weit verbreiteten 74LS-Serie, aber auch viele 8 bit-Peripheriebausteine sowie die CMOS-Gatter der Serien 74HC und 74HCT (TTL-kompatibel) können direkt an eine mit 5 V betriebene AVR-MCU angeschlossen werden. Andere Logikfamilien müssen ggf. über Pegelwandler angeschlossen werden, falls Sie nicht von vorneherein die MCU mit einer anderen, geeigneteren Spannung wie 3,3 V, 3 V oder 2,7 V versorgen.

Optische Signalausgabe

Die Stromaufnahme- bzw. Stromabgabefähigkeit (source bzw. sink current) eines AVR-Portpins ist groß genug, um direkt LEDs anzusteuern. Benutzen Sie Normal-LEDs, die ca. 20 mA Strom benötigen, ist die Kapazität der AVR-Ports bei etwa 8–10 LEDs aus-gereizt, dagegen können Sie zahlreiche Niederstrom-LEDs (Stromaufnahme ca. 2 mA) anschliessen. Beim Anschluss ist auf die Polarität der LEDs zu achten: wird die Anode an den Portpin angeschlossen, muss die Kathode gegen GND geschaltet werden und der Pin ist H-aktiv, d. h. ein H-Pegel bringt die LED zum Leuchten. Wird dagegen die Kathode an den Portpin angeschlossen, muss die Anode gegen Vcc geschaltet werden, der Pin ist dann L-aktiv und ein L-Pegel bringt die LED zum Leuchten.

Beide Varianten sind in Duo-LEDs vereint. Duo-LEDs mit zwei Anschlüssen, die antiparallele Einzel-LEDs enthalten, müssen an zwei Portpins angeschlossen werden, um die notwendige Polarität zu erzielen, Abb. 4.3. Ein L-Pegel an beiden Pins gestat-tet es, diese Duo-LED ganz auszuschalten. Noch flexibler sind Duo-LEDs mit drei An-schlüssen, gemeinsamer Kathode und Parallelschaltung der beiden LEDs, häufig in der Ausführung Rot-Grün-Gelb (beide LEDs aktiv). Auch diese werden an zwei Port-

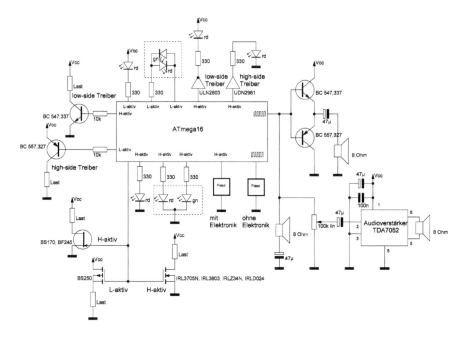

Abb. 4.3. Typische Ausgangsbeschaltung von Digitalausgängen. Innerhalb bestimmter Grenzen (Anzahl, Leistungsaufnahme) lassen sich LEDs direkt anschliessen. Höhere Lasten werden durch Transistoren oder High- bzw. Low-Side-Treiber geschaltet. Piezosummer mit oder ohne Elektronik können direkt angeschlossen werden, Lautsprecher erfordern eine Ausgangsstufe (Gegentaktverstärker oder Audioverstärker).

pins angeschlossen und können dunkel sein, in den beiden Einzelfarben und in der Mischfarbe leuchten, Abb. 4.3.

Müssen mehrere Normalstrom-LEDs (z. B. 7-Segment-Anzeigen), (weiße) High-Power-LEDs, Glühlämpchen oder andere Stromverbraucher angeschlossen werden, können Sie Treiber wie UDN2981 oder ULN2803 nehmen, um den Gesamtstrom am Port nicht zu überschreiten, s. u. Auch hier ist darauf zu achten, welche Polarität der Treiber aufweist. Den Anschluss von mehrstelligen 7-Segment-Anzeigen, wie sie in Digitaluhren üblich sind, werden wir in Abschnitt 5.8.5 kennenlernen.

Beachten Sie in allen Fällen die notwendigen Vorwiderstände, die von der Durchlassspannung der LEDs und damit von der Leuchtfarbe abhängig ist! Häufige Werte bei einer Versorgungsspannung von 5 V sind 330 Ω für rote LEDs, 300 Ω für gelbe und 270 Ω für grüne LEDs. Für Niederspannungs-LEDs sind Widerstände im Bereich 1–1,5 kΩ erforderlich.

Ansteuerung von Stromverbrauchern

Höhere Lasten können über einzelne bipolare Kleinsignaltransistoren wie BC547 (NPN) und BC557 (PNP) geschaltet werden, für höhere Ströme nehmen Sie Typen wie BC337/338 (NPN) oder BC327/328 (PNP). An spannungsgesteuerten Transistoren (FETs) stehen die Typen BS170 (N-Kanal) oder BS250 (P-Kanal) zur Verfügung. Hohe Ströme werden mit Leistungs-MOSFETs (logic level) wie IRLD024N/IRL3705N (N-Kanal) oder IRFD9024 (P-Kanal) geschaltet.

In allen Fällen ist die Polarität des Anschlusses zu beachten. NPN-Transistoren und N-Kanal-FETs erfordern an der Basis bzw. Gate ein H-aktives Signal, um durchzuschalten. Die Last liegt zwischen Vcc und Kollektor bzw. Drain. Auch die integrierten Achtfach-Darlingtontreiber vom Typ UDN2981 oder ULN2803 benötigen ein H-aktives Signal, die Last liegt bei High-Side-Treibern (UDN2981) zwischen Treiber und Vcc, bei Low-Side-Treibern (ULN2803) zwischen Treiber und GND. Beachten Sie, daß an bipolaren Transistoren i. A. ca. 0,7 V Spannung abfallen, die zur Versorgung der Last nicht mehr zur Verfügung stehen. Darlingtontreiber verursachen einen noch größeren Spannungsabfall (ca. 1,4 V). PNP-Transistoren und P-Kanal-FETs benötigen ein L-aktives Signal an der Basis bzw. Gate, um durchzuschalten, die Last wird zwischen Kollektor bzw. Drain und GND gelegt.

Für bipolare Transistoren müssen Sie den Basiswiderstand R so dimensionieren, daß der Transistor voll durchschaltet und ein Laststrom I_L fließt. Sie können ihn mit Hilfe des Ohmschen Gesetzes berechnen:

$$R = \frac{U}{I_L} = \frac{U - U_{CE}}{I_L} = \frac{\text{Vcc} - 0,7\,\text{V}}{I_L/h} \tag{4.1}$$

Die an bipolaren Transistoren auftretende Kollektor-Emitter-Spannung U_{CE} von etwa 0,7 V muß von der Spannung U, i. A. der Betriebsspannung Vcc, abgezogen werden. Der für einen Laststrom I_L erforderliche Basisstrom kann mit Hilfe der Stromverstärkung h berechnet werden. h liegt für Kleinsignaltransistoren wie BC327/337 je nach Typ zwischen 160 (Typ -16) und 600 (Typ -40), bei BC547/557 je nach Typ zwischen 100 (A-Typen) und 800 (C-Typen). Beachten Sie, daß h im Bereich der Sättigung, die für den Schaltbetrieb erwünscht ist, stark abfällt, teilweise bis auf 20. Wenn Sie im Datenblatt Ihres Transistors keine Angaben über diesen Betriebszustand finden, müssen Sie schätzen und z. B. maximal die Hälfte des minimalen h-Wertes nehmen.

MOSFETs agieren spannungsgesteuert und benötigen bei Niederfrequenzanwendungen keinen Basiswiderstand, Sie können die Portpins also direkt an den Gateanschluss legen. Da FETs im Leitungszustand nur einen sehr geringen Widerstand (im Datenblatt meist R_{DSon} genannt) zeigen, fällt an ihnen keine signifikante Spannung ab. Beachten Sie bei der FET-Auswahl, daß FETs normalerweise hohe Gatespannungen um 9 V erwarten, die für den Einsatz in Mikrocontrollerschaltungen zu hoch ist. Es gibt jedoch *Logic-Level-Typen*, die mit Gatespannungen um 4,5 V arbeiten.

Akustische Signalausgabe

Zur Erzeugung akustischer Signale stehen zum einen Piezosummer zur Verfügung. Es gibt Piezosummer *mit* eigener Elektronik, die laute Signalgeräusche von sich geben, solange ein Gleichspannungssignal (H-Pegel) anliegt und die direkt an einen Digitalausgang angeschlossen werden. Piezoelemente *ohne* eigene Elektronik, die oft billig sind, müssen mit einem Rechtecksignal der gewünschten Tonfrequenz angesteuert werden. Zu deren Erzeugung eignen sich die Output Compareausgänge OCi von Timern, die im CTC-Modus betrieben werden, Abschnitt 5.3.2. Solche Summer sind meist für eine bestimmte Frequenz optimiert, bei der sie maximale akustische Energie abstrahlen.

Lautsprecher werden nicht direkt angeschlossen, da sie üblicherweise über geringe Innenwiderstände ($4-8\,\Omega$) verfügen und entsprechend der Beziehung $I = U/R$ einen hohen Strom ziehen, den die MCU nur begrenzt liefern kann. Sie werden daher entweder über einen Kondensator, der gegen GND geschaltet ist, gleichspannungsmäßig entkoppelt, oder über einen Gegentaktverstärker aus zwei Transistoren angesteuert. Letzteres hat den Vorteil, daß ein „echtes" Wechselspannungssignal erzeugt und die Lautsprechermembran beidseitig ausgelenkt wird. Schließlich können Sie Audioverstärker anschliessen, z. B. PC-Lautsprecher, oder mit ICs wie TDA7052 oder LM386 einen kleinen Audioverstärker selber bauen. In diesem Fall bringen Sie das 5 V TTL-Signal mit einem Potentiometer auf den Line-Pegel von 1–2 V und koppeln es über einen Kondensator aus.

4.5 Eingabebeschaltungen

In Abb. 4.4 sind typische Eingangsbeschaltungen dargestellt. Um digitale Signale einzulesen, wird im einfachsten Fall ein Taster direkt an einen I/O-Pin angeschlossen und sein Zustand über das Bit PINnj im Dateneingaberegister PINn eingelesen. Um bei offenem Taster einen eindeutigen Spannungspegel zu erhalten, wird der Taster zwischen GND und einem Pullup-Widerstand von mind. 10 kΩ angeschlossen. Der Widerstand kann extern bereitgestellt werden, einfacher ist es aber, den internen Pullup-Widerstand durch Setzen von Bit Pnj in PORTn zu aktivieren.

Die Funktion des Pullup-Widerstands ist es, einen Spannungsteiler aufzubauen, der im Ruhezustand (Taster offen) ein eindeutiges H-Signal liefert. Bei gedrücktem Taster fließt Strom von Vcc über den Widerstand nach GND, und es wird ein L-Signal geliefert.

Auf gleiche Weise kann ein Schalter angeschlossen werden, um ein dauerhaftes Eingangssignal zu erzeugen. Varianten eines Schalters sind BCD-Kodierschalter, die entsprechend der Bitzahl eine höhere Anzahl an Eingangspins erfordern, üblicherweise vier, und (binäre) Zahlen von Null bis 15 kodieren. Der Anschluß von Matrixtastaturen mit vielen Einzeltastern wird Thema von Abschnitt 4.7.3 sein, das Problem des Entprellens einfacher Taster wird in Abschnitt 4.7 diskutiert.

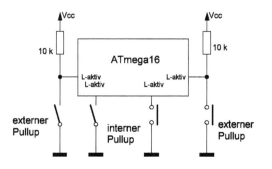

Abb. 4.4. Typische Eingangsbeschaltung von Digitaleingängen.

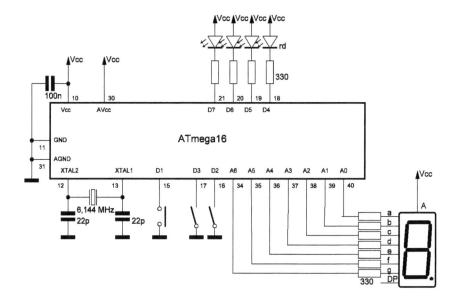

Abb. 4.5. Beispielschaltung des 2:4-Dekoders mit steuerbarer Polarität. Die Eingabetaster sind L-aktiv, die Polarität der Ausgänge D4–D7, an die LEDs angeschlossen sind, richtet sich nach der Stellung des Kontrollschalters an D1. Die sieben LEDs der 7-Segment-Anzeige werden einzeln über 7 I/O-Pins von Port A angesteuert.

4.6 Einfache digitale Ein- und Ausgabe, 2:4-Dekoder

Als einfaches Beispiel benutzen wir digitale Ein- und Ausgänge, um einen 2:4-Dekoder aufzubauen, der die Zustände von zwei Tastern einliest, sie als 2 bit-Binärzahl interpretiert und abhängig von deren Wert einen von vier Ausgängen aktiviert. Das Einlesen eines Schalters erlaubt es, die Polarität der Ausgänge zu steuern. Abb. 4.5 zeigt die Schaltung. Eine 7-Segment-Anzeige zeigt den aktiven Ausgang numerisch an.

Das Programm (Listing 4.1) führt seine Aufgabe in einer Endlosschleife in der `main()`-Funktion aus. Es liest in jedem Durchlaufs den aktuellen Zustand der zwei Eingabepins ein, berechnet den Ausgabewert, d. h. den aktiven Ausgang und das Bitmuster für die Anzeige, und setzt die Ausgabepins für die vier Einzel-LEDs sowie die sieben LEDs der 7-Segment-Anzeige auf die berechneten Signalpegel.

Da die fachliche Anforderung durch eine 2 bit-Zahl von 0–3 (gewünschter Ausgang) ausgedrückt ist und auch die berechneten Antworten für die Kanalauswahl und das Bitmuster als 4 bit- bzw. 7 bit-Zahl vorliegen, ist es wünschenswert, im Programm mit ebendiesen Zahlen arbeiten zu können, unabhängig davon, an welchem I/O-Pin die einzelnen Bits eingelesen oder ausgegeben werden. Das Programm definiert daher zu Beginn die Makros `READINPUT` und `READSWITCH` bzw. `WRITEOUTPUT()` und `WRITEDISPLAY()`. Die `READ...`-Makros konstruieren die fachlich begründeten Zahlen aus den gelesenen Signalpegeln, je nach Lage der einzelnen I/O-Pins. Umgekehrt nehmen die `WRITE...`-Makros die fachlichen Zahlen entgegen und konstruieren Ausgangswerte passend zu den verwendeten I/O-Pins, s. u. Die konkrete Lage der I/O-Pins wird im Programmkopf als Bitmasken in Symbolen deklariert.

Ein solches Vorgehen erfordert zwar mehr Programmzeilen, ist jedoch übersichtlich, da in „echten" Programmen häufig einzelne Bits oder Bitbereiche ausmaskiert werden müssen, da die einzelnen I/O-Pins eines Ports verschieden genutzt werden und unabhängig voneinander verändert werden müssen. Die dazu notwendigen Bitmanipulationen werden durch die Makros zentral zusammengefasst und sind bei Änderungen der Portbelegung leicht änderbar. Im Programm selber nutzen Sie die leicht les- und verwendbaren Makros.

4.6.1 Einlesen von Tastern und Schaltern

Die Taster werden über die internen Pullup-Widerstände an `D3` und `D2` angeschlossen und sind L-aktiv, d. h. im Ruhezustand, wenn kein Taster gedrückt ist, weisen `D3` und `D2` H-Pegel auf und das Makro `READINPUT` liefert den Binärwert `0b11` (dezimal 3). In diesem Fall ist die Ausgangsleitung Nummer 3 (Pin `D7`) aktiviert. Wird der Taster an `D3` gedrückt, liefert `READINPUT` die Binärzahl `0b01` (dezimal 1), sodaß Ausgang 1 an `D5` aktiviert wird.

Das Beispiel zeigt den Nutzen der Abstraktion durch die Makros `READ...` und `WRITE....` `PIND` liefert beim Einlesen der Signalpegel von Port D die Binärwerte `0bxxxx11xx` (dezimal 12+x) bzw. `0bxxxx01xx` (dezimal 4+x) anstelle der erwarteten Werte 3 bzw. 1. `READINPUT` isoliert die für die Tastereingabe verwendeten Bits durch eine Bitmaske und verschiebt sie um `PIND2` oder zwei Bits, sodaß Werte im erwarteten Bereich 0–3 entstehen.

Die Bedeutung von „aktiviert" wird durch einen Schalter an `D1` festgelegt, der wie die Taster über einen internen Pullup-Widerstand angeschlossen und mit `GND` verbunden ist. In der Stellung „geschlossen" führt der Schalter L-Pegel und das Makro

READSWITCH liefert den Wert 0 (false), d. h. „aktive" Ausgänge führen ebenfalls L-Pegel. In der Stellung „offen" hingegen weist der Schalter über den Pullup-Widerstand H-Pegel auf, „aktive" Eingänge führen dann ebenfalls H-Pegel.

Die Abstraktion READSWITCH arbeitet ähnlich zu READINPUT, muß aber lediglich die Information liefern, ob der Schalter geschlossen ist, also einen true- oder false-Wert. Ob dieser Sachverhalt durch die Werte 0b000000x0 (Dezimalwerte 0/2) oder 0b0000000x (Dezimalwerte 0/1) ausgedrückt wird, ist unerheblich, READSWITCH maskiert daher nur das PIND1-Bit für den I/O-Pin des Schalters aus. (Die Werte 0/2 entstehen durch Lesen von PIND und Ausmaskieren des Bits PIND1 für den Schalter, die Werte 0/1 durch anschliessendes Verschieben um PIND1 oder ein Bit nach rechts.)

4.6.2 Ausgaben über 7-Segment-Anzeigen

Zur Ausgabe von Zahlen werden neben LCD-Anzeigen häufig 7-Segment-Anzeigen verwendet, die aufgrund ihrer Leuchtkraft bei fast jedem Licht und aus größerer Entfernung gut abgelesen werden können. Sie fassen sieben (mit Dezimalpunkt acht) Einzel-LEDs in einem Gehäuse zusammen, besitzen eine allen LEDs gemeinsame Anode oder Kathode und können auf zwei Wegen angesteuert werden:
-   Bei der statischen Ansteuerung werden die Einzel-LEDs an sieben oder acht I/O-Pins angeschlossen, die als Ausgang geschaltet sind. Eine gemeinsame Anode wird an Vcc angeschlossen, die Segmente leuchten bei L-Pegel an den Ausgängen. Die gemeinsame Kathode wird an GND angeschlossen, die Segmente leuchten dann bei H-Pegel an den Ausgängen.
-   Bei mehrstelligen Anzeigen werden für n Dezimalstellen $7n$ oder $8n$ Leitungen zum Ansteuern der Segmente benötigt. In diesen Fällen wird gewöhnlich eine dynamische Ansteuerung im *Multiplex-Betrieb* genutzt, bei der 7 oder 8 Leitungen für alle Segmente und je eine pro Dezimalstelle ausreichend sind, um im schnellen zeitlichen Wechsel alle Dezimalstellen anzusteuern. Diese Art der Ansteuerung muß zyklisch erfolgen, sodaß wir uns im Abschnitt über Timer/Counter mit ihr beschäftigen werden (Abschnitt 5.8.5, Abschnitt 5.8.6).

Der 2:4-Dekoder ist ein Beispiel für die statische Ansteuerung. Nach dem Einlesen des Binärwerts der Taster wird ein diesem Wert entsprechendes Bitmuster aus dem Array dispData gelesen und an Port A ausgegeben, an den die Kathoden der einzelnen Segmente angeschlossen sind. Ein 1-Bit im Muster entspricht einem aktiven Segment, da die benutzte 7-Segment-Anzeige eine gemeinsame Anode besitzt, muß das Bitmuster invertiert werden, um die Segmente L-aktiv anzusteuern.

Die Makros WRITEOUTPUT() und WRITEDISPLAY() transformieren die Ausgabewerte in den Wertebereich, der durch die verwendeten I/O-Pins vorgegebenen ist. Die Kanäle z. B. sind an D7 : 4 angeschlossen, Kanal 0 wird daher durch 0b00010000 oder (invertiert) 0b11100000 ausgewählt, tatsächlich wird jedoch das Bitmuster

0b00000001 an das Makro übergeben. WRITEOUTPUT() verschiebt seinen Parameter daher um PD4 oder vier Bits nach links und berücksichtigt, daß nur 4 von den 8 Bits des Ports durch den Schreibzugriff verändert werden dürfen. Es liest dazu den aktuellen Wert ein und verändert durch logische Operatoren und Bitmasken nur die Bits PD7 : 4. Auch hier werden die Bitmasken im Programmkopf als Symbole definiert.

Listing 4.1. 2:4-Dekoder in C (Programm DigIO24Dekoder.c).

```
1   /*
2      Simple 2:4 Decoder
3      Inputs:
4        - PD3:2, key inputs
5        - PD1, switch defining output polarity (L=L-active)
6      Outputs:
7        - PD7:4 data outputs
8        -   PA7:0 common-anode 7 segment LED display (L active)
9   */
10  #include <stdint.h>
11  #include <avr/io.h>
12
13  // ------- hardcoded configuration -----------------
14
15  // define some bit masks
16  #define D_SWITCH   (1<<DDD1)
17  #define P_SWITCH   (1<<PD1)
18  #define I_SWITCH   (1<<PIND1)
19  #define D_OUTPUTD  ((1<<DDD7)|(1<<DDD6)|(1<<DDD5)|(1<<DDD4))
20  #define D_INPUTD   ((1<<DDD3)|(1<<DDD2))
21  #define P_OUTPUTD  ((1<<PD7)|(1<<PD6)|(1<<PD5)|(1<<PD4))
22  #define P_INPUTD   ((1<<PD3)|(1<<PD2))
23  #define I_INPUTD   ((1<<PIND3)|(1<<PIND2))
24  #define D_OUTPUTA (0xff)
25  #define P_OUTPUTA (0xff)
26
27  #define READINPUT ((PIND & I_INPUTD)>>PIND2)
28  #define READSWITCH  (PIND & I_SWITCH)
29  #define WRITEOUTPUT(value)  (PORTD = (PORTD&~P_OUTPUTD)|((value<<PD4
        )&P_OUTPUTD))
30  #define WRITEDISPLAY(value) (PORTA = value)
31
32  uint8_t getData(uint8_t dataIn);
33  uint8_t dispData[] = { 0b00111111, 0b00000110, 0b01011011, 0
        b01001111 };
34
35  void initPorts(void){
36     // enable pull-up resistors for inputs and configure inputs
37     PORTD |= P_SWITCH | P_INPUTD;
38     DDRD &= ~(D_SWITCH | D_INPUTD);
39     // set outputs according to polarity switch and configure outputs
```

```
40    PORTD &= getData((uint8_t)(~P_OUTPUTD));
41    DDRD |= D_OUTPUTD;
42    // blank out 7 segment display and configure outputs
43    WRITEDISPLAY(0xff);
44    DDRA |= D_OUTPUTA;
45  }
46
47  // ------- business logic ------------------
48
49  uint8_t getData(uint8_t dataIn){
50    uint8_t tmp = dataIn;
51    uint8_t polarity = READSWITCH;
52    if (polarity){    // for LEDs connected against Vcc (L-active)
53      tmp ^= 0xff;  // invert output data
54    }
55    return tmp;
56  }
57
58  int main(void){
59    uint8_t tmp, data;
60
61    initPorts();
62
63    while (1){                // main loop
64      tmp = READINPUT;        // read inputs
65      switch (tmp){
66        case 0: data = ~0b00000001;
67            break;
68        case 1: data = ~0b00000010;
69            break;
70        case 2: data = ~0b00000100;
71            break;
72        case 3: data = ~0b00001000;
73            break;
74        default: data = ~0b00000000;
75      }
76      data = getData(data);     // read switch
77      WRITEOUTPUT(data);        // output for LEDs
78      WRITEDISPLAY(~dispData[tmp]); // and for 7 segment display
79    }
80  }
```

4.7 Auslesen von Tastern mit Entprellung

Im vorigen Beispiel wurde der Zustand eines Tasters über einen I/O-Pin eingelesen und direkt verwendet. Leider ändert ein Taster beim Betätigen nicht sofort seinen Zu-

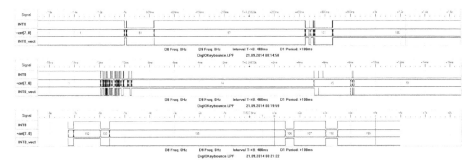

Abb. 4.6. Signal eines Tasters beim Drücken und die von der MCU erkannten Interrupts. Signale von oben nach unten: INT0, Zahlenwert von `cnt`, INT0_vect. INT0 ist das Signal vom Taster. Die als Bytewert interpretierten Portbits A7–A0 repräsentieren den Zählerstand `cnt`, der die als Interrupt erkannten Flanken zählt. INT0_vect oder D5 ist ein Signal, das bei jedem erkannten Interrupt seinen Pegel ändert.
Oben und Mitte: ein prellender Taster, der auf die Tastendrücke bei -1 s und +0,44 s mit jeweils etwa 50 Flankenwechseln reagiert, bevor die Kontakte nach ca. 30 ms zur Ruhe kommen. Unten: ein guter Leiterplattentaster, der bei fast jedem Tastendruck mit einem einzelnen Flankenwechsel reagiert.

stand zwischen L- und H-Pegel, sondern wechselt durch mechanische Unzulänglichkeiten, die sich kaum vermeiden lassen, in den ersten Sekundenbruchteilen nach seiner Betätigung mehrfach zwischen den Grenzen hin- und her (er „prellt"), bevor er stabil seinen aktiven Zustand erreicht. Dieselben Vorgänge spielen sich beim Loslassen des Tasters ab, bis nach einigen weiteren Millisekunden stabil der Ruhezustand erreicht ist. In [36] wird dieses Verhalten näher untersucht.

Abb. 4.6 zeigt das geschilderte Verhalten anhand eines Tasters, der an INT0 angeschlossen ist, graphisch. In den oberen beiden Diagrammen ist zu sehen, wie der Taster beim Drücken und Loslassen bis zu 50-mal zwischen L- und H-Zuständen wechselt, bis nach ca. 30 ms die Kontakte zur Ruhe gekommen sind. Die Zahl der Signalflanken wurde mit Listing 4.2 ermittelt, indem jede Flanke des Tastersignals einen externen Interrupt auslöst. Im Interrupthandler wird die Zählervariable `cnt` inkrementiert und ihr Wert in der Hauptschleife ununterbrochen an Port A ausgegeben. Im unteren Diagramm ist das Signal eines hochwertigen Leiterplattentasters zu sehen, das fast bei jeder Betätigung des Tasters eine einzelne Flanke erzeugt.

Listing 4.2. Demonstration des Prellens eines Tasters (Programm DigIOKeybounce.c).

```
1   /*
2      Demonstration of key bouncing
3      Inputs:
4        - D2/INT0, key input
5      Outputs:
6        - A7:0, value of counter
7        - D5, recognized IRQs
8   */
```

```
 9  #define F_CPU 6144000UL
10
11  #include <stdint.h>
12  #include <avr/io.h>
13  #include <avr/interrupt.h>
14  #include "extIntLib.h"
15
16  // ------- hardcoded configuration -----------------
17
18  // define some bit masks
19  #define D_OUTPUTA (0xff)
20  #define P_OUTPUTA (0xff)
21  #define D_OUT_LINE  (1<<DDD5)
22  #define P_OUT_LINE  (1<<PD5)
23  #define OUT_LINE_TOGGLE (PORTD ^= P_OUT_LINE)
24  #define OUT_LINE_IDLE (PORTD |= P_OUT_LINE)
25  #define OUTPUTVALUE(value)  (PORTA=value)
26
27  void initPorts(void){
28    PORTA &= ~P_OUTPUTA;
29    DDRA |= D_OUTPUTA;
30    OUT_LINE_IDLE;
31    DDRD |= D_OUT_LINE;
32  }
33
34  // ------- business logic -----------------
35  volatile uint8_t cnt = 0;
36
37  ISR(INT0_vect){
38    cnt++;
39    OUT_LINE_TOGGLE;
40  }
41
42  int main(void){
43    initPorts();
44    initExtIRQ(EXTINT_INT0, EXTINT_ANYEDGE, EXTINT_PININPUT);
45    sei();
46
47    while (1){
48      OUTPUTVALUE(cnt);
49    }
50  }
```

Um die geschilderten Vorgänge zu vermeiden (d. h. den Taster zu „entprellen"), gibt es verschiedene Möglichkeiten:

1. Die hardwareseitige Entprellung (Abb. 4.7) erfolgt mit einem Taster mit zwei Schaltstellungen und einem RS-Flipflop, dessen Zustand sich auch bei wiederhol-

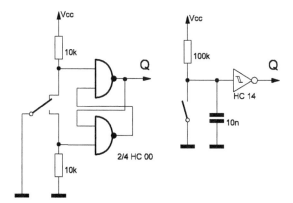

Abb. 4.7. Zwei Möglichkeiten, Taster per Hardware zu entprellen. Links: ein RS-Flipflop ändert seinen durch den ersten Start- oder Stopimpuls erreichten Zustand auch bei wiederholten Störimpulsen nicht mehr. Rechts: ein RC-Glied „versteckt" die Störimpulse in der Entladekurve des Kondensators, die durch einen Schmitt-Trigger in ein sauberes Digitalsignal umgeformt wird.

ten Impulsen nicht ändert, oder einem einfachen Taster und einem RC-Glied, das die mehrfachen Impulse durch die Entladekurve des Kondensators überdeckt.

2. Nach Erkennung der ersten Flanke des Tastersignals wird eine bestimmte Zeit gewartet und erst dann der Zustand des Tasters ausgelesen. Es wird angenommen, daß die Kontaktelemente des Tasters nach dieser Zeit zur Ruhe gekommen sind und ein stabiler Zustand gelesen wird.

3. Eine Modifikation der zweiten Variante ist, nach einer Wartezeit nicht sofort den Schaltzustand auszulesen, sondern zu prüfen, ob sich der Zustand in dieser Zeit noch geändert hat und ggf. erneut zu warten. Der Zustand wird erst dann ausgelesen, wenn er sich stabilisiert hat, d. h. eine bestimmte Zeitlang keine Änderung mehr im Signalpegel aufgetreten ist.

Ein Mikrocontroller ist prädestiniert, um die Softwarelösungen 2 oder 3 umzusetzen. Im folgenden werden zwei Varianten von Methode 3 vorgestellt:

- Die Erkennung von kurzen und langen Tastendrücken (Abschnitt 4.7.1). Beispiel ist ein Codeschloss mit einer einzelnen Taste, Abschnitt 4.7.2.
- Die Erkennung von einfachen Tastendrücken und Wiederholungen, indem die Taste längere Zeit gedrückt bleibt (Abschnitt 4.7.4). Eine Anwendung ist die Einstellung der Klickgeschwindigkeit eines Metronoms durch einfachen Tastendruck in Einerschritten, oder durch anhaltenden Tastendruck in Zehnerschritten, Abschnitt 4.8.3.

Jede dieser Varianten kann mit einzelnen Tastern wie auch mit Matrixtastaturen, bei denen viele Taster als Matrix geschaltet sind, arbeiten (Abschnitt 4.7.3). Um die Software einfach zu halten, werden folgende Annahmen getroffen:

- Die Tasten sind L-aktiv, d. h. sie werden vom I/O-Pin gegen Masse geschaltet, der Pin wird als Eingang mit Pullup-Widerstand konfiguriert.

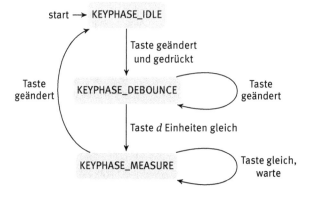

Abb. 4.8. Zustandsautomat zur Erkennung kurzer und langer Tastendrücke.

- Es darf zu jeder Zeit nur eine Taste gedrückt sein, mehrere gleichzeitige Tastendrücke werden nicht erkannt.
- Die Reaktion des Programms in der MCU auf erkannte Tastendrücke ist schneller als ein erneuter Tastendruck erfolgt, da die Informationen zu erkannten Tastendrücken in einfachen Variablen und nicht in Queues oder Listen gespeichert werden.

4.7.1 Bibliothek zur Entprellung langer/kurzer Tastendrücke

Die nun vorgestellte Bibliothek liest den Zustand L-aktiver Taster ein, entprellt die Signale und unterscheidet zwischen kurzen und langen Tastendrücken. Die Resultate werden in einer Struktur vom Typ keySLInfo gespeichert. Zur Auswertung wird ein Zustandsautomat herangezogen, der in Abb. 4.8 gezeigt ist. Die Taster werden mit digitalen Eingängen verbunden und gegen Masse geschaltet, geben also in Verbindung mit internen Pullup-Widerständen der MCU L-aktive Signale ab.

Im Normalzustand KEYPHASE_IDLE wartet die MCU auf eine Änderung im Zustand der Taster, der durch die Funktion readKeys() eingelesen wird. readKeys() ist eine Callbackfunktion, die vom Anwendungsprogramm bereitgestellt wird und einen Bytewert liefert, in dem die Zustände aller I/O-Pins gesammelt sind, die mit Tastern verbunden sind. Die Bits dieses Werts sind für jeden Taster 1 bis auf das, das einem gedrückten Taster entspricht.

Wird eine Änderung des Tasterzustands detektiert, geht der Automat in den Zustand KEYPHASE_DEBOUNCE über, in dem er eine bestimmte Anzahl von Zeiteinheiten verbleibt. Erfolgt innerhalb dieser Zeit eine erneute Änderung des Tasterzustandes, bleibt der Automat im Debounce-Modus und setzt den Zähler auf Null zurück. Erst wenn die vorgegebene Anzahl an Zeiteinheiten verstrichen ist, ohne daß eine Änderung im Tasterzustand erfolgt ist, erkennt der Automat den Tastendruck an und wechselt in den Zustand KEYPHASE_MEASURE, in dem er verbleibt, bis wiederum eine Änderung des Zustands der Taster erfolgt. Die Zeit, die der Automat in der Messphase verblieben ist, wird als Länge des Tastendrucks interpretiert und in der Membervariable keySLInfo.type als KEYSTROKE_LONG oder KEYSTROKE_SHORT zurückgeliefert, zusammen mit dem Tasterzustand in keySLInfo.key, an dem Sie erkennen können, welcher Taster gedrückt war.

Nach erfolgter Messung und Auswertung wechselt der Automat in den Ruhezustand KEYPHASE_IDLE zurück und wartet auf die nächste Änderung im Tasterzustand. Erfolgt diese, werden die Variablen erneut beschrieben. Eine Auswertung und Reaktion auf Tastendrücke muß also innerhalb der Zeitspanne zwischen zwei Tastendrücken erfolgen!

Listing 4.3. Bibliothek zur Auswertung langer und kurzer Tastendrücke (Programm keyShortLong-Lib.h).

```
 1  #ifndef KEYSHORTLONGLIB_H_
 2  #define KEYSHORTLONGLIB_H_
 3
 4  #include <stdint.h>
 5
 6  #define KEYSTROKE_NONE    0
 7  #define KEYSTROKE_LONG    1
 8  #define KEYSTROKE_SHORT   2
 9
10  #define KEYPHASE_IDLE     0
11  #define KEYPHASE_DEBOUNCE 1
12  #define KEYPHASE_MEASURE  2
13
14  typedef void (*pVoidFnc) (void);
15
16  typedef struct {
17    uint8_t type;    // type of keystroke (NONE, LONG, SHORT)
18    uint8_t key;     // actual key pressed (bit-coded)
19    uint8_t cnt;
20    uint8_t phase;
21    uint8_t debounce;
22    uint8_t shortStroke;
23    uint8_t state;
24    uint8_t idleState;
25    pVoidFnc pShortKeystroke;
26    pVoidFnc pLongKeystroke;
27  } keySLInfo;
28
29  void initKeyShortLong(keySLInfo* pkeyInfo, uint8_t debounceLength,
          uint8_t shortStrokeLength, uint8_t idleState, pVoidFnc
          prcShortKeystroke, pVoidFnc prcLongKeystroke);
30
31  void evalKey(keySLInfo* pkeyInfo);  // call regularly with >= 50 Hz
32
```

```
33  void processKeyStrokes(keySLInfo* pkeyInfo);  // call to process key
        strokes
34
35  #endif /* KEYSHORTLONGLIB_H_ */
```

Listing 4.4. Bibliothek zur Auswertung langer und kurzer Tastendrücke (Programm keyShortLong-Lib.c).

```
1   #include "keyShortLongLib.h"
2
3   // callback provided by user, must return a value with bit
4   // set for each key, with pressed key being L-active
5   uint8_t readKeys(void);
6
7   // initialization of data structures. Called at begin of program.
8   void initKeyShortLong(keySLInfo* pkeyInfo, uint8_t debounceLength,
        uint8_t shortStrokeLength, uint8_t idleState, pVoidFnc
        prcShortKeystroke, pVoidFnc prcLongKeystroke){
9     pkeyInfo->debounce = debounceLength;
10    pkeyInfo->shortStroke = shortStrokeLength;
11    pkeyInfo->idleState = idleState;
12    pkeyInfo->phase = KEYPHASE_IDLE;
13    pkeyInfo->state = readKeys();
14    pkeyInfo->type = KEYSTROKE_NONE;
15    pkeyInfo->pShortKeystroke = prcShortKeystroke;
16    pkeyInfo->pLongKeystroke = prcLongKeystroke;
17  }
18
19  // called regularly >=50 Hz to evaluate key strokes.
20  void evalKey(keySLInfo* pkeyInfo){
21    uint8_t tmpKey;
22    // state machine to evaluate single keystrokes (long/short)
23    switch (pkeyInfo->phase){
24      case KEYPHASE_IDLE:
25      // look if key state has changed (keySLInfo.state is previous
          key state)
26      if ((tmpKey = readKeys())!=pkeyInfo->state){
27        // key state changed: save new state and start counter if new
28        // state is not idle state (if key was pressed at startup)
29        pkeyInfo->state = tmpKey;
30        if (pkeyInfo->state!=pkeyInfo->idleState){
31          pkeyInfo->phase = KEYPHASE_DEBOUNCE;
32          pkeyInfo->cnt = 0;
33          pkeyInfo->type = KEYSTROKE_NONE;
34        }
35      }
36      break;
37      case KEYPHASE_DEBOUNCE:
```

```
38      // look if key state has changed (keySLInfo.state is previous
           key state)
39      if ((tmpKey = readKeys())==pkeyInfo->state){
40        // key state not changed, inc counter and check if end
41        // of debounce phase is reached
42        if (++pkeyInfo->cnt==pkeyInfo->debounce){
43          pkeyInfo->phase = KEYPHASE_MEASURE;
44          pkeyInfo->cnt = 0;
45        }
46      } else {
47        // key state changed, start again with debouncing
48        pkeyInfo->state = tmpKey;
49        pkeyInfo->cnt = 0;
50      }
51      break;
52      case KEYPHASE_MEASURE:
53      if ((tmpKey = readKeys())==pkeyInfo->state){
54        // key state not changed, inc counter w/o overflow
55        if (pkeyInfo->cnt<250) pkeyInfo->cnt++;
56      } else {
57        // key state changed, evaluate length and stop key evaluation
58        // return: duration of key stroke
59        if (pkeyInfo->cnt>=pkeyInfo->shortStroke){
60          pkeyInfo->type = KEYSTROKE_LONG;
61        } else {
62          pkeyInfo->type = KEYSTROKE_SHORT;
63        }
64        pkeyInfo->key = pkeyInfo->state;  // return: which key
65        pkeyInfo->state = tmpKey;
66        pkeyInfo->phase = KEYPHASE_IDLE;
67      }
68      break;
69      default:
70        ;
71    }
72  }
73
74  // dispatcher for actual processing of keystrokes.
75  // 'key pressed' flag is deleted after processing.
76  void processKeyStrokes(keySLInfo* pkeyInfo){
77    switch (pkeyInfo->type){
78      case KEYSTROKE_LONG:
79      if (pkeyInfo->pLongKeystroke!=0){
80        pkeyInfo->pLongKeystroke();
81        pkeyInfo->type = KEYSTROKE_NONE;
82      }
83      break;
84      case KEYSTROKE_SHORT:
85      if (pkeyInfo->pShortKeystroke!=0){
```

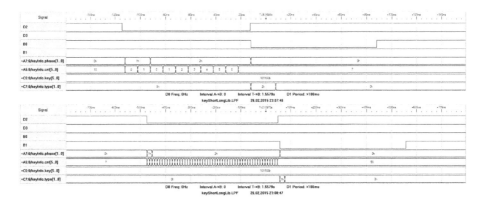

Abb. 4.9. Tastersignal und Verlauf der Auswertung von kurzen und langen Tastendrücken. Signale von oben nach unten: D2, D3, B0, B1, Zahlenwerte von keyInfo.phase, keyInfo.cnt, keyInfo.key, keyInfo.type. Oben: Erkennung eines kurzen Tastendrucks an D2. Unten: Erkennung eines langen Tastendrucks an D2.

```
86        pkeyInfo->pShortKeystroke();
87        pkeyInfo->type = KEYSTROKE_NONE;
88      }
89      break;
90      default:
91      ; // no key pressed, nothing to do
92    }
93  }
```

Listing 4.5 zeigt, wie die Bibliothek benutzt wird, um lange und kurze Tastendrücke an zwei Tastern zu erkennen, die an D2 und D3 angeschlossen sind. Das Programm reagiert mit verschieden langem Aufleuchten zweier LEDs an B0 und B1 auf Tasterereignisse und protokolliert alle Vorgänge über die serielle Schnittstelle:

```
Short key  8
Short key  8
Long key   8
Long key   4
Short key  4
```

Die Ausgabe zeigt den Wert von keySLInfo.key, wenn zunächst der Taster an D2, dann an D3 gedrückt wird. Abb. 4.9 stellt den Signalverlauf und den Wert einiger Variablen des Zustandsautomaten mit Hilfe eines Logikanalysators dar.

Auswertung durch Callbacks

Wie Listing 4.5 zeigt, erfolgt die Tastaturauswertung durch regelmäßigen Aufruf der Funktion evalKey(), in der Regel in einem Timerinterrupt mit etwa 50 Hz, im Beispiel im Interrupthandler TIMER0_COMP_vect. Alle Informationen über den

Tastendruck werden in einer Variablen vom Typ `keySLInfo` gespeichert. Im Beispiel erfolgt die Reaktion auf kurze und lange Tastendrück über zwei Callbackfunktionen, die der `initKeyShortLong()`-Funktion übergeben werden, und die durch `processKeyStrokes()` angesprungen werden. Sie erhalten Informationen über den auslösenden Tastendruck über die Variable vom Typ `keySLInfo`.

Das Einlesen der Tasterzustände erfolgt in der Callbackfunktion `readKeys()`, die Sie bereitstellen müssen. Sie liefert einen Bytewert zurück, in dem jeder Taster durch ein Bit repräsentiert ist. Führt der Taster H-Pegel, ist es 1, ist der Taster gedrückt, dagegen 0. Wie Sie die Taster zu Bits zuordnen, ist unerheblich, spielt aber eine Rolle, da Sie an diesem Bitwert erkennen, welcher Taster gedrückt wurde. Im Beispiel werden die Taster an `D2` und `D3` durch die Bitmasken `I_KB2` und `I_KB3` symbolisiert. Die für die Taster gewählten Eingänge werden durch diese Bitmasken beim Lesen des Zustands von Port D mit Hilfe des Registers `PIND` isoliert. Eine 0 an einer Bitposition, die einem Taster entspricht, signalisiert, daß der entsprechende Taster gedrückt wurde. Der Wert 8 oder `0b00001000` heißt, daß der Taster an `D2` gedrückt wurde. In den Callbackfunktionen ist der Tastercode über `keySLInfo.key` verfügbar. Damit kann wie folgt geprüft werden, ob z. B. der Taster an `D2` gedrückt wurde:

```
keySLInfo keyInfo;
...
if (!(keyInfo.key&I_KB2)){
  // key at D2 pressed
}
```

Im Ruhezustand der Taster liefert die Bitmaske `I_KB2|I_KB3`, angewandt auf `PIND`, den Wert `0b00001100`, der zu Programmbeginn der `initKeyShortLong()`-Methode als Ruhewert übergeben wird. Die Auswertung erkennt anhand dieses Wertes, ob überhaupt eine Taste gedrückt wurde.

Direkte Auswertung

Alternativ zur Verwendung von Callbacks erfolgt die Tasterauswertung durch Prüfung der Membervariablen `keySLInfo.type` auf einen der Werte `KEYSTROKE_SHORT` oder `KEYSTROKE_LONG`. Nach Bearbeitung des Tastendrucks muß diese Variable auf `KEYSTROKE_NONE` zurückgesetzt werden, damit der Tastendruck nicht mehrfach bearbeitet wird:

```
int main(void){
  keySLInfo keyInfo;
  ...
  for (;;){
    if (keyInfo.type==KEYSTROKE_LONG){
      uart_puts("long keystroke\r\n");
      if (!(keyInfo.key&I_KB2)){
        // key at D2 pressed
```

```
        }
        keyInfo.type = KEYSTROKE_NONE;
      } else if (keyInfo.type==KEYSTROKE_SHORT){
        uart_puts("short keystroke\r\n");
        keyInfo.type = KEYSTROKE_NONE;
      }
    }
  }
}
```

Listing 4.5. Erkennung von kurzen und langen Tastendrücken (Programm DigIOKeyShortLong.c).

```
1   /*
2     Key debouncing and evaluation of short and long key strokes.
3     Inputs:
4       - D3:2    key inputs
5     Outputs:
6       - B0 and B1 output indicators for short and long key strokes.
7       - D1:0    serial (USB) communication
8       - A7:0, C7:0  internal information about evaluation
9   */
10  #define F_CPU 6144000
11
12  #include <stdio.h>
13  #include <avr/io.h>
14  #include <avr/interrupt.h>
15  #include <avr/pgmspace.h>
16  #include <avr/sleep.h>
17  #include "keyShortLongLib.h"
18  #include "tmrcntLib.h"
19
20  // UART Initialization
21  #define BAUD 9600
22  #include <util/setbaud.h>
23  #include "uartLib.h"
24
25  // ------- hardcoded configuration ------------------
26
27  // define some bit masks
28  #define D_KB2      (1<<DDD2)
29  #define P_KB2      (1<<PD2)
30  #define I_KB2      (1<<PIND2)
31  #define D_KB3      (1<<DDD3)
32  #define P_KB3      (1<<PD3)
33  #define I_KB3      (1<<PIND3)
34  #define D_LEDSHORT   (1<<DDB0)
35  #define P_LEDSHORT   (1<<PB0)
36  #define D_LEDLONG (1<<DDB1)
37  #define P_LEDLONG (1<<PB1)
38
```

```
39  #define READKEY       (PIND&(I_KB2|I_KB3))
40  #define LEDON_SHORT   (PORTB&=~P_LEDSHORT)
41  #define LEDOFF_SHORT  (PORTB|=P_LEDSHORT)
42  #define LEDON_LONG    (PORTB&=~P_LEDLONG)
43  #define LEDOFF_LONG   (PORTB|=P_LEDLONG)
44
45  void initPorts(void){
46    PORTD |= (P_KB2|P_KB3); // configure inputs with pull-up resistors
47    DDRD |= (D_KB2|D_KB3);
48    LEDOFF_SHORT;      // configure LED outputs
49    LEDOFF_LONG;
50    DDRB |= (D_LEDSHORT|D_LEDLONG);
51    DDRA = 0xff;       // configure debug outputs
52    DDRC = 0xff;
53  }
54
55  // ------- business logic -----------------
56  #define OCR0VALUE ((uint8_t)(F_CPU/1024/100-1)) // 100 Hz
57  #define STATE_OFF     0
58  #define STATE_ON      1
59  #define LED_ON_SHORT  10  // 10*10ms = 0.1 s active
60  #define LED_ON_LONG   50  // 50*10ms = 0.5 s active
61
62  volatile uint8_t iLedState[2], iLedStateTime[2];
63  keySLInfo keyInfo;
64
65  // callback to read key state
66  uint8_t readKeys(void){
67    return READKEY;
68  }
69
70  // Enters LED on-state: switch on specified LED
71  void enterLedOn(uint8_t n){
72    if (n==P_LEDSHORT){
73      iLedState[0] = STATE_ON;
74      iLedStateTime[0] = LED_ON_SHORT;
75      LEDON_SHORT;
76    } else {
77      iLedState[1] = STATE_ON;
78      iLedStateTime[1] = LED_ON_LONG;
79      LEDON_LONG;
80    }
81  }
82
83  // Enters LED off-state: switch off specified LED
84  void enterLedOff(uint8_t n){
85    if (n==P_LEDSHORT){
86      iLedState[0] = STATE_OFF;
87      LEDOFF_SHORT;
```

```
 88    } else {
 89      iLedState[1] = STATE_OFF;
 90      LEDOFF_LONG;
 91    }
 92  }
 93
 94  // handles simple keystrokes
 95  void processShortKeystroke(void){
 96    char buffer[30];
 97    enterLedOn(P_LEDSHORT);
 98    sprintf_P(buffer, PSTR("Short key %2x\r\n"), keyInfo.key);
 99    uart_puts(buffer);
100  }
101
102  // handles repeated keystrokes
103  void processLongKeystroke(void){
104    char buffer[30];
105    enterLedOn(P_LEDLONG);
106    sprintf_P(buffer, PSTR("Long key %2x\r\n"), keyInfo.key);
107    uart_puts(buffer);
108  }
109
110  ISR(TIMER0_COMP_vect){
111    // evaluate keyboard with 50 Hz
112    evalKey(&keyInfo);
113    // display internal data about key evaluation
114    PORTA = (keyInfo.phase<<6)|(keyInfo.cnt&0x3f);
115    PORTC = (keyInfo.type<<6)|(keyInfo.key&0x3f);
116    // execute state machine for LEDs
117    if (iLedState[0]==STATE_ON){
118      if (--iLedStateTime[0]==0){ enterLedOff(P_LEDSHORT); }
119    }
120    if (iLedState[1]==STATE_ON){
121      if (--iLedStateTime[1]==0){ enterLedOff(P_LEDLONG); }
122    }
123  }
124
125  int main(void){
126    initPorts();
127    initCTC(TIMER_TIMER0, OCR0VALUE, TIMER_COMPNOACTION,
128        TIMER_PINSTATE_DONTCARE, TIMER_CLK_PSC1024, TIMER_ENAIRQ);
128    initKeyShortLong(&keyInfo, 2, 50, READKEY, &processShortKeystroke,
          &processLongKeystroke);
129    // 2 CTC units to wait for debouncing (=2*10 ms = 20 ms)
130    // 50 CTC units to wait for short stroke (=50*10 ms=0.5 s)
131    initUART(UART_NOIRQ, UBRRH_VALUE, UBRRL_VALUE);
132    enterLedOff(P_LEDSHORT);
133    enterLedOff(P_LEDLONG);
134
```

```
135    sei();
136
137    while (1){
138      set_sleep_mode(SLEEP_MODE_IDLE);
139      sleep_mode();
140      processKeyStrokes(&keyInfo);   // evaluate key strokes
141    }
142  }
```

Matrixtastaturen

Anstelle einzelner Taster kann auch eine Matrixtastatur benutzt werden, die in Abschnitt 4.7.3 vorgestellt wird. Sie wird wie folgt zur Auswertung kurzer und langer Tastendrücke eingesetzt:

```
#include "keyMatrixLib.h"

#define D_KB      (&DDRA)
#define P_KB      (&PORTA)
#define I_KB      (&PINA)

keyMInfo keyInfoM;

void initPorts(void){
  PORTA = 0xff;       // set to default state
  DDRA  = 0xff;       // matrix keyboard connections
  ...
}

uint8_t readKeys(void){
  return readKeysMatrix(&keyInfoM);
}

int main(void){
  ...
  init*Key*(..., readKeys(), ...);
  initKeyMatrix(&keyInfoM, D_KB, P_KB, I_KB);
  ...
}
```

Die Verbindung der Bibliotheken zur Erkennung kurzer und langer Tastendrücke mit der Bibliothek zur Auswertung einer Matrixtastatur erfolgt über die Funktion readKeys(), in der anstelle isolierter Taster der Zustand der Matrixtastatur eingelesen wird.

Schaltung und Anschluss einer Matrixtastatur ist in Abb. 4.12 gezeigt, das vollständige Programm in Listing 4.6. Eine typische Ausgabe ist folgende:

```
Short key   6 (scan bb)
Short key   3 (scan bd)
Long  key   7 (scan e7)
Long  key   8 (scan d7)
Long  key   9 (scan b7)
Short key   7 (scan e7)
Short key   8 (scan d7)
Short key   9 (scan b7)
```

In Klammern ist der hexadezimale Scancode des Tasters angegeben, während die Zahl einen dekodierten Wert 0–15 darstellt, den Sie auch als Code für die hexadezimalen Ziffern 0–9, A–F betrachten können.

Listing 4.6. Erkennung von kurzen und langen Tastendrücken unter Verwendung einer 4x4-Matrixtastatur (Programm DigIOKeyShortLongMatrix.c).

```
1   /*
2     Key debouncing and evaluation of short and long key strokes using
          matrix keyboard.
3     Inputs:
4       - A7:0, key inputs (matrix keyboard)
5         A0-A3 row lines, A4-A7 column lines with 3K3 resistors
6     Outputs:
7       - B0 and B1, indicators for short and long key strokes.
8       - D1:0, serial (USB) communication
9   */
10  #define F_CPU 6144000
11
12  #include <stdio.h>
13  #include <avr/io.h>
14  #include <avr/interrupt.h>
15  #include <avr/sleep.h>
16  #include "keyShortLongLib.h"
17  #include "keyMatrixLib.h"
18  #include "tmrcntLib.h"
19
20  // UART Initialization
21  #define BAUD 9600
22  #include <util/setbaud.h>
23  #include "uartLib.h"
24
25  // ------- hardcoded configuration ------------------
26
27  // define some bit masks
28  #define D_KB      (&DDRA)
29  #define P_KB      (&PORTA)
30  #define I_KB      (&PINA)
31  #define D_LEDSHORT (1<<DDB0)
32  #define P_LEDSHORT (1<<PB0)
33  #define D_LEDLONG (1<<DDB1)
```

```
34  #define P_LEDLONG (1<<PB1)
35
36  #define LEDON_SHORT    (PORTB&=~P_LEDSHORT)
37  #define LEDOFF_SHORT   (PORTB|=P_LEDSHORT)
38  #define LEDON_LONG     (PORTB&=~P_LEDLONG)
39  #define LEDOFF_LONG    (PORTB|=P_LEDLONG)
40
41  void initPorts(void){
42    PORTA = 0xff;      // configure matrix keyboard outputs
43    DDRA = 0xff;
44    LEDOFF_SHORT;      // configure LED outputs
45    LEDOFF_LONG;
46    DDRB |= (D_LEDSHORT|D_LEDLONG);
47  }
48
49  // ------- business logic -----------------
50  #define OCR0VALUE ((uint8_t)(F_CPU/1024/100-1)) // 100 Hz
51  #define STATE_OFF      0
52  #define STATE_ON       1
53  #define LED_ON_SHORT   10   // 10*10ms = 0.1 s active
54  #define LED_ON_LONG    50   // 50*10ms = 0.5 s active
55
56  volatile uint8_t iLedState[2], iLedStateTime[2];
57  keySLInfo keyInfo;
58  keyMInfo keyInfoM;
59
60  // callback to read key state
61  uint8_t readKeys(void){
62    return readKeysMatrix(&keyInfoM);
63  }
64
65  // Enters LED on-state: switch on specified LED
66  void enterLedOn(uint8_t n){
67    if (n==P_LEDSHORT){
68      iLedState[0] = STATE_ON;
69      iLedStateTime[0] = LED_ON_SHORT;
70      LEDON_SHORT;
71    } else {
72      iLedState[1] = STATE_ON;
73      iLedStateTime[1] = LED_ON_LONG;
74      LEDON_LONG;
75    }
76  }
77
78  // Enters LED off-state: switch off specified LED
79  void enterLedOff(uint8_t n){
80    if (n==P_LEDSHORT){
81      iLedState[0] = STATE_OFF;
82      LEDOFF_SHORT;
```

```
83     } else {
84       iLedState[1] = STATE_OFF;
85       LEDOFF_LONG;
86     }
87   }
88
89   // handles simple keystrokes
90   void processShortKeystroke(void){
91     char buffer[30];
92     enterLedOn(P_LEDSHORT);
93     sprintf(buffer, "Short key %2x (scan %2x)\r\n", decodeKeyStroke(
           keyInfo.key), keyInfo.key);
94     uart_puts(buffer);
95   }
96
97   // handles repeated keystrokes
98   void processLongKeystroke(void){
99     char buffer[30];
100    enterLedOn(P_LEDLONG);
101    sprintf(buffer, "Long key %2x (scan %2x)\r\n", decodeKeyStroke(
           keyInfo.key), keyInfo.key);
102    uart_puts(buffer);
103  }
104
105  ISR(TIMER0_COMP_vect){
106    // evaluate keyboard with 50 Hz
107    evalKey(&keyInfo);
108    // execute state machine for LEDs
109    if (iLedState[0]==STATE_ON){
110      if (--iLedStateTime[0]==0){ enterLedOff(P_LEDSHORT); }
111    }
112    if (iLedState[1]==STATE_ON){
113      if (--iLedStateTime[1]==0){ enterLedOff(P_LEDLONG); }
114    }
115  }
116
117  int main(void){
118    initPorts();
119    initCTC(TIMER_TIMER0, OCR0VALUE, TIMER_COMPNOACTION,
           TIMER_PINSTATE_DONTCARE, TIMER_CLK_PSC1024, TIMER_ENAIRQ);
120    initKeyShortLong(&keyInfo, 2, 50, readKeys(), &
           processShortKeystroke, &processLongKeystroke);
121    initKeyMatrix(&keyInfoM, D_KB, P_KB, I_KB);
122    initUART(UART_NOIRQ, UBRRH_VALUE, UBRRL_VALUE);
123    enterLedOff(P_LEDSHORT);
124    enterLedOff(P_LEDLONG);
125
126    sei();
127
```

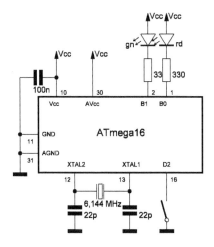

Abb. 4.10. Beispielschaltung des Codeschlosses. Sowohl Eingabetaster als auch Anzeige-LEDs sind L-aktiv. Der Code wird durch die richtige Folge kurzer und langer Tastendrücke abgebildet. Die Eingabe des richtigen Codes führt zum Aufleuchten der LED an B1, eine falsche Codesequenz führt zum Aufleuchten der LED an B0. Anstelle der LEDs können andere Aktoren wie Toröffneer oder Sirenen angeschlossen werden.

```
128    while (1){
129      set_sleep_mode(SLEEP_MODE_IDLE);
130      sleep_mode();
131      processKeyStrokes(&keyInfo);   // evaluate key strokes
132    }
133  }
```

4.7.2 Codeschloss

Ein Anwendungsbeispiel für die Bibliothek aus Abschnitt 4.7.1 ist ein Codeschloss mit einem einzigen Taster, der mehrmals in der richtigen Reihenfolge kurz oder lang gedrückt werden muß. In Listing 4.7 ist der Code fest eingestellt: kurz, lang, lang und kurz. Erfolgt die Tastereingabe in der richtigen Reihenfolge, leuchtet 1 s lang eine grüne LED auf, ansonsten 5 s lang eine rote. In einer richtigen Anwendung könnten Tore geschaltet, Alarme oder Lautsprecherwarnungen erzeugt werden. Abb. 4.10 zeigt den Schaltplan des Codeschlosses.

Abb. 4.11 oben zeigt den Signalverlauf bei Eingabe des richtigen Codes, Abb. 4.11 unten den bei Eingabe eines falschen Codes. Die Anwendung wird durch einen Zustandsautomaten realisiert, der sich beim Warten auf eine Tasteraktion im Zustand STATE_INPUT befindet. Die Zahl der erfolgreich erkannten Tastendrücke wird in der Variablen iInputStage gespeichert. Entspricht dieser Wert der Codelänge, wechselt der Automat in den Zustand STATE_OK und gibt die grüne LED frei. Stimmt an irgendeiner Stelle die Länge des Tastendrucks nicht mit dem Code überein, geht der Automat in STATE_NOT_OK über und aktiviert die rote LED. In beiden Fällen wechselt der Auto-

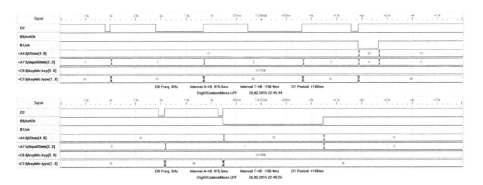

Abb. 4.11. Signalverlauf der Tastenauswertung im Rahmen eines Codeschlosses. Signale von oben nach unten: D2, B0/notOk, B1/ok, Zahlenwerte von `iState`, `iInputState`, `keyInfo.key`, `keyInfo.type`. Oben: Eingabe des richtigen Codes mit Freischaltung des Schlosses (Impuls an B1). Unten: Falscher Tastendruck an zweiter Position mit Fehlersignal (langer Impuls an B0).

mat nach Ablauf der Leuchtphase wieder in den Zustand `STATE_INPUT` und wartet auf die nächste Eingabe der Codesequenz.

Listing 4.7. Codeschloss mit kurzen und langen Tastendrücken (Programm DigIOCodeschloss.c).

```
1   /*
2     Code door. Detects short and long key strokes.
3     Inputs:
4       - D2, key input
5     Outputs:
6       - B1:0, output indicators (1=ok, 0=not ok).
7       - A7:0, C7:0, debug information about key evaluation
8   */
9   #define F_CPU 6144000L
10
11  #include <stdint.h>
12  #include <avr/io.h>
13  #include <avr/interrupt.h>
14  #include <avr/pgmspace.h>
15  #include <avr/sleep.h>
16  #include "keyShortLongLib.h"
17  #include "tmrcntLib.h"
18
19  // ------- hardcoded configuration -----------------
20
21  // define some bit masks
22  #define D_KEY     (1<<DDD2)
23  #define P_KEY     (1<<PD2)
24  #define I_KEY     (1<<PIND2)
25  #define D_LEDOK   (1<<DDB1)
26  #define P_LEDOK   (1<<PB1)
27  #define D_LEDNOTOK (1<<DDB0)
```

```
28  #define P_LEDNOTOK   (1<<PB0)
29
30  #define READKEY      (PIND&I_KEY)
31  #define LEDON_OK     (PORTB&=~P_LEDOK)
32  #define LEDOFF_OK    (PORTB|=P_LEDOK)
33  #define LEDON_NOTOK  (PORTB&=~P_LEDNOTOK)
34  #define LEDOFF_NOTOK (PORTB|=P_LEDNOTOK)
35
36  void initPorts(void){
37    PORTD |= P_KEY;    // configure key inputs w pull-up resistors
38    DDRD &= ~D_KEY;
39    LEDOFF_OK;         // configure LED output
40    LEDOFF_NOTOK;
41    DDRB |= (D_LEDOK|D_LEDNOTOK);
42    PORTA = 0xff;      // configure debug output
43    PORTC = 0xff;
44  }
45
46  // ------- business logic -----------------
47  #define OCR0VALUE ((uint8_t)(F_CPU/1024/50-1))  // 50 Hz compare
        match
48  #define WAIT_OK ((uint16_t)(1000/50))      // 1 s green
49  #define WAIT_NOT_OK ((uint16_t)(5000/50))   // 5 s red
50
51  // general states
52  #define STATE_INPUT   10
53  #define STATE_OK      20
54  #define STATE_NOT_OK  30
55  #define CODE_LENGTH   4
56  volatile uint8_t iState, iInputStage;
57  volatile uint16_t iTimer;
58  const uint8_t iCode[] PROGMEM = { KEYSTROKE_SHORT, KEYSTROKE_LONG,
        KEYSTROKE_LONG, KEYSTROKE_SHORT };
59  keySLInfo keyInfo;
60
61  // callback to read key state
62  uint8_t readKeys(void){
63    return READKEY;
64  }
65
66  void enterInput(uint8_t piInputStage){
67    iState = STATE_INPUT;
68    iInputStage = piInputStage;
69    LEDOFF_OK;
70    LEDOFF_NOTOK;
71  }
72
73  void enterOk(void){
74    iState = STATE_OK;
```

```
75     iTimer = WAIT_OK;
76     LEDON_OK;
77   }
78
79   void enterNotOk(void){
80     iState = STATE_NOT_OK;
81     iTimer = WAIT_NOT_OK;
82     LEDON_NOTOK;
83   }
84
85   ISR(TIMER0_COMP_vect){
86     // evaluate key strokes
87     evalKey(&keyInfo);
88     // display internal data about key evaluation
89     PORTA = (iInputStage<<5)|(iState&0x1f);
90     PORTC = (keyInfo.type<<6)|(keyInfo.key&0x3f);
91     // state machine for functionality
92     switch (iState){
93       case STATE_INPUT:
94         if (keyInfo.type!=KEYSTROKE_NONE){
95           if (keyInfo.type==pgm_read_byte(&iCode[iInputStage])){
96             if (++iInputStage == CODE_LENGTH){
97               enterOk();
98             } else {
99               enterInput(iInputStage);
100            }
101          } else {
102            enterNotOk();
103          }
104          keyInfo.type = KEYSTROKE_NONE;
105        }
106        break;
107      case STATE_OK:
108        if (--iTimer == 0){ enterInput(0); }
109        break;
110      case STATE_NOT_OK:
111        if (--iTimer == 0){ enterInput(0); }
112        break;
113      default:
114        ;
115    }
116  }
117
118  int main(void){
119    initPorts();
120    initCTC(TIMER_TIMER0, OCR0VALUE, TIMER_COMPNOACTION,
             TIMER_PINSTATE_DONTCARE, TIMER_CLK_PSC1024, TIMER_ENAIRQ);
121    initKeyShortLong(&keyInfo, 2, 10, READKEY, 0, 0);
122    enterInput(0);
```

```
123
124     sei();
125
126     while (1){
127       set_sleep_mode(SLEEP_MODE_IDLE);
128       sleep_mode();
129     }
130   }
```

4.7.3 Einlesen einer Tastaturmatrix

Das Erkennen langer oder kurzer Tastendrücke ist nicht auf einzelne Taster beschränkt, die jeder für sich an dedizierte I/O-Pins angeschlossen werden, sondern kann auch auf Matrixtastaturen angewandt werden, bei denen Taster in n Spalten und m Zeilen angeordnet sind. Sie werden über n I/O-Pins für die Spalten und m I/O-Pins für die Zeilen angeschlossen und erfordern nur $n + m$ Pins anstatt $n \times m$ wie beim Direktanschluss der Taster. In [12] wird ein Verfahren mit Rückmeldung via Interrupt bei Tastendruck vorgestellt.

Die hier vorgestellte Bibliothek wertet eine 4x4-Tastaturmatrix mit 16 Tastern aus, die gemäß dem Schaltplan in Abb. 4.12 über 8 I/O-Pins eines Ports angeschlossen werden. Die unteren vier Bits stellen die Zeilen dar, die oberen vier die Spalten. Das Verfahren kann bei Bedarf auf größere Tastenfelder erweitert werden, wobei die Einsparung an I/O-Pins immer höher wird. Die acht Signalleitungen können benutzt werden, um parallel zur Tastatur weitere Baugruppen wie eine 7-Segment-Anzeige anzuschliessen [13]. Abb. 5.32 in Abschnitt 5.8.7 zeigt dies am Beispiel einer Digitaluhr, die neben einer Matrixtastatur über eine 7-Segment-Anzeige verfügt.

Wie Abb. 4.12 zeigt, werden die Taster über je einen Serienwiderstand von 2,7–4,7 kΩ pro Zeilen- oder Spaltenleitung angeschlossen. Ein Beispiel für die Erkennung von kurzen und langen Tastendrücken einer Matrixtastatur wurde bereits in Abschnitt 4.7.1 auf Seite 147 gegeben (Listing 4.6).

Wird die Matrixtastatur zusammen mit z. B. einer 7-Segment-Anzeige wie in Abschnitt 5.8.7 betrieben, sind im Normalbetrieb alle I/O-Pins des verwendeten Ports als Ausgang geschaltet und steuern über Vorwiderstände die Segmente der 7-Segment-Anzeige. Um die Tastatur abzufragen, müssen zunächst alle parallelen Schaltungsteile deaktiviert werden, bei diesem Beispiel werden die gemeinsamen Anoden auf ihren Ruhepegel gesetzt. Dann werden die vier unteren I/O-Pins, die die Zeilen der Tastaturmatrix darstellen, als Ausgänge mit L-Pegel geschaltet, und die vier oberen I/O-Pins, die die Spalten der Matrix repräsentieren, als Eingänge mit internen Pullup-Widerständen. Ist an einem Kreuzungspunkt der Matrix ein Taster gedrückt, wird der L-Pegel über den Taster an dem Eingang sichtbar, der der *Spalte* des Tasters entspricht. Dieser Zustand wird über PINx eingelesen und in iKey gespeichert. Anschliessend

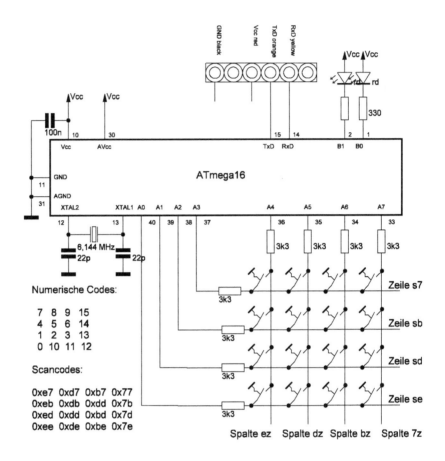

Abb. 4.12. Beispielschaltung zur Benutzung einer 4x4-Matrixtastatur, zusammen mit der Erkennung kurzer und langer (Listing 4.6) bzw. einfacher und wiederholter Tastendrücke (Listing 4.13). Sowohl Eingabetaster als auch Anzeige-LEDs sind L-aktiv.

kehren sich die Rollen von Ein- und Ausgängen um. Nun gelangt bei einem gedrückten Taster der L-Pegel an den Eingang, der der *Zeile* des Tasters entspricht. Dieser Zustand wird mit iKey kombiniert und ergibt den Scancode des gedrückten Tasters. Ist kein Taster gedrückt, wird der Wert 0xff zurückgeliefert, ansonsten stehen in den unteren resp. oberen vier Bits an den Bitpositionen Nullen, die der Zeile resp. Spalte entsprechen. Abb. 4.13 zeigt den geschilderten Signalverlauf, wenn im Moment der Tastenabfrage kein Taster (oben) bzw. der Taster mit dem Scancode 0x7b gedrückt ist (unten).

Zwischen dem Umkonfigurieren der I/O-Pins zu Aus- oder Eingängen und dem Schreiben bzw. Lesen von Werten wird kleine Verzögerung notwendig, da die AVR-MCU alle Eingangssignale über Flipflops abtastet (synchronisiert), damit sie sauber

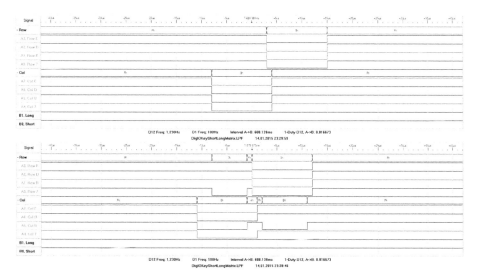

Abb. 4.13. Signalverlauf beim Scannen einer 4x4-Matrixtastatur. Signale von oben nach unten:
Nibble mit Spaltenwert, A3/RowE–A0/Row7, Nibble mit Zeilenwert, A7/ColE–A4/Col7, B1/Long,
B0/Short. Oben: kein Taster gedrückt, Scancode 0xff. Unten: Taster mit Scancode 0x7b gedrückt.

zur Verfügung stehen. Dadurch ergibt bei der Reaktion auf externe Signale eine Verzögerung (Latenz) von bis zu 1,5 Takten [1, pp. 52], was wir durch Einfügen von nop-
Instruktionen berücksichtigen. „nop" bedeutet „no operation", die Instruktion dient
dazu, einige Takte zu warten, ohne Register oder sonstige Zustände zu verändern.

Listing 4.8. Bibliothek zum Einlesen einer Tastaturmatrix (Programm keyMatrixLib.h).

```
1  #ifndef KEYMATRIXLIB_H_
2  #define KEYMATRIXLIB_H_
3
4  #include <stdint.h>
5
6  typedef struct {
7    volatile uint8_t *ddr;
8    volatile uint8_t *port;
9    volatile uint8_t *pin;
10 } keyMInfo;
11
12 void initKeyMatrix(keyMInfo* pkeyInfo, volatile uint8_t *ddr,
       volatile uint8_t *port, volatile uint8_t *pin);
13
14 uint8_t decodeKeyStroke(uint8_t scanCode);
15
16 uint8_t readKeysMatrix(keyMInfo* pkeyInfo);
17
18 #endif /* KEYMATRIXLIB_H_ */
```

Listing 4.9. Bibliothek zum Einlesen einer Tastaturmatrix keyMatrixLib.c.

```
1  #include "keyMatrixLib.h"
2
3  void initKeyMatrix(keyMInfo* pkeyInfo, volatile uint8_t *ddr,
      volatile uint8_t *port, volatile uint8_t *pin){
4    pkeyInfo->ddr = ddr;
5    pkeyInfo->port = port;
6    pkeyInfo->pin = pin;
7  }
8
9  // Creates a short delay to let AVR port settle down after
10 // new port configuration was written
11 void waitABit(void){
12   for (uint8_t i=10; i>0; i--){
13     asm volatile("nop" : : );
14   }
15 }
16
17 // Scans the keyboard by scanning first all rows, then all columns.
18 // One half of the port is an output, setting to all L; the other
19 // half is an input, detecting the rows (columns) which let the L
20 // signal pass through a pressed switch.
21 uint8_t readKeysMatrix(keyMInfo* pkeyInfo){
22   uint8_t iKey;
23
24   // first, check for column. set lower port as input and look if
25   // a value other than 0xf0 is found. This is when a key was
26   // pressed in the column corresponding to L bit.
27   *pkeyInfo->ddr = 0x0f;    // P0-3 as output, P4-7 as input
28   *pkeyInfo->port = 0xf0;   // set outputs to L, enable internal
         pull-up resistors
29   waitABit();
30   iKey = *pkeyInfo->pin&0xf0;
31   // now check for the row, exchange input/output
32   *pkeyInfo->ddr = 0xf0;    // P0-3 as input, P4-7 as output
33   *pkeyInfo->port = 0x0f;   // set outputs to L, enable internal
         pull-up resistors
34   waitABit();
35   iKey |= (*pkeyInfo->pin&0x0f);  // create final scan code
36
37   *pkeyInfo->ddr = 0xff;    // all lines are outputs again
38   *pkeyInfo->port = 0xff;   // set outputs to H
39   // now in iKey7:4 a 0 bit occurs at column where key was pressed,
40   // and in iKey3:0 a 0 bit occurs at key's row
41   return iKey;
42 }
43
44 // returns the key's value according to its scan code
45 //    p4    p5    p6    p7
```

```
46   // p3 0xe7/7   0xd7/8   0xb7/9   0x77/F
47   // p2 0xeb/4   0xdb/5   0xbb/6   0x7b/E
48   // p1 0xed/1   0xdd/2   0xbd/3   0x7d/D
49   // p0 0xee/0   0xde/A   0xbe/B   0x7e/C
50   uint8_t decodeKeyStroke(uint8_t scanCode){
51      if (scanCode==0xe7) return 7;
52      if (scanCode==0xd7) return 8;
53      if (scanCode==0xb7) return 9;
54      if (scanCode==0x77) return 15;
55      if (scanCode==0xeb) return 4;
56      if (scanCode==0xdb) return 5;
57      if (scanCode==0xbb) return 6;
58      if (scanCode==0x7b) return 14;
59      if (scanCode==0xed) return 1;
60      if (scanCode==0xdd) return 2;
61      if (scanCode==0xbd) return 3;
62      if (scanCode==0x7d) return 13;
63      if (scanCode==0xee) return 0;
64      if (scanCode==0xde) return 10;
65      if (scanCode==0xbe) return 11;
66      if (scanCode==0x7e) return 12;
67      return 255;
68   }
```

4.7.4 Bibliothek zur Entprellung wiederholter Tastendrücke

Eine andere Art, Tastereingaben auszuwerten, ist die Unterscheidung von einfachen und wiederholten Tastendrücken, die entstehen, wenn ein Taster eine längere Zeit gedrückt bleibt. Auch dies erfolgt wieder über einen Zustandsautomaten, der in Abb. 4.14 gezeigt wird, und kann auf einzelne Taster und Matrixtastaturen angewandt werden. Die Taster werden wiederum mit digitalen Eingängen verbunden und gegen Masse geschaltet, sodaß sie in Verbindung mit internen Pullup-Widerständen L-aktive Signale liefern.

Im Normalzustand KEYPHASE_IDLE wartet die MCU auf eine Änderung im Zustand der Taster, der durch die Callbackfunktion readKeys() in Form eines Bytewertes eingelesen wird. Wie schon in Abschnitt 4.7.1, entspricht jedes Bit dieses Werts dem Zustand eines Tasters.

Wird eine Änderung des Tasterzustands detektiert, geht der Automat in den Zustand KEYPHASE_DEBOUNCE über, in dem er eine bestimmte Anzahl von Zeiteinheiten verbleibt. Erfolgt innerhalb dieser Zeit eine erneute Änderung des Tasterzustandes, bleibt der Automat im Debounce-Modus und setzt den Zähler auf Null zurück. Erst wenn die vorgegebene Anzahl an Zeiteinheiten verstrichen ist, ohne daß eine Änderung im Tasterzustand erfolgt ist, erkennt der Automat den Tastenwechsel an und signalisiert dies in keyInfo.type als KEYSTROKE_PRESSED, zusammen mit dem Tas-

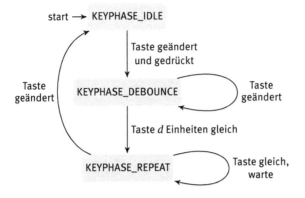

Abb. 4.14. Zustandsautomat zur Erkennung einfacher und wiederholter Tastendrücke.

tenzustand in `keyInfo.key`, damit erkannt werden kann, welcher Taster gedrückt ist. Gleichzeitig wechselt er in den Zustand `KEYPHASE_REPEAT`, in dem er solange verbleibt, bis durch das Loslassen des Tasters erneut eine Änderung des Taster-zustands erfolgt. In dieser Zeitspanne wird alle n Zeiteinheiten der (unverändert anhaltende) Tastendruck als Wiederholung interpretiert und in `keyInfo.type` als `KEYSTROKE_REPEAT` signalisiert.

Nach erneuter Änderung des Tasterzustandes durch das Loslassen des Tasters wechselt der Automat in den Ruhezustand `KEYPHASE_IDLE` zurück und wartet auf die nächste Änderung im Tasterzustand. Erfolgt diese, werden die Variablen neu be-schrieben. Eine Auswertung und Reaktion auf Tastendrücke muß innerhalb der Zeit zwischen zwei Tastenwechseln erfolgen!

Listing 4.10. Bibliothek zur Auswertung von wiederholten Tastendrücken keySingleRepeatLib.h.

```
1  #ifndef KEYSINGLEREPEATLIB_H_
2  #define KEYSINGLEREPEATLIB_H_
3
4  #include <stdint.h>
5
6  #define KEYSTROKE_NONE    0
7  #define KEYSTROKE_PRESSED 1
8  #define KEYSTROKE_REPEAT  2
9
10 #define KEYPHASE_IDLE     0
11 #define KEYPHASE_DEBOUNCE 1
12 #define KEYPHASE_REPEAT   2
13
14 typedef void (*pVoidFnc) (void);
15
16 typedef struct {
17   uint8_t type;   // type of keystroke (NONE, PRESSED, REPEAT)
18   uint8_t key;    // actual key pressed
19   uint8_t cnt;
```

```
20    uint8_t phase;
21    uint8_t debounce;
22    uint8_t repeatLength;
23    uint8_t state;
24    uint8_t idleState;
25    pVoidFnc pSingleKeystroke;
26    pVoidFnc pRepeatKeystroke;
27  } keyRInfo;
28
29  void initKeySingleRepeat(keyRInfo* pkeyInfo, uint8_t debounceLength,
          uint8_t repeatLength, uint8_t idleState, pVoidFnc
        prcSingleKeystroke, pVoidFnc prcRepeatKeystroke);
30
31  void evalKey(keyRInfo* pkeyInfo);    // call regularly >= 50 Hz
32
33  void processKeyStrokes(keyRInfo* pkeyInfo);
34
35  #endif /* KEYSINGLEREPEATLIB_H_ */
```

Listing 4.11. Bibliothek zur Auswertung von wiederholten Tastendrücken keySingleRepeatLib.c.

```
1   #include "keySingleRepeatLib.h"
2
3   uint8_t readKeys(void);
4   // returns value with bit set for each key (L-active), 0 for key
5   // pressed, 1 one key at rest
6
7   // initialize keyboard. Must be called at begin of program.
8   void initKeySingleRepeat(keyRInfo* pkeyInfo, uint8_t debounceLength,
          uint8_t repeatLength, uint8_t idleState, pVoidFnc
        prcSingleKeystroke, pVoidFnc prcRepeatKeystroke){
9     pkeyInfo->debounce = debounceLength;
10    pkeyInfo->repeatLength = repeatLength;
11    pkeyInfo->idleState = idleState;
12    pkeyInfo->phase = KEYPHASE_IDLE;
13    pkeyInfo->state = readKeys();
14    pkeyInfo->type = KEYSTROKE_NONE;
15    pkeyInfo->pSingleKeystroke = prcSingleKeystroke;
16    pkeyInfo->pRepeatKeystroke = prcRepeatKeystroke;
17  }
18
19  // Called regularly to evaluate keyboard.
20  void evalKey(keyRInfo* pkeyInfo){
21    uint8_t tmpKey;
22
23    // state machine for evaluation of single/repeated keystroke
24    switch (pkeyInfo->phase){
25      case KEYPHASE_IDLE:
```

```
26      // look if key state has changed (keyInfo->state is previous key
            state)
27      if ((tmpKey = readKeys())!=pkeyInfo->state){
28        // key state changed: save new state and start counter,
29        // if new state is not idle
30        pkeyInfo->state = tmpKey;
31        if (pkeyInfo->state!=pkeyInfo->idleState){
32          pkeyInfo->phase = KEYPHASE_DEBOUNCE;
33          pkeyInfo->cnt = 0;
34          pkeyInfo->type = KEYSTROKE_NONE;
35        }
36      }
37      break;
38      case KEYPHASE_DEBOUNCE:
39      // look if key state has changed (keyInfo->state is previous key
            state)
40      if ((tmpKey = readKeys())==pkeyInfo->state){
41        // key state not changed, inc counter and check if end
42        // of debounce phase is reached
43        if (++pkeyInfo->cnt==pkeyInfo->debounce){
44          pkeyInfo->key = pkeyInfo->state;
45          pkeyInfo->type = KEYSTROKE_PRESSED;
46          pkeyInfo->phase = KEYPHASE_REPEAT;
47          pkeyInfo->cnt = 0;
48        }
49      } else {
50        // key state changed, start again with debouncing
51        pkeyInfo->state = tmpKey;
52        pkeyInfo->cnt = 0;
53      }
54      break;
55      case KEYPHASE_REPEAT:
56      // look if key state has changed (keyInfo->state is previous key
            state)
57      if ((tmpKey = readKeys())==pkeyInfo->state){
58        // key state not changed, inc repeat counter
59        if (++pkeyInfo->cnt==pkeyInfo->repeatLength){
60          pkeyInfo->cnt = 0;
61          pkeyInfo->key = pkeyInfo->state;
62          pkeyInfo->type = KEYSTROKE_REPEAT;
63        }
64      } else {
65        // key state changed: save new state and start counter
66        pkeyInfo->state = tmpKey;
67        pkeyInfo->type = KEYSTROKE_NONE;
68        pkeyInfo->phase = KEYPHASE_IDLE;
69        pkeyInfo->cnt = 0;
70      }
71      break;
```

```
72      default:
73        ;
74    }
75  }
76
77  // Called after evaluation of keyboard to actually process
78  //   keystrokes. Automatically resetting key stroke flag.
79  void processKeyStrokes(keyRInfo* pkeyInfo){
80    if (pkeyInfo->type==KEYSTROKE_PRESSED){
81      if (pkeyInfo->pSingleKeystroke!=0){
82        pkeyInfo->pSingleKeystroke();
83        pkeyInfo->type = KEYSTROKE_NONE;
84      }
85    }
86    if (pkeyInfo->type==KEYSTROKE_REPEAT){
87      if (pkeyInfo->pRepeatKeystroke!=0){
88        pkeyInfo->pRepeatKeystroke();
89        pkeyInfo->type = KEYSTROKE_NONE;
90      }
91    }
92  }
```

Direkte und callback-gestützte Auswertung

Die Auswertung einzelner Taster erfolgt durch regelmäßigen Aufruf der Funktion evalKeyRepeat(), in der Regel in einem timergesteuerten Interrupt, wie Listing 4.12 zeigt. Das Beispiel nimmt Eingaben von zwei Tastern entgegen, die an D2 und D3 angeschlossen sind, und signalisiert die Ergebnisse der Tastaturauswertung über zwei LEDs an B0 und B1. Zusätzlich sendet es die Ergebnisse über die serielle Schnittstelle an ein Terminal:

```
<key 7 pressed and released>
Simple key  7
<key 3 pressed>
Simple key  3
Repeated key  3
Repeated key  3
<key 3 released>
```

Abb. 4.15 zeigt die Signalverläufe für einen kurzen Tastendruck an D2 (oben, LED an B0 leuchtet, die Membervariable keyRInfo.type enthält den Wert KEYSTROKE_PRESSED) sowie einen langen Tastendruck an D2, der zu einem ersten Tastendruckereignis führt (Mitte/unten, LED an B0 leuchtet, keyRInfo.type enthält KEYSTROKE_PRESSED) sowie mit jeder Sekunde einem Wiederholungsereignis (Mitte/unten, LED an B1 leuchtet, keyRInfo.type ist KEYSTROKE_REPEAT).

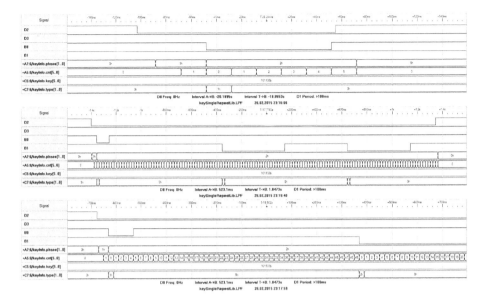

Abb. 4.15. Signalverlauf der Tastenauswertung, Signale von oben nach unten: D2, D3, B0, B1, Zahlenwerte von `keyInfo.phase`, `keyInfo.cnt`, `keyInfo.key`, `keyInfo.type`. Oben: einfacher Tastendruck an D2. Mitte: Erkennung eines initialen und zweier wiederholter Tastendrücke. Unten: Detail bis zur Erkennung der ersten Wiederholung.

Alle Informationen über einen Tastendruck sind in einer Variablen vom Typ `keyRInfo` gespeichert, wie Sie an der direkten Tastaturauswertung sehen können:

```
keyRInfo keyInfo;

ISR(TIMER0_COMP_vect){
  evalKeyRepeat(&keyInfo);
  if (keyInfo.type==KEYSTROKE_PRESSED){
    // pressed key is stored in keyInfo.key
    ... do something ...
    keyInfo.type = KEYSTROKE_NONE;
  }
}
```

Nach der Bearbeitung eines Tastendrucks muß das Flag `keyInfo.type` manuell zurückgesetzt werden. Alternativ können Sie Callbackfunktionen angegeben, die über die Funktion `processKeyStrokes()` aufgerufen werden. In diesem Fall muss das Flag nicht explizit zurückgesetzt werden:

```
keyRInfo keyInfo;

void processKeystroke(void){
  // keyInfo.key is pressed first time
  ... do something ...
```

```
}
void processRepeatedKeystroke(void){
  // keyInfo.key is pressed repeatedly
  ... do something ...
}

ISR(TIMER0_COMP_vect){
  evalKeyRepeat(&keyInfo);
  processKeyStrokes(&keyInfo);
}
```

Listing 4.12. Erkennen wiederholter Tastendrücke (Programm DigIOKeySingleRepeat.c).

```
1  /*
2    Demonstrates key debouncing/evaluation of press and hold events.
3    Inputs:
4      - D3:2, key inputs
5    Outputs:
6      - B0 and B1, LED indicators for single and repeated key strokes.
7      - D1:0, serial (USB) communication
8      - A7:0, C7:0, internal information about evaluation
9  */
10 #define F_CPU 6144000
11
12 #include <stdio.h>
13 #include <avr/io.h>
14 #include <avr/interrupt.h>
15 #include <avr/pgmspace.h>
16 #include <avr/sleep.h>
17 #include "keySingleRepeatLib.h"
18 #include "tmrcntLib.h"
19
20 // UART Initialization
21 #define BAUD 9600
22 #include <util/setbaud.h>
23 #include "uartLib.h"
24
25 // ------- hardcoded configuration ------------------
26
27 // define some bit masks
28 #define D_KB2    (1<<DDD2)
29 #define P_KB2    (1<<PD2)
30 #define I_KB2    (1<<PIND2)
31 #define D_KB3    (1<<DDD3)
32 #define P_KB3    (1<<PD3)
33 #define I_KB3    (1<<PIND3)
34 #define D_LEDOK  (1<<DDB0)
35 #define P_LEDOK  (1<<PB0)
36 #define D_LEDREP (1<<DDB1)
```

```
37  #define P_LEDREP    (1<<PB1)
38
39  #define READKEY     (PIND&(I_KB2|I_KB3))
40  #define LEDON_OK     (PORTB&=~P_LEDOK)
41  #define LEDOFF_OK    (PORTB|=P_LEDOK)
42  #define LEDON_REP    (PORTB&=~P_LEDREP)
43  #define LEDOFF_REP   (PORTB|=P_LEDREP)
44
45  void initPorts(void){
46    PORTD |= (P_KB2|P_KB3); // configure inputs and pull-up resistors
47    DDRD |= (D_KB2|D_KB3);
48    LEDOFF_OK;          // configure LED outputs
49    LEDOFF_REP;
50    DDRB |= (D_LEDOK|D_LEDREP);
51    DDRA = 0xff;        // configure debug output
52    DDRC = 0xff;
53  }
54
55  // ------- business logic ----------------
56  #define OCR0VALUE ((uint8_t)(F_CPU/1024/50-1))  // 50 Hz
57  #define STATE_OFF     0
58  #define STATE_ON      1
59  #define LED_ON_OK     5 // 5*20ms = 0.1 s active
60  #define LED_ON_REP     25  // 25*20ms = 0.5 s active
61
62  volatile uint8_t iLedState[2], iLedStateTime[2];
63  keyRInfo keyInfo;
64
65  // callback to read key state
66  uint8_t readKeys(void){
67    return READKEY;
68  }
69
70  // Enters LED on-state: switch on specified LED
71  void enterLedOn(uint8_t n){
72    if (n==P_LEDOK){
73      iLedState[0] = STATE_ON;
74      iLedStateTime[0] = LED_ON_OK;
75      LEDON_OK;
76    } else {
77      iLedState[1] = STATE_ON;
78      iLedStateTime[1] = LED_ON_REP;
79      LEDON_REP;
80    }
81  }
82
83  // Enters LED off-state: switch off specified LED
84  void enterLedOff(uint8_t n){
85    if (n==P_LEDOK){
```

```
86        iLedState[0] = STATE_OFF;
87        LEDOFF_OK;
88      } else {
89        iLedState[1] = STATE_OFF;
90        LEDOFF_REP;
91      }
92    }
93
94    // handles simple keystrokes
95    void processKeystroke(void){
96      char buffer[30];
97      enterLedOn(P_LEDOK);
98      sprintf_P(buffer, PSTR("Simple key %2x\r\n"), keyInfo.key);
99      uart_puts(buffer);
100   }
101
102   // handles repeated keystrokes
103   void processRepeatedKeystroke(void){
104     char buffer[30];
105     enterLedOn(P_LEDREP);
106     sprintf_P(buffer, PSTR("Repeated key %2x\r\n"), keyInfo.key);
107     uart_puts(buffer);
108   }
109
110   ISR(TIMER0_COMP_vect){
111     // evaluate keyboard
112     evalKey(&keyInfo);
113     PORTA = (keyInfo.phase<<6)|(keyInfo.cnt&0x3f);
114     PORTC = (keyInfo.type<<6)|(keyInfo.key&0x3f);
115     // execute state machine for LEDs
116     if (iLedState[0]==STATE_ON){
117       if (--iLedStateTime[0]==0){ enterLedOff(P_LEDOK); }
118     }
119     if (iLedState[1]==STATE_ON){
120       if (--iLedStateTime[1]==0){ enterLedOff(P_LEDREP); }
121     }
122   }
123
124   int main(void){
125     initPorts();
126     initCTC(TIMER_TIMER0, OCR0VALUE, TIMER_COMPNOACTION,
127         TIMER_PINSTATE_DONTCARE, TIMER_CLK_PSC1024, TIMER_ENAIRQ);
127     initKeySingleRepeat(&keyInfo, 2, 50, READKEY, &processKeystroke, &
              processRepeatedKeystroke);
128     // debounce for 2 CTC units (=2*20 ms=40 ms)
129     // repetition interval is 50 CTC units (=50*20 ms=1 s)
130     initUART(UART_NOIRQ, UBRRH_VALUE, UBRRL_VALUE);
131     enterLedOff(P_LEDOK);
132     enterLedOff(P_LEDREP);
```

```
133
134    sei();
135
136    while (1){
137      set_sleep_mode(SLEEP_MODE_IDLE);
138      sleep_mode();
139      processKeyStrokes(&keyInfo);  // evaluate key strokes
140    }
141  }
```

Matrixtastaturen

Die vorgestellte Tastaturauswertung ist auch dann verwendbar, wenn Sie anstelle einzelner Taster eine Matrixtastatur verwenden. Das Programm aus Listing 4.13 benutzt für die Eingabe eine Matrixtastatur an Port A, deren Auswertung bereits in Abschnitt 4.7.3 besprochen wurde. Die Verbindung mit der Bibliothek zur Erkennung einfacher und wiederholter Tastendrücke erfolgt über die Funktion readKeys(), die in diesem Zusammenhang den Zustand der Matrixtastatur einliest:

```
#include "keyMatrixLib.h"

#define D_KB      (&DDRA)
#define P_KB      (&PORTA)
#define I_KB      (&PINA)

keyMInfo keyInfoM;

void initPorts(void){
  PORTA = 0xff;       // set to default state
  DDRA = 0xff;        // matrix keyboard connections
  ...
}

uint8_t readKeys(void){
  return readKeysMatrix(&keyInfoM);
}

int main(void){
  ...
  init*Key*(..., readKeys(), ...);
  initKeyMatrix(&keyInfoM, D_KB, P_KB, I_KB);
  ...
}
```

Die Beispielschaltung wurde bereits in Abb. 4.12 gezeigt. Eine typische Ausgabe bei Druck auf die Tasten 8, 9, a, 2, 6 ist folgende:

```
Simple key  8 (scan d7)
Simple key  9 (scan b7)
Simple key  a (scan de)
Repeated key  a (scan de)
Repeated key  a (scan de)
Repeated key  a (scan de)
Repeated key  a (scan de)
Simple key  2 (scan dd)
Simple key  6 (scan bb)
Repeated key  6 (scan bb)
Repeated key  6 (scan bb)
```

In Klammern ist der hexadezimale Scancode des Tasters angegeben, während die Zahl einen dekodierten Wert 0–15 darstellt, den Sie auch als Code für die hexadezimalen Ziffern 0–9, A–F betrachten können.

Listing 4.13. Erkennen wiederholter Tastendrücke mit Matrixtastatur (Programm DigIOKeySingleRepeatMatrix.c).

```
1   /*
2      Demonstrates debouncing and evaluation of single and repeated key
           strokes using matrix keyboard.
3      Inputs:
4        - A7:0, key inputs (matrix keyboard)
5          A0-A3 row lines, A4-A7 column lines with 3K3 resistors
6      Outputs:
7        - B0 and B1, LED indicators for single/repeated key strokes.
8        - D1:0, serial (USB) communication
9   */
10  #define F_CPU 6144000
11
12  #include <stdio.h>
13  #include <avr/io.h>
14  #include <avr/interrupt.h>
15  #include <avr/sleep.h>
16  #include "keySingleRepeatLib.h"
17  #include "keyMatrixLib.h"
18  #include "tmrcntLib.h"
19
20  // UART Initialization
21  #define BAUD 9600
22  #include <util/setbaud.h>
23  #include "uartLib.h"
24
25  // ------- hardcoded configuration -----------------
26
27  // define some bit masks
28  #define D_KB     (&DDRA)
29  #define P_KB     (&PORTA)
30  #define I_KB     (&PINA)
```

```
31   #define D_LEDOK    (1<<DDB0)
32   #define P_LEDOK    (1<<PB0)
33   #define D_LEDREP   (1<<DDB1)
34   #define P_LEDREP   (1<<PB1)
35
36   #define LEDON_OK     (PORTB&=~P_LEDOK)
37   #define LEDOFF_OK    (PORTB|=P_LEDOK)
38   #define LEDON_REP    (PORTB&=~P_LEDREP)
39   #define LEDOFF_REP    (PORTB|=P_LEDREP)
40
41   void initPorts(void){
42     PORTA = 0xff;        // configure matrix keyboard outputs
43     DDRA = 0xff;
44     LEDOFF_OK;           // configure LED outputs
45     LEDOFF_REP;
46     DDRB |= (D_LEDOK|D_LEDREP);
47   }
48
49   // ------- business logic ----------------
50   #define OCR0VALUE ((uint8_t)(F_CPU/1024/50-1))   // 50 Hz
51   #define STATE_OFF    0
52   #define STATE_ON     1
53   #define LED_ON_OK    5 // 5*20ms = 0.1 s active
54   #define LED_ON_REP    25  // 25*20ms = 0.5 s active
55
56   volatile uint8_t iLedState[2], iLedStateTime[2];
57   keyRInfo keyInfo;
58   keyMInfo keyInfoM;
59
60   // callback to read key state
61   uint8_t readKeys(void){
62     return readKeysMatrix(&keyInfoM);
63   }
64
65   // Enters LED on-state: switch on specified LED
66   void enterLedOn(uint8_t n){
67     if (n==P_LEDOK){
68       iLedState[0] = STATE_ON;
69       iLedStateTime[0] = LED_ON_OK;
70       LEDON_OK;
71     } else {
72       iLedState[1] = STATE_ON;
73       iLedStateTime[1] = LED_ON_REP;
74       LEDON_REP;
75     }
76   }
77
78   // Enters LED off-state: switch off specified LED
79   void enterLedOff(uint8_t n){
```

```
80     if (n==P_LEDOK){
81       iLedState[0] = STATE_OFF;
82       LEDOFF_OK;
83     } else {
84       iLedState[1] = STATE_OFF;
85       LEDOFF_REP;
86     }
87   }
88
89   // handles simple keystrokes
90   void processKeystroke(void){
91     char buffer[30];
92     enterLedOn(P_LEDOK);
93     sprintf(buffer, "Simple key %2x (scan %2x)\r\n", decodeKeyStroke(
           keyInfo.key), keyInfo.key);
94     uart_puts(buffer);
95   }
96
97   // handles repeated keystrokes
98   void processRepeatedKeystroke(void){
99     char buffer[30];
100    enterLedOn(P_LEDREP);
101    sprintf(buffer, "Repeated key %2x (scan %2x)\r\n", decodeKeyStroke
           (keyInfo.key), keyInfo.key);
102    uart_puts(buffer);
103  }
104
105  ISR(TIMER0_COMP_vect){
106    // evaluate keyboard
107    evalKey(&keyInfo);
108    // execute state machine for LEDs
109    if (iLedState[0]==STATE_ON){
110      if (--iLedStateTime[0]==0){ enterLedOff(P_LEDOK); }
111    }
112    if (iLedState[1]==STATE_ON){
113      if (--iLedStateTime[1]==0){ enterLedOff(P_LEDREP); }
114    }
115  }
116
117  int main(void){
118    initPorts();
119    initCTC(TIMER_TIMER0, OCR0VALUE, TIMER_COMPNOACTION,
           TIMER_PINSTATE_DONTCARE, TIMER_CLK_PSC1024, TIMER_ENAIRQ);
120    initKeySingleRepeat(&keyInfo, 2, 50, readKeys(), &processKeystroke
           , &processRepeatedKeystroke);
121    initKeyMatrix(&keyInfoM, D_KB, P_KB, I_KB);
122    initUART(UART_NOIRQ, UBRRH_VALUE, UBRRL_VALUE);
123    enterLedOff(P_LEDOK);
124    enterLedOff(P_LEDREP);
```

```
125
126   sei();
127
128   while (1){
129     set_sleep_mode(SLEEP_MODE_IDLE);
130     sleep_mode();
131     processKeyStrokes(&keyInfo);  // evaluate key strokes
132   }
133 }
```

4.8 Emulation eines 8 bit-Bussystems

Die Industrie bietet Peripheriebausteine an, die für den Anschluss an 8 bit-CPUs wie die klassische Z80 vorgesehen sind. Zu diesen gehören Klassiker wie der 24 bit-Portexpander 8255 aus der Z80-Reihe, der den Nutzern der ersten Heimcomputern bekannt sein dürfte, SRAMs wie das 8 KByte-RAM 6264, CMOS-EEPROMS wie das 8 KByte-EEPROM 28C64 oder speziellere Bausteine wie die unten genannte LED-Punktmatrixanzeige HDLG-2416. Auch die günstig beschaffbaren Punktmatrix-LCD-Anzeigemodule verhalten sich wie Peripheriebausteine dieser Kategorie.

---

i Obwohl die kommerzielle Bedeutung der 8 bit-CPUs stark zurückgegangen ist, sind einige der Peripheriebausteine noch im Angebot oder günstig als Restposten zu erwerben, es lohnt sich daher, ihre Ansteuerung via megaAVR-MCUs zu betrachten. Aktuelle Peripheriebausteine benutzen den TWI- oder SPI-Bus zum Datenaustausch, die wir in Kapitel 7 und Kapitel 8 im Detail betrachten.

Die Bausteine tauschen mit der CPU über einen 8 bit-Datenbus (teilweise nur 4 bit) Daten aus und benötigen Steuersignale zur Kontrolle des Lese- oder Schreibzugriffs (oft R/$\overline{\text{W}}$, $\overline{\text{RD}}$ und $\overline{\text{WR}}$ oder ALE), ein Chip-Select-Signal $\overline{\text{CS}}$ und einige der niederwertigsten Bits A0-Ai vom Adressbus. Erst ab dem ATmega64 sowie dem ATmega162 verfügen die megaAVR-MCUs über eine externe Busschnittstelle mit den genannten Steuersignalen, sodaß die Peripheriebausteine oft nicht direkt anschließbar sind. Ist die Aufgabenstellung jedoch nicht zeitkritisch, können wir mit Hilfe der I/O-Pins des ATmega16 die erforderlichen Bussignale per Software erzeugen. Ein 8 bit-Datenbus wird über einen 8 bit-Port simuliert, der je nach Bedarf als Ein- oder Ausgang geschaltet wird. Bussteuersignale wie $\overline{\text{CS}}$, $\overline{\text{RD}}$ oder $\overline{\text{WR}}$ werden durch einzelne I/O-Pins nachgebildet, wie zwei Beispiele demonstrieren:
- Eine Bibliothek zum Anschluss von handelsüblichen LCD-Punktmatrixanzeigen (Abschnitt 4.8.1) sowie eine Digitaluhr als Anwendung (Abschnitt 4.8.2).
- Ein Metronom mit einem kommerziellen LED-Punktmatrix-Display als Anzeigeeinheit (Abschnitt 4.8.3).

4.8.1 Bibliothek zur Ansteuerung einer LCD-Punktmatrix-Anzeige

Der Elektronikhandel bietet verschiedene Arten von LCD-Punktmatrix-Modulen („dot matrix LCDs") an, leicht und günstig erhältliche Komponenten, die es erlauben, in einer bis vier Zeilen 8–20 Zeichen auszugeben. Im Gegensatz zu 7-Segment-Anzeigen sind neben Ziffern zahlreiche alphanumerische Zeichen verfügbar, bis zu acht Zeichen können selber definiert werden. Die Module bieten in der einfachsten Ausführung schwarze Schrift auf grauem Hintergrund an und sind optional mit einer Hintergrundbeleuchtung ausgestattet (klassisch: gelbgrün leuchtend), um die Ablesbarkeit im Dunklen zu erlauben und im Hellen zu verbessern. Sie sind z. B. in vielen EC-Karten-Leseeinheiten zu finden. Heutzutage gibt es selbstleuchtende Varianten mit weißer Schrift auf blauem Hintergrund, die besser ablesbar sind, und zahlreiche andere Farbkombinationen.

Verwechseln Sie die hier gemeinten Punktmatrix-LCD-Anzeigen mit HD44780-Controller nicht mit großflächigen graphikfähigen LCD-Anzeigen, wie sie in Smartphones und Notebooks üblich sind. Diese erfordern eine komplexe Ansteuerung der Rasterpunkte, zusätzliche Elektronik und i. A. größere Ressourcen (RAM) in der MCU.

Wir betrachten im Folgenden die weit verbreiteten Anzeigemodule mit einem HD44780- oder kompatiblen Controller, die sich wie ein 4 bit- oder 8 bit-Peripheriebaustein verhalten. Ein Vorteil dieser LCD-Module ist, daß nur wenige Steuerleitungen zur Ansteuerung benötigt werden, minimal sind 6 Leitungen und I/O-Pins notwendig. Bei voller Datenbreite von 8 bit und Statusrückmeldung vom Modul werden 11 Leitungen oder I/O-Pins benötigt. Ein weiterer Vorteil ist, daß zur Zeichendarstellung keine Multiplex- oder sonstige komplexe Logik benötigt wird. In [32] werden LCD-Anzeigen, ihre Ansteuerung und ihre Besonderheiten ausführlich vorgestellt.

Die Ansteuerung der LCD-Module erfolgt über eine Bibliothek, die den Daten- und Steuerbus über Digitalausgänge nachbildet und neben der komplexen Initialisierung grundlegende Befehle anbietet:
- `lcd_init()` initialisiert die LCD-Anzeige und setzt sie in einen Zwei-Zeilen-Modus. Hier werden auch die verwendeten I/O-Pins konfiguriert.
- `lcd_clear()` löscht den Bildschirm der Anzeige.
- `lcd_home()` setzt den Cursor auf die oberste linke Zeichenposition.
- `lcd_setxy()` setzt den Cursor auf die angegebene Zeile und Spalte.
- `lcd_puts()` gibt eine Zeichenkette an der aktuellen Cursorposition aus.
- `lcd_defineChar()` definiert die Graphik eines frei definierbaren Zeichens.

Die Bibliothek ist für LCD-Anzeigen mit einem HD44780-Controller konzipiert und wird über die 6 Signale RS und E sowie DB7–DB4 zur Steuerung der Anzeige im 4-Bit-Busmodus angeschlossen, wie der Schaltplan Abb. 4.16 auf Seite 179 zeigt. Der Einfachheit halber wird nur schreibend auf die Anzeige zugegriffen und RW fest auf GND gelegt. Das Ready- oder Statusflag der Anzeige kann auf diese Art und Weise nicht gelesen werden, sodaß die Bibliothek empfindlich gegenüber den Timings unterschiedlicher Anzeigen sein kann.

⚡ Da viele LCD-Punktmatrix-Anzeigen auf Basis des HD44780-Controllers gebaut werden, ist die Bibliothek für solche LCD-Anzeigen grundsätzlich verwendbar. Sie müssen jedoch das Datenblatt der von Ihnen verwendeten Anzeige konsultieren, um zu prüfen, ob die gleiche Initialisierungssequenz und das gleiche Timing erwartet wird. Auch für mehr oder weniger „HD44780-kompatible" Controller muß geprüft werden, ob der Ablauf für Ihre Anzeige geeignet ist.

ℹ️ In [31] ist eine frei nutzbare LCD-Bibliothek beschrieben, die flexibel konfigurierbar ist und anstelle fixer Wartezeiten die Rückmeldungen der LCD-Anzeige über das Statusflag berücksichtigt. Sie ist daher für eine große Anzahl an LCD-Punktmatrix-Anzeigen geeignet.

Die Bibliothek nutzt zur Datenübertragung den 4 bit-Modus, in dem zunächst die oberen vier Bits, dann die unteren vier Bits eines Byte übertragen werden. Die Steuerleitung RS liegt auf L-Pegel, wenn ein Befehl gesendet wird, und auf H-Pegel bei der Übertragung von Zeichendaten. Ein LHL-Impuls an E signalisiert der Anzeige, daß die Daten an den Leitungen DB7–DB4 und RS gültig sind und ausgelesen werden können. Das Signal RW wird nicht benutzt und muß auf L-Pegel liegen. Die Initialisierungssequenz für die verwendete Anzeige lautet:

- Warte 15 ms.
- Schreibe 0x30 (Befehl Soft-Reset) ins Steuerregister (RS auf L-Pegel), warte 5 ms.
- Schreibe 0x30 ins Steuerregister (RS auf L-Pegel), warte 1 ms.
- Schreibe 0x30 ins Steuerregister (RS auf L-Pegel), warte 1 ms.
- Schalte auf 4 bit-Übertragung um: schreibe 0x20 ins Steuerregister (RS auf L-Pegel). Ab jetzt erfolgt die Übertragung von Daten in 4 bit-Paketen.
- Konfiguriere die Anzeige wie gewünscht mit Kommando 0x20.

Abb. 4.17 auf Seite 180 zeigt am Beispiel einer Digitaluhr die Realisierung dieser Sequenz:

- Setze RS auf L-Pegel und warte 15 ms (Symbol LCD_BOOTUP_WAIT).
- Schreibe 0x30>>4 (Befehl Soft-Reset) ins Steuerregister, erzeuge H-Impuls an E, warte 5 ms (Symbol LCD_SOFTRST1_WAIT).
- Erzeuge H-Impuls an E, warte 1 ms (Symbol LCD_SOFTRST2_WAIT).
- Erzeuge H-Impuls an E, warte 1 ms (Symbol LCD_SOFTRST3_WAIT).
- Umschaltung in 4 bit-Modus: Schreibe 0x20>>4 ins Steuerregister, erzeuge H-Impuls an E, warte 5 ms (Symbol LCD_4BIT_WAIT).
- Konfiguriere die Anzeige:
  - Sende Kommando 0x20 | 0x08 | 0x00 = 0x28 (2 Zeilen, 5x7-Punktmatrix) mit RS auf L-Pegel. Erzeuge zwei H-Impulse an E, warte 42 µs (Symbol LCD_CMD_WAIT).

- – Sende Kommando 0x08|0x04|0x00 = 0x0C (Display on, Cursor and Blink off) mit RS auf L-Pegel. Erzeuge zwei H-Impulse an E, warte 42 μs (Symbol LCD_CMD_WAIT).
  - – Sende Kommando 0x04|0x02|0x01 = 0x07 (Cursor increase) mit RS auf L-Pegel. Erzeuge zwei H-Impulse an E, warte 42 μs (Symbol LCD_CMD_WAIT).
- – Sende Kommando 0x01 (clear display) mit RS auf L-Pegel. Erzeuge zwei H-Impulse an E, warte 42 μs (Symbol LCD_CMD_WAIT) und weitere 2 ms (Symbol LCD_CLRDSP_WAIT).

Der Signalverlauf im Normalbetieb ist in Abb. 4.17 unten bei der Übertragung des ersten Datenpakets (der Uhrzeit 0:00:01) zu sehen:
- – Setze Cursor in Zeile 0 auf Zeichen 0: sende Kommando 0x01 (Set RAMADDR) mit RS auf L-Pegel. Erzeuge zwei H-Impulse an E, warte 42 μs (Symbol LCD_CMD_WAIT) und weitere 2 ms (Symbol LCD_HOME_WAIT).
- – Sende Daten 0x20303A30303A3031 mit RS auf H-Pegel. Erzeuge zwei H-Impulse an E pro Byte, warte 50 μs pro Byte (Symbol LCD_WRDATA_WAIT).

Listing 4.14. LCD-Bibliothek (Programm lcdLib.h).

```
1   #ifndef LCDLIB_H_
2   #define LCDLIB_H_
3
4   #include <stdint.h>
5
6   // delay values
7   #define LCD_BOOTUP_WAIT     15   // ms
8   #define LCD_SOFTRST1_WAIT  5 // ms
9   #define LCD_SOFTRST2_WAIT  1 // ms
10  #define LCD_SOFTRST3_WAIT  1 // ms
11  #define LCD_4BIT_WAIT      5  // ms
12  #define LCD_ENABLE_WAIT     20   // us
13  #define LCD_WRNIBBLE_WAIT 25   // us
14  #define LCD_INTERNIBBLE_WAIT 25 // us
15  #define LCD_WRDATA_WAIT     50   // us
16  #define LCD_CMD_WAIT      42   // us
17  #define LCD_CLRDSP_WAIT    2 // ms
18  #define LCD_HOME_WAIT      2 // ms
19
20  // functional defines (s. datasheet for HD44780 controller)
21  #define LCD_CLEAR        0x01
22  #define LCD_HOME         0x02
23  #define LCD_SOFTRESET    0x30
24  #define LCD_SET_CGADDR     0x40
25  #define LCD_SET_RAMADDR    0x80
26
27  #define LCD_SET_ENTRY     0x04
```

```
28  #define LCD_SE_DECREASE   0x00
29  #define LCD_SE_INCREASE   0x02
30  #define LCD_SE_SHIFT      0x01
31  #define LCD_SE_NOSHIFT    0x00
32
33  #define LCD_SET_DISPLAY   0x08
34  #define LCD_SD_DISPLAYOFF 0x00
35  #define LCD_SD_DISPLAYON  0x04
36  #define LCD_SD_CURSOROFF  0x00
37  #define LCD_SD_CURSORON   0x02
38  #define LCD_SD_BLINKINGOFF  0x00
39  #define LCD_SD_BLINKINGON 0x01
40
41  #define LCD_SET_SHIFT     0x10
42  #define LCD_SS_CURSORMOVE 0x00
43  #define LCD_SS_DISPLAYSHIFT 0x08
44  #define LCD_SS_SHIFTLEFT  0x00
45  #define LCD_SS_SHIFTRIGHT 0x04
46
47  #define LCD_SET_FUNCTION  0x20
48  #define LCD_SF_4BIT       0x00
49  #define LCD_SF_1LINE      0x00
50  #define LCD_SF_2LINE      0x08
51  #define LCD_SF_5X7        0x00
52  #define LCD_SF_5X10       0x04
53
54  typedef struct {
55    volatile uint8_t *ctrlPort;
56    uint8_t rsBit;
57    uint8_t eBit;
58    volatile uint8_t *dataPort;
59    uint8_t dataLowBit;
60  } lcdInfoStruct;
61
62  void lcd_init(volatile uint8_t *ctrlPort, volatile uint8_t *
        ctrlPortDr, uint8_t rsBit, uint8_t eBit, volatile uint8_t *
        dataPort, volatile uint8_t *dataPortDr, uint8_t dataLowBit);
63
64  void lcd_clear(void);
65
66  void lcd_home(void);
67
68  void lcd_setxy(uint8_t row, uint8_t col);
69
70  void lcd_puts(const char* s);
71
72  void lcd_defineChar(uint8_t n, const uint8_t* data);
73
74  #endif /* LCDLIB_H_ */
```

Listing 4.15. LCD-Bibliothek (Programm lcdLib.c).

```
1   #define F_CPU 6144000L
2
3   #include <util/delay.h>
4   #include "lcdLib.h"
5
6   lcdInfoStruct lcdInfo;
7
8   static void lcdEnable(void){
9     *(lcdInfo.ctrlPort) |= (1<<lcdInfo.eBit);
10    _delay_us(LCD_ENABLE_WAIT);
11    *(lcdInfo.ctrlPort) &= ~(1<<lcdInfo.eBit);
12  }
13
14  static void lcdOut(uint8_t data){
15    *(lcdInfo.dataPort) = (*(lcdInfo.dataPort) & ~(0x0f<<lcdInfo.
          dataLowBit))
16      |
17      ((data&0x0f)<<lcdInfo.dataLowBit);
18    _delay_us(LCD_WRNIBBLE_WAIT);
19    lcdEnable();
20  }
21
22  void lcd_putc(uint8_t data){
23    *(lcdInfo.ctrlPort) |= (1<<lcdInfo.rsBit);
24    lcdOut(data>>4);  // transfer upper nibble first
25    _delay_us(LCD_INTERNIBBLE_WAIT);
26    lcdOut(data);    // transfer lower nibble last
27    _delay_us(LCD_WRDATA_WAIT);
28  }
29
30  void lcdCmd(uint8_t data){
31    *(lcdInfo.ctrlPort) &= ~(1<<lcdInfo.rsBit);
32    lcdOut(data>>4);
33    _delay_us(LCD_INTERNIBBLE_WAIT);
34    lcdOut(data);
35    _delay_us(LCD_CMD_WAIT);
36  }
37
38  void lcd_clear(void){
39    lcdCmd(LCD_CLEAR);
40    _delay_ms(LCD_CLRDSP_WAIT);
41  }
42
43  void lcd_home(void){
44    lcdCmd(LCD_HOME);
45    _delay_us(LCD_HOME_WAIT);
46  }
47
```

```
48   void lcd_puts(const char* data){
49     while (*data != '\0'){
50       lcd_putc(*data++);
51     }
52   }
53
54   void lcd_setxy(uint8_t row, uint8_t col){
55     uint8_t data = 0;
56     switch (row%2){
57       case 0:
58       data = 0x00 + col;
59       break;
60       case 1:
61       data = 0x40 + col;
62       break;
63     }
64     lcdCmd(LCD_SET_RAMADDR|data);
65   }
66
67   void lcd_createChar(uint8_t n, const uint8_t *data){
68     lcdCmd(LCD_SET_CGADDR | (n<<3));  // set start position in CG RAM
69     for (uint8_t i=0; i<8; i++){
70       lcd_putc(data[i]);    // transfer graphic
71     }
72   }
73
74   void lcd_init(volatile uint8_t *ctrlPort, volatile uint8_t *
         ctrlPortDr, uint8_t rsBit, uint8_t eBit, volatile uint8_t *
         dataPort, volatile uint8_t *dataPortDr, uint8_t dataLowBit){
75     lcdInfo.ctrlPort = ctrlPort;
76     lcdInfo.rsBit = rsBit;
77     lcdInfo.eBit = eBit;
78     lcdInfo.dataPort = dataPort;
79     lcdInfo.dataLowBit = dataLowBit;
80
81     // set pins as output and set to L
82     *(ctrlPortDr) |= (1<<rsBit)|(1<<eBit);
83     *(ctrlPort) &= ~((1<<rsBit)|(1<<eBit));
84     *(dataPortDr) |= (0x0f<<dataLowBit);
85     *(dataPort) &= ~(0x0f<<dataLowBit);
86
87     // wait for LCD and perform soft reset
88     *(lcdInfo.ctrlPort) &= ~(1<<lcdInfo.rsBit);
89     _delay_ms(LCD_BOOTUP_WAIT);
90     lcdOut(LCD_SOFTRESET>>4);
91     _delay_ms(LCD_SOFTRST1_WAIT);
92     lcdEnable();
93     _delay_ms(LCD_SOFTRST2_WAIT);
94     lcdEnable();
```

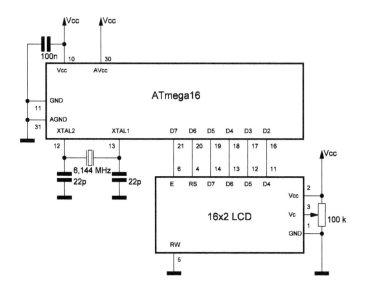

Abb. 4.16. Schaltung einer Digitaluhr mit LCD-Anzeige. Die Uhr startet bei 00:00 Uhr, die Uhrzeit kann nicht eingestellt werden.

```
95      _delay_ms(LCD_SOFTRST3_WAIT);
96
97      // activate 4bit mode
98      lcdOut((LCD_SET_FUNCTION|LCD_SF_4BIT)>>4);
99      _delay_ms(LCD_4BIT_WAIT);
100
101     // set to 2row, 5x7 mode
102     lcdCmd(LCD_SET_FUNCTION|LCD_SF_2LINE|LCD_SF_5X7);
103     // switch on display, disable cursor, no flashing
104     lcdCmd(LCD_SET_DISPLAY|LCD_SD_DISPLAYON|LCD_SD_CURSOROFF|
            LCD_SD_BLINKINGOFF);
105     // cursor is incrementing, no scrolling
106     lcdCmd(LCD_SET_ENTRY|LCD_SE_INCREASE|LCD_SE_NOSHIFT);
107
108     lcd_clear();
109 }
```

4.8.2 Digitaluhr mit LCD-Anzeige

Abb. 4.16 zeigt die vollständige Schaltung einer Digitaluhr, die ein gängiges 2×16-LCD-Punktmatrix-Modul zur Anzeige von zwei Zeilen à 16 Zeichen benutzt. Der Einfachheit halber startet die Uhr immer bei 0:00:00 Uhr und besitzt keine Möglichkeit, die Uhrzeit einzustellen. Sie können diese Möglichkeit mit einigen Tastern und einer entsprechenden Programmerweiterung nachrüsten.

Abb. 4.17. Steuersignale der LCD-Anzeige der Uhr. Signale von oben nach unten: Data/D3 : 0, E, RS. Oben: Initialisierungsprozess, bei Cursor A (RS geht auf L-Pegel) beginnt die Initialisierung der I/O-Pins und der LCD-Anzeige. Die zahlreichen Pegelwechsel am Ende sind im unteren Diagramm vergrößert dargestellt. Unten: initiale Konfiguration und erste Sekundenaktualisierung der Anzeige für die Uhrzeit 0:00:01.

Die LCD-Anzeige wird über vier Datenleitungen, eine RS- und eine E-Steuerleitung angeschlossen, benötigt eine Spannungsversorgung von 5 V über Vcc und GND und verfügt über einen Anschluss, an dem eine *Kontrastspannung* zugeführt wird. Diese Spannung kontrolliert den Kontrast der LCD-Anzeige und kann aus dem Mittelabgriff eines Trimmpotentiometers gewonnen werden. Verändern Sie den Widerstand des Trimmers so lange, bis eine kontrastreiche, gut erkennbare Schrift in der Anzeige erscheint.

Einige LCD-Anzeigen verfügen über eine Hintergrundbeleuchtung, die über die Anschlüsse A und K (Anode und Kathode der LED) mit Spannung versorgt wird. Konsultieren Sie das Datenblatt Ihrer Anzeige, um sich über die Spannungs- und Stromanforderungen der Anzeige zu informieren.

Abb. 4.17 zeigt die Steuersignale, die initial (oben) bzw. im Sekundentakt (unten) zur Steuerung der Anzeige von der MCU generiert werden und bereits auf Seite 174 detailliert beschrieben wurde. Die Initialisierung der LCD-Anzeige beginnt mit dem Setzen von RS auf L-Pegel, gefolgt von den Werten 0x3 (Soft-Reset) und 0x2 (Umschaltung auf 4 bit-Interface). Die eigentliche Initialisierung der LCD-Anzeige ist um unteren Signalverlauf zu sehen, der mit den 4 bit-Werten 0x2–0x8–0x0–0xC–0x0–0x6–0x0– 0x1–0x8–0x0 beginnt. In 8 bit-Werten ausgedrückt stehen die Codes 0x28–0x0C– 0x06–0x01–0x80 für die Befehle „Set Function (2×8 Zeichen, 5×7-Punktmatrix)", „Set Display (On)", „Set Entry (Cursorposition inkrementieren)", „Clear Display" und „Set CG address (auf Position 0 in Zeile 0)". Die folgenden 4 bit-Werte des unteren Signalverlaufs 0x2–0x0–0x3–0x0–0x3–0xA–0x3–0x0–0x3–0x0–0x3–0xA–0x3–0x1 repräsentieren die Uhrzeit 0:00:01, entsprechend den ASCII-Codes 0x20–0x30–0x3A– 0x30–0x30–0x3A–0x30–0x31.

Da die MCU neben der Aktualisierung der LCD-Anzeige im Sekundentakt keine weitere Aktionen ausführt, verbringt sie den größten Teil der Zeit im Idle-Modus, aus dem sie durch den Output Compare Match-Interrupt von Timer 1 im 50 Hz-Rhythmus geweckt wird und einen Software-Timer iSubclkCnt dekrementiert, um einen Sekundentakt zu erzeugen.

Listing 4.16. Einfache Digitaluhr mit LCD-Ausgabe (Programm DigIOSimpleClockLCD.c).

```
1  /*
2    Digital clock using LCD display
3    Outputs:
4      - D2:5, Data0-3
5      - D6, RS
6      - D7, E
7  */
8  #define F_CPU 6144000L
9
10 #include <stdint.h>
11 #include <stdio.h>
12 #include <avr/io.h>
13 #include <avr/interrupt.h>
14 #include <avr/sleep.h>
15 #include "tmrcntLib.h"
16 #include "lcdLib.h"
17
18 #define LCD_RS      (PD6)
19 #define LCD_E    (PD7)
20 #define LCD_Data   (PD2)
21 #define LCD_PORT_P   (PORTD)
22 #define LCD_PORT_DR (DDRD)
23
24 /* ------------- internal defines --------------- */
25 #define OCR1VALUE ((uint16_t)(F_CPU/1024/50-1)) // 50 Hz
26
27 // general states
28 volatile uint8_t iHours = 0, iMinutes = 0, iSeconds = 0;
29 volatile uint8_t iSubclkCnt = 50;
30
31 // fills display buffer with current time
32 void fillDisplayBuffer(void){
33   static char buffer[17];
34   sprintf(buffer, "%2u:%02u:%02u", iHours, iMinutes, iSeconds);
35   lcd_setxy(1,0);
36   lcd_puts(buffer);
37 }
38
39 // IRQ fired with 50 Hz, 1 Hz clock is derived from it
40 ISR(TIMER1_COMPA_vect){
41   // 1. perform 1 Hz activities
42   if (--iSubclkCnt==0){
43     iSubclkCnt = 50;
44     if (++iSeconds==60){
45       iSeconds = 0;
46       if (++iMinutes==60){
47         iMinutes = 0;
48         if (iHours==24){
```

```
49              iHours = 0;
50          }
51        }
52      }
53      // 2. update display buffer
54      fillDisplayBuffer();
55    }
56 }
57
58 int main(void){
59    initCTC(TIMER_TIMER1, OCR1VALUE, TIMER_COMPNOACTION,
            TIMER_PINSTATE_DONTCARE, TIMER_CLK_PSC1024, TIMER_ENAIRQ);
60    lcd_init(&LCD_PORT_P, &LCD_PORT_DR, LCD_RS, LCD_E, &LCD_PORT_P, &
            LCD_PORT_DR, 2);
61    lcd_setxy(0,0);
62    lcd_puts("LCD Simple Clock");
63
64    sei();
65
66    while (1){
67      set_sleep_mode(SLEEP_MODE_IDLE);
68      sleep_mode();
69    }
70 }
```

4.8.3 Metronom mit industriellem Ausgabebaustein für 8 bit-Bus

Ein weiterer Anzeigetyp, der als 8 bit-Peripheriebaustein erhältlich ist, ist die LED-Punktmatrix-Anzeige HDLG-2416 [33]. In diesem Beispiel benutzen wir den Baustein als Anzeigeeinheit für ein selbstgebautes Metronom, das Sie verwenden können, wenn Sie musizieren oder Tanztrainings durchführen und auf strikte Einhaltung des Takts achten müssen. Das Gerät kann Klickgeräusche mit Geschwindigkeiten zwischen 5 und 250 Takten pro Minute für 3/4-, 4/4- und 2/4-Takte erzeugen und verfügt neben der Anzeige über drei Taster mit den Funktionen „Taktrate erhöhen", „Taktrate verringern" und „Rhythmus wechseln". Ein kurzer Tastendruck erhöht bzw. verringert die Taktrate um einen Takt pro Minute, ein langer Tastendruck erhöht bzw. verringert die Geschwindigkeit pro Sekunde um 10 Takte pro Minute (Wiederholfunktion). Der erste Schlag eines Taktes wird mit einem 440 Hz-Summton und der ersten Leuchtdiode angezeigt, die nächsten ein bis drei Schläge je nach Rhythmus von einem 880 Hz-Summton und den Leuchtdioden 2 bis 4.

Die Anzeige HDLG-2416 kann vier alphanumerische Zeichen mit einer 5 mm hohen, grünleuchtenden 5×7-LED-Matrix darstellen und wird mit Spannungen bis 7 V betrieben, auch gelb- oder rotleuchtende Anzeigevariante sind erhältlich. Der Zeichengenerator enthält 128 darstellbare ASCII-Zeichen, die ausgeblendet oder gedimmt dargestellt werden können. Die Anzeige verfügt über ein vierstelliges ASCII-RAM und ein vierstelliges Attribut-RAM, in dem die ASCII-Codes der darzustellenden Zeichen, die Intensität in 8 Stufen sowie Informationen über die Dunkeltastung einzelner oder aller Positionen gespeichert werden. Zur Steuerung dienen folgende Signale:

- D6 : 0 bilden den 7 bit breiten Datenbus.
- A1 : 0 stellen den 2 bit breiten Adressbus dar, der die vier Stellen der Anzeige adressiert (0: rechte Stelle, 3: linke Stelle).
- $\overline{CE1}$ und $\overline{CE2}$ sind L-aktive Chip Enable-Signale, die auf L-Pegel liegen müssen, um die Anzeige beschreiben zu können.
- $\overline{CLR}$ ist ein Reseteingang. Ein L-Pegel setzt alle Einträge im RAM auf ihre Default-werte (ASCII-RAM: Leerzeichen, Attribut-RAM: 100 % Intensität, keine Dunkeltastung).
- CUE muß auf L-Pegel liegen, um den Inhalt des ASCII-RAMs anzuzeigen. Bei einem H-Pegel wird ein Cursor an den Stellen angezeigt, an denen das Cursorbit gesetzt ist. Regelmäßiger Pegelwechsel an diesem Pin erzeugt einen blinkenden Cursor.
- $\overline{CU}$ regelt den Schreibzugriff; bei H-Pegel wird das ASCII-RAM beschrieben, bei L-Pegel das Attribut-RAM.
- $\overline{WR}$ ist ein L-aktives Signal, um die Anzeige für Schreibzugriffe freizuschalten.

Abb. 4.18 zeigt den Schaltplan des Geräts. Wir nutzen von den Fähigkeiten der Anzeige nur die Möglichkeit, die vier Positionen des ASCII-RAMS zu beschreiben und im Normalbetrieb wiederzugeben. Zur Anzeige der geschriebenen Zeichen müssen wir die Signale wie folgt belegen: $\overline{CLR}$=H, $\overline{BL}$=H, CUE=L. Zum Schreiben des gewünschten Anzeigeinhalts benötigen wir die Konfiguration $\overline{CLR}$=H, $\overline{BL}$=CUE=X, $\overline{WR}$=$\overline{CE1}$=$\overline{CE2}$=L, $\overline{CU}$=H, Adressbus A1 : 0 und Datenbus D6 : 0 je nach Schreibposition und Zeichen.

Die Signale werden von der Software aus Listing 4.17 in der Funktion outDigit() erzeugt. Diese Funktion wird von display() zur Ausgabe einer Zeichenkette aufgerufen, und zwar einmal zu Beginn, um die Grundeinstellung (28 Takte/min, 3/4-Takt) anzuzeigen. Im weiteren Betrieb wird die Anzeige immer dann aufgefrischt, wenn der Benutzer über die Taster Einstellungen verändert hat.

Abb. 4.19 Mitte zeigt die Signale, die zur Steuerung der Anzeige generiert werden. Sie sehen, wie $\overline{CE1}$ und $\overline{WR}$ auf L-Pegel gezogen werden, um einen Schreibzugriff vorzubereiten, gefolgt von vier Adressen (0–3) und den dazugehörenden Daten für alle vier Stellen der Anzeige. Die Daten 0x20–0x20–0x32–0x38 entsprechen der Anzeige „_28". $\overline{CU}$ wird auf H-Pegel gelegt, um ins ASCII-RAM zu schreiben. Nach erfolgtem Schreibzugriff werden $\overline{CE1}$ und $\overline{WR}$ wieder auf H-Pegel gelegt und der Zugriff auf die Anzeige gestoppt.

Die alphanumerische Anzeige ist zur Benutzerführung notwendig, die Kernaufgabe des Geräts besteht jedoch in der periodischen Erzeugung eines Summtons oder Pieps, um die einzelnen Taktschläge zu kennzeichnen, begleitet von vier LEDs, die im gewählten Rhythmus und der gewählten Geschwindigkeit nacheinander aufleuchten. Abb. 4.19 oben zeigt die Signale, die mit einer Geschwindigkeit von 28 Takten/min für

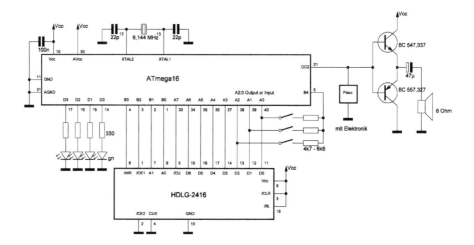

Abb. 4.18. Schaltung eines Metronoms mit LED-Punktmatrix-Anzeige HDLG-2416. Zur akustischen Ausgabe kann neben dem Lautsprecher ein Piezosummer mit oder ohne eigener Elektronik angeschlossen werden. Über das Vorhandensein des Symbols SPEAKER_DC kann gesteuert werden, ob an OC2 ein H-Pegel oder ein Rechtecksignal die Signalquelle ansteuert.

einen 3/4-Takt erzeugt werden. Sie erkennen gut die drei nacheinander aufleuchtenden Leuchtdioden sowie ein periodisches Gleichspannungssignal an OC2, das mit dem H-Pegel einen Piezosummer mit eigener Elektronik ansteuert (Symbol SPEAKER_DC ist definiert). Diese Summer erzeugen oft Töne hoher Lautstärke, sodaß auf eine Verstärkung des Akustiksignals verzichtet werden kann.

Alternativ kann ein Lautsprecher oder Piezosummer ohne Elektronik angeschlossen werden, dann muß das Symbol SPEAKER_DC undefiniert sein. In diesem Modus erzeugt das Programm an OC2 kein Gleichspannungssignal, sondern ein Rechtecksignal verschiedener Frequenz (440 Hz und 880 Hz). Um sicherzustellen, daß das Lautsprechersignal nach dem Piepston ausgeschaltet ist, müssen wir mit Hilfe des FOC2-Flags das interne OC2-Register auf L-Pegel setzen, Seite 219, da das Rechtecksignal an beliebiger Stelle gestoppt werden kann, nicht notwendigerweise nur während der L-Phase.

Um ausreichende Lautstärke mit einem Lautsprecher zu erhalten, ohne die MCU zu überlasten, kann eine einfache Gegentaktendstufe mit zwei komplementären bipolaren Transistoren (NPN- und PNP-Typ) benutzt werden. Da nach Seite 234 ein TTL-Rechtecksignal als Summe einer Gleichspannungskomponente und eines um den Nullpunkt symmetrischen positiven und negativen Rechtecksignals interpretiert werden kann, verstärkt je nach Vorzeichen der Rechteckspannung immer einer der beiden Transistoren das Signal, sodaß beide Anteile unabhängig von ihrer Polarität zum Schallergebnis beitragen. Der nachgeschaltete Kondensator koppelt die Gleichspannungskomponente aus.

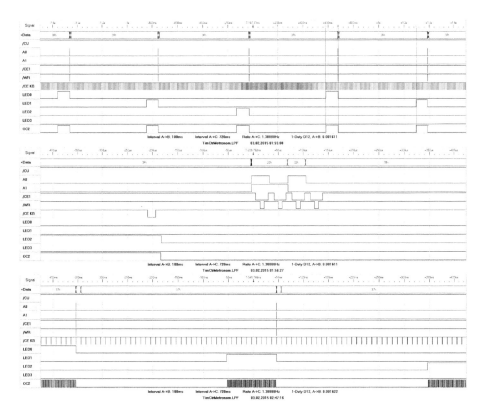

Abb. 4.19. Signalverlauf beim elektronischen Metronom. Signale von oben nach unten: Data, $\overline{\text{CU}}$, A0, A1, $\overline{\text{CE1}}$, $\overline{\text{WR}}$, $\overline{\text{CE\_KB}}$, LED0–LED3 sowie OC2. Oben: Normalbetrieb, gut sichtbar sind die Rhythmus-LEDs, die einen 3/4-Takt im Tempo 28 Takte/min repräsentieren, und der H-Pegel an OC2 zur Steuerung eines Gleichstrom-Piepsers (Symbol SPEAKER_DC definiert). Mitte: Steuersignale der LED-Punktmatrix-Anzeige HDLG-2416. Sichtbar ist die Erzeugung der Chip Select- und Write-Signale $\overline{\text{CE1}}$ und $\overline{\text{WR}}$, die Adressen 0–3 für alle vier Stellen und die Anzeigeinhalte. Die Daten 0x20–0x20–0x32–0x38 entsprechen der Anzeige „__28". Unten: 440- oder 880 Hz-Rechtecksignal an OC2 zur Steuerung eines Lautsprechers (Symbol SPEAKER_DC nicht definiert).

Listing 4.17. Metronom mit Ausgabe auf LED-Punktmatrix-Anzeige (Programm TimCtrMetronom.c).

```
 1  /*
 2     Adjustable metronom with variable rhythms.
 3     Input:
 4       - D3:0 Keyboard rows
 5     Output:
 6       - A7:0  Data bus D7:0, A3:0 also keyboard rows
 7       - B1:0  Address bus A1:0
 8       - B2  /CS CMOS display
 9       - B3  /WR
10       - B4  /CS Keyboard
11       - D3:0  Beat LEDs H-active
```

```
12        - D7/OC2 Beeper output (DC or square wave)
13   */
14   #define F_CPU 6144000L
15
16   #include <stdio.h>
17   #include <avr/io.h>
18   #include <avr/interrupt.h>
19   #include <avr/sleep.h>
20   #include "tmrcntLib.h"
21   #include "keySingleRepeatLib.h"
22
23   // ------- hardcoded configuration -----------------
24
25   // define some bit masks
26   #define D_SPEAKER      (1<<DDD7)
27   #define P_SPEAKER      (1<<PD7)
28   #define SPEAKER_IDLE    (PORTD &= ~P_SPEAKER)
29   #define SPEAKER_ACTIVE   (PORTD |= P_SPEAKER)
30
31   #define D_KB       (1<<DDB4)
32   #define P_KB       (1<<PB4)
33   #define KB_ACTIVE     (PORTB &= ~P_KB)
34   #define KB_IDLE      (PORTB |= P_KB)
35   #define P_INPUTA     ((1<<PA2)|(1<<PA1)|(1<<PA0))
36   #define D_INPUTA     ((1<<DDA2)|(1<<DDA1)|(1<<DDA0))
37   #define I_INPUTA     ((1<<PINA2)|(1<<PINA1)|(1<<PINA0))
38   #define KEY_RHYTHM     (I_INPUTA&~(1<<PINA0))
39   #define KEY_BPM_UP     (I_INPUTA&~(1<<PINA1))
40   #define KEY_BPM_DOWN    (I_INPUTA&~(1<<PINA2))
41   #define READINPUT    (PINA&I_INPUTA)
42
43   #define D_LED      ((1<<DDD3)|(1<<DDD2)|(1<<DDD1)|(1<<DDD0))
44   #define P_LED      ((1<<PD3)|(1<<PD2)|(1<<PD1)|(1<<PD0))
45   #define WRITEOUTPUT_LED(value)  (PORTD = (PORTD&0xf0)|(value&0x0f))
46
47   #define D_DSP      (1<<DDB2)
48   #define P_DSP      (1<<PB2)
49   #define DSP_ACTIVE     (PORTB &= ~P_DSP)
50   #define DSP_IDLE      (PORTB |= P_DSP)
51   #define D_DATABUS     (0x7f)
52   #define WRITEOUTPUT_DATA(value) (PORTA = value)
53   #define D_CU       (1<<DDA7)
54   #define P_CU       (1<<PA7)
55   #define D_WR       (1<<DDB3)
56   #define P_WR       (1<<PB3)
57   #define WR_ACTIVE     (PORTB &= ~P_WR)
58   #define WR_IDLE      (PORTB |= P_WR)
59   #define D_ADR      (1<<DDB1)|(1<<DDB0)
60   #define P_ADR      (1<<PB1)|(1<<PB0)
```

```
61  #define WRITEOUTPUT_ADR(value)  (PORTB = (PORTB&0xfc)|(value&0x03))
62
63  void initPorts(void){
64    PORTD &= ~P_LED;        // configure LED/speaker outputs
65    DDRD |= D_LED;
66    SPEAKER_IDLE;
67    DDRD |= D_SPEAKER;
68    PORTA = 0x00;           // configure data bus
69    DDRA |= (D_DATABUS|D_CU);
70    KB_IDLE; WR_IDLE; DSP_IDLE; // configure control outputs
71    DDRB |= (D_KB|D_DSP|D_WR|D_ADR);
72  }
73
74  // ------- business logic -----------------
75  #define STATE_BEEP_WAIT 10   // time of beep in 1/100 s
76  #define BEEP_FRQ_1     880
77  #define BEEP_FRQ_2     440
78  #define STATE_DISP_RHYTHM_WAIT  200
79
80  #define STATE_IDLE         0
81  #define STATE_BEEP         1
82  #define STATE_DISP_RHYTHM 2
83  #define MAX_RHYTHM         3
84  #define RHYTHM_3_4         0
85  #define RHYTHM_4_4         1
86  #define RHYTHM_2_4         2
87  uint8_t maxBeatsPerRhythm[] = {3, 4, 2};
88  uint8_t ledPattern[] = { 0b0001, 0b0010, 0b0100, 0b1000 };
89
90  volatile uint8_t iState = STATE_IDLE, iBeat = 0;
91  volatile uint16_t iTimer;
92  volatile uint8_t iSpeed = 28; // bars per minute
93  volatile uint8_t iRhythm = RHYTHM_3_4;
94  keyRInfo keyInfo;
95
96  void waitABit(void){
97    for (uint8_t i=0; i<10; i++){
98      asm volatile("nop" : : );
99    }
100 }
101
102 // read keys
103 uint8_t readKeys(void){
104   PORTA |= P_INPUTA;       // enable pull-up resistors and set bits 2:0
                of data bus as input
105   DDRA &= ~D_INPUTA;
106   waitABit();
107   KB_ACTIVE;
108   waitABit();
```

```
109    uint8_t value = READINPUT;
110    waitABit();
111    KB_IDLE;
112    return value;
113  }
114
115  // write a character to a position in display
116  void outDigit(uint8_t address, uint8_t data){
117    WRITEOUTPUT_DATA(data);    // write data/adr and set data bus as
           output
118    WRITEOUTPUT_ADR(address);
119    DDRA |= (D_DATABUS|D_CU);
120    waitABit();
121    DSP_ACTIVE;    // create /CS signal
122    waitABit();
123    WR_ACTIVE;    // create /WR signal
124    waitABit();
125    WR_IDLE;    // release /WR
126    waitABit();
127    DSP_IDLE;    // release /CS
128  }
129
130  void display(char* text){
131    uint8_t i=4;  // write to display from leftmost digit on
132    while (i--){
133      outDigit(i, (*text++) | 0x80);
134    }
135  }
136
137  void initTimer1WithFrequency(void){
138    //fout = F_CPU/(256*(OCR1+1))      OCR1+1 = F_CPU/(256*fout)
139    float f = iSpeed*maxBeatsPerRhythm[iRhythm]/60.0f;
140    initCTC(TIMER_TIMER1, F_CPU/(256.0f*f)-1, TIMER_COMPNOACTION,
           TIMER_PINSTATE_DONTCARE, TIMER_CLK_PSC256, TIMER_ENAIRQ);
141  }
142
143  void enterStateBeep(uint16_t frequency){
144    iState = STATE_BEEP;
145    iTimer = STATE_BEEP_WAIT;
146    WRITEOUTPUT_LED(ledPattern[iBeat]);
147  #ifdef SPEAKER_DC
148    SPEAKER_ACTIVE;
149  #else
150    initCTC(TIMER_TIMER2, F_CPU/(2*64*(frequency-1)), TIMER_COMPTOGGLE
           , TIMER_PINSTATE_L, TIMER_CLK_PSC64, TIMER_DISIRQ);
151  #endif
152  }
153
154  void enterStateIdle(void){
```

```
155    static char buffer[5];
156
157    iState = STATE_IDLE;
158  #ifdef SPEAKER_DC
159    SPEAKER_IDLE;
160  #else
161    stopTimer(TIMER_TIMER2, TIMER_PINSTATE_L);
162  #endif
163    WRITEOUTPUT_LED(0);
164    sprintf(buffer, "%4u", iSpeed);
165    display(buffer);
166  }
167
168  void enterStateDispRhythm(){
169    iState = STATE_DISP_RHYTHM;
170    iTimer = STATE_DISP_RHYTHM_WAIT;
171    if (iRhythm==0){
172      display(" 3/4");
173    } else if (iRhythm==1){
174      display(" 4/4");
175    } else if (iRhythm==2){
176      display(" 2/4");
177    }
178  }
179
180  ISR(TIMER0_COMP_vect){
181    uint8_t iSpeedOld = iSpeed, iRhythmOld = iRhythm;
182
183    evalKey(&keyInfo);
184    if (keyInfo.type==KEYSTROKE_PRESSED) {
185      if (keyInfo.key==KEY_RHYTHM) {
186        iRhythm = (iRhythm+1) % MAX_RHYTHM;
187      } else if (keyInfo.key==KEY_BPM_UP && iSpeed<250){
188        iSpeed++;
189      } else if (keyInfo.key==KEY_BPM_DOWN && iSpeed>1){
190        iSpeed--;
191      }
192    } else if (keyInfo.type==KEYSTROKE_REPEAT){
193      if (keyInfo.key==KEY_BPM_UP && iSpeed<240){
194        iSpeed += 10;
195      } else if (keyInfo.key==KEY_BPM_DOWN && iSpeed>10){
196        iSpeed -= 10;
197      }
198    }
199    if (iSpeedOld!=iSpeed || iRhythmOld!=iRhythm){
200      keyInfo.type = KEYSTROKE_NONE;
201      stopTimer(TIMER_TIMER1, TIMER_PINSTATE_DONTCARE);
202      initTimer1WithFrequency();
203      if (iRhythmOld!=iRhythm){
```

```
204        enterStateDispRhythm();
205      } else {
206        enterStateIdle();
207      }
208    }
209
210    switch (iState){
211      case STATE_IDLE:
212        break;
213      case STATE_BEEP:
214        if (--iTimer==0){
215          enterStateIdle();
216        }
217        break;
218      case STATE_DISP_RHYTHM:
219        if (--iTimer==0){
220          enterStateIdle();
221        }
222        break;
223      default:
224        ;
225    }
226  }
227
228  ISR(TIMER1_COMPA_vect){
229    // increment beat only if we are in idle state
230    if (iState==STATE_IDLE){
231      iBeat = (iBeat+1) % maxBeatsPerRhythm[iRhythm];
232      if (iBeat==0){
233        enterStateBeep(BEEP_FRQ_1);
234      } else {
235        enterStateBeep(BEEP_FRQ_2);
236      }
237    }
238  }
239
240  int main(void){
241    initPorts();
242    initKeySingleRepeat(&keyInfo, 4, 100, readKeys(), NULL, NULL);
243    // timer 0: 100 Hz keyboard/software timer IRQ
244    initCTC(TIMER_TIMER0, 239, TIMER_COMPNOACTION,
245        TIMER_PINSTATE_DONTCARE, TIMER_CLK_PSC256, TIMER_ENAIRQ);
246    // timer 1: beat clock, e.g. 28 bpm
247    initTimer1WithFrequency();
248    // timer 2: beeper clock 440/880 Hz
249    enterStateIdle();
250    sei();
251
252    while (1){
```

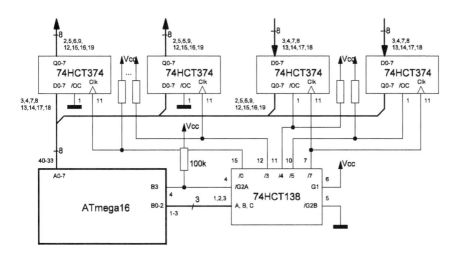

Abb. 4.20. Schaltung eines Portexpanders auf Basis einer 8 bit-Busemulation mit Achtfach-Latches/Three-State-Treibern 74HCT374. Die gezeigte Verschaltung bietet 24 Eingänge und 32 Ausgänge, kann aber leicht erweitert oder verändert werden. Die schwachen 100 kΩ-Pullup-Widerstände sorgen für einen stabilen Einschaltzustand.

```
252     set_sleep_mode(SLEEP_MODE_IDLE);
253     sleep_mode();
254   }
255 }
```

4.8.4 Digitaler Portexpander mit 8 bit-Datenbus

Basierend auf einem emulierten 8 bit-Datenbus, können wir eine große Anzahl digitaler Ein- und Ausgänge zur Verfügung stellen, indem wir Aus- bzw. Eingänge mehrerer 8 bit-Three-State-Bustreiber/Latches miteinander verbinden und an einen AVR-Port führen, Abb. 4.20. Als Baustein kommt der 74HCT374 in Frage, ein Achtfach-Bustreiber/Latch mit Three-State-Ausgängen.

Die Bustreiber sind in Ruhe im Three-State-Zustand, sodaß alle Ein- bzw. Ausgänge miteinander verbunden werden können. Zur Ansteuerung wählen wir jeweils einen der Bustreiber über ein Gatesignal aus. Dieser Treiber legt dann seine Eingänge an den Datenbus bzw. legt den Inhalt des Datenbusses auf seine Ausgänge. Der AVR-Port wird entsprechend der Lese- oder Schreibrichtung als Ein- oder Ausgang geschaltet. Auf diese Weise erhalten wir mit $8 + n$ Digitalpins $n \times 8$ Ein- oder Ausgänge. Um Pins zu sparen, können wir die Treiberauswahlsignale binär codieren und diese *3 bit-Adresse* über einen 3:8-Demultiplexer 74HCT138 in die eigentlichen acht einzelnen Gatesigna-

Abb. 4.21. Signalverlauf auf dem 8 bit-Bus zur Ansteuerung mehrerer 74HCT374. Signale von oben nach unten: die unteren 4 bit des 8 bit-Datenbusses A3 : 0/Data3 : 0, der Adressbus B2 : 0/Addr2 : 0, Gatesignal B3/$\overline{\text{G2A}}$. Im Beispiel wird der Wert 0xC vom Bustreiber mit der Adresse 4 eingelesen, über den Bustreiber an Adresse 0 unverändert ausgegeben und über den Bustreiber an Adresse 1 invertiert als 0x3 ausgegeben.

le zerlegen, sodaß wir z. B. mit 8 + 3 + 1 = 12 Pins insgesamt 3 × 3 = 24 Eingänge und 4 × 8 = 32 Ausgänge steuern können. Jeder weitere Pin für die Adresse verdoppelt die Zahl der Ein-/Ausgänge.

Die Ansteuerung ist in Listing 4.18 gezeigt, Abb. 4.21 gibt den Signalverlauf am Adress- und Datenbus wieder. Beim Schreiben mit Hilfe der Funktion writeByte() wird Port A als Ausgang geschaltet, die 8 bit-Daten werden auf den Bus gelegt, die 3 bit-Adresse (im Beispiel im Bereich 0–3) wird auf die Demultiplexer-Eingänge A–C gelegt, und über B3 wird eine LH-Flanke an $\overline{\text{G2A}}$ des Demultiplexers erzeugt, die eine LH-Flanke am Clk-Eingang des gewünschten Bustreibers zur Folge hat. Mit dieser Flanke werden die Daten des Datenbusses in die Latches des Treibers übernommen und erscheinen am Treiberausgang.

Beim Lesen über die Funktion readByte() wird Port A als Eingang geschaltet und über die Adresse 7 und B3/$\overline{\text{G2A}}$ eine LH-Flanke an den Clk-Eingängen aller Eingangs-Bustreiber erzeugt. Dadurch wird der Zustand *aller* Eingänge in die Latches der Bustreiber übernommen. Dann wird der gewünschte Treiber über seine Adresse (im Beispiel 4–6) ausgewählt, mit B3/$\overline{\text{G2A}}$ ein L-Pegel an seinem $\overline{\text{OE}}$-Eingang erzeugt, 2 Taktzyklen gewartet, die Daten über Port A eingelesen und das $\overline{\text{OE}}$-Signal über einen H-Pegel an B3/$\overline{\text{G2A}}$ wieder zurückgenommen.

Listing 4.18. Ein-/Ausgabe über einen 8 bit-Datenbus mit Latches (Programm DigIOPortExpInOut.c).

```
1  /*
2     In/Out port expander using 74HCT374 latches emulating a 8bit bus
3     Outputs:
4        - B2:0  latch address (address bus)
5        - B3: latch enable /G2A
6     In/Outputs:
7        - A7:0  data bus
8  */
9  #define F_CPU 6144000L
10
11 #include <avr/io.h>
12 #include <stdio.h>
13 #include <util/delay.h>
14
15 // ------- hardcoded configuration -----------------
```

```
16  #define SETOUTPUT      (DDRA=0xff)
17  #define SETINPUT       (DDRA=0x00)
18  #define WRITE_DATA(data)  (PORTA=data)
19  #define D_OUTPUTB      ((1<<PB0)|(1<<PB1)|(1<<PB2)|(1<<PB3))
20  #define READ_DATA      (PINA)
21  #define WRITE_ADDR(adr)   (PORTB=(PORTB&0xf8)|(adr&0x07))
22  #define G2A_IDLE       (PORTB|=(1<<PB3))
23  #define G2A_ACTIVE      (PORTB&=~(1<<PB3))
24
25  void initPorts(void){
26    WRITE_ADDR(0);       // configure data bus/control outputs
27    DDRB |= D_OUTPUTB;
28    G2A_IDLE;
29  }
30
31  // ------- business logic -----------------
32
33  void writeByte(uint8_t adr, uint8_t data){
34    SETOUTPUT;
35    WRITE_DATA(data);   // write data and output latch address
36    WRITE_ADDR(adr);
37    G2A_ACTIVE;         // store data in selected latch
38    G2A_IDLE;
39  }
40
41  uint8_t readByte(uint8_t adr){
42    SETINPUT;
43    WRITE_DATA(0xff);      // set pull-up resistors
44    WRITE_ADDR(7);
45    G2A_ACTIVE;           // store all input data in latch
46    G2A_IDLE;
47    WRITE_ADDR(adr);      // write input latch address
48    G2A_ACTIVE;
49    asm ("nop" : : );
50    asm ("nop" : : );
51    uint8_t data = READ_DATA; // read in data from selected latch
52    G2A_IDLE;
53    return data;
54  }
55
56  int main(void){
57    initPorts();
58    while (1){
59      uint8_t data = readByte(4);
60      writeByte(0, data);
61      writeByte(1, ~data);
62      _delay_ms(1000);
63    }
64  }
```

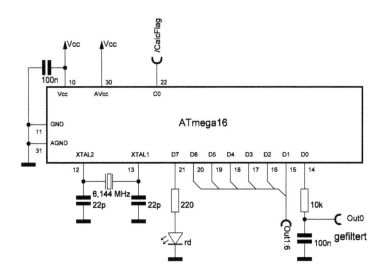

Abb. 4.22. Beispielschaltung zur Software-PWM mit RC-Glied zur Glättung des PWM-Signals an D0 und Umwandlung in ein Analogsignal. D7 zeigt, daß LEDs direkt angeschlossen und mit dem PWM-Signal gedimmt werden können.

4.9 Software-PWM via Digitalport

Mit Hilfe von digitalen Ausgängen können wir unabhängig von der Timer/Counter-Baugruppe (Abschnitt 5.3.3) PWM-Signale per Software erzeugen. Dieses Beispiel stellt 8 PWM-Kanäle mit einer Auflösung von 8 bit zur Verfügung, Abb. 4.22 zeigt die Schaltung. Mit den PWM-Signalen können z. B. LEDs direkt gedimmt werden. Die Software besteht aus einem C-Programm Listing 4.19, das neben dem (leeren) Hauptprogramm die PWM-Berechnung in C enthält (Interrupthandler `TIMER0_COMP_vect`). Der Interrupthandler kann über ein Symbol `ASM_PWM` auskommentiert werden zugunsten eines Handlers, der die gleiche Funktion erfüllt, aber direkt in Assembler geschrieben ist (Listing 4.20), sodaß wir die Belastung der MCU durch die permanente PWM-Berechnung abschätzen können.

Das Prinzip ist, alle Software-PWM-Ausgänge zunächst auf den Ruhezustand (H-Pegel) zu setzen. Hernach inkrementieren wir 256mal pro Zeiteinheit einen 8 bit-Zähler `cnt`. Ist der Zähler größer als ein Schwellenwert, der im Array `iPWM` für jeden Kanal separat vorliegt, wird die zugeordnete PWM-Leitung auf L-Pegel gesetzt. Die Variable `value` merkt sich für den laufenden Zyklus den aktuellen Zustand aller acht Leitungen. Springt der Zähler `cnt` auf Null, ist ein PWM-Zyklus vorbei, alle PWM-Leitungen werden wieder auf H-Pegel gesetzt und der nächste Zyklus beginnt.

Ein PWM-Zyklus ist 2^8 oder 256-mal so lang wie das Intervall, in dem der Zähler inkrementiert wird. Im Beispiel löst Timer 0 im CTC-Modus (Abschnitt 5.3.2) Interrupts

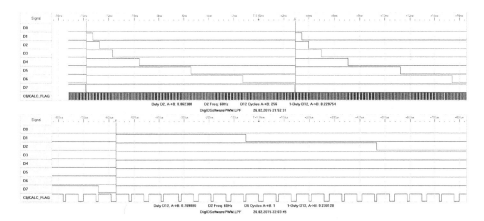

Abb. 4.23. Signale der Software-PWM, von oben nach unten: DO–D7, CO/CALC_FLAG. Die PWM-Frequenz beträgt 60 Hz, erwartungsgemäß finden sich 256 Aufrufe der Berechnungsroutine pro Zyklus. Unten: mit höherer Vergrößerung kann die MCU-Belastung am Signal CO/CALC_FLAG abgeschätzt werden.

mit einer Frequenz von 15,36 kHz aus, d. h. wir inkrementieren 15360mal pro Sekunde den Zähler cnt und erhalten so eine PWM-Frequenz von $f_{\text{PWM}} = \frac{15360}{256} = 60$ Hz. 60maliges Ein- und Ausschalten einer LED pro Sekunde ist aufgrund der Trägheit unserer Augen ausreichend für die Dimmung von LEDs oder Lampen, da wir den Wechsel der LED zwischen den Zuständen „Eingeschaltet" und „Ausgeschaltet" nicht wahrnehmen und stattdessen einen Mittelwert sehen.

Der Vorteil der vorgestellten Methode ist, daß wir pro verfügbaren I/O-Pin einen PWM-Kanal bereitstellen können, während die Timer/Counter-Baugruppe je nach MCU-Typ über max. einen Kanal pro Timer verfügt. Nachteilig ist die hohe MCU-Last, die wenig Raum für eine weitere Programmabarbeitung läßt, wohingegen die Timer/Counter-Baugruppe PWM-Signale ohne Belastung der MCU erzeugt. Ein weiterer Nachteil ist die geringe erreichbare PWM-Frequenz, die für Anwendungen wie Audiosynthese zu gering ist. Die Timer/Counter-Baugruppe kann dagegen PWM-Frequenzen bis zu $\frac{16}{256}$ MHz erzeugen.

Abb. 4.23 zeigt PWM-Signale aller acht Kanäle, denen Schwellenwerte von 0, 8, 16, 32, 64, 128, 192 und 255 zugewiesen sind. Die PWM-Frequenz beträgt wie erwartet 60 Hz, die Tastverhältnisse der Signale an DO–D7 stellen mit 0 %, 2,9 %, 6,0 %, 12,5 %, 25,0 %, 49,4 %, 74,7 % und 99,6 % gute Annäherungen an die idealen Zahlen dar, denn rechnerisch ergeben sich die Verhältnisse 0 %, 8/256=3,1 %, 16/256=6,25 %, 32/256=12,5 %, 64/256=25 %, 128/256=50 %, 192/256=75 % und 255/256=99,6 %.

In der Abbildung sehen Sie auch das Signal CO oder CALC_FLAG, dessen L-Pegel anzeigt, daß die MCU sich in der PWM-Berechnungsschleife befindet. Anhand des H/L-Verhältnisses dieses Signals können wir die Belastung der MCU durch die PWM-Berechnung in C zu etwa 36 % abschätzen, d. h. es ist sinnlos, die PWM-

Frequenz wesentlich höher einstellen zu wollen, da die MCU dann nicht mehr alle Output Compare-Ereignisse zeitgerecht verarbeiten könnte. Experimentell ergibt sich eine Grenzfrequenz f_{PWM} von etwa 115 Hz. Führen wir die PWM-Berechnungen mit Assemblercode durch (Symbol ASM_PWM definieren), erhalten wir eine deutlich geringere MCU-Belastung von etwa 23 %, sodaß neben der PWM-Berechnung weitere Aufgaben ausgeführt werden könnten.

In Abb. 4.22 ist an DO ein RC-Glied zur Glättung des Rechtecksignals gezeigt. Wir benötigen eine solche einfache Filterung, wenn wir andere Aktoren als LEDs anschliessen oder ein variables Gleichspannungssignal erhalten wollen. Die Idee der Glättung eines PWM-Signals wird in Abschnitt 5.3.3 ausführlich dargestellt.

Listing 4.19. 8-Kanal-Software-PWM (Programm DigIOSoftwarePWM.c).

```
1   /*
2     8-channel software PWM.
3     Outputs:
4        - D7:0   eight soft PWM channels
5        - C0  /CalcFlag indicating PWM calculations (L=active)
6   */
7   #define F_CPU 6144000
8
9   #include <stdint.h>
10  #include <avr/io.h>
11  #include <avr/interrupt.h>
12  #include "tmrcntLib.h"
13
14  // ------- hardcoded configuration ------------------
15  #define D_OUTPUTD        (0xff)
16  #define P_OUTPUTD        (0xff)
17  #define D_CALC_FLAG      (1<<DDC0)
18  #define P_CALC_FLAG      (1<<PC0)
19  #define WRITEOUTPUT(value)   (PORTD = value)
20  #define CALC_FLAG_IDLE      (PORTC |= P_CALC_FLAG)
21  #define CALC_FLAG_ACTIVE    (PORTC &= ~P_CALC_FLAG)
22
23  #define OCR0VALUE ((uint8_t)(F_CPU/8/(60*256)-1)) // 15,36 kHz
24
25  void initPorts(void){
26    CALC_FLAG_IDLE;
27    DDRC |= (D_CALC_FLAG);
28    PORTD |= P_OUTPUTD;        // set to default state
29    DDRD |= D_OUTPUTD;         // set output
30  }
31
32  // ------- business logic ------------------
33  volatile uint8_t iPWM[] = {0, 8, 16, 32, 64, 128, 192, 255};
34
35  #ifndef ASM_PWM
```

```
36  ISR(TIMER0_COMP_vect){
37    static uint8_t cnt = 0, value;
38    uint8_t bit = 0x01;
39
40    CALC_FLAG_ACTIVE;
41    if (cnt==0){
42      value = 0xff;
43    }
44    for (uint8_t i=0; i<8; i++, bit <<= 1){
45      if (cnt>=iPWM[i]){ // determine state of channel
46        value &= ~bit;
47      }
48    }
49    CALC_FLAG_IDLE;
50    WRITEOUTPUT(value);
51    cnt++;
52  }
53  #endif
54
55  int main(void){
56    initPorts();
57    initCTC(TIMER_TIMER0, OCROVALUE, TIMER_COMPNOACTION,
            TIMER_PINSTATE_DONTCARE, TIMER_CLK_PSC8, TIMER_ENAIRQ);
58    sei();
59
60    while (1){}
61  }
```

Listing 4.20. Assemblervariante der 8-Kanal-PWM-Berechnung (Programm DigIOSoftwarePWMS.S).

```
1   #ifdef ASM_PWM
2   #include <avr/io.h>
3
4   .extern iPWM
5   .global TIMER0_COMP_vect
6
7   .lcomm cnt, 1    ; R18 (static uint8_t)
8               ; R19 (bit mask, local uint8_t)
9   .lcomm value, 1   ; R20 (static uint8_t)
10              ; R21 (loop counter, local uint8_t)
11              ; R22 (iPWM[i], local uint8_t)
12  TIMER0_COMP_vect:
13    push R18     ; save register
14    push R19
15    push R20
16    push R21
17    push R22
18    push ZL
19    push ZH
```

```
20    in R18, _SFR_IO_ADDR(SREG)   ; save status register in stack
21    push R18
22
23    cbi _SFR_IO_ADDR(PORTC), 0  ; CALC_FLAG_ACTIVE
24    lds R18, cnt   ; is PWM cycle starting (cnt==0)?
25    tst R18
26    brne tcv_1
27    ldi R21, 0xff ; yes, clear output state for all channels
28    sts value, R21
29  tcv_1:
30    ldi R19, 0xfe ; bit mask for channel 0 (bit 0 cleared)
31    lds R20, value  ; current output state of channels
32
33    ldi R21, 7     ; loop counter 0-7
34    ldi ZL, lo8(iPWM)
35    ldi ZH, hi8(iPWM)
36  tcv_2:
37    ld R22, Z+     ; R22 = iPWM[7-R21]
38    cp R18, R22    ; PWM cycle cnt >= iPWM[]?
39    brlo tcv_3
40    and R20, R19   ; yes, set channel[R21] to L
41  tcv_3:
42    sec
43    rol R19      ; bit mask for next channel
44    dec R21      ; dec loop counter
45    brpl tcv_2   ; end loop
46
47    sbi _SFR_IO_ADDR(PORTC), 0  ; CALC_FLAG_IDLE
48    out _SFR_IO_ADDR(PORTD), R20
49    inc R18
50    sts cnt, R18
51    sts value, R20
52
53    pop R18     ; restore status register
54    out _SFR_IO_ADDR(SREG), R18
55    pop ZH
56    pop ZL
57    pop R22     ; restore register
58    pop R21
59    pop R20
60    pop R19
61    pop R18
62    reti
63  #endif
```

4.10 Stimmgabel/Synthesizer mit NCO

Dieses Beispiel nutzt einen I/O-Pin, um ein Rechtecksignal mit einer Frequenzabstimmung im Bereich von Bruchteilen von Hertz über einen weiten Frequenzbereich zu erzeugen und damit eine elektronische Stimmgabel aufzubauen. Mit Hilfe der eingebauten Timer/Counter-Baugruppe, die wir im nächsten Kapitel kennenlernen, können wir zwar auf einfache Weise ebenso Rechtecksignale erzeugen (sogar autonom hardwaregesteuert), jedoch nur mit Frequenzen, die in bestimmten ganzzahligen Verhältnissen zur MCU-Taktfrequenz stehen, Abschnitt 5.8.1. Eine Stimmgabel benötigt jedoch eine Feinjustierung der Signalfrequenz im Millihertz-Bereich, sodaß wir zur Realisierung auf das Prinzip der digitalen Signalsynthese (DDS) zurückgreifen, speziell auf deren Herzstück, den numerisch kontrollierten Oszillator (NCO).

Ein NCO nutzt die Modulo-Eigenschaft von (Binär-)Zahlen, die mit einer festen Ziffernzahl dargestellt werden, um periodische Signale zu erzeugen. Stellen Sie sich vor, ein 8 bit-Register, der sog. *Phasenakkumulator*, wird permanent 256mal pro Sekunde inkrementiert, d. h. es wird 256mal pro Sekunde die *Phasendifferenz* 1 addiert. Das Register durchläuft in der ersten Sekunde nach dem Start die Werte 0–255, in jeder folgenden Sekunde jedoch ebenfalls, da durch die Beschränkung auf 8 Binärziffern ein Überlauf stattfindet und der Wert 256 zu 0 wird, der Wert 257 zu 1 usf. Betrachten Sie nun das oberste Bit des Registers. Es ist zu Beginn 0, bei Erreichen des Zählerstands 128 (nach 0,5 s) wechselt es auf 1 und bleibt solange 1, bis es beim Zählerüberlauf (nach 1 s) wieder 0 wird. Legen Sie dieses Bit auf einen I/O-Pin, erhalten Sie ein Rechtecksignal der Frequenz 1 Hz.

Wählen Sie eine Phasendifferenz (Inkrement) von 2, erreicht das Register schon nach 0,25 s den Wert 128 (Bit 7 wechselt auf 1), und nach weiteren 0,25 s tritt beim Wert 256 der Registerüberlauf ein. Bit 7 wird nach insgesamt 0,5 s wieder 0, und nach weiteren 0,25 s (oder insgesamt 0,75 s) erneut 1, da das Register zum zweiten Mal den Wert 128 erreicht hat. Nach insgesamt 1 s tritt der zweite Überlauf ein und das Bit wird wieder 0. Die Phasendifferenz 2 führt also zu einer Ausgangsfrequenz von 2 Hz. In gleicher Weise können Sie als Phasendifferenz den Wert Δp wählen und erhalten eine Rechteckfrequenz von Δp Hertz. Das Prinzip funktioniert auch mit Phasendifferenzen wie 0,375 (die im gedachten Ganzzahlregister nicht darstellbar sind), und liefert Frequenzen unter 1 Hz, z. B. 0,375 Hz.

Im Gedankenspiel haben wir die wesentlichen Elemente des NCO (Phasenakkumulator und Phasendifferenz) kennengelernt. Zur Ableitung allgemeiner Zusammenhänge stellen wir die Frage, welche Zahl addiert werden muß, um f_{out}-mal pro Sekunde das oberste Bit des Phasenakkumulators zu setzen, wenn die Addition 256-mal pro Sekunde stattfindet. Wir fragen also, wie groß die Phasendifferenz Δp sein muß, um eine Ausgangsfrequenz f_{out} zu erhalten oder anders ausgedrückt, wie oft pro Sekunde der Phasenakkumulator seine Kapazität 2^8 erreichen muß. Die Antwort lautet

$$256 \times \Delta p = 2^8 \times f_{out} \quad \text{oder} \quad \Delta p = \frac{2^8}{256} \times f_{out}$$

oder mit einem 1 Hz-Inkrement $\Delta p_{1\,Hz}$

$$\Delta p = \Delta p_{1\,Hz} \times f_{out} \tag{4.2}$$

$$\Delta p_{1\,Hz} = \frac{2^8}{256} \tag{4.3}$$

Die Brüche werden noch nicht gekürzt, denn wir verallgemeinern noch weiter und betrachten nun einen Phasenakkumulator mit n bit Breite und einer Kapazität von 2^n, bevor ein Überlauf eintritt. Glg. 4.3 ändert sich damit wie folgt:

$$\Delta p_{1\,Hz} = \frac{2^n}{256}$$

Nehmen wir nun noch an, daß die Summation durch einen Programmabschnitt realisiert wird, der c Taktzyklen MCU-Zeit benötigt, und daß diese MCU mit einer Taktfrequenz von f_{MCU} betrieben wird. Die Additionen der Phasendifferenz finden dann nicht 256-mal pro Sekunde statt, sondern f_{MCU}/c-mal, sodaß die Formel sich verändert zu

$$\Delta p_{1\,Hz} = \frac{2^n \times c}{f_{MCU}} \tag{4.4}$$

Aus diesen Formeln können wir nun folgende Aussagen ableiten:

- Um mit einem Phasenakkumulator gegebener Bitbreite eine 1 Hz-Frequenz zu erzeugen, muß unter den gegebenen Voraussetzungen eine Phasendifferenz $\Delta p_{1\,Hz}$ addiert werden.
- Die Phasendifferenz zur Erzeugung einer beliebigen Frequenz f_{out} berechnet sich gemäß Glg. 4.2 und Glg. 4.4.
- Die Frequenzauflösung und kleinste Frequenz wird durch die kleinstmögliche Phasendifferenz bestimmt, für einen ganzzahligen Phasenakkumulator gilt $\Delta p = 1$. Mit Glg. 4.2 und Glg. 4.4 folgt für diese Frequenz:

$$1 = \Delta p_{1\,Hz} \times f_{min}$$
$$f_{min} = \frac{1}{\Delta p_{1\,Hz}} = \frac{f_{MCU}}{2^n \times c} \tag{4.5}$$

- Die maximale Frequenz wird mit der größtmöglichen Phasendifferenz $\Delta p = 2^n$ erreicht und kann mit Glg. 4.2 bestimmt werden:

$$2^n = \Delta p_{1\,Hz} \times f_{max}$$
$$f_{max} = \frac{2^n}{\Delta p_{1\,Hz}} = \frac{f_{MCU}}{c} \tag{4.6}$$

Durch die Begrenzung des Beispiels auf ein 8 bit-Register leidet die Genauigkeit bei vielen Frequenzen, Sie erkennen aber, daß die Genauigkeit des NCOs stark ansteigt (bzw. f_{min} sinkt), wenn wir die Kapazität des Register auf z. B. 32 bit erhöhen.

Wir werden folgende Schaltungs- und Firmwarevarianten kennenlernen:

- NCO, der ein Rechtecksignal liefert.

- NCO, der als frequenzbestimmender Kern einer Wavetable-Synthese dient und ein Dreiecksignal der gewünschten Frequenz liefert. Das Dreiecksignal ist PWM-codiert und wird über einen RC-Tiefpass in analoge Spannungen umgesetzt.
- Dto. mit einem SPI-gesteuerten 8- oder 10 bit-DAC zur Digital-Analog-Wandlung.

Die Firmware zur Steuerung ist in C geschrieben (Listing 4.21), die Hauptschleife mit der Phasensummation in Assembler (Listing 4.22).

Listing 4.21. NCO mit UART-Eingang, C-Teil (Programm DigIONCO.c).

```
1  /*
2    One-channel NCO synthesizer with 32bit phase accumulator. Basic
        relation for NCO:
3
4    f(out) = deltaPhaseValue * fResolution
5    fResolution is CPU_CLOCK / (MAX_ACCU*ADDCYCLES ) = 0,1192 mHz
6    f(max) is MAX_ACCU / DELTA_VALUE = 512,037 kHz
7    DELTA_VALUE = 8388,6   (delta phase value for 1 Hz)
8
9    Inputs:
10     - USB (RS232)
11     Frequency is specified in Dezihertz (floating point), e.g.
12     440 Hz:    *4400#   ->*4400#hhhhhhhh OK\r\n
13     440.3 Hz: *4403#   ->*4403#hhhhhhhh OK\r\n
14     Device repeats input and returns new delta phase value (hex)
15   Outputs:
16     - C7 frequency output/C7:0 DDS signal value
17     - B3 DDS signal PWM output
18  */
19  #define F_CPU 6144000L
20
21  #include <avr/io.h>
22  #include <avr/interrupt.h>
23  #include <avr/pgmspace.h>
24  #include <stdio.h>
25  #include "tmrcntLib.h"
26  #ifdef SPIDAC
27  #include "spiLib.h"
28  #endif
29
30  // UART Initialization
31  #define BAUD 9600
32  #include <util/setbaud.h>
33  #include "uartLib.h"
34
35  extern void ncoLoop(uint32_t deltaPhase);
36  extern void ddsLoopTriangle(uint32_t deltaPhase);
37
38  /* ------------- internal defines --------------- */
```

```
39   #ifdef NCO
40   #define ADDCYCLES (10)   // clock cycles within NCO adder loop
41   #else
42   #ifdef SPIDAC
43   #define ADDCYCLES (72)   // clock cycles within wavetable adder loop
44   #else
45   #define ADDCYCLES (17)   // clock cycles within wavetable adder loop
46   #endif
47   #endif
48   #define MAX_ACCU  (4294967296)   // max value of 32 bit accumulator
49   #define DELTA_VALUE   (((float)MAX_ACCU)*((float)ADDCYCLES)/((float)
        F_CPU)) // delta value for 1 Hz
50
51   #define STATE_RUNNING   0
52   #define STATE_INPUT    1
53   volatile uint8_t iState;
54   volatile uint32_t deltaPhase;
55
56   // ------- hardcoded configuration -----------------
57   // define some bit masks
58   #define D_OUTPUTC (0xff)
59   #define P_OUTPUTC (0xff)
60   #ifdef SPIDAC
61   #define D_OUTCS    (1<<DDB4)
62   #define P_OUTCS    (1<<PB4)
63   #define D_OUTLDAC (1<<DDB3)
64   #define P_OUTLDAC (1<<PB3)
65   #endif
66
67   void initPorts(void){
68     PORTC &= ~P_OUTPUTC;  // set outputs to L
69     DDRC |= D_OUTPUTC;    // set outputs
70   #ifdef SPIDAC
71     PORTB |= P_OUTCS;
72     PORTB |= P_OUTLDAC;
73     DDRB |= D_OUTCS;    // CS inactive
74     DDRB |= D_OUTLDAC;    // LDAC inactive
75   #endif
76   }
77
78   // ------- business logic -----------------
79
80   ISR(USART_RXC_vect){
81     static char buffer[20];
82     static float inputValue = 0.0f;
83     uint8_t data = UDR;
84     uart_putc(data);
85
86     // evaluate input
```

```
87     if (iState==STATE_RUNNING){
88       if (data=='*'){
89         inputValue = 0.0f;
90         iState = STATE_INPUT;
91       } else {
92         uart_puts_P(PSTR("?\r\n"));
93       }
94     } else {
95       if (data=='#'){
96         // end input, start NCO again
97         deltaPhase = inputValue/10.0f * DELTA_VALUE;
98         sprintf_P(buffer, PSTR("%08" PRIx32 " OK\r\n"), deltaPhase);
99         uart_puts(buffer);
100        iState = STATE_RUNNING;
101      } else if (data>='0' && data<='9'){
102        // add received char to value
103        inputValue = inputValue*10.0 + data-'0';
104      } else {
105        uart_puts_P(PSTR("?\r\n"));
106      }
107    }
108 }
109
110 int main(void){
111   initPorts();
112   initUART(UART_RXIRQ, UBRRH_VALUE, UBRRL_VALUE);
113 #ifndef NCO
114 #ifdef SPIDAC
115   initSPIMaster(SPI_MODE0, SPI_SCK_FOSC2);
116   SPSR |= (1<<SPI2X);
117 #else
118   initFastPWM(TIMER_TIMER0, 128, TIMER_PWM_NONINVERS, TIMER_CLK_PSC8
          , TIMER_DISIRQ);
119 #endif
120 #endif
121   uart_puts_P(PSTR("NCO UART starting with 440.0 Hz\r\n"));
122   sei();
123
124   float f=440.0f;
125   deltaPhase = f*(float)DELTA_VALUE;
126   iState = STATE_RUNNING;
127
128   while (1){
129     if (iState==STATE_RUNNING){
130 #ifdef NCO
131       ncoLoop(deltaPhase);
132 #else
133       ddsLoopTriangle(deltaPhase);
134 #endif
```

```
135      }
136    }
137  }
```

Listing 4.22. NCO mit UART-Eingang, Assemblerteil (Programm DigIONCOCore.S).

```
 1  #include <avr/io.h>
 2
 3  .extern iState
 4  #ifdef NCO
 5  .global ncoLoop
 6  #else
 7  .global ddsLoopTriangle
 8  #endif
 9
10  #ifdef NCO
11  ncoLoop:        ; R25:R22 hold deltaPhase value
12    clr R18       ; LSB phase accu
13    clr R19
14    clr R20
15    clr R21       ; MSB phase accu
16  nco_loop:
17    ; increment phase accu by deltaPhase value
18    add R18, R22           ; 1 cycle
19    adc R19, R23           ; 1 cycle
20    adc R20, R24           ; 1 cycle
21    adc R21, R25           ; 1 cycle
22    ; transfer MSB of phase accu to port C
23    out _SFR_IO_ADDR(PORTC), R21   ; 1 cycle
24    ; test for exit (0=RUNNING)
25    lds R0, iState         ; 2 cycles
26    tst R0                 ; 1 cycle
27    breq nco_loop          ; 2 cycles
28                   ; total = 10 cycles per loop
29    ret
30  #endif
31
32  #ifndef NCO
33  ddsLoopTriangle:   ; R25:R22 hold deltaPhase value
34    clr R18       ; LSB phase accu
35    clr R19
36    clr R20
37    clr R21       ; MSB phase accu
38    clr R26       ; scratch
39  dds_loop_triangle:
40    ; increment phase accu by deltaPhase value
41    add R18, R22           ; 1 cycle
42    adc R19, R23           ; 1 cycle
43    adc R20, R24           ; 1 cycle
```

```
44    adc R21, R25             ; 1 cycle
45    ; use MSB of phase accu as wavetable lookup
46    ldi ZL, lo8(triangleData)    ; 1 cycle
47    ldi ZH, hi8(triangleData)    ; 1 cycle
48    add ZL, R21              ; 1 cycle
49    adc ZH, R26              ; 1 cycle
50    lpm                 ; 3 cycles
51 #ifdef SPIDAC
52    ; transmission of DAC value via SPI
53    cbi _SFR_IO_ADDR(PORTB), 4    ; 2 cycles
54    clr R17                 ; 1 cycle
55    lsl R0                  ; 1 cycle
56    rol R17                 ; 1 cycle
57    lsl R0                  ; 1 cycle
58    rol R17                 ; 1 cycle
59    lsl R0                  ; 1 cycle
60    rol R17                 ; 1 cycle
61    lsl R0                  ; 1 cycle
62    rol R17                 ; 1 cycle
63    ori R17, 0x10           ; 1 cycle
64    out _SFR_IO_ADDR(SPDR), R17   ; 1 cycle
65    ldi R16, 6              ; 1 cycle
66 l1: dec R16                ; 6*1 cycles
67    brne l1                 ; 5*2+1 cycles (1 if false, 2 if true)
68    out _SFR_IO_ADDR(SPDR), R0    ; 1 cycle
69    ldi R16, 6              ; 1 cycle
70 l2: dec R16                ; 6*1 cycles
71    brne l2                 ; 5*2+1 cycles (1 if false, 2 if true)
72    sbi _SFR_IO_ADDR(PORTB), 4    ; 2 cycles
73    cbi _SFR_IO_ADDR(PORTB), 3    ; 2 cycles
74    sbi _SFR_IO_ADDR(PORTB), 3    ; 2 cycles
75 #else
76    out _SFR_IO_ADDR(PORTC), R0    ; 1 cycle
77    out _SFR_IO_ADDR(OCR0), R0     ; 1 cycle
78 #endif
79    ; test for exit (0=RUNNING)
80    lds R0, iState          ; 2 cycles
81    tst R0                  ; 1 cycle
82    breq dds_loop_triangle      ; 2 cycles
83                    ; total = 17/74 cycles per loop
84    ret
85
86 triangleData:
87 .byte 0x80, 0x82, 0x84, 0x86, 0x88, 0x8a, 0x8c, 0x8e, 0x90, 0x92, 0
       x94, 0x96, 0x98, 0x9a, 0x9c, 0x9e
88 .byte 0xa0, 0xa2, 0xa4, 0xa6, 0xa8, 0xaa, 0xac, 0xae, 0xb0, 0xb2, 0
       xb4, 0xb6, 0xb8, 0xba, 0xbc, 0xbe
89 .byte 0xc0, 0xc2, 0xc4, 0xc6, 0xc8, 0xca, 0xcc, 0xce, 0xd0, 0xd2, 0
       xd4, 0xd6, 0xd8, 0xda, 0xdc, 0xde
```

```
 90  .byte 0xe0, 0xe2, 0xe4, 0xe6, 0xe8, 0xea, 0xec, 0xee, 0xf0, 0xf2, 0
         xf4, 0xf6, 0xf8, 0xfa, 0xfc, 0xfe
 91  .byte 0xfc, 0xfa, 0xf8, 0xf6, 0xf4, 0xf2, 0xf0, 0xee, 0xec, 0xea, 0
         xe8, 0xe6, 0xe4, 0xe2, 0xe0, 0xde
 92  .byte 0xdc, 0xda, 0xd8, 0xd6, 0xd4, 0xd2, 0xd0, 0xce, 0xcc, 0xca, 0
         xc8, 0xc6, 0xc4, 0xc2, 0xc0, 0xbe
 93  .byte 0xbc, 0xba, 0xb8, 0xb6, 0xb4, 0xb2, 0xb0, 0xae, 0xac, 0xaa, 0
         xa8, 0xa6, 0xa4, 0xa2, 0xa0, 0x9e
 94  .byte 0x9c, 0x9a, 0x98, 0x96, 0x94, 0x92, 0x90, 0x8e, 0x8c, 0x8a, 0
         x88, 0x86, 0x84, 0x82, 0x80, 0x7e
 95  .byte 0x7c, 0x7a, 0x78, 0x76, 0x74, 0x72, 0x70, 0x6e, 0x6c, 0x6a, 0
         x68, 0x66, 0x64, 0x62, 0x60, 0x5e
 96  .byte 0x5c, 0x5a, 0x58, 0x56, 0x54, 0x52, 0x50, 0x4e, 0x4c, 0x4a, 0
         x48, 0x46, 0x44, 0x42, 0x40, 0x3e
 97  .byte 0x3c, 0x3a, 0x38, 0x36, 0x34, 0x32, 0x30, 0x2e, 0x2c, 0x2a, 0
         x28, 0x26, 0x24, 0x22, 0x20, 0x1e
 98  .byte 0x1c, 0x1a, 0x18, 0x16, 0x14, 0x12, 0x10, 0x0e, 0x0c, 0x0a, 0
         x08, 0x06, 0x04, 0x02, 0x00, 0x00
 99  .byte 0x02, 0x04, 0x06, 0x08, 0x0a, 0x0c, 0x0e, 0x10, 0x12, 0x14, 0
         x16, 0x18, 0x1a, 0x1c, 0x1e, 0x20
100  .byte 0x22, 0x24, 0x26, 0x28, 0x2a, 0x2c, 0x2e, 0x30, 0x32, 0x34, 0
         x36, 0x38, 0x3a, 0x3c, 0x3e, 0x40
101  .byte 0x42, 0x44, 0x46, 0x48, 0x4a, 0x4c, 0x4e, 0x50, 0x52, 0x54, 0
         x56, 0x58, 0x5a, 0x5c, 0x5e, 0x60
102  .byte 0x62, 0x64, 0x66, 0x68, 0x6a, 0x6c, 0x6e, 0x70, 0x72, 0x74, 0
         x76, 0x78, 0x7a, 0x7c, 0x7e, 0x80
103  #endif
```

4.10.1 Numerisch kontrollierter Oszillator

Die Realisierung der ersten NCO-Variante ist einfach, Abb. 4.24 zeigt die Schaltung des Geräts, das über die serielle Schnittstelle und ein TTL-USB-Kabel gesteuert wird. Die Sollfrequenz wird in Dezihertz übergeben, danach wird der NCO mit der gewünschten Frequenz gestartet. Die Zeichen „*" und „#" markieren Anfang und Ende der Frequenzangabe. Die Kommunikation zur Erzeugung einer 440,3 Hz-Frequenz sieht wie folgt aus:

```
NCO UART starting with 440.0 Hz
*4403#<RETURN>
004fd750 OK
```

Das Kernstück des NCOs, eine Schleife mit permanenter Addition der Phasendifferenz, ist in Assembler geschrieben (Listing 4.22, Symbol NCO muß definiert sein). Maschinensprache ist notwendig, um die Durchlaufzeit der Schleife zu verringern und Kontrolle über die Anzahl der Taktzyklen zu erlangen, die als Variable c in die obigen

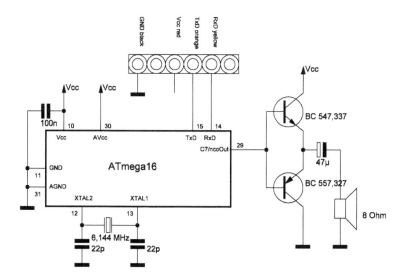

Abb. 4.24. Schaltung des seriell gesteuerten NCOs mit RS232-Anschluss, der Ausgang C7 liefert ein Rechtecksignal. Zur Verstärkung des Signals dient ein Gegentaktverstärker aus einem NPN- und einem PNP-Transistor.

Gleichungen eingeht. Für das Beispiel ist $c = 10$. Mit $f_{MCU} = 6144000$ und $n = 32$ erhalten wir

$$f_{min} = \frac{6144000}{2^{32} \times 10} = 0,14\,\text{mHz} \tag{4.7}$$

$$f_{max} = \frac{6144000}{10} = 614,400\,\text{kHz} \tag{4.8}$$

Die Additionsschleife wird als externe Funktion `ncoLoop()` vom C-Hauptprogramm aufgerufen, sobald die Sollfrequenz feststeht und die Phasendifferenz `deltaPhase` berechnet wurde. `deltaPhase` wird als Parameter in den Registern R25:22 übergeben und direkt als Operanden für die Addition benutzt. Der 32 bit-Phasenakkumulator wird durch die Register R21:18 realisiert.

Bei jedem Durchlauf wird das höchstwertige Byte des Phasenakkumulators an Port C ausgegeben, Abb. 4.25. Das höchstwertige Bit C7 stellt das Rechtecksignal mit der gewünschten Frequenz bereit, die zu Programmstart 440,0 Hz beträgt.

4.10.2 NCO als Grundlage einer Wavetable-Synthese

Betrachten wir das oberste Byte des 32 bit-Phasenakkumulators als Zeiger in eine 8 bit breite Lookuptabelle oder *Wavetable*, in der 256 Amplitudenwerte oder *Samples* einer beliebigen Wellenform gespeichert sind, so können wir diese Wellenform

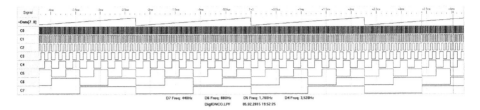

Abb. 4.25. Das höchstwertige Byte des Phasenakkumulators eines 32 bit-NCOs, der mit einer Soll-frequenz von 440 Hz arbeitet (Funktion ncoLoop()). Das Byte ist als 8 bit-Analogsignal interpretiert und zeigt eine Sägezahnkurve mit 440 Hz. Bit 7 stellt das gewünschte Rechtecksignal mit 440 Hz dar.

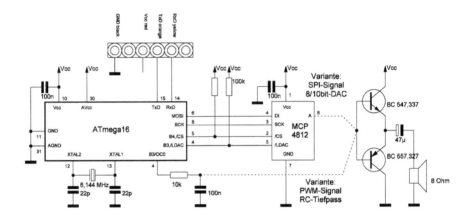

Abb. 4.26. Schaltung des seriell gesteuerten Wavetable-Synthesizers mit NCO und seriellem An-schluss. Das synthetisierte Dreiecksignal kann zum einen als PWM-Signal an B3/OC0 abgegriffen und über einen einfachen DAC (RC-Tiefpaß, Seite 234) geführt und verstärkt werden. Eine bessere und frequenzunabhängige Analogisierung ist möglich, wenn die Samples des Signals über den SPI-Bus an einen Digital-Analog-Wandler (DAC) geliefert werden. Die Pullup-Widerstände sorgen dafür, daß die $\overline{\text{CS}}$- und $\overline{\text{LDAC}}$-Eingänge des DACs während der Einschaltphase deselektiert sind.

in der gewünschten Frequenz ausgeben. Das Verfahren ist die Grundlage der digitalen Tonerzeugung, die Samples stellen im einfachsten Falle Sinus-, Dreieck- oder Rechtecksignale dar, im Realfall Wellenformen, die einem Konzertflügel oder einer Violine entsprechen. [21] führt das Verfahren zur Programmierung eines digitalen Sprachrekorders vor.

Um den NCO aus Listing 4.22 zur Wavetable-Synthese beliebiger Wellenformen zu nutzen, müssen Sie die Schaltung modifizieren und einen Digital-Analog-Wandler hinzufügen. Abb. 4.26 zeigt die Schaltung der oben angesprochenen Variante 2 eines NCOs, die an OC0 ein PWM-Signal erzeugt und über ein RC-Glied in eine Spannung umwandelt, und für Variante 3, die das Sample über die SPI-Schnittstelle an einen

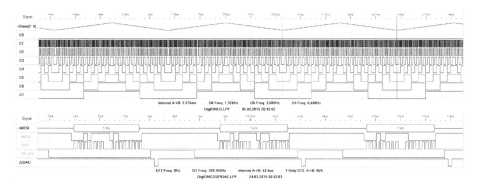

Abb. 4.27. Oben: das höchstwertige Byte des Phasenakkumulators eines NCO wird in den Firmware-varianten 2 und 3 als Zeiger in eine 8 bit-Lookuptabelle (Wavetable) mit Samples einer Dreieckkurve genutzt. Sollfrequenz 440 Hz, Funktion `ddsLoopTriangle()`. Unten: Steuersignale auf dem SPI-Bus zur Ansteuerung des SPI-DACs MCP4812, Funktion `ddsLoopTriangle()` mit Symbol `SPIDAC` definiert (Variante 3). Signal von oben nach unten: SPI-Datum als 16 bit-Wert, `MOSI`, `SCK`, `B4/CS`, `LDAC`.

kommerziell erhältlichen Digital-Analog-Wandler (DAC) übergibt. (Eine Liste von Möglichkeiten, Analogsignale aus Samples zu erzeugen, finden Sie auf Seite 404.)

Die NCO-Firmware Listing 4.22 enthält den für die Wavetable-Synthese nötigen Programmcode, der übersetzt wird, wenn das Symbol `NCO` undefiniert ist. Definieren Sie das Symbol `SPIDAC`, wird die Firmware für Variante 3 übersetzt, ansonsten (überhaupt kein Symbol ist definiert) für Variante 2. In beiden Fällen wird statt `ncoLoop()` die Funktion `ddsLoopTriangle()` übersetzt und aufgerufen, die eine Wavetable-Synthese für ein Dreiecksignal durchführt. Eine Zeitreihe mit den erzeugten Samples (in beiden Varianten identisch) ist in Abb. 4.27 oben gezeigt.

Variante 2 schreibt die aus der Wavetable geladenen Samples ins Register `OCR0` und nutzt sie damit als Vergleichswert für Timer 0, der im PWM-Mode läuft. Das von Timer 0 an `B3/OC0` erzeugte PWM-Signal wird durch einen RC-Tiefpaß gefiltert (Seite 234) und ergibt ein Analogsignal, dessen Amplituden der gewünschten Wellenform mit der vorgegebenen Frequenz entspricht.

Hohe (Audio-)qualität erreichen wir mit diesem einfachen Aufbau nicht, da der Tiefpaß eine mit der Frequenz steigende Dämpfung des Signals verursacht. Für Variante 3 speisen wir die Samples daher über den SPI-Bus in einen 8- oder 10 bit-Digital-Analog-Konverter (DAC) MCP4812 ein (Abb. 4.26) und erhalten ein Analogsignal, dessen Amplitude über den ganzen Frequenzbereich konstant bleibt (siehe hierzu Abb. 5.9 unterste Zeile). Abb. 4.27 unten zeigt den Signalverlauf auf dem SPI-Bus sowie den Zusammenhang der Steuersignale $\overline{CS}$ und $\overline{LDAC}$. Ein L-Pegel an $\overline{CS}$ selektiert den DAC-Baustein, der L-Pegel muß während der SPI-Übertragung gehalten werden. Ein L-Pegel an $\overline{LDAC}$ nach der Übertragung veranlaßt den DAC, den Sample-wert als neue Spannung an Kanal A auszugeben. Die übertragenen Daten bestehen aus einem 16 bit-Wort, das wie folgt aufgebaut ist:

Bit	15	14	13	12	11–2	1	0
Funktion	$\overline{A}/B$	–	$\overline{4.096V}$	$\overline{Shutdown}$	10 bit-Sample	–	–
Wert	0	0	0	1	Sample<<2	0	0

Mit diesem Datenwort wird Kanal A aktiviert, die Maximalspannung auf 4,096 V festgelegt und die Ausgangsspannung über das 8 bit-Sample festgelegt. Das Sample wird um zwei Bit nach links verschoben, da der DAC eine Auflösung von 10 bit besitzt, die wir im Beispiel aber nicht nutzen.

4.11 Analogausgabe über Digitalports und R-2R-Leiter

Ein Widerstandsnetzwerk in Form der *R-2R-Leiter* ist eine der Möglichkeiten, Analogsignale über Digitalausgänge zu erzeugen, Seite 404. Abb. 4.28 zeigt eine Schaltung, die vier digitale Ausgänge benutzt, um über Spannungsteiler eine Ausgangsspannung in $2^4 = 16$ Stufen zwischen 0 V und 5 V zu erzeugen. Ganz allgemein können n Ausgänge verwendet werden, um einen n bit-DAC aufzubauen, der 2^n Spannungsstufen aufweist. Für die Genauigkeit der Ausgangsspannung ist eine geringe Toleranz der Widerstände ausschlaggebend, besonders der an den höchstwertigen Bitpositionen.

Da eine nachfolgende Schaltung die Spannungsteiler belastet und die Stromverhältnisse im Widerstandsnetzwerk verändert, wird die Spannung über einen Operationsverstärker gepuffert und dann benutzt, um z. B. eine Lampe zu dimmen.

Abb. 4.29 zeigt ein Oszillogramm einer Sägezahnkurve, die durch das Programm Listing 4.23 erzeugt wird. Sie können deutlich die 4 bit-Auflösung des DAC erkennen, die sich in 16 Spannungsstufen niederschlägt. Die drei höchsten Spannungen sind ge-

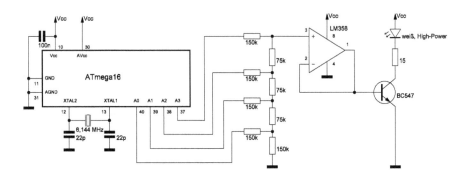

Abb. 4.28. Schaltung eines einfachen 4 bit-DACs nach dem R-2R-Prinzip mit R=75 kΩ. Das erzeugte Analogsignal wird durch einen Operationsverstärker (hier LM358) gepuffert und kann anschliessend durch eine Nutzschaltung belastet werden, z. B. die gezeigte Lampenansteuerung.

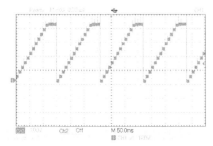

Abb. 4.29. Ausgangssignal (programmgesteuertes Sägezahnsignal) eines einfachen 4 bit-DACs nach dem R-2R-Prinzip (R=75 kΩ). Die Kappung des Signals bei den drei höchsten Stufen ist auf den verwendeten Operationsverstärker (LM358) zurückzuführen.

kappt, da der LM358 nicht bis Vcc ausgesteuert werden kann. Benötigen Sie den vollen Spannungsumfang, müssen Sie einen rail-to-rail-Operationsverstärker einsetzen.

Listing 4.23. Einfache analoge Signalerzeugung mit R-2R-Netzwerk (Programm DigIOR2RDAC.c).

```
1  /*
2      Simple 4bit DAC with R-2R ladder (saw tooth output).
3      Outputs:
4        - PA3:0 DAC output
5  */
6  #define F_CPU 6144000L
7
8  #include <stdint.h>
9  #include <avr/io.h>
10 #include <util/delay.h>
11
12 // ------- hardcoded configuration ------------------
13
14 #define D_DAC        ((1<<DDA3)|(1<<DDA2)|(1<<DDA1)|(1<<DDA0))
15 #define OUTPUTVALUE(value)  (PORTA=(PORTA&0xf0)|(value&0x0f))
16
17 void initPorts(void){
18   OUTPUTVALUE(0);
19   DDRA |= D_DAC;       // set outputs
20 }
21
22 // ------- business logic ------------------
23
24 int main(void){
25   initPorts();
26
27   while(1){
28     for (uint8_t i=0; i<16; i++){
29       OUTPUTVALUE(i); // create sawtooth signal with 16 steps
30       _delay_ms(10);
31     }
32   }
33 }
```

4.12 Externe Interrupts

Mit Hilfe von externen Interrupts kann eine Schaltung über ein Digitalsignal Interrupts auslösen. Abschnitt 4.12.1 stellt eine Bibliothek vor, die den Umgang mit diesen Interrupts vereinfacht. Als Anwendung ist in Abschnitt 4.12.2 gezeigt, wie per externem Interrupt auf einen Taster reagiert wird, um eine Lampe einzuschalten.

4.12.1 Bibliothek für externe Interrupts

Die Bibliothek zur Konfiguration externer Interrupts stellt folgende Funktion bereit:
- `initExtIRQ()` aktiviert einen externen Interrupt 0–2, legt die Polarität der auslösenden Flanke fest und konfiguriert den korrespondierenden I/O-Pin gemäß Parameter als Ein- oder Ausgang. Sollen Interrupts per Software ausgelöst werden, muss der I/O-Pin ein Ausgang sein, um den Signalpegel beeinflussen zu können.

Listing 4.24. Bibliothek für externe Interrupts (Programm extIntLib.h).

```
1  #ifndef EXTINTLIB_H_
2  #define EXTINTLIB_H_
3
4  #include <stdint.h>
5  #include <avr/io.h>
6
7  #define EXTINT_INT0    0
8  #define EXTINT_INT1    1
9  #if defined (__AVR_ATmega16__)
10 #define EXTINT_INT2    2
11 #endif
12
13 #define EXTINT_PININPUT   0
14 #define EXTINT_PINOUTPUT  1
15
16 #define EXTINT_LLEVEL 0
17 #define EXTINT_ANYEDGE  1
18 #define EXTINT_HLEDGE 2
19 #define EXTINT_LHEDGE 3
20
21 void initExtIRQ(uint8_t int01, uint8_t intMode, uint8_t pinMode);
22
23 #endif /* EXTINTLIB_H_ */
```

Listing 4.25. Bibliothek für externe Interrupts (Programm extIntLib.c).

```
1  #include "extIntLib.h"
2
```

```
3  void initExtIRQ(uint8_t int01, uint8_t intMode, uint8_t pinMode){
4    if (int01==EXTINT_INT0){
5      // disable IRQ
6      GICR &= ~(1<<INT0);
7      // set I/O pins (input with pullup or output)
8      if (pinMode==EXTINT_PININPUT){
9        DDRD &= ~(1<<DDD2);
10       PORTD |= (1<<PD2);
11     } else {
12       DDRD |= (1<<DDD2);
13     }
14     // configure ext irq
15     MCUCR &= ~(0b11<<ISC00);
16     MCUCR |= (intMode<<ISC00);
17     // clear flag and activate irq
18     GIFR |= (1<<INTF0);
19     GICR |= (1<<INT0);
20   } else if (int01==EXTINT_INT1){
21     // disable IRQ
22     GICR &= ~(1<<INT1);
23     // set I/O pins (input with pullup or output)
24     if (pinMode==EXTINT_PININPUT){
25       DDRD &= ~(1<<DDD3);
26       PORTD |= (1<<PD3);
27     } else {
28       DDRD |= (1<<DDD3);
29     }
30     // configure ext irq
31     MCUCR &= ~(0b11<<ISC10);
32     MCUCR |= (intMode<<ISC10);
33     // clear flag and activate irq
34     GIFR |= (1<<INTF1);
35     GICR |= (1<<INT1);
36     #if defined (__AVR_ATmega8__)
37     // no INT2
38     #elif defined (__AVR_ATmega16__)
39   } else if (int01==EXTINT_INT2){
40     // disable IRQ
41     GICR &= ~(1<<INT2);
42     // set I/O pins (input with pullup or output)
43     if (pinMode==EXTINT_PININPUT){
44       DDRB &= ~(1<<DDB2);
45       PORTB |= (1<<PB2);
46     } else {
47       DDRB |= (1<<DDB2);
48     }
49     // configure ext irq
50     MCUCSR &= ~(1<<ISC2);
51     MCUCSR |= ((intMode&0x01)<<ISC2);
```

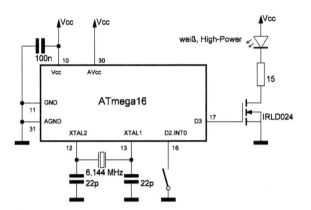

Abb. 4.30. Beispielschaltung des Treppenhauslichts. Der Auslösetaster ist L-aktiv (der interne Pullup-Widerstand ist aktiviert), der FET zur Ansteuerung der Power-LED ist H-aktiv.

```
52      // clear flag and activate irq
53      GIFR |= (1<<INTF2);
54      GICR |= (1<<INT2);
55      #endif
56    }
57  }
```

4.12.2 Treppenhauslicht

Als Beispiel für die Anwendung von externen Interrupts soll eine Treppenhausbeleuchtung dienen, deren Schaltung in Abb. 4.30 gezeigt ist. Ein Druck auf den Lichtschalter, der als L-aktiver Taster an INT0 angeschlossen ist, löst durch die HL-Flanke einen externen Interrupt aus. Der Interrupthandler INT0_vect setzt lediglich ein globales Flag (die Variable trigger) auf 1. Das Hauptprogramm prüft das Flag in einer Endlosschleife. Erkennt es den Wert 1, setzt es den Lampenausgang D3 auf H-Pegel, wartet ca. 3 s, setzt den Ausgang wieder auf L-Pegel und löscht das Flag. Da ein Beleuchtungskörper wie die weiße Leistungs-LED mehr Strom benötigt, als ein I/O-Pin liefern kann, schaltet D3 die Lampe über einen Logic-Level-FET wie IRLD024.

Die Wartephase wird durch eine Warteschleife erreicht. Für diesen Zweck existiert die Bibliotheksfunktion _delay_ms(), die jedoch die Programmausführung während der Wartezeit blockiert. In Abschnitt 5.8.2 und Abschnitt 5.8.3 werden wir Möglichkeit mit Timern und Interrupts kennenlernen, die es erlauben, während der Wartezeit Programmteile auszuführen.

Listing 4.26. Treppenhauslicht mit INT0 (Programm DigIOStaircase.c).

```
1  /*
2      Auto-disabling staircase light.
```

```
 3      Inputs:
 4        - HL-edge on INT0 (D2) trigger light
 5      Outputs:
 6        - PD3, LED (H-active)
 7  */
 8  #define F_CPU 6144000L
 9
10  #include <stdint.h>
11  #include <avr/io.h>
12  #include <avr/interrupt.h>
13  #include <util/delay.h>
14  #include "extIntLib.h"
15
16  // ------- hardcoded configuration -----------------
17  #define P_LED    (1<<PD3)
18  #define D_LED    (1<<DDD3)
19  #define LED_ON    (PORTA |= P_LED)
20  #define LED_OFF   (PORTA &= ~P_LED)
21
22  void initPorts(void){
23    LED_OFF;          // configure LED output
24    DDRD |= D_LED;
25  }
26
27  // ------- business logic -----------------
28  volatile uint8_t trigger = 0; // global flag
29
30  // Called when INT0 is triggered
31  ISR(INT0_vect){
32    trigger = 1;       // signal trigger to main loop
33  }
34
35  int main(void){
36    initPorts();
37    initExtIRQ(EXTINT_INT0, EXTINT_HLEDGE, EXTINT_PININPUT);
38
39    sei();
40
41    while(1){
42      if (trigger){
43        trigger = 0;
44        LED_ON;      // activate LED
45        _delay_ms(3000);
46        LED_OFF;     // deactivate LED
47        _delay_ms(1000);
48      }
49    }
50  }
```

5 Timer/Counter

Die Timer- und Counter-Baugruppe ist eine der komplexesten und nützlichsten Hardwareeinheiten der AVR®-MCUs, Tab. 5.1 enthält die wesentlichen Funktionen, die von ihr bereitgestellt werden. Die Baugruppe stellt zuverlässige Zeitbasen für Steuerungen aller Art zur Verfügung, erlaubt es, Zeitspannen mit definierter Genauigkeit zu messen und Ereignisse (externe Impulse, Flanken) zu zählen. Anwendungen sind das Weiterzählen der Sekunden einer Uhr oder die Messung externer Frequenzen und damit von Geschwindigkeiten oder Zeiträumen (Stopuhren). Darüberhinaus können wir mit der Baugruppe Rechtecksignale erzeugen und sie als Frequenzgenerator nutzen. Durch Variation des Tastverhältnisses der Rechtecksignale erhalten wir PWM-Signale zur kontinulierlichen Steuerung von Motoren oder Lampen.

5.1 Pin-Zuordnung

Die Timer/Counter-Baugruppe kann über externe Signale, die an I/O-Pins angeschlossen sind, gesteuert werden bzw. ihren Zustand über I/O-Pins nach außen an eine ex-

Tab. 5.1. Funktionen der Timer/Counter-Baugruppe (ATmega16), die zugeordneten I/O-Pins mit Alternativfunktionen und die entsprechenden Interruptflags des TIFR-Registers.

Funktion	Timer 0	Timer 1	Timer 2
Auflösung [bit]	8	16	8
Clock-Eingang (Abb. 1.5)	T0 LH-Flanke, T0 HL-Flanke, CLK_{IO} (Teiler 1, 8, 64, 256, 1024)	T1 LH-Flanke, T1 HL-Flanke, CLK_{IO} (Teiler 1, 8, 64, 256, 1024)	ClkT2S (Teiler 1, 8, 32, 64, 128, 256, 1024), ClkT2S = CLK_{IO} oder TOSC2 : 1
Modi (Count=Zählen, CTC=clear on timer compare, PWM=pulse width modulation)	Count	Count, CTC, fast PWM, phase corrected PWM, phase/frequency corrected PWM	Count, CTC, fast PWM, phase corrected PWM
Ein-, Ausgangspins[1]			
Eingang Zähltakt	T0	T1	TOSC1 (=RTC)
Output Compare	OC0	OC1A, OC1B	OC2
Input Capture	-	ICP1	
Interruptflags in TIFR			
Timer Overflow	TOV0	TOV1	TOV2
Output Compare	OCF0	OCF1A, OCF1B	OCF2
Input Capture	-	ICF1	

[1] I/O-Pins müssen manuell als Ein- oder Ausgang geschaltet, die Alternativfunktionen in Kontrollregistern aktiviert sein.

Tab. 5.2. Alternative Pinbelegungen für die Pins der Timer/Counter-Einheit (ATmega16). Die I/O-Pins müssen je nach Funktion über DDRn und PORTn als Ein- oder Ausgang geschaltet und die Alternativfunktionen über Kontrollregister aktiviert werden.

Funktion für Timer/Counter	Alternative Funktion	Aktivierung
T0[1]	PB0, XCK	CS02:0
T1[1]	PB1	CS12:0
ICP1[2]	PD6	immer aktiv
OC0 (Ausgang)	PB3, AIN1	COM01:0
OC1A (Ausgang)	PD5	COM1A1:0
OC1B (Ausgang)	PD4	COM1B1:0
OC2 (Ausgang)	PD7	COM21:0

[1] Ist der Pin als Ausgang geschaltet, kann ein Zählereignis per Software ausgelöst werden.
[2] Ist der Pin Ausgang, kann ein Input Capture-Ereignis per Software ausgelöst werden.

terne Schaltung weitergeben. Die in Tab. 5.2 gezeigte alternative Funktion der I/O-Pins wird über die Kontrollregister der Timer/Counter-Baugruppe aktiviert.

Zählereignisse der Timer 0 und 1 und Input Capture-Ereignisse des Timers 1 können über die Alternativfunktionen T0, T1 und ICP1 per Hardware durch Flankenwechsel an den I/O-Pins B0, B1 und D6 ausgelöst werden, wenn die Pins als Eingang geschaltet werden. Werden die Pins als Ausgang betrieben, führen externe Flankenwechsel weiterhin zur Fortschaltung des Zählers bzw. Auslösung des Input Capture-Ereignisses. Sie können die Flanken dann jedoch auch per Software durch Setzen des Portpins auf L- oder H-Pegel erzeugen und Zähl- und Capture-Ereignisse per Software erzeugen.

5.2 Registerbeschreibung

Zur Timer/Counter-Einheit zählen die Timer 0–2, die im ATmega16 von den Registern der Abb. 5.1 gesteuert werden. Die Bedeutung der Bits des Timer/Counter-Kontrollregister TCCR0 ist folgende:

– CS02–CS00 – Legen die Taktquelle für Zähler 0 gemäß Tab. 5.3 fest.
– COM01–COM00 – Legen die Hardwareaktion für die Vergleichseinheit gemäß Tab. 5.4 fest. Soll eine Änderung des Pin-Pegels erreicht werden (Alternativfunktion OC0), muss Pin B3 im Datenrichtungsregister DDRB als Ausgang geschaltet werden.
– WGM01–WGM00 – Legen die Betriebsart von Zähler 0 gemäß Tab. 5.5 fest.
– FOC0 – Ist in einem PWM-Betriebsmodus inaktiv und muss 0 sein. 1 erzwingt einen sofortigen Compare Match einschliesslich Zuständsänderung des Pins OC0. Der Zählerstand wird nicht geändert, ein Interrupt nicht ausgelöst.

	Bit 7	Bit 6	Bit 5	Bit 4	Bit 3	Bit 2	Bit 1	Bit 0
TCCR0	FOC0	WGM00	COM01:00 (00)		WGM01	CS02:00 (000)		
TCNT0	TCNT0 (0x00)							
OCR0	OCR0 (0x00)							
TCCR1A	COM1A1:0 (00)		COM1B1:0 (00)		FOC1A (0)	FOC1B (0)	WGM11:10 (00)	
TCCR1B	ICNC1 (0)	ICES1 (0)	–	WGM13:12 (00)		CS12:00 (000)		
TCNT1H	TCNT1[15:8] (0x00)							
TCNT1L	TCNT1[7:0] (0x00)							
OCR1AH	OCR1A[15:8] (0x00)							
OCR1AL	OCR1[7:0] (0x00)							
OCR1BH	OCR1B[15:8] (0x00)							
OCR1BL	OCR1B[7:0] (0x00)							
ICR1H	ICR1[15:8] (0x00)							
ICR1L	ICR1L[7:0] (0x00)							
TCCR2	FOC2	WGM20	COM21:20 (00)		WGM21	CS22:20 (000)		
TCNT2	TCNT2 (0x00)							
OCR2	OCR2 (0x00)							
ASSR	–				AS2 (0)	TCN2UB (0)	OCR2UB (0)	TCR2UB (0)
TIMSK	OCIE2 (0)	TOIE2 (0)	TICIE1 (0)	OCIE1A (0)	OCIE1B (0)	TOIE1 (0)	OCIE0 (0)	TOIE0 (0)
TIFR	OCF2 (0)	TOC2 (0)	ICF1 (0)	OCF1A (0)	OCF1B (0)	TOV1 (0)	OCF0 (0)	TOV0 (0)
SFIOR	ADTS2:0			–	ACME	PUD	PSR2 (0)	PSR10 (0)

Abb. 5.1. Register, die zur Steuerung der Timer/Counter dienen. Bits, die nicht zur Timer/Counter-Baugruppe gehören, sind grau unterlegt. In Klammern angegeben sind die Defaultwerte nach einem Reset.

Tab. 5.3. Die Festlegung der möglichen Taktquellen (Abb. 1.5) eines Timer/Counters. $Clk_{I/O}$ ist der I/O-Takt der MCU. CLKT2S ist CLK_{IO}, wenn Bit AS2 in ASSR 0 ist, und TOSC2 : 1, wenn AS2 1 ist.

CSi2	CSi1	CSi0	Bedeutung Timer 0, 1	Bedeutung Timer 2
0	0	0	Timer ist gestoppt.	
0	0	1	CLK_{IO} (kein Prescaler).	CLKT2S (kein Prescaler).
0	1	0	$CLK_{IO}/8$.	CLKT2S/8.
0	1	1	$CLK_{IO}/64$.	CLKT2S/32.
1	0	0	$CLK_{IO}/256$.	CLKT2S/64.
1	0	1	$CLK_{IO}/1024$.	CLKT2S/128.
1	1	0	HL-Flanke von T0/T1[1].	CLKT2S/256.
1	1	1	LH-Flanke von T0/T1[1].	CLKT2S/1024.

[1] Wird der Ti-Pin als Ausgang geschaltet, kann ein Zählereignis per Software ausgelöst werden. Wird Ti als Eingang konfiguriert, werden nur externe Ereignisse gezählt.

Die Bits der Kontrollregister TCCR1A und TCCR1B bedeuten folgendes:

- COM1A1–COM1A0, COM1B1–COM1B0 – Legen die Hardwareaktion für Vergleichseinheit A/B gemäß Tab. 5.4 fest. Soll eine Änderung des Pin-Pegels erreicht werden (Alternativfunktion OC1A/OC1B), muss der I/O-Pin D5/D4 im Datenrichtungsregister DDRD als Ausgang geschaltet werden.
- FOC1A, FOC1B – Sind in einem PWM-Modus inaktiv und müssen 0 sein. 1 erzwingt einen sofortigen Compare Match einschliesslich Zuständsänderung der I/O-Pins OC1A bzw. OC1B. Zählerstände werden nicht geändert, Interrupts nicht ausgelöst.
- WGM13–WGM10 – Legen die Betriebsart von Zähler 1 gemäß Tab. 5.5 fest.
- ICNC1 (input capture noise canceler) – 1 aktiviert die Rauschunterdrückung für den Input Capture-Pin. Sie benötigt vier gleiche Samples in Folge, d. h. das Capture-Ereignis wird um vier Takte verzögert ausgelöst.
- ICES1 (input capture edge select) – Legt fest, welche Flanke am ICP1-Pin ein Capture-Ereignis auslöst. 0 triggert auf eine HL-Flanke, 1 auf eine LH-Flanke.
- CS12–CS10 – Legen die Taktquelle für Zähler 1 gemäß Tab. 5.3 fest.

Die Bedeutung der Bits des Timer/Counter-Kontrollregister TCCR2 ist folgende:

- CS22–CS20 – Legen die Taktquelle für Zähler 2 gemäß Tab. 5.3 fest (normaler I/O-Takt der MCU oder extern angelegter Takt eines Quarzoszillators an TOSC2 : 1).
- COM21–COM20 – Legen die Hardwareaktion für die Vergleichseinheit gemäß Tab. 5.4 fest. Um eine Änderung des Pinpegels zu erreichen (Alternativfunktion OC2), muss der I/O-Pin D7 im Datenrichtungsregister DDRD als Ausgang geschaltet werden.
- WGM21–WGM20 – Legen die Betriebsart von Zähler 2 gemäß Tab. 5.5 fest.
- FOC2 – Ist in einem PWM-Modus inaktiv und muss 0 sein. 1 erzwingt einen sofortigen Compare Match einschliesslich Zuständsänderung des Pins OC2. Der Zählerstand wird nicht geändert, ein Interrupt nicht ausgelöst.

An T0 und T1 kann eine externe Taktquelle zur Taktung der Zähler/Timer-Baugruppen 0 und 1 angeschlossen werden. Die externen Taktimpulse werden von der MCU mit dem internen I/O-Takt synchronisiert. Um eine korrekte Erkennung zu gewährleisten, muß jede Halbperiode des externen Zählertakts länger als ein Systemtaktzyklus sein. Der externe Zählertakt muß bei einem Tastverhältnis von 50 % kleiner als der halbe Systemtakt sein. Das Datenblatt [1, pp. 87] empfiehlt eine maximale externe Zählfrequenz von CLK/2, 5, um Toleranzen aller Bauteile auszugleichen.

Wenn Ihr Programm keine Zählimpulse an Ti erkennt, oder beim Output Compare Match keine Pegeländerung am OCi-Pin erfolgt, prüfen Sie, ob die betreffenden I/O-Pins als Ein- bzw. Ausgangspin konfiguriert worden sind. Die Festlegung eines externen Zählertaktes oder einer Output Compare Match-Pinaktion in den Kontrollregistern konfiguriert die I/O-Pins nicht automatisch als Ein- bzw. Ausgang.

Mit den Werten 1–3 für COM01 : 0, COM1A1 : 0, COM1B1 : 0 und COM21 : 0 werden die Signalpegel der OCi-Pins durch Output Compare Match-Ereignisse verändert. Die Aktio-

Tab. 5.4. Die Festlegung der möglichen Hardwareaktionen beim Output Compare-Modus eines Timer/Counters durch die Bits `COM01 : 0`, `COM1A1 : 0`, `COM1B1 : 0` und `COM21 : 0`.

COMi1	COMi0	Bedeutung
Normaler oder CTC-Modus		
0	0	Pin `OC0/OC1A/OC1B/OC2` ist Digital-I/O-Pin B3/D5/D4/D7.
0	1	Zustand von Pin `OC0/OC1A/OC1B/OC2` wechselt beim Compare Match[1][2].
1	0	Pin `OC0/OC1A/OC1B/OC2` wird beim Compare Match auf L-Pegel gesetzt[1].
1	1	Pin `OC0/OC1A/OC1B/OC2` wird beim Compare Match auf H-Pegel gesetzt[1].
Fast-PWM-Modus		
0	0	Pin `OC0/OC1A/OC1B/OC2` ist Digital-I/O-Pin B3/D5/D4/D7.
0	1	Pin `OC1A/OC1B` ist Digital-I/O-Pin D5/D4. Reserviert bei Timer/Counter 0/2. Ausnahme: `WGM13`–`WGM10=15`: Zustand von Pin `OC1A` wechselt beim Compare Match[1][2].
1	0	Pin `OC0/OC1A/OC1B/OC2` wird beim Compare Match auf L-Pegel gesetzt, und bei Erreichen des Minimalzählerstandes auf H-Pegel[1].
1	1	Pin `OC0/OC1A/OC1B/OC2` wird beim Compare Match auf H-Pegel gesetzt, und bei Erreichen des Minimalzählerstandes auf L-Pegel[1].
phasen- und phasen/frequenzkorrigierter PWM-Modus		
0	0	Pin `OC0/OC1A/OC1B/OC2` ist Digital-I/O-Pin B3/D5/D4/D7.
0	1	Pin `OC1A` bzw. `OC1B` ist Digital-I/O-Pin D5/D4. Reserviert bei Timer/Counter 0/2. Ausnahme: `WGM13`–`WGM10=9` oder 14: Zustand von Pin `OC1A` wechselt beim Compare Match[1][2].
1	0	Pin `OC0/OC1A/OC1B/OC2` wird beim Compare Match (aufwärtszählend) auf L-Pegel gesetzt, und beim Compare Match (abwärtszählend) auf H-Pegel[1].
1	1	Pin `OC0/OC1A/OC1B/OC2` wird beim Compare Match (aufwärtszählend) auf H-Pegel gesetzt, und beim Compare Match (abwärtszählend) auf L-Pegel[1].

[1] Der Pin muss im Datenrichtungsregister `DDRB` als Ausgangspin geschaltet sein.
[2] Um ein Rechtecksignal der Frequenz f zu erhalten, muß die Frequenz des Compare Match-Ereignisses $2f$ betragen.

nen „Setze auf L-Pegel" (Wert 2) und „Setze auf H-Pegel" (Wert 3) klingen nicht spannend, werden jedoch in Verbindung mit den `FOCi`-Bits interessant. Die Signalpegel der `OCi`-Pins werden nicht mehr durch die Bits `PB3`, `PD5`, `PD4`, `PD7` in `PORTB` und `PORTD` bestimmt, sondern durch die internen 1 bit-Register `OC0`, `OC1A`, `OC1B` oder `OC2`. Sie können auf diese Register nicht direkt zugreifen, sondern ihren Inhalt und damit den Signalpegel am I/O-Pin nur ändern, indem Sie die `COMi1 : 0`-Bits des `TCCRi`-Registers auf den gewünschten Wert setzen und ein Compare Match-Ereignis erzwingen. Sie erreichen dies, indem Sie das `FOCi`-Bit auf 1 setzen und damit ein Compare Match-Ereignis auslösen, das die gewünschte Pegeländerung ausführt, aber keinen Interrupt triggert und die Zählerstände unverändert läßt. Der `FOCi`-Trigger beeinflußt nur die `OCi`-Register und die Signalpegel der I/O-Pins. Im Beispiel

```
TCCR2 &= ~(0b111<<CS20);    // stop timer
TCCR2 &= ~(0b11<<COM20);    // clear bits in COM21:0
```

Tab. 5.5. Die Festlegung der möglichen Betriebsmodi eines Timer/Counters [1, pp. 71, 89, 117]. PWM: Pulse-Width Modulation, CTC: Clear Timer on Compare match. TOP repräsentiert den Maximalwert des Zählers. Der Minimalwert ist stets 0.

		WGM01 WGM21	WGM00 WGM20	**Bedeutung (Timer/Counter 0/2)**
-	-	0	0	Normal. TOP ist $\mathtt{0xff}$.
-	-	0	1	PWM, phasenkorrigiert. TOP ist $\mathtt{0xff}$.
-	-	1	0	CTC. TOP ist $\mathtt{OCR0/OCR2}$.
-	-	1	1	Fast-PWM. TOP ist $\mathtt{0xff}$.
WGM13	**WGM12**	**WGM11**	**WGM10**	**Bedeutung (Timer/Counter 1)**
0	0	0	0	Normal. TOP ist $\mathtt{0xffff}$.
0	0	0	1	PWM, phasenkorrigiert, 8 bit Zählerbreite. TOP ist $\mathtt{0x00ff}$.
0	0	1	0	PWM, phasenkorrigiert, 9 bit Zählerbreite. TOP ist $\mathtt{0x01ff}$.
0	0	1	1	PWM, phasenkorrigiert, 10 bit Zählerbreite. TOP ist $\mathtt{0x03ff}$.
0	1	0	0	CTC. TOP ist $\mathtt{OCR1A}$.
0	1	0	1	Fast-PWM, 8 bit Zählerbreite. TOP ist $\mathtt{0x00ff}$.
0	1	1	0	Fast-PWM, 9 bit Zählerbreite. TOP ist $\mathtt{0x01ff}$.
0	1	1	1	Fast-PWM, 10 bit Zählerbreite. TOP ist $\mathtt{0x03ff}$.
1	0	0	0	PWM, phasen-/frequenzkorrigiert. TOP ist $\mathtt{ICR1}$.
1	0	0	1	PWM, phasen-/frequenzkorrigiert. TOP ist $\mathtt{OCR1A}$.
1	0	1	0	PWM, phasenkorrigiert. TOP ist $\mathtt{ICR1}$.
1	0	1	1	PWM, phasenkorrigiert. TOP ist $\mathtt{OCR1A}$.
1	1	0	0	CTC. TOP ist $\mathtt{ICR1}$.
1	1	0	1	Reserviert.
1	1	1	0	Fast-PWM. TOP ist $\mathtt{ICR1}$.
1	1	1	1	Fast-PWM. TOP ist $\mathtt{OCR1A}$.

```
TCCR2 |= (0b10<<COM20);    // set COM21:0 to 0b10
TCCR2 |= (1<<FOC2);        // set OC2 to L
```

wird Timer 2 gestoppt und sichergestellt, daß der zugeordnete I/O-Pin $\mathtt{OC2}$ auf L-Pegel liegt. Nach Setzen von $\mathtt{OC2}$ auf den gewünschten Signalpegel wird das $\mathtt{FOC2}$-Bit automatisch gelöscht. Ein Anwendungsbeispiel ist ein Metronom (Abschnitt 4.8.3), bei dem sichergestellt sein muß, daß ein durch $\mathtt{OC2}$ erzeugtes Rechtecksignal für einen Summton nach dem Ton ausgeschaltet wird und auf L-Pegel liegt. Für einen Frequenzzähler (Abschnitt 5.6.2) muß ein isolierter Impuls mit der Folge L-Pegel–2×Pegelwechsel–L-Pegel erzeugt werden.

Die möglichen Pegeländerungen „Setze auf L-Pegel", „Setze auf H-Pegel" und „Ändere Pegel", die durch die $\mathtt{COMi1:0}$-Bits konfiguriert werden, werden in Verbindung mit den Bits $\mathtt{FOCi}$ benutzt, um die internen Register $\mathtt{OCi}$ und die damit verbundenen I/O-Pins in einen definierten Zustand zu versetzen, unabhängig davon, ob ein Timer/Counter aktiv ist oder nicht.

Die Bedeutung der Zählregister `TCNT0`, `TCNT1` und `TCNT2` ist folgende:
- `TCNT0`, `TCNT2` – Enthält den 8 bit-Zählerstand von Zähler 0/2. Wird das Register beschrieben, während der Timer/Counter aktiv ist (zählt), können Compare Match-Ereignisse gegenüber `OCR0`/`OCR2` verpasst werden.
- `TCNT1` – Enthält den 16 bit-Zählerstand von Zähler 1. Wird `TCNT1` beschrieben, während der Timer/Counter aktiv ist (zählt), können Compare Match-Ereignisse gegenüber `OCR1A`/`OCR1B` verpasst werden.

Die Bedeutung der Vergleichswertregister `OCR0`, `OCR1A`, `OCR1B`, `OCR2` ist folgende:
- `OCR0`, `OCR2` – Enthält einen 8 bit-Zählerstand, der durchgehend mit dem Stand von Zähler 0/2 verglichen wird. Ist der Zählerstand `TCNT0`/`TCNT2` gleich dem Inhalt von `OCR0`/`OCR2`, wird je nach Konfiguration in `TCCR0`/`TCCR2` ein Output Compare Match-Ereignis ausgelöst (Interrupt oder Pegeländerung am I/O-Pin).
- `OCR1A`, `OCR1B` – Enthalten je einen 16 bit-Zählerstand, der durchgehend mit dem Stand von Zähler 1 verglichen wird. Ist der Zählerstand `TCNT1` gleich dem Inhalt von `OCR1A` bzw. `OCR1B`, wird je nach Konfiguration in `TCCR1A`/`TCCR1B` ein Output Compare Match-Ereignis ausgelöst (Interrupt oder Pegeländerung an Ausgangspins).

---

i Die Frequenz eines Output Compare Match-Interrupts berechnet sich nach folgender Formel, die den MCU-Takt `CLK`, den gewählten Vorteilungsfaktor (Prescaler) und den Vergleichswert `OCRi` enthält:

$$f_{\text{OC-IRQ}} = \frac{\text{CLK}}{\text{Prescaler} \times (\text{OCRi} + 1)} \tag{5.1}$$

Bei der Konfiguration von Output Compare Match-Aktionen an einem Ausgangspin `OCi` ist zu beachten, daß die Frequenz des erzeugten Rechtecksignals am Pin nur *halb so hoch* wie die der Output Compare Match-Ereignisse ist, da jedes Output Compare Match-Ereignis nur einen Flankenwechsel und keinen vollständigen Impuls mit zwei Flanken erzeugt:

$$f_{\text{OC-Rechtecksignal}} = \frac{\text{CLK}}{2 \times \text{Prescaler} \times (\text{OCRi} + 1)} \tag{5.2}$$

Um ein Rechtecksignal der Frequenz f zu erhalten, muß der Vergleichswert daher so gewählt werden, daß das Output Compare Match-Ereignis mit einer Frequenz $2f$ auftritt.

Die Bedeutung des 16 bit-Input Capture-Registers `ICR1` ist folgende:
- `ICR1` – Enthält den Zählerstand `TCNT1`, der beim letzten Input Capture-Ereignis an `ICP1` oder einem Analogkomparator-Ereignis aktiv war. `ICR1` wird in einigen Betriebsmodi als TOP-Wert verwendet, Tab. 5.5.

Die Bedeutung der Bits des Asynchronstatusregisters `ASSR` ist folgende:
- AS2 (asynchronous timer/counter) – 1 legt fest, daß Timer/Counter 2 von einem externen Quarzoszillator an `TOSC2 : 1` getaktet wird. 0 bedeutet Taktung durch den I/O-Takt der MCU.

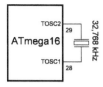

Abb. 5.2. Anschluss eines externen Uhrenquarzes an die TOSC2 : 1-Pins. Das Bit AS2 in ASSR muß 1 sein.

- TCN2UB (timer/counter 2 update busy) – Wird auf 1 gesetzt, wenn Timer/Counter 2 asynchron arbeitet und ein in TCNT2 geschriebener Zählerstand noch nicht in den Zähler übertragen wurde. 0 bedeutet, daß ein neuer Zählerstand für den asynchron arbeitenden Timer/Counter geschrieben werden kann.
- OCR2UB (output compare register 2 update busy) – Wird auf 1 gesetzt, wenn Timer/Counter 2 asynchron arbeitet und ein in OCR2 geschriebener Wert noch nicht in das Vergleichsregister übertragen wurde. 0 bedeutet, daß ein neuer Vergleichswert für den asynchron arbeitenden Timer/Counter geschrieben werden kann.
- TCR2UB (timer/counter control register 2 update busy) – Wird auf 1 gesetzt, wenn Timer/Counter 2 asynchron arbeitet und ein in TCCR2 geschriebener Wert noch nicht in das Kontrollregister übertragen wurde. 0 bedeutet, daß ein neuer Wert für den asynchronen Timer/Counter geschrieben werden kann.

Die Pins TOSC1 und TOSC2 werden automatisch als Eingang geschaltet, wenn das Bit AS2 im ASSR-Register gesetzt wird, um einen externen Uhrenquarz zu nutzen. Der Uhrenquarz wird direkt an die TOSC2 : 1-Pins angeschlossen und benötigt keine externen Kondensatoren, Abb. 5.2. Er kann genutzt werden, um mit Timer 2 niederfrequente periodische Ereignisse zu erzeugen und läuft auch in einigen tiefen Sleep-Modi wie Power-Save weiter und kann Wakeup-Ereignisse auslösen, Abschnitt 1.4.3.

Timer 2 kann neben dem normalen MCU-Takt mit einem externen 32,768 kHz-Uhrenquarz getaktet werden. Diese Taktquelle läuft auch dann weiter, wenn der I/O-Takt in bestimmten Sleep-Modi abgeschaltet ist, und eignet sich daher für niederfrequente periodische Vorgänge. In Verbindung mit tiefen Stromsparmodi, die auch CLK$_{ASY}$ abschalten, muß die lange Stabilisierungszeit niederfrequenter Quarze von bis zu 1 s beachtet werden [15].

Die Aktualisierung der Register TCNT2, OCR2 und TCCR2 unterliegt besonderen Regeln, wenn die asynchrone Taktquelle aktiviert ist [1, pp. 117]. Bei einem Schreibzugriff auf diese Register werden die Werte in Zwischenregister gespeichert und sind erst nach zwei LH-Flanken des externen Takts in die Timerregister übertragen. Sie dürfen daher keines der Register beschreiben, bevor nicht der Inhalt des Zwischenregisters in das Zielregister übertragen ist, und müssen dies mit Hilfe der Flags TCN2UB, OCR2UB und TCR2UB prüfen. Um Interrupts basierend auf falschen Registerwerten zu vermeiden, sollten Sie Interrupts vor Aktualisierung der Register deaktivieren und erst nach Übertragung der Registerwerte wieder aktivieren. Eine empfohlene Aktualisierungssequenz ist:

```
TIMSK  &= ~(1<<TOIE2);   // disable IRQ
TCNT2 = 0;               // update register
OCR2 = 127;
TCCR2 |= (1<<CS20);

// wait for register update finished
while (ASSR & ((1<<TCN2UB)|(1<<OCR2UB)|(1<<TCR2UB)));

TIFR |= (1<<TOV2);       // clear and enable IRQ after update
TIMSK |= (1<<TOIE2);
```

ⓘ 32,768 kHz-Uhrenquarze weisen eine sehr niedrige Leistungsaufnahme auf, sodaß nur kleine Ströme fließen und die Störanfälligkeit hoch ist. [14] gibt praktische Hinweise zur Benutzung solcher Uhrenquarze, insbesondere

- Die Verbindungen zwischen Quarz und XTAL2:1 oder TOSC2:1 sind so kurz wie möglich zu halten, der Quarz wird am besten unmittelbar neben den Pins angeordnet.
- Digitalleitungen, insbesondere schnell schaltende Signale wie Taktsignale, unter oder neben den Quarzzuführungen sind zu vermeiden.
- Den Quarz und die Zuführung mit GND-Ebenen abschirmen.

Die Bedeutung der Bits des Timer-Interrupt-Maskenregisters TIMSK ist folgende:

- TICIE1 – 1 aktiviert den Input Capture-Interrupt bei einem Input Capture-Ereignis an ICP1.
- TOIE0, TOIE1, TOIE2 – 1 aktiviert den Interrupt für einen Timerüberlauf von Timer/Counter 0, 1 oder 2 (Vektor TIMERi_OVF_vect).
- OCIE0, OCIE1A, OCIE1B, OCIE2 – 1 aktiviert den Interrupt für die Zähler 0, 1 (Einheiten A oder B) oder 2 bei einem Output Compare Match-Ereignis (Vektoren TIMERi_COMP_vect).

Die Bedeutung der Bits des Timer-Interrupt-Flagregisters TIFR ist folgende:

- ICF1 – 1 signalisiert, daß ein Input Capture-Ereignis an ICP1 stattgefunden hat. Ist das Bit TICIE1 und zusätzlich das I-Flag im Register SREG gesetzt, wird die entsprechende Interruptroutine ausgeführt.
- TOV0, TOV1, TOV2 – 1 signalisiert, daß für Timer 0, 1 oder 2 ein Zählerüberlauf (Erreichen des Zählerstands 0) stattgefunden hat. Ist das Bit TOIE0, TOIE1 oder TOIE2 und zusätzlich das I-Flag im Register SREG gesetzt, wird der entsprechende Überlauf-Interrupthandler ausgeführt.
- OCF0, OCF1A, OCF1B, OCF2 – 1 signalisiert, daß für den Timer 0, 1 oder 2 ein Output Compare Match-Ereignis (Zählerstand gleich Vergleichswert) stattgefunden hat. Ist das Bit OCIE0, OCIE1A, OCIE1B oder OCIE2 und zusätzlich das I-Flag im Register SREG gesetzt, wird der entsprechende Interrupthandler ausgeführt.

Wenn Ihr Programm keine Interrupthandler für Zählerüberläufe, Output Compare Match-Ereignisse oder Input Capture-Ereignisse ausführt, prüfen Sie, ob alle notwendigen Interrupts freigegeben wurden. Eine Freigabe muß individuell in TIMSK und global über sei() erfolgen.

Die Bedeutung der Bits des speziellen I/O-Funktionsregisters SFIOR ist folgende:
- PSR2 (prescaler reset timer 2)– Das Schreiben von 1 in dieses Bit triggert einen Reset des Taktprescalers für Timer/Counter 2.
- PSR10 (prescaler reset timer 1 and 0)– Das Schreiben von 1 in dieses Bit triggert einen Reset des Taktprescalers für Timer/Counter 0 und 1.

Die Zähler/Timer-Baugruppen 0 und 1 teilen sich denselben Prescaler. Wenn beide Zähler über den Prescaler getaktet werden, hat ein Reset des Prescalers Einfluß auf die Operation beider Zähler.

5.3 Betriebsmodi

Die Zähler/Timer-Baugruppe kann auf verschiedene Arten (Betriebsmodi) benutzt werden, die in [1, pp. 71, 89, 117] ausführlich beschrieben sind:
- Normalmodus (Zählermodus). In diesem Modus zählt der Zähler interne Taktimpulse oder extern angelegte Impulse. Der Modus kann zur *Ereigniszählung* und zur Nachbildung *wiederkehrender Vorgänge* dienen, da die Zählung nach einem Zählerüberlauf (Erreichen des Zählerstands 0) unterbrechungsfrei weiterläuft.
- Clear Timer on Compare Match-Modus (CTC-Modus). In diesem Modus zählt der Zähler interne oder externe Taktimpulse und wird bei Erreichen eines zuvor festgelegten Wertes automatisch auf den Startwert zurückgesetzt. Dieser Modus eignet sich besonders zur Modellierung von *zyklisch auftretenden Vorgängen*, da die Wiederholungsfrequenz über den Vergleichswert genau einstellbar ist. Das Erreichen des Vergleichswerts kann zu Pegeländerungen an einem I/O-Pin führen, sodaß periodische Hardwareaktionen möglich sind.
- Drei Arten von Pulse Width Modulation-Modi (PWM-Modi). In diesen einander sehr ähnlichen Modi wird der Zähler benutzt, um ein Rechtecksignal mit einstellbarem Tastverhältnis (duty cycle) zu erzeugen.

Die verschiedenen Modi werden durch die Bibliothek aus Abschnitt 5.5 zugänglich gemacht. Anwendungsbeispiele beschäftigen sich mit den Möglichkeiten des einfachen Zählens zur Bestimmung von Zeitabständen und Zeitmarken in Form von Messgeräten für Zeitabstände (Stopuhren, Abschnitt 5.6.1) und Frequenzen (Frequenzzähler, Abschnitt 5.6.2 und Abschnitt 5.7.3).

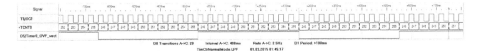

Abb. 5.3. Zusammenhang zwischen Zählerstand TCNT0 (Mitte) und Timer-Überlaufsignal D5 (unten) im Normalmodus. Signale von oben nach unten: T0/OC2, TCNT0, D5/Timer0_OVF_vect. T0 ist der Zählertakt, der von Timer 2 über OC2 erzeugt wird. Nach je 10 Takten oder 0,4 s (Intervall zwischen Cursor A und C) übersteigt Timer 0 seinen Endwert 255 und triggert einen Überlaufinterrupt TIMER0_OVF, in dem der Pegel von D5/Timer0_COMP_vect geändert wird. Dabei wird der Timer wieder mit dem Startwert 255 + 1 − 10 = 246 geladen.

Zyklische Abläufe, die als Pegeländerungen über einen I/O-Pin nach aussen geführt werden, ermöglichen die Erzeugung von Frequenzen. Ein Beispiel ist der Rechteckgenerator Abschnitt 5.8.1. Werden *Abläufe* zyklisch ausgeführt, können über *Zustandsautomaten* Steuerungen aller Art realisiert werden (Blinker, Abschnitt 5.8.2, Waschmaschinen und Ampeln, Abschnitt 5.8.4, Digitaluhren, Abschnitt 5.8.6, die softwaremäßige Entprellung von Tastern, Abschnitt 4.7, oder der Multiplexbetrieb von Anzeigen, Abschnitt 5.8.6).

PWM-Signale werden benutzt, um Motoren stufenlos zu steuern, Lampen zu dimmen (Abschnitt 5.9) oder stufenlos Gleichspannungen zu erzeugen (Abschnitt 4.9).

5.3.1 Zählen im normalen Modus

Wir wollen uns die Funktion eines Timers/Counters, der im Normalmodus mit Überlauf arbeitet, an einem Beispiel ansehen, Abb. 5.3. Der 8 bit-Timer 0 wird so konfiguriert, daß er kontinuierlich von einem Startwert (hier 255 + 1 − 10 = 246) bis zum Maximum 255 zählt, beim Überlauf (Erreichen des Zählerstands 256 = 0) einen Interrupt auslöst und mit der Zählung direkt fortfährt. Der Inhalt des Zählerregisters TCNT0 wird an Port A ausgegeben und über einen Logikanalysator als 8 bit-Zahl angezeigt. Bei jedem Überlauf wird der Pegel an D5 geändert.

Die Taktung von Timer 0 erfolgt mit einem 25 Hz-Rechtecksignal (50 Flankenwechsel pro Sekunde), das von Timer 2 erzeugt und über den I/O-Pin OC2 ausgegeben wird. Der dabei verwendete CTC-Modus wird im nächsten Abschnitt genauer besprochen. Das Compare Match-Ereignis von Timer 2 wird mit 50 Hz getriggert, da der Portpin dabei aber nur einmal seinen Pegel ändert, wird die gewünschte Ausgangsfrequenz von 25 Hz erreicht. In allen Fällen, in denen ein OCi-Pin im Toggle-Modus betrieben wird, ist zu beachten, daß die Ausgangsfrequenz am Pin nur die Hälfte der Frequenz des Flankenwechsels beträgt!

Der gewählte Startwert 255 + 1 − 10 für Timer 0 sorgt dafür, daß der Timer nach zehn LH-Flanken an T0 den Endwert 255 überschritten hat und ein Überlauf stattfindet. Zum Neuladen werden vom Endwert nicht 10, sondern 9 Taktzyklen abgezogen, da wir den Endpunkt 255 nicht genau treffen, sondern überschreiten wollen und daher 256 die Zielmarke ist (256 − 10 = 246). Abb. 5.3 zeigt, daß erwartungsgemäß alle $10 \times \frac{1}{25} = 0{,}4$ s (Intervall zwischen Cursor A und C) ein Pegelwechsel an D5 den Zählerüberlauf markiert. Der Zähler wird mit der LH-Flanke des Taktsignals inkrementiert resp. auf den Startwert gesetzt.

Listing 5.1. Normale Arbeitsweise des Timer/Counters mit Überlauf (Programm TimCtrNormalMode.c).

```
 1  /*
 2    Demonstration of timer/counter overflow mode
 3
 4    Inputs:
 5      - B0   external clock for T0
 6    Outputs:
 7      - A7:0   value of timer
 8      - D5   external OVF flag
 9      - D7   OC2 as input for timer 0
10  */
11  #define F_CPU 6144000L
12
13  #include <stdint.h>
14  #include <avr/io.h>
15  #include <avr/interrupt.h>
16  #include "tmrcntLib.h"
17
18  // ------- hardcoded configuration ------------------
19
20  // define some bit masks
21  #define D_OUTPUTA (0xff)
22  #define P_OUTPUTA (0xff)
23  #define D_OVF_LINE   (1<<DDD5)
24  #define P_OVF_LINE   (1<<PD5)
25  #define OVF_LINE_IDLE (PORTD |= P_OVF_LINE)
26  #define OVF_LINE_TOGGLE (PORTD ^= P_OVF_LINE)
27  #define OUTPUTVALUE(value)   (PORTA=value)
28
29  void initPorts(void){
30    PORTA &= ~P_OUTPUTA;
31    DDRA |= D_OUTPUTA;
32    OVF_LINE_IDLE;
33    DDRD |= D_OVF_LINE;
34  }
35
36  // ------- business logic ------------------
37  #define ENDVALUE   (10)
38  #define TIMERVALUE   (255+1-ENDVALUE)
39  // OCR2 value for a 25 Hz compare match (50 edges):
40  #define OCR2_FREQ (50)
41  #define OCR2VALUE ((uint8_t)(F_CPU/1024/OCR2_FREQ-1))
```

Abb. 5.4. Zusammenhang zwischen Zählerstand TCNT0 und OC0-Impuls in der Betriebsart „CTC". Signale von oben nach unten: T0/OC2, TCNT0, OC0, D5/Timer0_COMP_vect. T0 oder OC2 ist der Zählertakt. D5 zeigt mit einem Pegelwechsel an, wann die Software im TIMER0_COMP-Interrupt auf das Compare Match-Ereignis reagiert hat.

```
42
43   ISR(TIMER0_OVF_vect){
44     TCNT0 = TIMERVALUE;
45     OVF_LINE_TOGGLE;
46   }
47
48   int main(void){
49     initPorts();
50     // external clock
51     initOverflow(TIMER_TIMER0, TIMERVALUE, TIMER_CLK_Tin_LH,
              TIMER_ENAIRQ);
52     initCTC(TIMER_TIMER2, OCR2VALUE, TIMER_COMPTOGGLE,
              TIMER_PINSTATE_DONTCARE, TIMER_CLK_PSC1024, TIMER_DISIRQ);
53
54     sei();
55     while (1){
56       OUTPUTVALUE(TCNT0);
57     }
58   }
```

5.3.2 Clear Timer on Compare Match/CTC-Modus

Auch die Arbeitsweise eines Timers/Counters im CTC-Modus (clear timer on compare match) wollen wir uns an einem Beispiel ansehen, Abb. 5.4. Timer 0 wird so konfiguriert, daß er kontinuierlich von 0 bis OCR0VALUE=9 zählt, beim Erreichen dieses Zählerstandes einen Output Compare Match-Interrupt auslöst und automatisch mit der Zählung bei 0 beginnt, ohne dass ein Zurücksetzen des Timers auf einen Startwert – wie im Normalmodus notwendig – erforderlich ist. Der Inhalt des Zählerregisters TCNT0 wird über Port A ausgegeben und kann über den verwendeten Logikanalysator als 8 bit-Zahl angezeigt werden. Bei jedem Output Compare Match-Ereignis wechselt der Pegel an D5.

Die Taktung von Timer 0 erfolgt diesmal mit einem Rechtecksignal von 20 Hz (40 Flankenwechsel pro Sekunde), das von Timer 2 erzeugt und über Pin OC2 ausgegeben wird. Auch dieser Timer läuft im CTC-Modus. Sie sehen, daß im CTC-Modus beim

Erreichen des Vergleichswerts (dem Compare Match) ein Interrupt ausgelöst, eine Pegeländerung am I/O-Pin oder beides zugleich hervorgerufen werden kann.

Abb. 5.4 zeigt, daß erwartungsgemäß alle halben Sekunden der Pegelwechsel von PD5 das Compare-Match-Ereignis des Zählers 0 signalisiert (Intervall zwischen Cursor A und C). Diese Frequenz bestimmt sich aus der Anzahl an Taktzyklen, die Timer 0 benötigt, um von 0 bis 9 zu zählen, nämlich 10. Da der Timer mit 20 Hz getaktet wird, entspricht die Zeitspanne für 10 Taktzyklen genau $10 \times \frac{1}{20}$ oder 0,5 s.

Genau dasselbe Verfahren wird benutzt, um mit Timer 2 das 20 Hz-Signal zu erzeugen. Timer 2 wird mit dem I/O-Takt von 6,144 MHz getaktet, bei einem Vorteiler von 1024 effektiv mit 6144/1024=6000 Hz. Der Vergleichswert 150 in OCR2VALUE führt 6000/150=40 pro Sekunde zu einem Compare Match-Ereignis und zum Pegelwechsel an OC2, also zu einem Rechtecksignal mit einer Frequenz von 20 Hz.

Listing 5.2. Normale Arbeitsweise des Timer/Counters mit Output Compare Match (Programm TimCtrCTCMode.c).

```
1   /*
2      Demonstration of timer/counter overflow mode
3
4      Inputs:
5        - B0: input, external clock for T0
6      Outputs:
7        - A7:0: outputs, value of timer
8        - B3: output, OC0
9        - D5: output, external COMP0 flag
10       - D7: output, OC2 as input for timer 0
11  */
12  #define F_CPU 6144000L
13
14  #include <stdint.h>
15  #include <avr/io.h>
16  #include <avr/interrupt.h>
17  #include "tmrcntLib.h"
18
19  // ------- hardcoded configuration ------------------
20
21  // define some bit masks
22  #define D_OUTPUTA (0xff)
23  #define P_OUTPUTA (0xff)
24  #define D_CTC_LINE  (1<<DDD5)
25  #define P_CTC_LINE  (1<<PD5)
26  #define CTC_LINE_IDLE (PORTD |= P_CTC_LINE)
27  #define CTC_LINE_TOGGLE (PORTD ^= P_CTC_LINE)
28  #define OUTPUTVALUE(value)  (PORTA=value)
29
30  void initPorts(void){
31    PORTA &= ~P_OUTPUTA;
32    DDRA |= D_OUTPUTA;
```

```
33    CTC_LINE_IDLE;
34    DDRD |= D_CTC_LINE;
35  }
36
37  // ------- business logic ------------------
38  // OCR0 value for a 1 Hz square wave output (2 edges/compare matches
         per second):
39  #define OCR0_FREQ (2)
40  #define OCR0VALUE ((uint8_t)(20/OCR0_FREQ-1))
41  // OCR2 value for a 20 Hz square wave output (40 edges/compare
        matches per second):
42  #define OCR2_FREQ (40)
43  #define OCR2VALUE ((uint8_t)(F_CPU/1024/OCR2_FREQ-1))
44
45  ISR(TIMER0_COMP_vect){
46    CTC_LINE_TOGGLE;
47  }
48
49  int main(void){
50    initPorts();
51    // external clock
52    initCTC(TIMER_TIMER0, OCR0VALUE, TIMER_COMPTOGGLE,
            TIMER_PINSTATE_DONTCARE, TIMER_CLK_Tin_LH, TIMER_ENAIRQ);
53    initCTC(TIMER_TIMER2, OCR2VALUE, TIMER_COMPTOGGLE,
            TIMER_PINSTATE_DONTCARE, TIMER_CLK_PSC1024, TIMER_DISIRQ);
54    sei();
55
56    while (1){
57      OUTPUTVALUE(TCNT0);
58    }
59  }
```

5.3.3 Pulsweitenmodulation PWM

Die Betriebsart "PWM'" wird benutzt, um mit Hilfe der Zähler/Timer-Baugruppe ein pulsweitenmoduliertes Digitalsignal zu erzeugen. PWM-Signale sind Rechtecksignale einer festen Frequenz (der PWM-Frequenz) mit variablem Tastverhältnis, also veränderlichen Anteilen der H- und L-Pegel des Signals, gemessen an einer Periode. Ein Rechtecksignal, das abwechselnd 0,5 ms H-Pegel und 0,5 ms L-Pegel führt, besitzt ein Tastverhältnis von $\frac{0,5}{0,5+0,5}$ = 0, 5 oder 50 % bei einer PWM-Frequenz von $\frac{1}{0,0005+0,0005}$ = 1000 Hz. Führt das Signal 0,6 ms H-Pegel und nur 0,4 ms L-Pegel, besitzt es ein Tastverhältnis von $\frac{0,6}{0,6+0,4}$ = 0, 6 oder 60 % bei gleicher PWM-Frequenz. PWM-Signale sind ein Übergang zwischen digitalen Signalen, die einen „Ein-Aus-Betrieb" ermöglichen, und analogen Signalen und werden benutzt, um die Drehgeschwindigkeit von Moto-

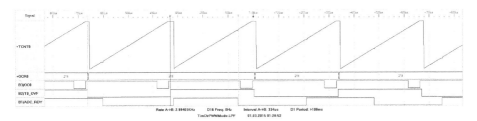

Abb. 5.5. Zusammenhang zwischen Zählerstand TCNT0, Vergleichswert OCR0 und OC0-Impuls in der Betriebsart „PWM". Signal von oben nach unten: TCNT0, OCR0, B3/OC0, B2/T0_OVF, B1/ADC_RDY. Pegelwechsel an B2/T0_OVF zeigen Überläufe von Timer 0 an, die mit der PWM-Frequenz von 3 kHz auftreten, der aktuelle Vergleichswert OCR0 ist 218. Die gemessene PWM-Frequenz ist mit 2,994 kHz etwas niedriger als 3 kHz, da nach jedem PWM-Zyklus ein neuer Vergleichswert vom ADC eingelesen und gesetzt wird, daher entsteht auch das Plateau an der Spitze der TCNT0-Kurve. Pegelwechsel an B1/ADC_RDY markieren das Ende einer ADC-Konversion, das einen neuen Vergleichswert liefert, der beim nächsten Timerüberlauf geladen wird.

ren oder die Helligkeit von Lampen kontinuierlich zu steuern. Mit nachgeschalteten Analogfiltern können Sie aus PWM-Signalen leicht echte Analogsignale erzeugen, s. u.

Die Timer/Counter-Baugruppen der megaAVR-MCUs können ein solches Rechtecksignal mit vorgegebenen PWM-Frequenzen per Hardware erzeugen. Dazu wird ein Zähler ununterbrochen inkrementiert und bei jedem Erreichen eines Startwerts der PWM-Ausgang je nach Konfiguration auf L- oder H-Pegel gesetzt. Das Tastverhältnis wird über den Vergleichswert OCRi vorgegeben und fortlaufend gegen den Zählerstand verglichen. Beim Erreichen des Vergleichswerts, also beim Output Compare-Ereignis, wechselt der Pegel des PWM-Ausgangs. Ist der Vergleichswert klein, tritt dieses Ereignis rasch ein und das Tastverhältnis ist klein. Ist der Vergleichswert groß, vergeht mehr Zeit bis zum Eintritt des Output Compare-Ereignisses, und das Tastverhältnis ist größer.

PWM-Rechtecksignal

Abb. 5.5 stellt das Zusammenspiel zwischen Zählerstand TCNT0, dem Vergleichswert OCR0 und dem resultierenden PWM-Signal OC0 dar. Als PWM-Quelle wird Timer 0 genutzt. Sie erkennen am sägezahnförmigen Verlauf von TCNT0, daß der Zähler permanent inkrementiert wird und ein Zählerüberlauf mit 3 kHz stattfindet. Der Überlauf wird auch durch einen Pegelwechsel am Signal B2/T0_OVF markiert. Die Frequenz der Überläufe entspricht der PWM-Frequenz, die durch die Timerkonfiguration vorgegeben wird und hier $\frac{6,144\,\text{MHz}}{8\times256}$ = 3 kHz beträgt [1, pp. 77, 102, 123]. 6,144 MHz ist die MCU-Taktfrequenz, 8 der Prescalerfaktor, und $256 = 2^8$ ist die Zahl der Timerzyklen, die ein PWM-Zyklus mit 8 bit Auflösung umfasst.

Listing 5.3 dient als Testprogramm. Es benutzt ein Potentiometer an A0/ADC0, das je nach Stellung des Schleifers eine Spannung zwischen 0 V und 5 V liefert. Diese

Spannung wird per ADC digitalisiert (Kapitel 9) und als Vorgabe für das Tastverhältnis benutzt. Der Analog-Digital-Wandler wird freilaufend betrieben, d. h. es finden permanent Konversionen statt. Nach Abschluss einer jeden Konversion wird der ADC_vect-Interrupthandler aufgerufen und der gemessene 8 bit-Wert als neues Tastverhältnis in der Variablen dutyCycle gespeichert. Um diesen Vorgang sichtbar zu machen, wird nach Abschluss jeder Konversion der Zustand des Signals ADC_RDY geändert.

Das Laden des neuen Vergleichswerts erfolgt nicht unmittelbar nach Abschluss der Analog-Digital-Konversion, sondern erst im Überlauf-Interrupt von Timer 0. In diesem Moment, in dem der Zähler auf seinen Startwert gesetzt wird, kann ein neuer Vergleichswert geladen werden, ohne den aktuellen PWM-Zyklus zu stören.

> **i** Details, wann ein neuer Vergleichswert sicher geladen werden kann, sind im Datenblatt [1, pp. 77, 102, 123] nachzulesen.

Listing 5.3. Normale Arbeitsweise des Timer/Counters im PWM-Modus (Programm TimCtrPWMMode.c).

```
1   /*
2     Demonstration of timer/counter PWM mode
3     Inputs:
4       - A0: duty cycle, set by poti 1 M
5     Outputs:
6       - C7:0: outputs, value of timer 0
7       - D7:0: outputs, value of OCR0
8       - B3: PWM signal, OC0
9       - B2: Timer 0 overflow flag
10      - B1: ADC ready/conversion complete flag
11  */
12  #define F_CPU 6144000L
13
14  #include <avr/io.h>
15  #include <avr/interrupt.h>
16  #include <util/delay.h>
17  #include "tmrcntLib.h"
18  #include "adcLib.h"
19
20  // ------- hardcoded configuration ------------------
21
22  // define some bit masks
23  #define D_OUTPUTC (0xff)
24  #define P_OUTPUTC (0xff)
25  #define D_OUTPUTD (0xff)
26  #define P_OUTPUTD (0xff)
27  #define OUTPUTVALUEA(value) (PORTC=value)
28  #define OUTPUTVALUEB(value) (PORTD=value)
29  #define D_OVF_LINE (1<<DDB2)
```

```
30   #define P_OVF_LINE   (1<<PB2)
31   #define OVF_LINE_TOGGLE (PORTB ^= P_OVF_LINE)
32   #define D_ADC_LINE   (1<<DDB1)
33   #define P_ADC_LINE   (1<<PB1)
34   #define ADC_LINE_TOGGLE (PORTB ^= P_ADC_LINE)
35
36   void initPorts(void){
37     PORTC &= ~P_OUTPUTC;
38     DDRC  |= D_OUTPUTC;
39     PORTD &= ~P_OUTPUTD;
40     DDRD  |= D_OUTPUTD;
41     DDRB  |= (D_OVF_LINE|D_ADC_LINE);
42   }
43
44   void wait125us(void){
45     _delay_us(125);
46   }
47
48   // ------- business logic -----------------
49   volatile uint8_t dutyCycle=64;
50
51   ISR(TIMER0_OVF_vect){
52     OVF_LINE_TOGGLE;
53     reloadFastPWM(TIMER_TIMER0, dutyCycle);
54     OUTPUTVALUEB(OCR0);
55   }
56
57   ISR(ADC_vect){
58     dutyCycle = ADCH;
59     ADC_LINE_TOGGLE;
60   }
61
62   int main(void){
63     initPorts();
64     initADC(ADC_REFVOLTAGE_INT_AVCC, ADC_PRESCALE_128,
65         ADC_MODE_FREERUN, ADC_PRECISION_8, ADC_COMPLETE_IRQ, &
66         wait125us);
65     initFastPWM(TIMER_TIMER0, dutyCycle, TIMER_PWM_NONINVERS,
66         TIMER_CLK_PSC8, TIMER_ENAIRQ);
66     selectAdcChannel(0);
67     OUTPUTVALUEB(OCR0);
68     sei();
69
70     while (1){
71       OUTPUTVALUEA(TCNT0);
72     }
73   }
```

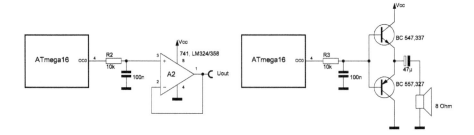

Abb. 5.6. Erzeugung eines Analogsignals mittels PWM. Das PWM-Signal wird über einen einfachen Tiefpass 1. Ordnung (RC-Glied) gefiltert und in eine Gleichspannung umgewandelt. Die Dimensionierung des Filters ist kritisch, siehe Text. Links: der Tiefpaß kann nicht belastet werden und muß mit einem Operationsverstärker gepuffert werden. Rechts: für eine einfache Audioanwendung kann das Signal durch einen Gegentaktverstärker verstärkt werden.

Digital-Analog-Konverter mit PWM

Ein PWM-Signal kann neben weiteren Möglichkeiten (Seite 404) benutzt werden, um einen Digital-Analog-Konverter (DAC) zu bauen, der einen n bit-Binärwert in eine analoge Spannung umwandelt, z. B. kann bei einem 8 bit-DAC die Zahl 255 einer Spannung von 5 V entsprechen, die Zahl 128 dann 2,5 V usf. Ein solcher Konverter ist in megaAVR-MCUs nicht als Baugruppe vorhanden und muß daher bei Bedarf simuliert werden. Abb. 5.6 zeigt den prinzipiellen Aufbau eines DACs auf PWM-Basis.

Die Idee eines PWM-basierten DACs ist, die Binärzahl als Tastverhältnis eines PWM-Signals zu interpretieren und das modulierte Rechtecksignal mit einem Tiefpaßfilter zu glätten, sodaß eine mehr oder weniger ideale Gleichspannung resultiert, deren Größe mit dem Tastverhältnis korreliert: ein Tastverhältnis von 0 % entspricht einer Ausgangsspannung von 0 V, ein solches von 100 % einer Spannung von 5 V, eines von 10 % einer Spannung von 0,5 V. Die erreichbare Maximalspannung von 5 V ergibt sich aus der Höhe des TTL-Rechtecksignals (0–5 V). Abb. 5.7 zeigt im Vergleich ein PWM-Signal mit 85,5 % Tastverhältnis, das mit einem einfachen RC-Glied als Tiefpaß geglättet wurde und ein Analogsignal liefert. Benutzt wurden drei verschieden dimensionierte RC-Filterglieder. Sie sehen, daß Filter mit hoher Zeitkonstante (langer Lade-/Entladekurve) eine glattere Gleichspannung liefern.

> Die Qualität des erzeugten Analogsignals hängt von den Filtergliedern ab. Für Audioanwendungen wie MP3-Player und Sprachrekorder müssen hochwertige aktive Filter mit steiler Dämpfung eingesetzt werden. Zur Illustration des Prinzips werden wir im Buch einfache RC-Glieder verwenden.

Von der Theorie her ist das PWM-Rechtecksignal die Überlagerung einer gewünschten Gleichspannungskomponente und eines um den Nullpunkt symmetrisch liegenden Rechtecksignals, Abb. 5.8 [29]. Die Rechteckkomponente ist unerwünscht und kann

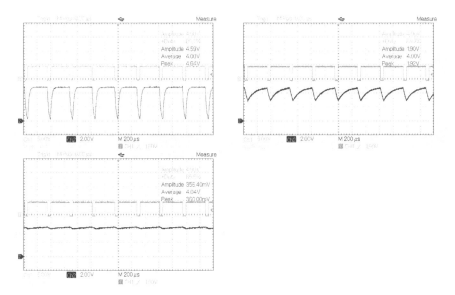

Abb. 5.7. Resultat einer 8 bit-PWM mit Vergleichswerten und einem Filter 1. Ordnung (RC-Glied) zur Filterung der Ausgangsspannung. Dargestellt ist jeweils das digitale PWM-Signal an OC0 (oberes Signal, Rechteck, PWM-Frequenz 3 kHz, Tastverhältnis 85,5 %) sowie der Ausgang des RC-Tiefpasses (unteres Signal). Die Werte des RC-Gliedes von links oben nach rechts unten: R=10 kΩ, C=2,2 nF (f_G = 7234 Hz), R=10 kΩ, C=10 nF (f_G = 1591 Hz), R=10 kΩ, C=100 nF (f_G = 159 Hz). Sie sehen, wie die Ripples oder die Restwelligkeit mit fallender Grenzfrequenz f_G des Filters kleiner werden.

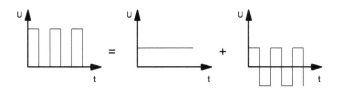

Abb. 5.8. Darstellung eines PWM-Signals als Überlagerung einer Gleichspannungskomponente und eines um den Nullpunkt zentrierten Rechtecksignals [29].

mit einem Tiefpaß entfernt werden, sodaß nur die Gleichspannungskomponente verbleibt. Wie man an Abb. 5.7 sieht, kann dies auch so interpretiert werden, daß die Ripples der Lade-/Entladekurven des Kondensators durch den Filter zeitlich in die Länge gezogen werden sollen.

Eine durch einfache RC-Glieder oder andere passive Filter geglättete Ausgangsspannung muß durch einen nachfolgenden Operationsverstärker, z. B. LM358, als Spannungsfolger gepuffert oder über einen Verstärker geleitet werden, da die nachfolgende Schaltung eine große Belastung darstellt und die Spannung einbricht.

Das RC-Glied besteht aus einem Widerstand R, der in Reihe zum PWM-Ausgang geschaltet ist, und einem Kondensator C, der gegen GND geschaltet wird. Diese Anordnung, die passiver Filter erster Ordnung genannt wird, besitzt eine Zeitkonstante $\tau = RC$ und eine *Grenzfrequenz* $f_G = \frac{1}{\tau} = \frac{1}{2\pi RC}$. Die Restwelligkeit des Gleichspannungssignals wird umso geringer, je größer τ wird, d. h. die Ripples werden besser geglättet.

Ein großes τ führt dazu, daß die Grenzfrequenz f_G klein wird. Dies ist dann von Bedeutung, wenn wir keine statische Gleichspannung benötigen, sondern ein Spannungssignal, das sich mit einer Frequenz f_S ändern soll. Für die Klangsynthese einer Audioanwendung (MP3-Player, Sprachrekorder, Synthesizer) liegt f_S in der Größenordnung von 44,1 kHz. Eine kleine f_G, die für glatte Ausgangsspannung steht, begrenzt die Frequenz f_S, mit der diese Ausgangsspannung variiert werden kann, da $f_S < F_G$ sein muß, um nicht selber gefiltert zu werden.

Das RC-Glied besitzt eine Dämpfung von 20 dB, d. h. ein Signal zehnfacher Frequenz wird auf ein Zehntel gedämpft. Benötigen wir hohe f_S, müssen wir einen Filter nehmen, der eine hohe f_G in der Größenordnung von f_S ($f_G \approx f_S$) besitzt, aber darüber eine höhere Dämpfung liefert. Zwei RC-Glieder in Reihe bieten eine Dämpfung von 40 dB, d. h. die zehnfache Frequenz wird auf ein Hunderstel gedämpft. [21] zeigt als Beispiel einen Filter 5. Ordnung eines Sprachrekorders vom Typ Chebychev.

Einige Berechnungen für einen RC-Tiefpass mögen zeigen, wie die notwendigen Werte für die PWM-Frequenz f_{PWM} und Filtergrenzfrequenz f_G ermittelt werden (MCU-Frequenz 6,144 MHz):

Prescaler	PWM-Frequenz f_{PWM} (8 bit-PWM)	R	C	f_G
kein	6,144 MHz/256 = 24 kHz	10 kΩ	2,2 nF	7234 Hz
8	3 kHz	10 kΩ	10 nF	1591 Hz
64	375 Hz	10 kΩ	100 nF	159 Hz
256	93,75 Hz			
1024	23,4375 Hz			

Zunächst muß die für den Anwendungsfall geeignete PWM-Frequenz ermittelt werden, für die gilt: $f_{PWM} > f_S$. Die Spalte „PWM-Frequenz" sagt aus, daß für Audioanwendungen nur ein PWM-Signal ohne Prescaler in Frage kommt, da eine Gleichspannung, die damit erzeugt wird, zumindest mit der halben Sollfrequenz eines hochwertigen Audiosignals variiert werden kann (f_S=44,1 kHz, $f_{PWM} \approx f_S/2$). Für einfache Sprachausgabe, bei der die wesentlichen Klangkomponenten unter 3–4 kHz liegen, kann zur Not der Prescalerwert 8 genutzt werden (wiederum $f_{PWM} \approx f_S$). Werden mit der Ausgangsspannung nur Motoren gesteuert oder Lampen gedimmt, sind höhere Prescalerwerte möglich, da die Änderungen der Steuerspannung im Sekundenbereich und darüber zu erwarten sind.

Im zweiten Schritt muß der Filter dimensioniert werden. In der einfachen Audioanwendung in Abschnitt 4.10 wird ein PWM-Signal als elektronische Stimmgabel zur Erzeugung des Kammertons a mit 440 Hz genutzt, einmal in Form eines einfachen

Rechtecksignals, einmal als Dreiecksignal. Die Variante mit Dreiecksignal eignet sich zur Illustration verschiedener Aspekte eines PWM-DACs. Abb. 5.9 zeigt, wie das PWM-Signal genutzt wird, um ein niederfrequentes Dreiecksignal mit f_S=10 Hz zu erzeugen. Die ersten drei Oszillogramme von links oben nach rechts unten zeigen, wie groß der Einfluß des Filtergliedes ist. Mit fallender f_G bis zu 159 Hz wird τ groß genug, um das PWM-Signal zu glätten ($f_G \ll f_{PWM}$), und die Dreieckkurve mit einer Amplitude von 5 V wird klar erkennbar, besonders bei der Filterung durch zwei aufeinanderfolgende RC-Glieder. f_G ist aber groß genug, um das Nutzsignal nicht zu dämpfen ($f_G \gg f_S$).

Wollen wir dagegen ein 200 Hz-Dreiecksignal erzeugen ($f_S > f_G$), wird die Dämpfung der 200 Hz-Nutzfrequenz deutlich, die Amplitude des Signal sinkt auf 2 V. Die gezeigte Anordnung wäre als elektronische Stimmgabel mit 440 Hz-Dreiecksignalen nicht geeignet, sondern würde Filter mit steilerer Filtercharakteristik erfordern.

5.3.4 Input Capture-Funktion

In Abb. 5.10 wird für Timer 1, der im Input Capture-Modus betrieben wird, das Zusammenspiel des Zählerinhalts `TCNT1`, des externen Input Capture-Triggers `ICP1` und des Inhalts des Input Capture-Registers `ICR1` dargestellt (Testprogramm Listing 5.4).

Timer 1 wird von einem externen 25 Hz-Rechtecksignal getaktet, das mit Hilfe von Timer 2 erzeugt wird. Timer 2 wird im CTC-Modus betrieben und mit einem Vergleichswert geladen, der zu 50 Compare Match-Ereignissen pro Sekunde führt. Als Reaktion auf ein Compare Match-Ereignis wechselt der Signalpegel am I/O-Pin `OC2`, sodaß das gewünschte 25 Hz-Rechtecksignal mit 50 Flanken pro Sekunde entsteht. `OC2` wird an T1, den Takteingang von Timer 1, geführt.

Der Inhalt von Timer 1 `TCNT1` wird dann 25mal pro Sekunde inkrementiert und in dem Moment in `ICR1` übernommen, in dem ein HL-Übergang am Input Capture-Eingang `ICP1` detektiert wird. In Abb. 5.10 ist der Timertakt T1 und der ständig inkrementierte Zählerstand `TCNT1` zu sehen, zusammen mit dem Trigger `ICP1`. Immer, wenn an `ICP1` eine fallende Flanke anliegt, wird der aktuelle Zählerinhalt in `ICR1` übertragen. Da der Zähler mit 25 Hz inkrementiert wird, entspricht der Wert von `ICR1` einem Zeitstempel mit $\frac{1}{25}$ s Zeitauflösung.

Das Testprogramm zeigt die Inhalte der Zählerregister und zwei Flags `TIM1_ICP_vect` und `TIM1_OVF_vect` an. Diese Signale wechseln ihren Zustand, sobald ein Input Capture-Interrupt ausgelöst wurde bzw. wenn der 16 bit-Zähler `TCNT1` seinen Endwert erreicht hat und nach einem Überlauf-Interrupt erneut bei 0 zu zählen beginnt.

Möchten Sie mit Hilfe von `ICR1` die Zeitspanne zwischen zwei `ICP1`-Impulsen bestimmen, indem Sie die beiden `ICR1`-Werte subtrahieren, müssen Sie feststellen, ob zwischenzeitlich ein oder mehrere Zählerüberläufe stattgefunden haben. Falls dies der Fall ist, müssen Sie für jeden Zählerüberlauf 65535 zur letzten Zeitmarke addieren. Dies entspricht einer Softwareerweiterung der Zählerkapazität und wird in Abschnitt 5.6.1 praktisch angewandt.

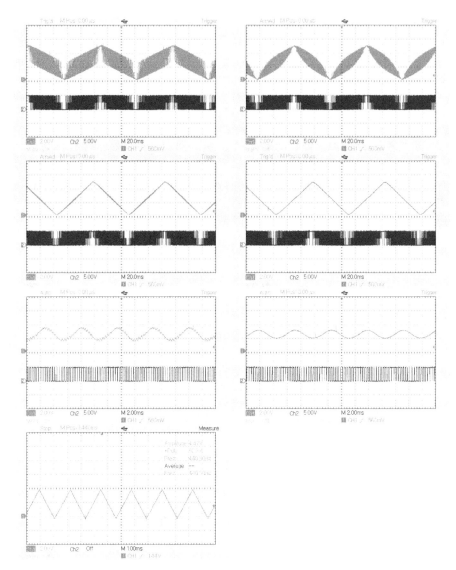

Abb. 5.9. Resultat einer DDS mit einem 8 bit-PWM-DAC (PWM-Frequenz f_{PWM} 3 kHz, RC-Glied als Filter 1. Ordnung, y-Skalierung 2 V/div). Dargestellt ist das digitale PWM-Signal an OC0 (unteres Signal, Rechteck) sowie der Ausgang des RC-Tiefpasses (oberes Signal, Dreieck, f_S = 10 Hz). Die Werte des RC-Gliedes von oben nach unten bzw. links nach rechts: R=10 kΩ, C=2,2 nF (f_G = 7234 Hz > f_S, aber τ zu klein, unbrauchbar), R=10 kΩ, C=10 nF (f_G = 1591 Hz, ebenso unbrauchbar), R=10 kΩ, C=100 nF (f_G = 159 Hz << f_{PWM} und f_G > f_S, Dreieckkurve erkennbar), R=10 kΩ, C=100 nF (RC-Glied doppelt, bessere Filterung). Den Einfluß der Dämpfung (f_G/f_S-Verhältnis) zeigt die dritte Reihe: R=10 kΩ, C=100 nF (f_S = 200 Hz ≈ f_G = 159 Hz, erkennbare Dämpfung des Nutzsignals, Spannungshub nur 2 V), R=10 kΩ, C=100 nF (f_S = 200 Hz, RC-Glied doppelt, ausreichende Glättung, aber Dämpfung erkennbar). Unterste Zeile: zum Vergleich ein ungedämpftes 440 Hz-Signal eines integrierten 8/10 bit-DACs (MCP4812, Abschnitt 4.10.2 auf Seite 209).

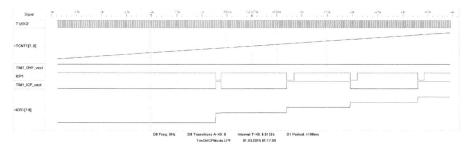

Abb. 5.10. Zusammenhang zwischen Zählerstand TCNT1, ICP1-Impuls und Inhalt von ICR1 in der Betriebsart „Input Capture". Signale von oben nach unten: T1/OC2, TCNT1L, Tim1_OVF_vect, ICP1, TIM1_ICP_vect, ICR1L. T1 ist der Zählertakt. TIM1_ICP_vect zeigt durch Pegelwechsel an, wann die Software im Input Capture-Interrupt auf die HL-Flanke an ICP reagiert hat, in diesem Moment wird ICR1 auf den Wert von TCNT1 gesetzt. Bei $t = -650$ ms wurden durch einen prellenden Taster zwei solcher Flanken erzeugt. TIM1_OVF_vect zeigt durch Pegelwechsel an, ob ein Zählerüberlauf stattfand (was im Beobachtungszeitraum nicht erfolgte).

Wichtig für die erfolgreiche Nutzung der Input Capture-Funktion ist, hinreichende Rechenkapazität bereitzustellen, damit Input Capture-Ereignisse so zeitnah wie möglich bearbeitet werden. Dies ist notwendig, da ein ICR1-Wert nur solange zur Verfügung steht, bis ein Folgeereignis ihn überschreibt. ICR muß also vor diesem Folgeereignis ausgelesen und bearbeitet worden sein. Im Input Capture-Interrupthandler muß ICR1 so früh wie möglich gelesen werden.

Listing 5.4. Normale Arbeitsweise des Timer/Counters mit Input Capture (Programm TimCtrlCPMode.c).

```
1   /*
2     Demonstration of timer/counter input capture mode
3     Inputs:
4       - B1:    external clock for T1
5       - D6:    ICP1
6     Outputs:
7       - A7:0:  value of TCNT1 (lower byte)
8       - C7:0:  value of ICR1 (lower byte)
9       - D4:    ICP handler execution flag
10      - D5:    timer 1 overflow handler execution flag
11      - D7:    OC2 (used as input for timer 1)
12    */
13    #define F_CPU 6144000UL
14
15    #include <stdint.h>
16    #include <avr/io.h>
17    #include <avr/interrupt.h>
18    #include "tmrcntLib.h"
19
```

```
20  // ------- hardcoded configuration ------------------
21
22  // define some bit masks
23  #define D_OUTPUTA (0xff)
24  #define P_OUTPUTA (0xff)
25  #define D_OUTPUTC (0xff)
26  #define P_OUTPUTC (0xff)
27  #define D_ICP_LINE  (1<<DDD4)
28  #define P_ICP_LINE  (1<<PD4)
29  #define D_OVF_LINE  (1<<DDD5)
30  #define P_OVF_LINE  (1<<PD5)
31  #define OVF_LINE_IDLE (PORTD |= P_OVF_LINE)
32  #define OVF_LINE_TOGGLE (PORTD ^= P_OVF_LINE)
33  #define ICP_LINE_IDLE (PORTD |= P_ICP_LINE)
34  #define ICP_LINE_TOGGLE (PORTD ^= P_ICP_LINE)
35  #define OUTPUTVALUE(value)  (PORTA=value)
36  #define OUTPUTVALUEB(value) (PORTC=value)
37
38  void initPorts(void){
39    PORTA &= ~P_OUTPUTA;
40    DDRA |= D_OUTPUTA;
41    PORTC &= ~P_OUTPUTC;
42    DDRC |= D_OUTPUTC;
43    OVF_LINE_IDLE;
44    ICP_LINE_IDLE;
45    DDRD |= (D_OVF_LINE|D_ICP_LINE);
46  }
47
48  // ------- business logic -----------------
49  // OCR2 value for a 50 Hz compare match (50 edges or 25 Hz square
        wave signal):
50  #define OCR2_FREQ (50)
51  #define OCR2VALUE ((uint8_t)(F_CPU/1024/OCR2_FREQ-1))
52
53  ISR(TIMER1_OVF_vect){
54    // no reload of TCNT1 required, set only flag/output pin
55    OVF_LINE_TOGGLE;
56  }
57
58  ISR(TIMER1_CAPT_vect){
59    ICP_LINE_TOGGLE;
60  }
61
62  int main(void){
63    initPorts();
64    // external clock
65    initOverflow(TIMER_TIMER1, 0, TIMER_CLK_Tin_LH, TIMER_ENAIRQ);
66    initCTC(TIMER_TIMER2, OCR2VALUE, TIMER_COMPTOGGLE,
          TIMER_PINSTATE_DONTCARE, TIMER_CLK_PSC1024, TIMER_DISIRQ);
```

```
67    initICP(TIMER_ICP_HL , TIMER_ENAIRQ , TIMER_PININPUT);
68    sei();
69
70    while (1){
71       OUTPUTVALUE(TCNT1&0xff);
72       OUTPUTVALUEB(ICR1&0xff);
73    }
74  }
```

5.4 Zählumfang, Frequenzbereiche und Impulsdauer

Allgemein stellt sich bei Anwendungen, die Frequenzen, Zeitspannen oder eine andere Form von Zeiteinheiten zählen, die Frage, ob wir eine hohe Zeitauflösung favorisieren (was kleine Basiszeiteinheiten und evt. hohe Zählerkapazität erfordert), oder ob wir eine große Meßzeit wünschen (was hohe Zählerkapazität oder große Basiszeiteinheiten erfordert). Mit den hardwareseitig vorhandenen zwei 8 bit- und einem 16 bit-Zähler stehen uns zwei kleine und eine 256mal größere Zählkapazität zur Verfügung, mit denen verschiedene Genauigkeiten und Messzeiten abgebildet werden können. Benötigen wir längere Laufzeiten und dennoch hohe Genauigkeit oder aus anderen Gründen hohe Zählkapazitäten, müssen wir die Hardwarezähler erweitern:

– Per Software durch Zählen der Überläufe eines Hardwarezählers im Überlauf-Interrupt, was die MCU kaum belastet. Die Überläufe werden in einer uint8_t-oder uint16_t-Variable gezählt und erweitern die Zählerkapazität um 8 bit oder 16 bit. Sie müssen bei dieser Variante für die Zählsumme, die aus den höherwertigen Bits des Überlaufzählers und den niederwertigen Bits des Timers besteht, ausreichend große Datentypen wie uint32_t verwenden.

– Per kaskadiertem Hardware-Zähler. Der schnell zählende Grundzähler wird im CTC-Modus betrieben und erzeugt per Hardware ein Output Compare Match-Signal an einem Ausgangspin, das über eine Kabelverbindung an den externen Zähleingang eines zweiten Zählers geführt wird. Faktisch erhalten wir damit einen Zähler, dessen Breite der Summe der einzelnen Zählerbreiten entspricht, ohne darauf angewiesen zu sein, die auftretenden Überläufe rechtzeitig zu behandeln. Nachteil ist, daß nur wenige Zähler zur Verfügung stehen, die oft für andere Zwecke benötigt werden.

In jedem Fall müssen wir darauf achten, daß der MCU-Takt (genauer: der I/O-Takt, der aus dem MCU-Takt abgeleitet wird) zur sauberen Erfassung von Impulsen mindestens doppelt so hoch sein muß wie die Frequenz der zu zählenden Impulse, Seite 219.

Zeitbasis über definierte Auflösung

Einige Rechenbeispiele sollen die Möglichkeiten verdeutlichen. Der Hardwarezähler eines ATmega16, der mit 16 MHz getaktet wird, soll mit Zählertakten zwischen 1 MHz und 1 Hz getaktet werden, um verschiedene Zeitauflösungen Δt = 1 μs–1 s zu erreichen. Mit 16 MHz liegt der MCU-Takt 16mal über dem Zählertakt, sodaß die Zählimpulse von der AVR-Hardware sicher erkannt werden. Die Frage ist, welchen Zeitraum wir mit einer vorgegebenen Zeitauflösung messen können. Es gibt mehrere Möglichkeiten („Erweiterung" meint Erweiterung der Zählerbreite via Soft- oder Hardware):

Variante Zählertakt Δt	Max. Zählstand	Max. Zeitspanne 1 MHz 1 μs	Max. Zeitspanne 1 kHz 1 ms	Max. Zeitspanne 1 Hz 1 s
Nur Timer 0	$2^8 - 1$	255 μs	255 ms	255 s
Nur Timer 1	$2^{16} - 1$	65,535 ms	65,535 s	65.535 s oder 18 h
Timer 1 mit 8 bit Erweiterung	$2^{16+8} - 1$	16,777216 s	16.777,216 s oder 4,6 h	16.777.216 s oder 194 d

Sie sehen, daß schon mit einer einfachen Softwareerweiterung des Zählers um 8 bit der Meßbereich bei gleicher Auflösung deutlich erweitert werden kann. Die Erweiterung um 16 bit belastet kaum mehr und vergrößert den Meßbereich noch mehr, die Zählsumme paßt dann selbst für Timer 1 genau in eine Variable vom Typ `uint32_t`.

Zeitbasis über definierte Frequenz

Eine weitere Frage ist, wie Zählertakte einer gewünschten Frequenz erzeugt werden können. Eine einfache und genaue Möglichkeit ist, einen Quarzoszillator mit der Zielfrequenz an den Zählereingang anzuschliessen. Wir können jedoch auch Timer verwenden, um eine variable Zählfrequenz aus dem MCU-Takt abzuleiten. Betreiben wir z. B. Timer 2 im CTC-Modus und ändern den Zustand des Pins OC2 bei jedem Output Compare Match-Ereignis, hängt die Frequenz f_{OC2} des Rechtecksignals an OC2 gemäß Glg. 5.2 auf Seite 222 vom MCU-Takt CLK, Prescalerfaktor und Vergleichswert OCR2 ab. Tab. 5.6 zeigt Beispiele erreichbarer Frequenzen.

Zeitbasis über definierte Pulsbreite

Eng verbunden mit einer Basisfrequenz ist eine Zeitbasis in Form von Impulsen bestimmter Dauer. Wir können dazu z. B. die H-Phase des Output Compare Match-Signals nutzen. Die Periodendauer λ dieses symmetrischen Rechtecksignals und die

Tab. 5.6. Prescaler- und Vergleichswerte, die bei verschiedenen MCU-Taktfrequenzen CLK_MCU glatte Frequenzen bzw. Impulsdauern ergeben. Je nach verwendetem Timer/Counter kann der Vergleichswert OCRi 8 bit (Timer 0/2) oder 16 bit (Timer 1) groß sein. f_{OCi} ist die resultierende Frequenz eines Rechtecksignals am Pin OCi, λ_H die Dauer des H- oder L-Pegels des Rechtecksignals.

CLK_MCU	Prescaler	OCRi	f_{OCi}	λ_H
16 MHz	8	0	1 MHz	0,5 µs
16 MHz	8	1	500 kHz	1 µs
16 MHz	32	4	50 kHz	10 µs
16 MHz	64	24	5 kHz	0,1 ms
16 MHz	64	125	1 kHz	0,5 ms
16 MHz	64	249	500 Hz	1 ms
6,144 MHz	256	5	2 kHz	0,25 ms
6,144 MHz	1024	2	1 kHz	0,5 ms
6,144 MHz	1	6143	500 Hz	1 ms
6,144 MHz	256	59	200 Hz	2,5 ms
6,144 MHz	1024	29	100 Hz	5 ms
6,144 MHz	1	61439	50 Hz	10 ms
6,144 MHz	256	599	20 Hz	25 ms
6,144 MHz	1024	299	10 Hz	50 ms
6,144 MHz	64	9599	5 Hz	100 ms
6,144 MHz	256	5999	2 Hz	0,25 s
6,144 MHz	1024	2999	1 Hz	0,5 s
6,144 MHz	1024	5999	0,5 Hz	1 s
1 MHz	1	49	10 kHz	50 µs
1 MHz	1	499	1 kHz	0,5 ms
1 MHz	1	4999	100 Hz	5 ms
32,768 kHz (RTC an $\text{TOSC2}:1$)	1024	15	1 Hz	0,5 s
32,768 kHz (dto.)	256	63	1 Hz	0,5 s
32,768 kHz (dto.)	1024	31	0,5 Hz	1 s
32,768 kHz (dto.)	256	127	0,5 Hz	1 s

Dauer der H-Phase λ_H ist

$$\lambda = \frac{1}{f_{\text{OC2}}} = \frac{2 \cdot \text{Prescaler} \cdot (\text{OCR2} + 1)}{\text{CLK}_\text{MCU}}$$

$$\lambda_H = \frac{1}{2}\lambda = \frac{\text{Prescaler} \cdot (\text{OCR2} + 1)}{\text{CLK}_\text{MCU}}$$

Wiederum enthält Tab. 5.6 Beispiele für einfach erreichbare Impulslängen.

Die Beispiele zeigen, daß wir mit Hilfe der Timer/Counter und geeigneten MCU-Taktfrequenzen dekadisch oder im Verhältnis 1–2–5 abgestufte Zeitbasen von 1 MHz–1 Hz und Impulse von 1 µs–1 s Länge erzeugen können. Sehr niedrige Frequenzen bzw. hohe Impulsdauern erfordern aufgrund der i. A. hohen MCU-Taktfrequenzen besondere Beachtung. Im Zusammenhang mit Timer 2 können wir asynchron einen Uhrenquarz nutzen und erhalten Zeitbasen unter 1 Hz Frequenz oder über 1 s Dauer. Bei Ver-

wendung von Timer 1 gelangen wir mit hohen Prescaler- und Vergleichswerten in den
1 Hz- bzw. 1 s-Bereich. Eine weitere Möglichkeit, den Frequenzbereich besonders zu
kleinen Werten hin zu erweitern, wird in Abschnitt 5.8.2 gezeigt. Dort werden Softwarezähler benutzt, um aus den hohen Compare Match-Frequenzen solche im Hertz-
Bereich zu gewinnen.

5.5 Bibliothek für Timer/Counter

Die Konfiguration der Timer-/Counter-Baugruppe wird anhand folgender Funktionen
der Bibliothek `tmrcntLib` gezeigt:
- `initOverflow()` initialisiert einen der Timer 0–2 im Overflow-Modus. Die gewünschte Frequenz wird als Startwert übergeben. Mit dem Überlauf-Ereignis
  kann ein Interrupt ausgelöst werden, in diesem Fall wird der Interrupthandler
  `TIMERi_OVF_vect` aufgerufen, der im Programm vorhanden sein muß.
- `initCTC()` initialisiert einen der Timer 0–2 im CTC-Modus. Die gewünschte Frequenz wird als Vergleichswert übergeben. Mit dem Output Compare-Ereignis kann
  ein Pegelwechsel an einem I/O-Pin oder ein Interrupt ausgelöst werden, der Portpin wird dann automatisch konfiguriert bzw. der Handler `TIMERi_COMP_vect` aufgerufen, der im Programm vorhanden sein muß. Der initiale Zustand des Portpins
  kann ebenfalls spezifiziert werden.
- `initICP()` konfiguriert den Input Capture-Modus von Timer 1 und schaltet den
  I/O-Pin `ICP` als Eingang. Die Funktion muß nach `initCTC()` oder `initOverflow()`
  aufgerufen werden. Mit dem Input Capture-Ereignis kann ein Interrupt ausgelöst
  werden, in diesem Fall muß der Interrupthandler `TIMER1_CAPT_vect` vom Programm bereitgestellt werden.
- `initAsync()` initialisiert Timer 2 im CTC-Modus unter Nutzung des asynchronen
  externen Uhrenquarzes. Die Frequenz wird über den Vergleichswert eingestellt.
  Beim Output Compare-Ereignis kann ein Pegelwechsel am I/O-Pin `OC2` oder ein
  Interrupt ausgelöst werden, `OC2` wird dann automatisch konfiguriert bzw. der Interrupthandler `TIMER2_COMP_vect` aufgerufen, der vom Programm bereitgestellt
  werden muß. Der Zustand von `OC2` kann vorgegeben werden, ebenso der Anfangs-
  zählerstand von Timer 2.
- `initFastPWM()` initialisiert einen der Timer 0–2 im PWM-Modus. Die gewünschte
  Frequenz ergibt sich aus dem übergebenen Startwert. Mit dem Überlauf-Ereignis
  kann ein Interrupt ausgelöst werden, in diesem Fall wird der Interrupthandler
  `TIMERi_OVF_vect` aufgerufen, der im Programm vorhanden sein muß.
- `reloadFastPWM()` setzt einen neuen PWM-Wert für Timer 0–2 im PWM-Modus.
- `stopTimer()` stoppt einen der Timer 0–2, deaktiviert die Interrupts und setzt den
  I/O-Pin, der mit dem Output Compare-Ereignis des Timers verknüpft ist, auf einen
  gewünschten Pegel.

Die wesentlichen Schritte der Initialisierung sind für alle Modi ähnlich und am Beispiel der Initialisierung des CTC-Modus für Timer 0 gezeigt:

– Stoppen des Timers durch Löschen der Bits zur Taktauswahl im Kontrollregister sowie Deaktivieren aller mit dem Timer verbundenen Interrupts durch Löschen der Interrupt Enable-Bits im Interrupt-Kontrollregister:

```
TCCR0 &= ~(0b111<<CS00);           // stop timer
TIMSK &= ~((1<<TOIE0)|(1<<OCIE0)); // deactivate interrupts
```

– Konfigurieren der mit dem Timer verbundenen I/O-Pins im Datenrichtungsregister als Ein- oder Ausgang, wenn externe Zähltakte, Input Capture-Ereignisse oder Compare Match-Ereignisse erfasst oder ausgegeben werden sollen:

```
DDRB  |= (1<<PB3);      // output compare pin is output
DDRB  &= ~(1<<DDB0);    // external timer clock pin is input
PORTB |= (1<<PB0);      // enable pullup for input
```

– Soll bei einem als Ausgang konfigurierten I/O-Pin mit Output Compare-Funktion der initiale Pegel festgelegt werden, kommen die Flags FOCi ins Spiel, mit denen ein Output Compare-Ereignis erzwungen werden kann, um den gewünschten Pegel zu erhalten (Seite 219):

```
TCCR0 &= ~(0b11<<COM00);  // clear mode bits
TCCR0 |= ((0b10<<COM00);  // set pin state to L
TCCR0 |= (1<<FOC0);       // trigger OC and set pin state
```

– Setzen von Zählerregister und Vergleichswert sowie Konfigurieren des Betriebsmodus und Aktivieren des Timers durch Auswählen der Timertaktquelle im Kontrollregister:

```
OCR0 = 145;        // set output compare value
TCNT0 = 0;         // reset counter
TCCR0 = (0b10<<COM00)|(1<<WGM01)|(0<<WGM00)|(prescaler<<CS00);
```

– Löschen aller Interruptflags, für die ein Interrupt aktiviert wird oder die anderweitig abgefragt werden sollen, sowie Aktivieren dieser Interrupts durch Setzen der betreffenden Bits auf 1 im Interruptflag- und Maskenregister:

```
TIFR  |= (1<<OCF0)|(1<<TOV0);  // reset OC/OVF IRQ flags
TIMSK |= (1<<OCIE0);           // activate IRQ
```

In analoger Weise werden die anderen Betriebsmodi und Timer 1 und 2 konfiguriert, anzupassen sind die Register- und Bitnamen.

Listing 5.5. Bibliothek für Timer/Counter (Programm tmrcntLib.h).

```
1  #ifndef TMRCNTLIB_H_
2  #define TMRCNTLIB_H_
```

```
3
4   #include <stdint.h>
5   #include <avr/io.h>
6
7   #define TIMER_TIMER0   0
8   #define TIMER_TIMER1   1
9   #define TIMER_TIMER2   2
10
11  #define TIMER_DISIRQ   0
12  #define TIMER_ENAIRQ   1
13
14  #define TIMER_PININPUT  0
15  #define TIMER_PINOUTPUT 1
16
17  #define TIMER_COMPNOACTION  0
18  #define TIMER_COMPTOGGLE   1
19  #define TIMER_COMPCLEAR    2
20  #define TIMER_COMPSET      3
21  #define TIMER_PWM_NONINVERS 2
22  #define TIMER_PWM_INVERS   3
23
24  #define TIMER_CLK_STOP     0
25  #define TIMER_CLK_PSC1     1
26  #define TIMER_CLK_PSC8     2
27  #define TIMER_CLK_PSC64    3
28  #define TIMER_CLK_PSC256   4
29  #define TIMER_CLK_PSC1024  5
30  #define TIMER_CLK_Tin_HL   6
31  #define TIMER_CLK_Tin_LH   7
32  #define TIMER_CLK_PSC32    6
33  #define TIMER_CLK_PSC128   7
34
35  #define TIMER_ICP_HL     0
36  #define TIMER_ICP_LH     1
37
38  #define TIMER_PINSTATE_DONTCARE 0
39  #define TIMER_PINSTATE_TOGGLE 1
40  #define TIMER_PINSTATE_L    2
41  #define TIMER_PINSTATE_H    3
42
43  void stopTimer(uint8_t timer, uint8_t pinState);
44
45  void initCTC(uint8_t timer, uint16_t compValue, uint8_t
        outputPinAction, uint8_t pinState, uint8_t prescaler, uint8_t
        enableIRQ);
46
47  void initOverflow(uint8_t timer, uint16_t cntValue, uint8_t
        prescaler, uint8_t enableIRQ);
48
```

```
49  void initICP(uint8_t trigger, uint8_t enableIRQ, uint8_t pinMode);
50
51  void initAsync2(uint16_t compValue, uint8_t outputPinAction, uint8_t
        pinState, uint8_t prescaler, uint8_t enableIRQ, uint8_t
        cntPreload);
52
53  void initFastPWM(uint8_t timer, uint16_t compValue, uint8_t
        outputPinAction, uint8_t prescaler, uint8_t enableIRQ);
54
55  void reloadFastPWM(uint8_t timer, uint16_t compValue);
56
57  #endif /* TMRCNTLIB_H_ */
```

Listing 5.6. Bibliothek für Timer/Counter (Programm tmrcntLib.c).

```
1   #include "tmrcntLib.h"
2
3   void setOCPinState(uint8_t timer, uint8_t pinState){
4     if (pinState!=TIMER_PINSTATE_DONTCARE){
5       if (timer==TIMER_TIMER0){
6         TCCR0 &= ~(0b11<<COM00);
7         TCCR0 |= ((pinState&0x03)<<COM00);
8         TCCR0 |= (1<<FOC0);
9       } else if (timer==TIMER_TIMER1){
10        TCCR1A &= ~(0b11<<COM1A0);
11        TCCR1A |= ((pinState&0x03)<<COM1A0);
12        TCCR1A |= (1<<FOC1A);
13      } else if (timer==TIMER_TIMER2){
14        TCCR2 &= ~(0b11<<COM20);
15        TCCR2 |= ((pinState&0x03)<<COM20);
16        TCCR2 |= (1<<FOC2);
17      }
18    }
19  }
20
21  void clearIrqFlags(uint8_t timer){
22    // clear irq flags and enable irq
23    if (timer==TIMER_TIMER0){
24      TIFR |= (1<<OCF0)|(1<<TOV0);
25    } else if (timer==TIMER_TIMER1){
26      TIFR |= (1<<ICF1)|(1<<OCF1A)|(1<<OCF1B)|(1<<TOV1);
27    } else if (timer==TIMER_TIMER2){
28      TIFR |= (1<<OCF2)|(1<<TOV2);
29    }
30  }
31
32  void stopTimer(uint8_t timer, uint8_t pinState){
33    // stop timer and disable IRQs
34    if (timer==TIMER_TIMER0){
```

```
35    TCCR0 &= ~(0b111<<CS00);
36    #if defined (__AVR_ATmega8__)
37    TIMSK  &= ~(1<<TOIE0);
38    #elif defined (__AVR_ATmega16__)
39    TIMSK  &= ~((1<<TOIE0)|(1<<OCIE0));
40    #endif
41  } else if (timer==TIMER_TIMER1){
42    TCCR1B &= ~(0b111<<CS10);
43    TIMSK  &= ~((1<<TOIE1)|(1<<OCIE1A)|(1<<OCIE1B)|(1<<TICIE1));
44  } else if (timer==TIMER_TIMER2){
45    TCCR2 &= ~(0b111<<CS20);
46    TIMSK  &= ~((1<<TOIE2)|(1<<OCIE2));
47  }
48  clearIrqFlags(timer);
49  setOCPinState(timer, pinState);
50 }
51
52 void initCTC(uint8_t timer, uint16_t compValue, uint8_t
      outputPinAction, uint8_t pinState, uint8_t prescaler, uint8_t
      enableIRQ){
53    stopTimer(timer, TIMER_PINSTATE_DONTCARE);
54    if (timer==TIMER_TIMER0){
55    #if defined (__AVR_ATmega8__)
56    // no CTC mode
57    #elif defined (__AVR_ATmega16__)
58    // set I/O pins (OC0 as output, T0 as input with pullup resistor
         )
59    if (outputPinAction!=TIMER_COMPNOACTION){
60      DDRB |= (1<<PB3);
61      setOCPinState(timer, pinState);
62    }
63    if (prescaler==TIMER_CLK_Tin_HL || prescaler==TIMER_CLK_Tin_LH){
64      DDRB &= ~(1<<DDB0);
65      PORTB |= (1<<PB0);
66    }
67    // configure timer (CTC mode, OC pin action, prescaler)
68    OCR0 = (uint8_t)compValue;
69    TCNT0 = 0;
70    TCCR0 = (outputPinAction<<COM00)|(1<<WGM01)|(0<<WGM00)|(
         prescaler<<CS00);
71    // clear irq flags and enable irq
72    clearIrqFlags(timer);
73    if (enableIRQ){
74      TIMSK |= (1<<OCIE0);
75    }
76    #endif
77  } else if (timer==TIMER_TIMER1){
78    // set I/O pins (OC1A as output, T1 as input with pullup
         resistor)
```

```
79      if (outputPinAction!=TIMER_COMPNOACTION){
80        #if defined (__AVR_ATmega8__)
81        DDRB |= (1<<DDB1);
82        #elif defined (__AVR_ATmega16__)
83        DDRD |= (1<<DDD5);
84        #endif
85        setOCPinState(timer, pinState);
86      }
87      if (prescaler==TIMER_CLK_Tin_HL || prescaler==TIMER_CLK_Tin_LH){
88        #if defined (__AVR_ATmega8__)
89        DDRD &= ~(1<<DDD5);
90        PORTD |= (1<<PD5);
91        #elif defined (__AVR_ATmega16__)
92        DDRB &= ~(1<<DDB1);
93        PORTB |= (1<<PB1);
94        #endif
95      }
96      // configure timer (CTC mode, OC pin action, prescaler)
97      OCR1A = compValue;
98      TCNT1 = 0;
99      TCCR1A = (outputPinAction<<COM1A0)|(0b00<<WGM10);
100     TCCR1B = (0b01<<WGM12)|(prescaler<<CS10);
101     // clear irq flags and enable irq
102     clearIrqFlags(timer);
103     if (enableIRQ){
104       TIMSK |= (1<<OCIE1A);
105     }
106   } else if (timer==TIMER_TIMER2){
107     // set I/O pins (OC2 as output)
108     if (outputPinAction!=TIMER_COMPNOACTION){
109       #if defined (__AVR_ATmega8__)
110       DDRB |= (1<<DDB3);
111       #elif defined (__AVR_ATmega16__)
112       DDRD |= (1<<DDD7);
113       #endif
114       setOCPinState(timer, pinState);
115     }
116     // configure timer (CTC mode, OC pin action, prescaler)
117     OCR2 = (uint8_t)compValue;
118     TCNT2 = 0;
119     switch (prescaler){ // values for timer 2 differ from timer 0/1
120       case TIMER_CLK_PSC32: prescaler=3; break;
121       case TIMER_CLK_PSC64: prescaler=4; break;
122       case TIMER_CLK_PSC128: prescaler=5; break;
123       case TIMER_CLK_PSC256: prescaler=6; break;
124       case TIMER_CLK_PSC1024: prescaler=7; break;
125     }
126     TCCR2 = (outputPinAction<<COM20)|(1<<WGM21)|(0<<WGM20)|(
              prescaler<<CS20);
```

```
127      // clear irq flags and enable irq
128      clearIrqFlags(timer);
129      if (enableIRQ){
130        TIMSK |= (1<<OCIE2);
131      }
132    }
133  }
134
135  void initOverflow(uint8_t timer, uint16_t cntValue, uint8_t
         prescaler, uint8_t enableIRQ){
136    stopTimer(timer, TIMER_PINSTATE_DONTCARE);
137    if (timer==TIMER_TIMER0){
138      // set I/O pins (T0 as input with pullup resistor)
139      if (prescaler==TIMER_CLK_Tin_HL || prescaler==TIMER_CLK_Tin_LH){
140        #if defined (__AVR_ATmega8__)
141        DDRD &= ~(1<<DDD4);
142        PORTD |= (1<<PD4);
143        #elif defined (__AVR_ATmega16__)
144        DDRB &= ~(1<<DDB0);
145        PORTB |= (1<<PB0);
146        #endif
147      }
148      // configure timer (overflow mode, prescaler)
149      TCNT0 = (uint8_t)cntValue;
150      TCCR0 = (0<<WGM01)|(0<<WGM00)|(prescaler<<CS00);
151      // clear irq flags and enable irq
152      clearIrqFlags(timer);
153      if (enableIRQ){
154        TIMSK |= (1<<TOIE0);
155      }
156    } else if (timer==TIMER_TIMER1){
157      // set I/O pins (T1 as input with pullup resistor)
158      if (prescaler==TIMER_CLK_Tin_HL || prescaler==TIMER_CLK_Tin_LH){
159        #if defined (__AVR_ATmega8__)
160        DDRD &= ~(1<<DDD5);
161        PORTD |= (1<<PD5);
162        #elif defined (__AVR_ATmega16__)
163        DDRB &= ~(1<<DDB1);
164        PORTB |= (1<<PB1);
165        #endif
166      }
167      // configure timer (overflow mode, prescaler)
168      TCNT1 = cntValue;
169      TCCR1A = (0b00<<WGM10);
170      TCCR1B = (0b00<<WGM12)|(prescaler<<CS10);
171      // clear irq flags and enable irq
172      clearIrqFlags(timer);
173      if (enableIRQ){
174        TIMSK |= (1<<TOIE1);
```

```
175        }
176     } else if (timer==TIMER_TIMER2){
177        // set I/O pins
178        // configure timer (overflow mode, prescaler)
179        TCNT2 = (uint8_t)cntValue;
180        switch (prescaler){ // values for timer 2 differ from timer 0/1
181          case TIMER_CLK_PSC32: prescaler=3; break;
182          case TIMER_CLK_PSC64: prescaler=4; break;
183          case TIMER_CLK_PSC128: prescaler=5; break;
184          case TIMER_CLK_PSC256: prescaler=6; break;
185          case TIMER_CLK_PSC1024: prescaler=7; break;
186        }
187        TCCR2 = (0<<WGM21)|(0<<WGM20)|(prescaler<<CS20);
188        // clear irq flags and enable irq
189        clearIrqFlags(timer);
190        if (enableIRQ){
191          TIMSK |= (1<<TOIE2);
192        }
193     }
194  }
195
196  void initICP(uint8_t trigger, uint8_t enableIRQ, uint8_t pinMode){
197     // set I/O pins (ICP as input, enable pullup resistor if
            configured as output)
198     if (pinMode==TIMER_PININPUT){
199        #if defined (__AVR_ATmega8__)
200        DDRB &= ~(1<<DDB0);
201        PORTB |= (1<<PB0);
202        #elif defined (__AVR_ATmega16__)
203        DDRD &= ~(1<<DDD6);
204        PORTD |= (1<<PD6);
205        #endif
206     } else {
207        #if defined (__AVR_ATmega8__)
208        DDRB |= (1<<DDB0);
209        #elif defined (__AVR_ATmega16__)
210        DDRD |= (1<<DDD6);
211        #endif
212     }
213     // configure timer (ICP mode)
214     TCCR1B |= (trigger<<ICES1);
215     // clear irq flags and enable irq
216     TIFR |= (1<<ICF1);
217     if (enableIRQ){
218        TIMSK |= (1<<TICIE1);
219     }
220  }
221
```

```
222  void initFastPWM(uint8_t timer, uint16_t compValue, uint8_t
         outputPinAction, uint8_t prescaler, uint8_t enableIRQ){
223    stopTimer(timer, TIMER_PINSTATE_DONTCARE);
224    if (timer==TIMER_TIMER0){
225      #if defined (__AVR_ATmega8__)
226      // no CTC mode
227      #elif defined (__AVR_ATmega16__)
228      // set I/O pins (OC0 as output)
229      DDRB |= (1<<PB3);
230      // configure timer (PWM mode, OC pin action, prescaler)
231      OCR0 = (uint8_t)compValue;
232      TCNT0 = 0;
233      TCCR0 = (outputPinAction<<COM00)|(1<<WGM01)|(1<<WGM00)|(
             prescaler<<CS00);
234      // clear irq flags and enable irq
235      clearIrqFlags(timer);
236      if (enableIRQ){
237        TIMSK |= (1<<TOIE0);
238      }
239      #endif
240    } else if (timer==TIMER_TIMER1){
241      // set I/O pins (OC1A as output)
242      #if defined (__AVR_ATmega8__)
243      DDRB |= (1<<DDB1);
244      #elif defined (__AVR_ATmega16__)
245      DDRD |= (1<<DDD5);
246      #endif
247      // configure timer (PWM mode, OC pin action, prescaler)
248      OCR1A = compValue;
249      TCNT1 = 0;
250      TCCR1A = (outputPinAction<<COM1A0)|(0b01<<WGM10);
251      TCCR1B = (0b01<<WGM12)|(prescaler<<CS10);
252      // clear irq flags and enable irq
253      clearIrqFlags(timer);
254      if (enableIRQ){
255        TIMSK |= (1<<TOIE1);
256      }
257    } else if (timer==TIMER_TIMER2){
258      // set I/O pins (OC2 as output)
259      #if defined (__AVR_ATmega8__)
260      DDRB |= (1<<DDB3);
261      #elif defined (__AVR_ATmega16__)
262      DDRD |= (1<<DDD7);
263      #endif
264      // configure timer (PWM mode, OC pin action, prescaler)
265      OCR2 = (uint8_t)compValue;
266      TCNT2 = 0;
267      switch (prescaler){ // values for timer 2 differ from timer 0/1
268        case TIMER_CLK_PSC32: prescaler=3; break;
```

```
269        case TIMER_CLK_PSC64: prescaler=4; break;
270        case TIMER_CLK_PSC128: prescaler=5; break;
271        case TIMER_CLK_PSC256: prescaler=6; break;
272        case TIMER_CLK_PSC1024: prescaler=7; break;
273      }
274      TCCR2 = (outputPinAction<<COM20)|(1<<WGM21)|(1<<WGM20)|(
            prescaler<<CS20);
275      // clear irq flags and enable irq
276      clearIrqFlags(timer);
277      if (enableIRQ){
278        TIMSK |= (1<<TOIE2);
279      }
280    }
281  }
282
283  void reloadFastPWM(uint8_t timer, uint16_t compValue){
284    // PWM is WGM01:00 = 11, WGM13:10 = 0111 (10bit resolution), WGM21
          :20 = 11
285    if (timer==TIMER_TIMER0){
286      #if defined (__AVR_ATmega8__)
287      // no CTC mode
288      #elif defined (__AVR_ATmega16__)
289      OCR0 = (uint8_t)compValue;
290      #endif
291    } else if (timer==TIMER_TIMER1){
292      OCR1A = compValue;
293    } else if (timer==TIMER_TIMER2){
294      OCR2 = (uint8_t)compValue;
295    }
296  }
297
298  void initAsync2(uint16_t compValue, uint8_t outputPinAction, uint8_t
          pinState, uint8_t prescaler, uint8_t enableIRQ, uint8_t
        cntPreload){
299    stopTimer(TIMER_TIMER2, TIMER_PINSTATE_DONTCARE);
300    // set I/O pins (OC2 as output)
301    if (outputPinAction!=TIMER_COMPNOACTION){
302      #if defined (__AVR_ATmega8__)
303      DDRB |= (1<<DDB3);
304      #elif defined (__AVR_ATmega16__)
305      DDRD |= (1<<DDD7);
306      #endif
307      setOCPinState(TIMER_TIMER2, pinState);
308    }
309    // configure timer (async, CTC mode, OC pin action, prescaler)
310    ASSR |= (1<<AS2);
311    OCR2 = (uint8_t)compValue;
312    TCNT2 = cntPreload;
313    switch (prescaler){ // values for timer 2 differ from timer 0/1
```

```
314        case TIMER_CLK_PSC32: prescaler =3; break;
315        case TIMER_CLK_PSC64: prescaler =4; break;
316        case TIMER_CLK_PSC128: prescaler =5; break;
317        case TIMER_CLK_PSC256: prescaler =6; break;
318        case TIMER_CLK_PSC1024: prescaler =7; break;
319      }
320      TCCR2 = (outputPinAction <<COM20)|(1<<WGM21)|(0<<WGM20)|(prescaler
           <<CS20);
321      // wait for settings to be transferred
322      while (ASSR & ((1<<TCN2UB)|(1<<TCR2UB)|(1<<OCR2UB)));
323      // clear irq flags and enable irq
324      clearIrqFlags(TIMER_TIMER2);
325      if (enableIRQ){
326        TIMSK |= (1<<OCIE2);
327      }
328    }
```

5.6 Anwendung der einfachen Ereigniszählung

Dieser Abschnitt zeigt Ihnen, wie Sie die Zählung interner oder externer Taktimpulse nutzen können, um mikrosekundengenaue Stopuhren (Abschnitt 5.6.1) und Frequenzzähler für höhere Frequenzen bis etwa 1 MHz (Abschnitt 5.6.2) zu bauen. Weitere Anwendungsmöglichkeiten sind Rundenzähler für Modellrennbahnen, Personen- oder Warenstückzähler.

5.6.1 Mikrosekundengenaue Stopuhr

Ein einfaches, aber praktisches Beispiel für den Einsatz der Timer/Counter-Einheit ist eine mikrosekundengenaue elektronische Stopuhr mit einem Meßbereich bis 16 s. Eine Anwendung ist die genaue Zeitmessung bei physikalischen Schul- und Schauversuchen, z. B. einer Kugel, die eine schiefe Ebene herabrollt und über deren Geschwindigkeit und Beschleunigung die Erdbeschleunigung und Gravitationskonstante bestimmt werden kann.

   Die Software einer solchen Stopuhr ist recht einfach, Timer/Counter 1 wird durch einen externen quarzgenauen 1 MHz-Takt, den *Zählertakt*, an T1 getaktet und gibt damit eine Genauigkeit von $1\,\mu s$ vor, da ein Taktimpuls $1\,\mu s$ dauert. Der Zählertakt wird durch ein UND-Gate mit einem Gatesignal verknüpft, das aus dem Messsignal gewonnen wird, Abb. 5.11. Bei dieser Konstruktion werden nur dann Taktimpulse gezählt, wenn das Gatesignal H-Pegel führt. Ist z. B. TCNT1=3848, so wurden 3848 Taktimpulse gezählt und die Dauer des Gatesignals betrug 3848 Taktperioden oder 3,848 ms.

   Mit einer Auflösung von einer Mikrosekunde ist diese Stopuhrvariante sehr genau, ihr Nachteil ist jedoch, daß der 16 bit-Zähler von Timer 1 nur bis $2^{16} - 1\,\mu s$

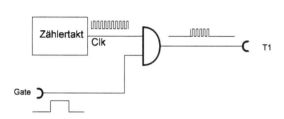

Abb. 5.11. Prinzipschaltung einer Stopuhr mit Zählertakt und Torlogik (UND-Gatter). Nur während der H-Phase des Mess- oder Gatesignals gelangen Zählimpulse an T1. Ist die Frequenz des Zählertakts bekannt, kann aus dem Zählerstand die Länge des Gate-Signals bestimmt werden.

oder 65,535 ms zählen kann, Abschnitt 5.4. Wir werden daher die Kapazität des 16 bit-Timers softwareseitig um 8 bit erweitern, indem wir mit Hilfe des Überlauf-Interrupts in `TIMER1_OVF_vect` alle 2^{16} Taktzyklen eine Variable `highByte` inkrementieren. Da dies nur alle 65 ms erfolgt, belastet dies die MCU kaum. Am Ende der Messung ergibt sich die verflossene Zeit als Summe des Zählerstandes `TCNT1` sowie des Wertes von `highByte`, der um 16 bit nach links geschoben werden muß. Wir haben auf diese Weise einen 24 bit-Zähler erzeugt, der bis zu 2^{24} μs oder 16,777216 s zählen kann. Die höchstwertigen 8 bits stammen von `highByte`, die niederwertigen 16 bit von `TCNT1`.

Um die hochfrequenten Zählimpulse sauber zu erfassen, wählen wir einen hohen MCU-Takt von 16 MHz, der 16mal höher als die maximale erwartete Zählfrequenz ist und somit eine wesentliche Anforderung erfüllt, Seite 219.

Es bleibt noch die Frage zu klären, wie ein Zählertakt von 1 MHz erzeugt werden kann. Wir werden den unbenutzten Timer 2 verwenden, um gemäß Abschnitt 5.4 eine variable Zählfrequenz aus dem MCU-Takt abzuleiten. Betreiben wir Timer 2 im CTC-Modus und ändern den Zustand des Pins `OC2` bei jedem Output Compare Match-Ereignis, können wir durch die Wahl der CTC-Parameter (MCU-Takt CLK_{MCU}, Prescalerfaktor und Vergleichswert `OCR2`) folgende Frequenzen f_{OC2} erhalten:

CLK_{MCU}	Prescaler	OCR2	f_{OC2}	λ_H	Auflösung
16 MHz	8	0	1 MHz	0,5 μs	1 μs
16 MHz	64	125	1 kHz	0,5 ms	1 ms

Diese Frequenzen führen auf Dezimalbruchteile von Sekunden für das Zählergebnis, d. h. zur Ausgabe muß nur der Dezimalpunkt korrekt platziert werden, was besonders für die Programmierung in Assembler von Vorteil ist. Wenn Sie das Zählergebnis mit Fließkommaarithmetik berechnen, können Sie höhere Frequenzen wählen, um die Genauigkeit zu steigern.

Die in Abb. 5.15 vorgestellte externe Elektronik geht über das einfache UND-Gate weit hinaus, damit die Stopuhr auf verschiedene Art angesteuert werden kann. Das Gatesignal wird aus ein oder zwei Eingangssignalen `In0` und `In1` je nach der gewünschten Bedeutung auf mehrerlei Art gewonnen:

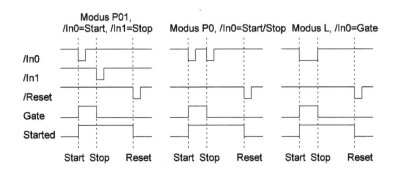

Abb. 5.12. Die verschiedenen Start-Stop-Möglichkeiten: die Pulsmodi P01 und P0 arbeiten mit Start-
und Stopimpulsen, die über beide Eingänge (Modus P01, links) oder einen Eingang (Modus P0,
Mitte) zugeführt werden, oder im Pegelmodus über ein Gatesignal (Modus L, rechts). Die Beispiele
arbeiten mit der Polarität L, d. h. die Eingänge sind L-aktiv.

- Start, Stop pulsgetriggert – das Gate wird bei einem Impuls auf der Start-Leitung
  In0 geöffnet und bei einem Impuls auf der Stop-Leitung In1 geschlossen, ent-
  sprechend einer Stopuhr mit zwei Knöpfen. Dieses Verhalten wird durch ein RS-
  Flipflop erreicht (Abb. 5.12 links).
- Start–Stop pulsgetriggert – das Gate wird mit dem ersten Impuls auf der Leitung
  In0 geöffnet und beim zweiten Puls der Leitung In0 geschlossen. Dies entspricht
  einer Stopuhr mit einem Knopf zum Starten und Stoppen. Das Verhalten wird
  durch ein Flipflop im Toggle-Betrieb erreicht (Abb. 5.12 Mitte).
- Pegelgesteuert – das Gate ist offen, solange das Eingangssignal In0 aktiv ist, z. B.
  solange der Benutzer eine Taste drückt. Das Eingangssignal wird direkt als Gatesignal benutzt (Abb. 5.12 rechts).

Um die Stopuhr allgemeiner verwendbar zu machen, können weitere Eigenschaften
der Gatelogik aus Abb. 5.15 konfiguriert werden:
- P Polarität des Eingangssignals – H-Pegel bedeutet, daß die Eingangssignale H-
  aktiv sind, d. h. im Modus L werden Taktimpulse gezählt, solange In0=H ist, in
  den pulsgetriggerten Modi wird die Zählung durch H-Impulse gestartet und gestoppt. Die Beispiele in Abb. 5.12 wurden mit P=L erstellt. Das Gatesignal ist stets
  H-aktiv.
- UseInhibit Single Shot/Repeated – L-Pegel bedeutet, daß nur das erste Gatesignal zum Gate durchgelassen wird, bei wiederholtem Starten und Stoppen löst
  nur der erste Start-Stop-Vorgang ein Gateimpuls aus, Abb. 5.13 rechts. Für eine erneute Messung ist ein Reset erforderlich. H-Pegel bedeutet, daß jedes Gatesignal
  zum Gate durchgelassen wird, d. h. die Uhr wiederholt gestartet und gestoppt werden kann und sich die Zählerstände entsprechend summieren, Abb. 5.13 links.

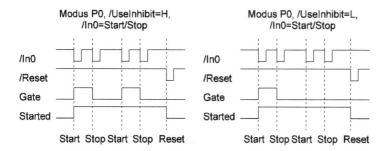

Abb. 5.13. Peakisolierung, gezeigt für Modus P0 und P=L. Links ist das Verhalten für $\overline{\text{UseInhibit}}$=H gezeigt. Alle, auch wiederholte Start- oder Stopimpulse schalten den Zähler weiter, der Zählerstand summiert sich. Rechts ist das Verhalten mit aktiviertem Peakisolator gezeigt, $\overline{\text{UseInhibit}}$=L. Nur für das erste Start- und Stopsignal wird ein Gatesignal erzeugt.

– ClkSel selektiert externen bzw. internen Zähltakt – L-Pegel bedeutet, daß der interne Zählertakt von 1 MHz oder 1 kHz, der an OC2 verfügbar ist, als Zählgrundlage dient und eine Genauigkeit von 1 μs oder 1 ms vorgibt. H-Pegel bedeutet, daß ein extern an ClkO zugeführter Takt als Speisung für den Zähler dient. Da dessen Frequenz unbekannt ist, wird keine Aussage über die Zeit gemacht, sondern nur der Zählerstand angezeigt.

Abb. 5.14 zeigt die Gesamtschaltung der Stopuhr, die aus Gründen der Übersichtlichkeit in mehrere Teile unterteilt ist. Das geschilderte Verhalten erfordert eine Start-Stop-Logik (Abb. 5.15), die nicht kompliziert, aber aufwändig ist und daher in einem GAL gesammelt ist (bezeichnet mit 2K1012). Sie können diese Logik mit diskreten TTL- oder CMOS-Gattern aufbauen. Wenn Sie über ein GAL-Programmiergerät verfügen, können Sie ein GAL brennen und so erheblichen Verdrahtungsaufwand vermeiden. Das GAL-Programm ist in Listing 5.7 im Format für den Win-GDS-Gal-Compiler wiedergegeben.

Die Steuerung der Uhr und das Auslesen des Ergebnisses erfolgt über die serielle Schnittstelle und ein TTL-USB-Kabel, sowie Textbefehle, die zeilenweise eingegeben werden. „?" gibt einen Hilfetext mit allen verfügbaren Befehlen aus, eine typische Kommunikation ist folgende:

```
Stopuhr
=============
R=read counter and state, X=reset, O=reset counter/started
PL,PH=set polarity, MP0,MP01,ML=set mode to pulse/level
Cus,Cms,CX=set resolution to 1us, 1ms, external clock
Ion,Ioff=use inhibit, do not use inhibit

R<RETURN>
Idle.
```

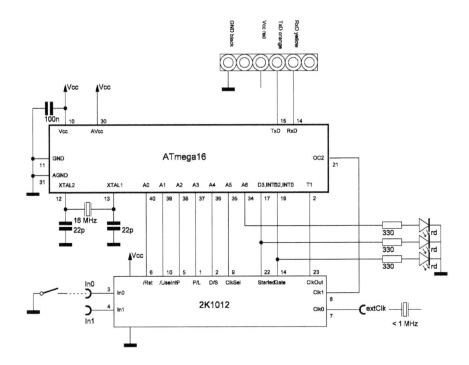

Abb. 5.14. Schaltung der mikrosekundengenauen Stopuhr. Als Signalquelle ist ein einfacher Taster an In0 gegen GND gezeigt. In der Praxis muß ein solcher Taster entprellt werden.

```
Polarity: L, mode: level at In0, clock: 1 kHz/1 ms, inhibit: yes

<L-Signal an In0 anlegen>
R<RETURN>
Started and active, current value is 56.
Polarity: L, mode: level at In0, clock: 1 kHz/1 ms, inhibit: yes

<H-Signal an In0 anlegen>
R<RETURN>
Stopped, time is 187 ms.
Polarity: L, mode: level at In0, clock: 1 kHz/1 ms, inhibit: yes

?<RETURN>
R=read counter and state, X=reset
PL,PH=set polarity, MP0,MP01,ML=set mode to pulse/level
Cus,Cms,CX=set resolution to 1us, 1ms, external clock
Ion,Ioff=use inhibit, do not use inhibit
```

Einige H-aktive Signale zeigen über LEDs den Betriebszustand visuell an:

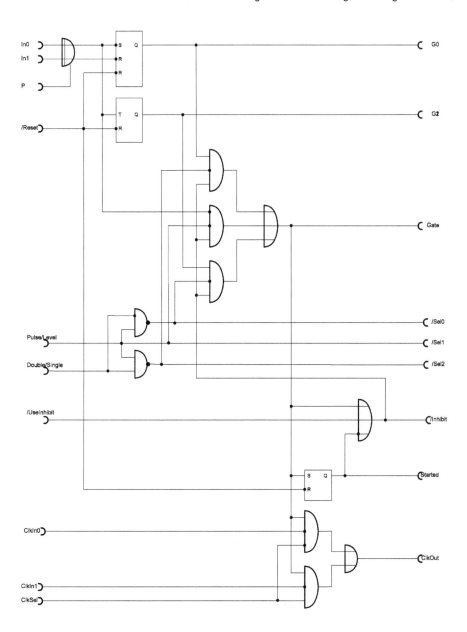

Abb. 5.15. Detailschaltung der Start-Stop-Logik mit Peakisolierung (2K2012). ClkIn0 ist ein externer Takt, ClkIn1 der durch Timer 2 vorgeteilte MCU-Takt, ClkSel wählt zwischen beiden Taktquellen aus. In0 und In1 sind Eingänge für das Messsignal, das gemäß P, Pulse und Double so aufbereitet wird, daß für alle Modi ein H-aktives Gatesignal Gate entsteht, das mit dem gewählten Zähltakt UND-verknüpft wird und als ClkOut an den Zähler geführt werden kann. $\overline{\text{UseInhibit}}$ erlaubt über ein RS-Flipflop das Isolieren des ersten H-Pulses am Gatesignal, wenn mehrere Start-Stop-Impulse erkannt werden.

- Started – gestartet, die Stopuhr hat ein Startsignal detektiert und die Zählung gestartet.
- Gate – das Gatesignal. Wenn sowohl Started als auch Gate leuchten, läuft die Zählung noch. Ist nur Started aktiv, ist die Zählung bereits gestoppt.
- OVF/A6 – Overflow, die Kapazität des 24 bit-Software/Hardwarezählers wurde überschritten.

Die Grundeinstellung, die der gezeigten Kommunikation zugrundeliegt, kann mit den Eingaben ML, PL, Cms und Ion eingestellt werden (Modus L, In0-Signal L-aktiv, Auflösung 1 ms, Unterdrückung von weiteren Start-Stop-Signalen). Zur Demonstration wird ein Taster an In0 angeschlossen, der gegen Masse geschaltet ist und ein L-aktives Signal erzeugt. Abb. 5.16 oben zeigt die Signale beim zweimaligen Drücken des Tasters.

Abb. 5.16 unten zeigt den Signalverlauf für die Einstellungen ML, PL, CX, Ion und ML, PL, CX, Ioff unter Benutzung eines externen 10 Hz-Zähltaktes an Clk0, sodaß eine Auflösung von 0,1 s erreicht wird. Bei der Einstellung Ion (Bild linke Hälfte) wird nur der erste L-Impuls, d. h. der erste Tastendruck zum Öffnen des Gates und zum Zählen akzeptiert, während bei Ioff (Bild rechte Hälfte) jeder Tastendruck, auch der zweite, das Gate öffnet und die Zählung in mehreren Etappen fortgeführt wird.

Listing 5.7. GAL-Programm für die Start-/Stoplogik der Stopuhr (Programm 2K1012.gds).

```
1   /*
2     Stopuhr 0 Signallogik
3
4     Dieses GAL enthält die Signallogik für die allererste Variante der
          Stopuhr,
5     verbessert um die Möglichkeit, eine Zweitmessung ohne Reset zu
          verhindern.
6   */
7
8
9   CHIP KK1012 GAL22V10
10  USER_ID = KK1012
11
12  Level SingleP In0 In1 INV N_Reset ClkIn0   ClkIn1   ClkSel
        N_UseInhibit   NC GND
13  NC   Gate  Sel0_N  Sel1_N  Sel2_N  G0  G2  G2A Inhibit_N  Started
        ClkOut VCC
14
15  /* Es gibt drei Ansteuermodi, zu denen hier das entsprechende Gate-
        Signal erzeugt wird:
16      - Pulsorientiert, je ein Puls auf der Start- und der Stopleitung
            steuern ein RS-FF,
17      - pegelorientiert, der Pegel der Startleitung entspricht dem
            Gatesignal,
18      - pulsorientiert, je zwei Pulse auf der Startleitung starten und
            stoppen ein T-FF
```

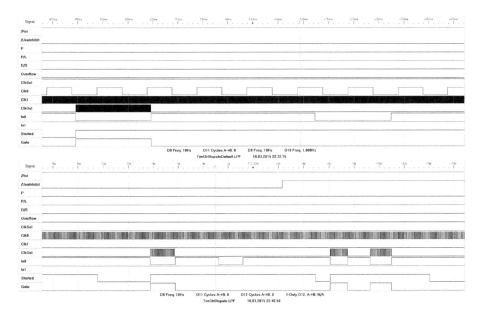

Abb. 5.16. Ein- und Ausgangssignalverläufe der Stopuhr. Signale von oben nach unten: $\overline{\text{Rst}}$, $\overline{\text{UseInhibit}}$, P, P/L, D/S, Overflow, ClkSel, Clk0, Clk1, ClkOut, In0, In1, Started, Gate. **Oben:** Stopuhr mit Defaulteinstellungen `ML PL Cms Ion`. Nur der erste L-Impuls an `In0` wird akzeptiert, die Auflösung beträgt 1 ms mit internem Zähltakt. Gezeigt sind zwei Tastendrücke an `In0`. **Unten linke Hälfte:** Stopuhr mit Einstellungen `ML PL CX Ion` und externem 10 Hz-Zähltakt an `Clk0`. Bei wiederholten Tastendrücken führt nur der erste zum Öffnen des Gates und zum Start der Zählung ($\overline{\text{UseInhibit}}$=L). **Unten rechte Hälfte:** Stopuhr mit Einstellungen `ML PL CX Ioff` und externem 10 Hz-Zähltakt an `Clk0`. Jeder, auch der zweite Tastendruck, führen zum Öffnen des Gates und zur Zählung ($\overline{\text{UseInhibit}}$=H).

```
19      Die einzelnen Gate-Signale sind high-aktiv.
20
21      Beide Flipflops werden durch das low-aktive /Reset-Signal
            asynchron zurückgesetzt.
22  */
23  G0  = N_Reset*(In1*/INV + /In1*INV)*G0 + N_Reset*(In1*/INV + /In1*
        INV)*/(In0*/INV + /In0*INV);
24
25  /* G1 = /(In0 * /INV + /In0 * INV); */
26
27  G2A = G2A*(In0*/INV + /In0*INV)*N_Reset + /G2*/(In0*/INV + /In0*INV)
        *N_Reset + G2A*/G2*N_Reset;
28  G2  = G2*/(In0*/INV + /In0*INV)*N_Reset + G2A*(In0*/INV + /In0*INV)*
        N_Reset + G2*G2A*N_Reset;
29
30  /* Die drei Ansteuermodi werden durch zwei Eingangswahlschalter
            selektiert:
31      /Level=L erzeugt Gatesignal für G1
```

```
32      /Level=H, /SingleP=L erzeugt Gatesignal für G0
33      /Level=H, /SingleP=H erzeugt Gatesignal für G2
34   */
35   Sel0_N  = /(Level*/SingleP);
36   Sel1_N  = Level;
37   Sel2_N  = /(Level*SingleP);
38
39   /* Alle Gate-Signale werden auf einen Multiplexer geführt, der das
        eigentliche
40      high-aktive Gate-Ausgangssignal erzeugt. Ein /Inhibit-Eingang
           kann das Gatesignal
41      asynchron sperren.
42   */
43   Gate  = G0*/Sel0_N*Inhibit_N + /(In0 * /INV + /In0 * INV)*/Sel1_N*
           Inhibit_N + G2*/Sel2_N*Inhibit_N;
44
45   /* Das Ausgangssignal ist ein Taktsignal, das einem gegateten
        Eingangstakt entspricht.
46      Mit Hilfe von ClkSel kann zwischen einem von zwei Eingangstakten
           gewählt werden.
47   */
48   ClkOut  = /ClkIn0*Gate*/ClkSel + /ClkIn1*Gate*ClkSel;
49
50   /* Dieses high-aktive Signal zeigt an, daß ein startendes Messignal
        eingefangen wurde.
51      Ob die Messung schon beendet ist oder noch läuft, kann anhand von
           Gate=L oder H
52      erkannt werden. Das RS-FF wird asynchron zurückgesetzt. */
53   Started = N_Reset*Started + N_Reset*Gate;
54
55   /* Dieses low-aktive Signal wird aktiv, sobald eine Messung
        gestartet und gestoppt
56      wurde. Falls die Durchleitung dieses Signals mit /UseInhibit=L
           erlaubt wurde,
57      verhindert es das zweite oder mehrmalige Starten einer Messung
           ohne vorhergehende
58      Rückstellung mit /Reset. */
59   Inhibit_N = N_UseInhibit + Gate + /Started;
```

Listing 5.8. Mikrosekundengenaue Stopuhr mit USB-Anschluss (Programm TimCtrStopuhr.c).

```
1    /*
2      Capacity: 32 bit counter (16 by timer, 16 by software)
3
4      Input:
5        - D0/RxD
6          R read counter and state
7          X reset counter (set to 0) and hardware
8          PH, PL      set polarity of input signal (H-active, L-active)
```

```
9          MP0, MP01, ML set mode to pulse (start stop at In0), pulse (
               start at In0, stop at In1),
10                 level (at In0)
11         Cus, Cms, CX  set resolution to 1 us, 1 ms (internal clock of
               1 MHz, 1 kHz), external clock
12       - B1/T1 (gated clock)
13       - D2/INT0 Gate
14       - D3/INT1 Started
15    Output: via RS232/USB
16       - D1/TxD
17       - A0 /Rst
18       - A1 /UseInhibit
19       - A2 P (polarity)
20       - A3 P/L  (pulse or /level semantics)
21       - A4 D/S (double input or /single input)
22       - A5 ClkSel (clock select)
23       - A6 Overflow indicator (H-active)
24       - D7/OC2 (internal clock out)
25    */
26    #define F_CPU 16000000L
27
28    #include <avr/io.h>
29    #include <avr/interrupt.h>
30    #include <avr/pgmspace.h>
31    #include <avr/sleep.h>
32    #include <stdio.h>
33    #include <string.h>
34    #include "tmrcntLib.h"
35
36    // UART Initialization
37    #define BAUD 9600
38    #include <util/setbaud.h>
39    #include "uartLib.h"
40
41    // ------- hardcoded configuration -----------------
42
43    // define some bit masks
44    #define D_GATE         (1<<DDD2)
45    #define P_GATE         (1<<PD2)
46    #define I_GATE         (1<<DDD2)
47    #define D_STARTED      (1<<DDD3)
48    #define P_STARTED      (1<<PD3)
49    #define I_STARTED      (1<<DDD3)
50    #define READGATE       (PIND&I_GATE)
51    #define READSTARTED     (PIND&I_STARTED)
52    #define D_RESET        (1<<DDA0)
53    #define P_RESET        (1<<PA0)
54    #define D_INHIBIT      (1<<DDA1)
55    #define P_INHIBIT      (1<<PA1)
```

```
56  #define D_Polarity      (1<<DDA2)
57  #define P_Polarity      (1<<PA2)
58  #define D_PL        (1<<DDA3)
59  #define P_PL        (1<<PA3)
60  #define D_DS        (1<<DDA4)
61  #define P_DS        (1<<PA4)
62  #define D_ClkSel      (1<<DDA5)
63  #define P_ClkSEl      (1<<PA5)
64  #define D_OVF        (1<<DDA6)
65  #define P_OVF        (1<<PA6)
66  #define RESET_ACTIVE    (PORTA &= ~P_RESET)
67  #define RESET_IDLE      (PORTA |= P_RESET)
68  #define INHIBIT_ACTIVE    (PORTA &= ~P_INHIBIT)
69  #define INHIBIT_INACTIVE  (PORTA |= P_INHIBIT)
70  #define POLARITY_LOW    (PORTA &= ~P_Polarity)
71  #define POLARITY_HIGH    (PORTA |= P_Polarity)
72  #define MODE_LEVEL      (PORTA &= ~P_PL)
73  #define MODE_PULSE      (PORTA |= P_PL)
74  #define MODE_SINGLE     (PORTA &= ~P_DS)
75  #define MODE_DOUBLE     (PORTA |= P_DS)
76  #define CLKSEL_INT      (PORTA |= P_ClkSEl)
77  #define CLKSEL_EXT      (PORTA &= ~P_ClkSEl)
78  #define OVF_ACTIVE      (PORTA |= P_OVF)
79  #define OVF_IDLE      (PORTA &= ~P_OVF)
80
81  void initPorts(void){
82    PORTD |= (P_GATE|P_STARTED);
83    DDRD &= ~(D_GATE|D_STARTED);
84    INHIBIT_ACTIVE;
85    POLARITY_LOW;
86    MODE_LEVEL;
87    CLKSEL_INT;
88    OVF_IDLE;
89    DDRA |= D_RESET|D_INHIBIT|D_Polarity|D_PL|D_DS|D_ClkSel|D_OVF;
90  }
91
92  // ------- business logic -----------------
93  #define RESOLUTION_1us    0
94  #define RESOLUTION_1ms    1
95  #define RESOLUTION_extern 2
96  #define POLARITY_L      0
97  #define POLARITY_H      1
98  #define MODE_P0     0
99  #define MODE_P01    1
100 #define MODE_L      2
101 #define INHIBIT     0
102 #define NOINHIBIT     1
103 volatile uint8_t resolution = RESOLUTION_1ms, polarity = POLARITY_L,
        mode = MODE_L, inhibit = INHIBIT;
```

```
104    volatile uint16_t highByte;
105
106    void printStatus(void){
107      static char tmpBuffer[80];
108
109      if (READSTARTED){
110        uint32_t timerValue = TCNT1+(((uint32_t)highByte)<<16);
111        if (READGATE){
112          sprintf_P(tmpBuffer, PSTR("Started and active, current value
                is %lu.\r\n"),
113            timerValue);
114          uart_puts(tmpBuffer);
115        } else {
116          sprintf_P(tmpBuffer, PSTR("Stopped, time is %lu %s.\r\n"),
117            timerValue,
118            resolution==RESOLUTION_extern?"ext. units":
119              (resolution==RESOLUTION_1us?"us":"ms"));
120          uart_puts(tmpBuffer);
121        }
122      } else {
123        uart_puts_P(PSTR("Idle.\r\n"));
124      }
125      sprintf_P(tmpBuffer, PSTR("Polarity: %s, mode: %s, clock: %s,
                inhibit: %s\r\n"),
126        polarity==POLARITY_L?"L":"H",
127        mode==MODE_L?"level at In0":
128          (mode==MODE_P0?"pulse at In0":"pulse at In0/In1"),
129        resolution==RESOLUTION_extern?"extern":
130          (resolution==RESOLUTION_1us?"1 MHz/1 us":"1 kHz/1 ms"),
131        inhibit==INHIBIT?"yes":"no"
132        );
133      uart_puts(tmpBuffer);
134    }
135
136    void printHelp(void){
137      uart_puts_P(PSTR("R=read counter and state, X=reset complete, 0=
                reset counter/started\r\n"));
138      uart_puts_P(PSTR("PL,PH=set polarity, MP0,MP01,ML=set mode to
                pulse/level\r\n"));
139      uart_puts_P(PSTR("Cus,Cms,CX=set resolution to 1us, 1ms, external
                clock\r\n"));
140      uart_puts_P(PSTR("Ion,Ioff=use inhibit, do not use inhibit\r\n"));
141    }
142
143    void resetCircuit(uint8_t complete){
144      RESET_ACTIVE; RESET_IDLE;
145      if (complete){
146        mode = MODE_L;
147        MODE_LEVEL;
```

```
148      POLARITY_LOW;
149      polarity = POLARITY_L;
150      CLKSEL_INT;
151      initCTC(TIMER_TIMER2, 124, TIMER_COMPTOGGLE,
             TIMER_PINSTATE_DONTCARE, TIMER_CLK_PSC64, TIMER_DISIRQ);
152      resolution = RESOLUTION_1ms;
153      INHIBIT_ACTIVE;
154      inhibit = INHIBIT;
155    }
156    stopTimer(TIMER_TIMER1, TIMER_PINSTATE_DONTCARE);
157    TCNT1 = 0;
158    highByte = 0;
159    initOverflow(TIMER_TIMER1, 0, TIMER_CLK_Tin_HL, TIMER_ENAIRQ);
160    OVF_IDLE;
161  }
162
163  ISR(TIMER1_OVF_vect){
164    if (++highByte>65500){
165      uart_puts_P(PSTR("Timer Overflow!\r\n"));
166      OVF_ACTIVE;
167    }
168  }
169
170  ISR(USART_RXC_vect){
171    static char buffer[10];
172    static uint8_t bufferPtr = 0;
173
174    if (bufferPtr<9){
175      char data = UDR;
176      buffer[bufferPtr++] = data;
177      // complete line received?
178      if (data == '\r' || data == '\n'){
179        buffer[bufferPtr-1] = 0;  // skip \r or \n
180        if (buffer[0]=='R'){
181          // read counter and state
182          printStatus();
183        } else if (buffer[0]=='X'){
184          // reset counter (set to 0) and hardware and settings
185          resetCircuit(1);
186        } else if (buffer[0]=='0'){
187          // reset counter (set to 0) and unlock gate
188          resetCircuit(0);
189        } else if (!strcmp(buffer, "PH")){
190          // set polarity of input signal (H-active)
191          POLARITY_HIGH;
192          polarity = POLARITY_H;
193        } else if (!strcmp(buffer, "PL")){
194          // set polarity of input signal (L-active)
195          POLARITY_LOW;
```

```
196             polarity = POLARITY_L;
197         } else if (!strcmp(buffer, "MP0")){
198             // set mode to pulse (start stop at In0)
199             mode = MODE_P0;
200             MODE_PULSE; MODE_SINGLE;
201         } else if (!strcmp(buffer, "MP01")){
202             // set mode to pulse (start at In0, stop at In1)
203             mode = MODE_P01;
204             MODE_PULSE; MODE_DOUBLE;
205         } else if (!strcmp(buffer, "ML")){
206             // set mode to level (at In0)
207             mode = MODE_L;
208             MODE_LEVEL;
209         } else if (!strcmp(buffer, "Cus")){
210             // set resolution to 1 us (internal clock of 1 MHz)
211             resolution = RESOLUTION_1us;
212             initCTC(TIMER_TIMER2, 0, TIMER_COMPTOGGLE,
                    TIMER_PINSTATE_DONTCARE, TIMER_CLK_PSC8, TIMER_DISIRQ);
213             CLKSEL_INT;
214         } else if (!strcmp(buffer, "Cms")){
215             // set resolution to 1 ms (internal clock of 1 kHz)
216             resolution = RESOLUTION_1ms;
217             initCTC(TIMER_TIMER2, 124, TIMER_COMPTOGGLE,
                    TIMER_PINSTATE_DONTCARE, TIMER_CLK_PSC64, TIMER_DISIRQ);
218             CLKSEL_INT;
219         } else if (!strcmp(buffer, "CX")){
220             // set resolution to external clock
221             resolution = RESOLUTION_extern;
222             stopTimer(TIMER_TIMER2, TIMER_PINSTATE_DONTCARE);
223             CLKSEL_EXT;
224         } else if (!strcmp(buffer, "Ion")){
225             // set /UseInhibit to L
226             INHIBIT_ACTIVE;
227             inhibit = INHIBIT;
228         } else if (!strcmp(buffer, "Ioff")){
229             // set /UseInhibit to H
230             INHIBIT_INACTIVE;
231             inhibit = NOINHIBIT;
232         } else {
233             uart_puts_P(PSTR("?\r\n"));
234             printHelp();
235         }
236         bufferPtr = 0;
237     }
238   }
239 }
240
241 int main(void){
242   initPorts();
```

```
243    initUART(UART_RXIRQ, UBRRH_VALUE, UBRRL_VALUE);
244    resetCircuit(1);
245    uart_puts_P(PSTR("Stopuhr\r\n=============\r\n"));
246    printHelp();
247
248    sei();
249
250    while (1){
251       set_sleep_mode(SLEEP_MODE_IDLE);
252       sleep_mode();
253    }
254 }
```

5.6.2 Hochfrequenzmessung, zeitgenaue Pulserzeugung

Die einfache Zählung von externen Impulsen kann zum Bau eines Frequenzzählers genutzt werden, indem die Impulse während einer bestimmten Zeitspanne, der *Torzeit*, gezählt werden, [20] stellt eine rein softwarebasierte Lösung vor. Bei einer Torzeit von 1 s erhalten wir die Frequenz direkt in Hz mit einer Auflösung von 1 Hz, bei einer Torzeit von 1 ms in kHz mit einer Auflösung von 1 kHz. Im Gegensatz zur Schaltung aus Abschnitt 5.7.3 ist dieses Prinzip zum Messen von höheren Frequenzen in kurzer Zeit geeignet, da die Torzeit für Frequenzen unter 1 Hz deutlich höher als 1 s sein muß.

Abb. 5.17 zeigt den Schaltplan des Gerätes, das eine LCD-Anzeige zur Ausgabe der Ergebnisse (Frequenz und Periodenlänge) besitzt und in der Lage ist, die Frequenz von TTL-Signalen zu messen. Eine typische Ausgabe für die Einspeisung eines 201 Hz-Signals sieht folgendermaßen aus:

```
dt 0.004975 s
f      201 Hz
```

Die Zählung der an T1 extern zugeführten Impulse erfolgt mit dem 16 bit-Timer 1. Die externen Impulse werden über ein UND-Gatter mit einem 0,5 Hz-Rechtecksignal als Torsignal verknüpft, das 1 s H-Pegel (Messphase, Torzeit 1 s) und 1 s L-Pegel (Auswertungsphase) aufweist. Dieser Aufbau erlaubt es, Frequenzen bis 65535 Hz mit 1 Hz Auflösung zu messen. Bei weniger als 5 Impulsen bzw. einem Zählerüberlauf wird ein Fehler angezeigt. Abb. 5.18 oben zeigt den Signalverlauf, wenn als Messfrequenz ein 7 Hz-Signal zugeführt wird.

Die Zahl 65535 ergibt sich aus der Kapazität des 16 bit-Timer 1. Wird innerhalb der Messperiode von 1 s die Kapazität des Timers überschritten, wird das Überlaufflag TOV1 im Flagregister TIFR gesetzt. Um einen Überlauf festzustellen, müssen Sie daher nach Ende der Messperiode prüfen, ob TOV1 gesetzt ist. Wenn dies der Fall ist, geben Sie eine Fehlermeldung aus und löschen TOV1 manuell, indem Sie das Flag auf 1

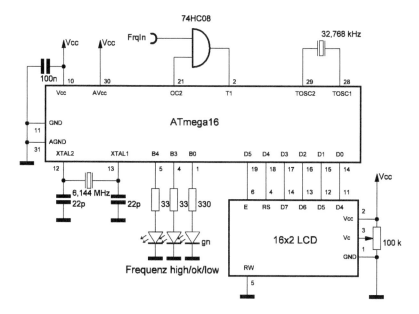

Abb. 5.17. Schaltung des Hochfrequenzzählers auf Basis von Ereigniszählung im Sekundentakt. Der Sekundenimpuls wird durch einen Uhrenquarz erzeugt und im CTC-Modus von Timer 2 an OC2 ausgegeben. OC2 wird mit dem Frequenzsignal UND-verknüpft.

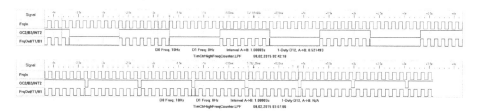

Abb. 5.18. Signalverlauf des Hochfrequenzzählers mit einer 7 Hz-Messfrequenz. Signale von oben nach unten: FrqIn, OC2/B2/INT2 und FrqOut/T1/B1. Oben: durchlaufender Timer 2 (Symbol SINGLEPULSE nicht definiert). Unten: Timer 2 nach Messung gestoppt und sofort neu gestartet (Symbol SINGLEPULSE definiert).

setzen. (Manuelles Löschen ist dann nicht nötig, wenn der Überlaufinterrupt aktiviert ist. Beim Auslösen des Interrupts würde das Flag automatisch zurücksetzt.)

Eine Erweiterungsmöglichkeit ist es, im Falle eines solchen Überlaufs den Zählbereich von Timer 1 zu erweitern, indem Sie den Überlaufinterrupt für Timer 1 aktivieren. Im Interrupthandler für den Zählerüberlauf inkrementieren Sie eine Variable und bauen auf diese Weise einen Softwarezähler auf, der die höchstwertigen Bits des Frequenzwerts enthält, während TCNT1 die 16 niederwertigsten Bits enthält. Ein Beispiel ist der 32 bit-Zähler der Mikrosekundenstopuhr aus Abschnitt 5.6.1.

Das Torsignal (Rechtecksignal mit 1 s langem H-Pegel) wird von Timer 2 erzeugt, der im CTC-Modus läuft und jede Sekunde ein Output Compare Match-Ereignis auslöst. Bei jedem Ereignis wird der Pegel an Pin OC2 geändert und resultiert in der gewünschten Frequenz des Torsignals OC2 von 0,5 Hz und der geforderten Dauer von 1 s für den H-Pegel, Abschnitt 5.4. Ist das Symbol SINGLEPULSE undefiniert, wird diese H-Phase als Torphase genutzt, in der die externen Impulse an T1 geführt und von Zähler 1 gezählt werden, während in der L-Phase die Auswertung stattfindet. Um die gezählten Impulse auszulesen und anzuzeigen, wird von Timer 2 bei jedem Output Compare Match-Ereignis ein Interrupt ausgelöst. Da zum Auslesen nur jeder zweite Interrupt von Interesse ist (OC2 führt beim ersten Interrupt H-Pegel, beim zweiten dann L-Pegel), wird bei jedem Interrupt eine Zählvariable irqCnt inkrementiert und geprüft , ob der Zählerstand TCNT1 ausgelesen und für die nächste Messperiode zurückgesetzt werden kann.

---

i Auf die 16 bit-Variable cnts, die den gemessenen Zählerstand von Timer 1 enthält, wird sowohl im Timer 2-Interrupt als auch in main() zugegriffen. Da diese Zugriffe nicht-atomar sind und auf zwei 8 bit-Zugriffe aufgeteilt werden müssen, besteht die Gefahr der Datenkorruption, wenn zwischen beiden Zugriffen der Interrupt aufgerufen wird und die Variable mit einem neuem Zählerstand überschreibt, Abschnitt 2.1.4 und Abschnitt 2.1.3. Sie müssen entweder den Zugriff auf cnts in main() in einen ATOMIC_BLOCK einschliessen oder – wie in diesem Beispiel – den Schreibzugriff auf cnts im Interrupthandler mit dem Flag event synchronisieren und nur dann durchführen, wenn das Hauptprogramm signalisiert, daß es seine Berechnungen abgeschlossen hat. Ggf. wird dadurch nicht für jedes Ereignis ein Zählwert angezeigt.

Die niedrige CTC-Zielfrequenz von 1 Hz ist bei üblichen MCU-Taktfrequenzen selbst mit dem Vorteilungsfaktor 1024 nicht zu erreichen, sodaß als Taktquelle für Timer 2 ein externer Uhrenquarz mit 32,768 kHz Taktfrequenz benutzt und im asynchronen Modus betrieben wird. Bei dieser Quarzfrequenz können wir mit einem hohen Vorteiler die gewünschten Output Compare Match-Frequenzen kleiner oder gleich 1 Hz erzielen.

Es ist nicht notwendig, jedesmal das Ende der 1 s langen L-Phase abzuwarten, um mit der nächsten Messung zu beginnen. Hat der Interrupthandler festgestellt, daß er sich in der L-Phase befindet, kann er Timer 2 stoppen und gleich wieder neu starten, sodaß zwei Messungen fast direkt aufeinanderfolgen anstatt mit 1 s Verzug. Diese Variante wird durch das Symbol SINGLEPULSE aktiviert:

```
ISR(TIMER2_COMP_vect){
  if (++irqCnt==2){
    stopTimer(TIMER_TIMER2, TIMER_PINSTATE_L);
    if (event==READING_NO){
      ...
    }
    TCNT1 = 0;
    irqCnt = 0;
    initAsync2(31, TIMER_COMPTOGGLE, TIMER_PINSTATE_L,
```

```
        TIMER_CLK_PSC1024 , TIMER_ENAIRQ , 30);
    }
}
```

Abb. 5.18 unten zeigt den Signalverlauf für diese Variante.

Listing 5.9. Hochfrequenzzähler, Zählung in Zeitraum (Programm TimCtrHighFreqCounter.c).

```
1  /*
2    High-frequency counter
3    Inputs:
4      - B1/T1 frequency input (from AND gate with OC2)
5      - C7:6  clock crystal 32,768 kHz
6    Outputs:
7      - D7/OC2  output 1 Hz square wave
8      - D3:0  LCD Data3:0
9      - D4  LCD RS
10     - D5  LCD E
11     - B2 LED low freq
12     - B3 LED ok
13     - B4 LED high freq
14 */
15
16 #define F_CPU 6144000UL
17
18 #include <stdio.h>
19 #include <avr/io.h>
20 #include <avr/interrupt.h>
21 #include <avr/pgmspace.h>
22 #include <avr/sleep.h>
23 #include "tmrcntLib.h"
24 #include "lcdLib.h"
25
26
27 // ------- hardcoded configuration -----------------
28
29 // define some bit masks
30 #define D_LED_LOW      (1<<DDB2)
31 #define P_LED_LOW      (1<<PB2)
32 #define D_LED_OK       (1<<DDB3)
33 #define P_LED_OK       (1<<PB3)
34 #define D_LED_HIGH      (1<<DDB4)
35 #define P_LED_HIGH      (1<<PB4)
36 #define LED_OK_ACTIVE   (PORTB &= ~P_LED_OK)
37 #define LED_OK_IDLE     (PORTB |= P_LED_OK)
38 #define LED_LOW_ACTIVE   (PORTB &= ~P_LED_LOW)
39 #define LED_LOW_IDLE     (PORTB |= P_LED_LOW)
40 #define LED_HIGH_ACTIVE   (PORTB &= ~P_LED_HIGH)
41 #define LED_HIGH_IDLE    (PORTB |= P_LED_HIGH)
42
```

```
43  void initPorts(void){
44    LED_LOW_IDLE;
45    LED_OK_IDLE;
46    LED_HIGH_IDLE;
47    DDRB |= (D_LED_OK)|(D_LED_LOW)|(D_LED_HIGH);
48  }
49
50  // ------- business logic -----------------
51  #define READING_NO    0
52  #define READING_OK    1
53  #define READING_LOW   2
54  #define READING_HIGH  3
55
56  volatile uint8_t event = READING_NO, irqCnt = 0;
57  volatile uint16_t cnts = 0;
58
59  ISR(TIMER2_COMP_vect){
60    if (++irqCnt==2){
61  #ifdef SINGLEPULSE
62      stopTimer(TIMER_TIMER2, TIMER_PINSTATE_L);
63  #endif
64      if (event==READING_NO){
65        // checking hardware flag for timer 1 overflow
66        if (TIFR&(1<<TOV1)){
67          // timer overflow occured, no calculation possible, since
                  frequency too high
68          event = READING_HIGH;
69          LED_LOW_IDLE;
70          LED_OK_IDLE;
71          LED_HIGH_ACTIVE;
72          TIFR |= (1<<TOV1);  // clear overflow flag
73        } else {
74          cnts = TCNT1;
75          if (cnts<5){
76            event = READING_LOW;
77            LED_LOW_ACTIVE;
78            LED_OK_IDLE;
79            LED_HIGH_IDLE;
80          } else {
81            event = READING_OK;
82            LED_LOW_IDLE;
83            LED_OK_ACTIVE;
84            LED_HIGH_IDLE;
85          }
86        }
87      }
88      TCNT1 = 0;
89      irqCnt = 0;
90  #ifdef SINGLEPULSE
```

```
 91        initAsync2(31, TIMER_COMPTOGGLE , TIMER_PINSTATE_L ,
                TIMER_CLK_PSC1024 , TIMER_ENAIRQ , 30);
 92   #endif
 93      }
 94   }
 95
 96   int main(void){
 97      char buffer[30];
 98
 99      initPorts();
100      initOverflow(TIMER_TIMER1 , 0, TIMER_CLK_Tin_HL , TIMER_DISIRQ);
101      // 0,5 Hz output compare match frequency = 1 Hz square wave signal
102      initAsync2(31, TIMER_COMPTOGGLE , TIMER_PINSTATE_L ,
              TIMER_CLK_PSC1024 , TIMER_ENAIRQ , 30);
103      lcd_init(&PORTD , &DDRD , 4, 5, &PORTD , &DDRD , 0);
104      lcd_setxy(0, 0);
105      lcd_puts("Waiting ...");
106      sei();
107
108      while (1) {
109        set_sleep_mode(SLEEP_MODE_IDLE);
110        sleep_mode();
111        switch (event){
112          case READING_LOW:
113            lcd_clear();
114            lcd_setxy(0, 0);
115            lcd_puts("Freq<5 Hz");
116            break;
117          case READING_HIGH:
118            lcd_clear();
119            lcd_setxy(0, 0);
120            lcd_puts("Freq>65,535 kHz");
121            break;
122          case READING_OK:
123            // access to cnts is non-atomic (16 bit), which is dangerous
124            // since cnts is shared between TIMER2_COMP_vect and main(),
125            // but access is synchronized by variable 'event'
126            lcd_clear();
127            sprintf_P(buffer, PSTR("dt %8.6f s"), 1.0f/cnts);
128            lcd_setxy(0, 0);
129            lcd_puts(buffer);
130            sprintf_P(buffer, PSTR("f %8u Hz"), cnts);
131            lcd_setxy(1, 0);
132            lcd_puts(buffer);
133            break;
134        }
135        event = READING_NO;
136      }
137   }
```

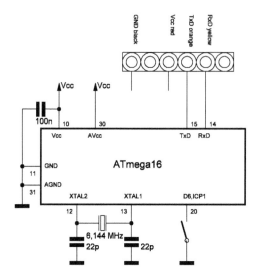

Abb. 5.19. Schaltung der millisekundengenauen Stopuhr/Zeitmarkenerfassung mit ICP. Als Signalquelle dient ein Taster gegen GND (der hardwareseitig entprellt werden sollte).

5.7 Anwendung von Input Capture-Ereignissen

Die Input Capture-Funktion kann benutzt werden, um Ereignisse mit Zeitmarken zu versehen, die von einem durchlaufenden Zähler erzeugt werden. Wir werden mit Hilfe dieser Funktion externe Ereignisse (TTL-Signale) mit Zeitmarken versehen und loggen (Abschnitt 5.7.1), die Umdrehungsgeschwindigkeit eines Rades und damit die Geschwindigkeit eines Fahrrads bestimmen (Abschnitt 5.7.2) sowie Frequenzen im niederen Frequenzbereich messen (Abschnitt 5.7.3).

5.7.1 Zeitmarken und Stopuhr

In diesem Beispiel implementieren wir ein Ereignisprotokoll, das auf eine HL-Flanke eines externen TTL-Signals am ICP-Pin mit einem Input Capture-Interrupt reagiert und den aktuellen Zählerstand von Timer 1 automatisch ins ICR1-Register kopiert. Timer 1 wird 6000mal pro Sekunde inkrementiert und liefert eine millisekundengenaue Zeitbasis für die Zeitstempel und -differenzen.

Im Interrupthandler wird der in ICR1 festgehaltene Zählerstand als Zeitstempel benutzt und das Ereignis via USART (USB) protokolliert. Zusätzlich berechnet der Interrupthandler die Differenz zur vorherigen Zeitmarke und bestimmt so die zwischen den beiden letzten Ereignissen verflossene Zeit.

Auch hier stellt sich wieder die Frage nach der erforderlichen Genauigkeit der Zeitstempel einerseits und des Zeitbereichs, für den sie erzeugbar sein müssen, andererseits, Abschnitt 5.4. Wir verwenden als Zeitbasis einen 6 kHz-Takt, der gemäß Glg. 5.1

auf Seite 222 aus dem MCU-Takt von 6,144 MHz, dem Prescalerwert 1024 und dem Vergleichswert 0 entsteht und eine Zeitauflösung von 1/6000 s bietet. Da der Timerbereich nach $(2^{16} - 1)/6000 \approx 21\,$s erschöpft ist, erweitern wir ihn per Software auf 32 bit, sodaß sich eine Kapazität von $(2^{32} - 1)/6000\,$s oder etwa 198 Stunden ergibt. Reicht Sekundengenauigkeit, kann mit Hilfe von Timer 2 und einem Uhrenquarz an OC2 ein 1 Hz-Signal erzeugt und über T1 eingespeist werden. Der Zähler wird dann 6000mal langsamer inkrementiert, sodaß sich der messbare Zeitraum entsprechend verlängert.

Die Ereignisse werden über die serielle Schnittstelle und ein TTL-USB-Kabel protokolliert, wie das Beispiel eines Tasters zeigt, der etwa im Sekundenrhythmus gedrückt wird und der durch das Prellen der Kontakte noch weitere, zeitlich eng beieinanderliegende Input Capture-Ereignisse hervorruft:

```
178606 timer ticks =      0.9340 s
184446 timer ticks =      0.9733 s
184845 timer ticks =      0.0665 s
190786 timer ticks =      0.9902 s
197045 timer ticks =      1.0432 s
197457 timer ticks =      0.0687 s
203404 timer ticks =      0.9890 s
203824 timer ticks =      0.0000 s
209952 timer ticks =      1.0213 s
210309 timer ticks =      0.0595 s
```

Zum Zählerstand kommen bei jedem Tastendruck erwartungsgemäß etwa 6000 Ticks hinzu, die einer Sekunde entsprechen. Zeitspannen bis ca. 0,06 s spiegeln das schnelle Prellen des Tasters wider. Die Ticks stellen eine absolute Zeitmarke dar, die Zeitangabe ist relativ zum letzten Ereignis.

Die Funktion printResults(), die auf der Ebene des Hauptprogramms gerufen wird, greift auf die 32 bit-Variablen currentTimeStamp und deltaTime zu, die innerhalb des Interrupthandlers verändert werden. Da ein Interrupt jederzeit ausgelöst werden kann, kann sich der Variablenwert zwischen den nicht-atomaren Lesezugriffen, die auf Maschinenebene durch vier 8 bit-Operationen realisiert werden, verändern und falsche Ergebnisse liefern, Abschnitt 2.1.3 und Abschnitt 2.1.4. Der Inhalt beider Variablen wird daher in einem von Interrupts nicht-unterbrechbaren ATOMIC_BLOCK in lokale, unveränderliche Variablen kopiert. In gleicher Weise muß das Nullsetzen der Zeitmarken und Zählerstände beim Reset (Befehl „X") vor Unterbrechungen durch Interrupts geschützt werden.

Listing 5.10. Zeitmarken mit Input Capture (Programm TimCtrICPTimestamp.c).

```
1   /*
2      Print timestamps due to timer 1 capture events.
3      Resolution: 1/6000 s (timer 1 compare match frequency)
```

```
4    Capacity: 32 bit counter (16 by timer, 16 by software) * 1/6000 s
         = 715806 s = 198 h
5
6    Input: D6 (ICP)
7        R = read counter (=current time stamp)
8        X = reset counter (set to 0)
9        T = Software triggern von ICP1
10   Output: via RS232/USB
11   */
12   #define F_CPU 6144000UL
13
14   #include <avr/io.h>
15   #include <stdio.h>
16   #include <avr/pgmspace.h>
17   #include <avr/interrupt.h>
18   #include <util/atomic.h>
19   #include "tmrcntLib.h"
20
21   // UART Initialization
22   #define BAUD 9600
23   #include <util/setbaud.h>
24   #include "uartlib.h"
25
26   // ------- hardcoded configuration ------------------
27
28   // define some bit masks
29   #define D_ICP1   (1<<DDD6)
30   #define P_ICP1   (1<<PD6)
31   #define ICP_ACTIVE   (PORTD &= ~P_ICP1)
32   #define ICP_IDLE   (PORTD |= P_ICP1)
33
34   void initPorts(void){
35     // unnecessary due to call to initICO()
36     //PORTD |= P_ICP1;
37     //DDRD &= ~D_ICP1;
38   }
39
40   // ------- business logic ------------------
41
42   volatile char data = 0, event = 0;
43   volatile uint16_t timer1HighWord = 0;
44   volatile uint32_t currentTimeStamp = 0L;
45   volatile uint32_t oldTimeStamp = 0L;
46   volatile uint32_t deltaTime = 0L;
47
48   ISR(TIMER1_OVF_vect){
49     // no reload of TCNT1 required since it starts automatically from
         0
50     ++timer1HighWord; // extend timer1 by 16 more bits
```

```
51  }
52
53  ISR(TIMER1_CAPT_vect){
54    currentTimeStamp = timer1HighWord;
55    currentTimeStamp <<= 16;
56    currentTimeStamp |= ICR1;
57    deltaTime = currentTimeStamp - oldTimeStamp;
58    oldTimeStamp = currentTimeStamp;
59    event = 1;
60  }
61
62  ISR(USART_RXC_vect){
63    data = UDR;
64    uart_putc(data);
65  }
66
67  void printResult(void){
68    char buffer[40];
69    uint32_t myCurrentTimeStamp, myDeltaTime;
70    ATOMIC_BLOCK(ATOMIC_FORCEON){
71      // these data could be changed by IRQ!
72      myCurrentTimeStamp = currentTimeStamp;
73      myDeltaTime = deltaTime;
74    }
75    sprintf_P(buffer, PSTR("%lu timer ticks = %10.4f s\r\n"),
          myCurrentTimeStamp, myDeltaTime*1.0f/6000.0f);
76    uart_puts(buffer);
77  }
78
79  int main(void){
80    initPorts();
81    initUART(UART_RXIRQ, UBRRH_VALUE, UBRRL_VALUE);
82
83    // due to prescaler: CPU clock/1024 -> 6 kHz
84    initOverflow(TIMER_TIMER1, 0, TIMER_CLK_PSC1024, TIMER_ENAIRQ);
85    initICP(TIMER_ICP_HL, TIMER_ENAIRQ, TIMER_PINOUTPUT);
86
87    sei();
88
89    while (1) {
90      if (data){
91        switch (data){
92          case 'T':     // software capture trigger, temporarily set
                ICP pin as output
93            ICP_ACTIVE;   // simulate ICP1 trigger (HL edge)
94            ICP_IDLE;
95            break;
96          case 'X':    // reset timer
97            ATOMIC_BLOCK(ATOMIC_FORCEON){
```

```
 98                // prevents changing these data by IRQ
 99                timer1HighWord = 0;
100                deltaTime = oldTimeStamp = currentTimeStamp = 0L;
101                TCNT1 = 0;
102              }
103            break;
104          case 'R':      // read value
105          default:
106              printResult();
107        }
108        data = 0;
109      }
110      if (event){
111        printResult();
112        event = 0;
113      }
114    }
115 }
```

5.7.2 Fahrradtachometer, basierend auf ICP-Frequenzmessung

Im Fahrradhandel sind Bausätze erhältlich, die es ermöglichen, einen Fahrradtachometer zu bauen. Sie enthalten u. a. einen kleinen Magneten, der an einer Speiche befestigt wird und bei jeder Umdrehung des Rades kurzzeitig ein Reedrelais schliesst oder öffnet. Wird dieses Signal, das dem eines prellenden Tasters ähnelt, in ein sauberes Rechtecksignal umgewandelt, kann es an ICP1 eingespeist und als Input Capture-Trigger genutzt werden, um eine Zeitmarke für jede Umdrehung des Rades zu gewinnen. Abb. 5.20 zeigt den Schaltplan eines Selbstbautachometers mit der Signalformungsstufe, die den Timerbaustein NE555 zur Erzeugung eines eindeutigen Rechtecksignals nutzt.

Die Differenz zweier aufeinanderfolgender Zeitmarken Δt ergibt die für eine vollständige Umdrehung des Rades benötigte Zeit. Über den Umfang u des Rades kann die Geschwindigkeit des Fahrrads ermittelt werden ($\frac{1}{\Delta t}$ ist die Frequenz, mit der das Rad sich dreht):

$$v = \frac{1}{\Delta t} \times u \tag{5.3}$$

Eine Abschätzung der erwarteten Frequenzen ergibt sich wie folgt. Typische Räder, die es in Größen von 16–29 Zoll gibt, haben Reifenumfänge zwischen etwa 1,265 m und 2,341 m. Radsportler können Spitzengeschwindigkeiten bis etwa 56 km/h erreichen, d. h. es sind je nach Reifenumfang bei dieser Geschwindigkeit 12,25–6,6 Umläufe des Rades pro Sekunde zu erwarten. Das Signal des Reedrelais weist also Frequenzen von 0–20 Hz auf, die wir mit der Input Capture-Methode messen können. Der Zeitabstand zwischen den Signalen reicht von unendlich (Rad steht still) bis etwa 50 ms.

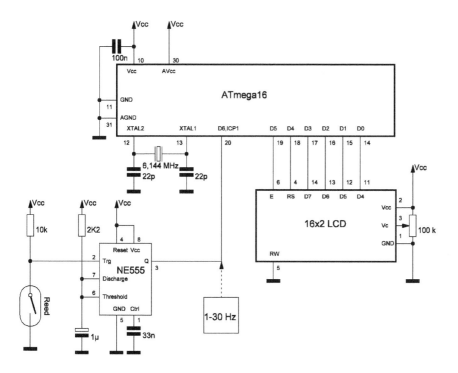

Abb. 5.20. Ein selbstgebauter Fahrradtachometer mit LCD-Anzeige. Das Signal eines Radmagneten (Reedrelais) wird an `ICP1` eingespeist (alternativ: ein Rechteckgenerator zum Testen). Die Schaltung um den Timerbaustein NE555 herum dient dazu, das prellende Signal des Reedschalters in einen kurzen sauberen Rechteckimpuls umzuwandeln.

Zur Realisierung (Listing 5.11) wird Timer 1 benutzt, der vom Systemtakt 6,144 MHz mit dem Vorteiler 1024 und dem Vergleichswert 0 getaktet wird, also nach Glg. 5.1 auf Seite 222 mit 6 kHz. Damit ist folgender Frequenzbereich messbar:

Maximale Zeit: $2^{16} \times \frac{1}{6000} = 10,922$ s oder 0,09 Hz.
Minimale Zeit $\frac{1}{6000} = 0,16$ ms oder 6 kHz.

Im Gegensatz zu Abschnitt 5.7.1 liegt der Bereich 0–20 Hz im Messbereich von Timer 1, sodaß mit dem 16 bit-Wert `TCNT1` ohne Zählererweiterung gerechnet werden kann.

Bei jedem Impuls vom Radmagneten an `ICP1` wird ein Input Capture-Interrupt ausgelöst und darin die Differenz dt der aktuellen Zeitmarke zur letzten Zeitmarke berechnet und über Formel Glg. 5.3 in die Geschwindigkeit umgerechnet:

$$
\begin{aligned}
v[m/s] &= \frac{1}{\Delta t} \times u, \quad \Delta t = \frac{dt}{6000} \\
v[km/h] &= \frac{1}{\Delta t} \times u \times 3,6 = \frac{6000 \times u \times 3,6}{dt}
\end{aligned} \tag{5.4}
$$

Die errechnete Geschwindigkeit wird zusammen mit der Anzahl an Zählereinheiten und der verflossenen Zeit Δt auf einer LCD-Anzeige angezeigt. Da wir den Stand von Timer 1 in jedem Input Capture-Interrupt auf Null zurücksetzen, ist die letzte Zeitmarke immer Null, und die Differenz entspricht dem aktuellen Stand des Capture-Registers ICR1 bzw. der Variablen deltaTime. Zusätzlich wird im Timer 1-Überlaufinterrupt geprüft, ob ein Überlauf von Timer 1 stattgefunden hat. Dies ist bei sehr geringer Geschwindigkeit der Fall. Alle Interrupthandler kommunizieren über drei globale Flags miteinander und mit dem Hauptprogramm:

- Über event signalisiert der Input Capture-Interrupt, daß ein gültiger Meßwert (ICR1 bzw. deltaTime ist größer Null, ohne daß ein Überlauf von Timer 1 stattgefunden hat) vorliegt, den das Hauptprogramm auswerten und auf der LCD-Anzeige ausgeben kann. Nach der Auswertung von deltaTime und der Anzeige löscht das Hauptprogramm das Flag.
- Über ovfEvent signalisiert der Überlaufhandler, daß ein Überlauf von Timer 1 vorliegt, da das Rad sich so langsam dreht (oder gar nicht gedreht hat), daß der Zählbereich von Timer 1 nicht ausreichend war zur Erfassung dieses Zeitraums. Das Hauptprogramm zeigt daraufhin die Meldung „Too slow" an und löscht das Flag.
- Über ovf signalisiert der Überlaufhandler dem Input Capture-Interrupt denselben Sachverhalt. Das auf den Überlauf folgende Input Capture-Ereignis stellt keinen gültigen Messwert dar und muss daher verworfen werden. Das Flag wird vom Input Capture-Interrupt gelöscht.

---

i Die Funktion main() greift auf der Ebene des Hauptprogramms auf die 16 bit-Variable deltaTime zu, die durch den Interrupthandler verändert wird. Da die Interruptauslösung jederzeit stattfinden kann und für den Lesezugriff zwei 8 bit-Operationen notwendig sind, kann sich der Variablenwert während dieses nicht-atomaren Lesezugriffs verändern und die Ergebnisse korrumpieren, Abschnitt 2.1.3 und Abschnitt 2.1.4. deltaTime wird daher in einem nicht-unterbrechbaren ATOMIC_BLOCK in eine lokale Variable umkopiert, deren Wert unveränderlich ist.

---

i Beim Auftreten eines Input Capture-Ereignisses muß geprüft werden, ob der Wert in ICR1 im gültigen Messbereich liegt. Zu hohe Input Capture-Frequenzen, die bei unrealistisch hohen Umdrehungszahlen auftreten und einen Capturewert ICR1 von 0 liefern, führen bei der Auswertung zu einem Divisionsfehler. Ein Capture-Ereignis wird daher nur dann signalisiert, wenn ICR1 größer als Null ist. Dreht sich das Rad dagegen zu langsam, tritt ein Überlauf von Timer 1 auf, der im Überlaufinterrupt erkannt werden kann. Im Beispiel wird ein Überlauf über die Flags ovfEvent und ovf signalisiert, eine Fehlermeldung ausgegeben und das folgende Input Capture-Ereignis verworfen.

Der Überlaufinterrupt kann die Grundlage einer softwareseitigen Erhöhung der Zählerkapazität sein: inkrementieren Sie ovf im Überlaufinterupt, statt einen Fehler zu signalisieren, ist die bis zum nächsten Input Capture-Ereignis verflossene Zeit nicht ICR1, sondern $2^{16} \times ovf + ICR1$, wie am Beispiel der Mikrosekundenstopuhr gezeigt wurde, Abschnitt 5.6.1.

Wenn wir testweise anstelle des Radmagneten einen Rechteckgenerator anschliessen und Signale mit 2,5 Hz und 5 Hz einspeisen, erhalten wir folgende Ausgabe:

```
2400,    0.400 s   (2,5 Hz)        1200,    0.200 s   (5 Hz)
 21.07 km/h                         42.14 km/h
```

Da im Quellcode ein Radumfang von 2,31 m hinterlegt ist, legt das Rad bei 1 Hz Signalfrequenz jede Sekunde diese Strecke zurück, rollt also mit 2,31 m/s oder 8,4 km/h ab. Bei höheren Umdrehungsfrequenzen erhöht sich die Geschwindigkeit wie gezeigt.

Listing 5.11. Fahrradtachometer Zeitmarken mit Input Capture (Programm TimCtrFahrradTacho.c).

```
1  /*
2    Bicycle velocity measurement
3    Inputs:
4      - D6,ICP   trigger input
5    Outputs:
6      - D3:0  LCD Data3:0
7      - D4  LCD RS
8      - D5  LCD E
9  */
10 #define F_CPU 6144000UL
11
12 #include <stdio.h>
13 #include <avr/pgmspace.h>
14 #include <avr/io.h>
15 #include <avr/interrupt.h>
16 #include <avr/sleep.h>
17 #include <util/atomic.h>
18 #include "tmrcntLib.h"
19 #include "lcdLib.h"
20
21 // ------- business logic -----------------
22 #define u (2.341f)     // circumference in [m]
23
24 #define EVENT_NO   0
25 #define EVENT_OK   1
26 #define EVENT_OVF  2
27
28 volatile uint8_t event = EVENT_NO, ovf = 0, ovfEvent = EVENT_NO;
29 volatile uint16_t deltaTime = 0;
30
31 ISR(TIMER1_OVF_vect){
32   ovf = 1;  // velocity is too slow, remember this and notify user
33   ovfEvent = EVENT_OVF;
34 }
35
36 ISR(TIMER1_CAPT_vect){
37   deltaTime = ICR1;
38   TCNT1 = 0;
```

```
39   if (ovf){
40     // if timer overflow occurred, no calculation possible,
41     // this event must be discarded. Reset overflow flag,
42     // since timer is now set to zero.
43     ovf = 0;
44   } else {
45     if (deltaTime>0){
46       event = EVENT_OK;
47     }
48   }
49 }
50
51 int main(void){
52   char buffer[40];
53   uint16_t myDeltaTime;
54
55   initOverflow(TIMER_TIMER1, 0, TIMER_CLK_PSC1024, TIMER_ENAIRQ);
56   initICP(TIMER_ICP_HL, TIMER_ENAIRQ, TIMER_PININPUT);
57   lcd_init(&PORTD, &DDRD, 4, 5, &PORTD, &DDRD, 0);
58   lcd_setxy(0, 0);
59   lcd_puts("Waiting ...");
60   sei();
61
62   while (1) {
63     set_sleep_mode(SLEEP_MODE_IDLE);
64     sleep_mode();
65     if (ovfEvent==EVENT_OVF){
66       lcd_clear();
67       lcd_setxy(0, 0);
68       lcd_puts("Too slow ...");
69       ovfEvent = EVENT_NO;
70     } else if (event==EVENT_OK){
71       ATOMIC_BLOCK(ATOMIC_FORCEON){
72         // prevents changing data by IRQ
73         myDeltaTime = deltaTime;
74       }
75       lcd_clear();
76       sprintf_P(buffer, PSTR("%u, %7.3f s"), myDeltaTime /* timer
               ticks */, myDeltaTime*1.0f/6000.0f);
77       lcd_setxy(0, 0);
78       lcd_puts(buffer);
79       sprintf_P(buffer, PSTR("%6.2f km/h"), 6000.0f/myDeltaTime*u
               *3.6f);
80       lcd_setxy(1, 0);
81       lcd_puts(buffer);
82       event = EVENT_NO;
83     }
84   }
85 }
```

5.7.3 Niederfrequenzmessung

Der Fahrradtachometer aus Abschnitt 5.7.2 ist ein Spezialfall einer Frequenzmessung mit Hilfe von Input Capture-Ereignissen. Verzichten wir auf die Umrechnung von Zeit in Geschwindigkeit, können wir einen einfachen Frequenzzähler mit LCD-Anzeige für den Niederfrequenzbereich bauen, der die Zeit zwischen zwei gleichen Flanken des Eingangssignals misst, in diesem Beispiel den HL-Flanken (Schaltplan Abb. 5.21). Signalquelle kann jede Schaltung sein, die ein TTL-Rechtecksignal liefert. Die Einspeisung von 10 Hz-, 2 kHz- und 50 mHz-Signalen liefert folgende Ausgaben in der LCD-Anzeige:

```
dt    0.100  s
f     10.000 Hz


Frequency>1,2 kHz


Frequency<0.09 Hz
```

Wird zur Zeitnahme Timer 1 benutzt, gelten die bereits in Abschnitt 5.7.2 vorgenommenen Abschätzungen zum Messbereich, der sich zwischen 0,09 Hz und 6 kHz erstreckt, sowie die gleichen Massnahmen zur Fehlerbehandlung. Um sichere Zählstatistik zu erhalten, berücksichtigen wir Messungen ab 5 Zähleinheiten, was 1,2 kHz Maximalfrequenz entspricht. Zu niedrige, zu hohe und Frequenzen im messbaren Bereich werden durch drei LEDs signalisiert.

Auf die 16 bit-Variable `deltaTime`, die den gemessenen Zählerstand von Timer 1 enthält, wird sowohl im Input Capture-Interrupt als auch in `main()` zugegriffen. Diese Zugriffe sind nicht-atomar und werden durch zwei 8 bit-Zugriffe realisiert, sodaß ein Interrupt die Variable zwischen beiden Zugriffen überschreiben könnte, Abschnitt 2.1.3 und Abschnitt 2.1.4. Sie können den Zugriff auf `deltaTime` in `main()` wie in Abschnitt 5.7.2 in einen `ATOMIC_BLOCK` einschliessen oder wie in diesem Beispiel den Schreibzugriff auf `deltaTime` im Interrupthandler mit dem Flag `event` synchronisieren und nur dann ausführen, wenn das Hauptprogramm über das Flag signalisiert, daß es seine Berechnungen abgeschlossen hat. Wenn die Berechnungen länger dauern als der zeitliche Abstand zwischen den Trigger-Ereignissen beträgt, wird für einige Ereignis kein Zählwert angezeigt. Dies wird bei niedrigen Frequenzen unwahrscheinlicher, da dann mehr Zeit für die Berechnungen verfügbar ist.

Listing 5.12. Niederfrequenzzähler, Zeitmarken mit Input Capture (Programm TimCtrLowFreqCounter.c).

```
1  /*
2     Low-frequency counter
3     Inputs:
4       - D6/ICP1 frequency input
5     Outputs:
6       - D3:0  LCD Data3:0
7       - D4    LCD RS
```

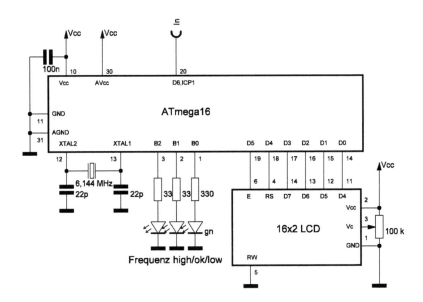

Abb. 5.21. Niederfrequenzzähler für den Bereich 0,09–6000 Hz auf Basis von Input Capture-Ereignissen. Die Signaleinspeisung erfolgt an `ICP1`, die Ausgabe erfolgt mit Hilfe einer LCD-Anzeige. Drei LEDs zeigen zu hohe, messbare und zu niedrige Frequenzen an.

```
8        - D5  LCD E
9        - B0 LED low freq
10       - B1 LED ok
11       - B2 LED high freq
12  */
13  #define F_CPU 6144000UL
14
15  #include <stdio.h>
16  #include <avr/io.h>
17  #include <avr/interrupt.h>
18  #include <avr/pgmspace.h>
19  #include "tmrcntLib.h"
20  #include "lcdLib.h"
21
22  // ------- hardcoded configuration ------------------
23
24  // define some bit masks
25  #define D_LED_LOW     (1<<DDB0)
26  #define P_LED_LOW     (1<<PB0)
27  #define D_LED_OK      (1<<DDB1)
28  #define P_LED_OK      (1<<PB1)
29  #define D_LED_HIGH    (1<<DDB2)
30  #define P_LED_HIGH    (1<<PB2)
```

```
31  #define LED_OK_ACTIVE     (PORTB &= ~P_LED_OK)
32  #define LED_OK_IDLE       (PORTB |= P_LED_OK)
33  #define LED_LOW_ACTIVE     (PORTB &= ~P_LED_LOW)
34  #define LED_LOW_IDLE      (PORTB |= P_LED_LOW)
35  #define LED_HIGH_ACTIVE    (PORTB &= ~P_LED_HIGH)
36  #define LED_HIGH_IDLE     (PORTB |= P_LED_HIGH)
37
38  void initPorts(void){
39    LED_LOW_IDLE;
40    LED_OK_IDLE;
41    LED_HIGH_IDLE;
42    DDRB |= (D_LED_OK)|(D_LED_LOW)|(D_LED_HIGH);
43  }
44
45  // ------- business logic ------------------
46  #define READING_NO     0
47  #define READING_OK     1
48  #define READING_LOW    2
49  #define READING_HIGH   3
50
51  volatile uint8_t event = 0, ovf = 0, ovfEvent = 0;
52  volatile uint16_t deltaTime = 0;
53
54  ISR(TIMER1_OVF_vect){
55    // in this case frequency is too slow
56    // remember this condition and notify user
57    ovf = 1;
58    ovfEvent = READING_LOW;
59    LED_LOW_ACTIVE;
60    LED_OK_IDLE;
61    LED_HIGH_IDLE;
62  }
63
64  ISR(TIMER1_CAPT_vect){
65    TCNT1 = 0;
66    if (ovf){
67      // timer overflow occured, no calculation possible since
68      // frequency is too low. just discard this capture event
69      // and reset flag, since timer is now set to zero
70      ovf = 0;
71      LED_LOW_IDLE;
72      LED_OK_IDLE;
73      LED_HIGH_IDLE;
74    } else {
75      if (event==READING_NO){
76        deltaTime = ICR1;
77        if (deltaTime>5){
78          event = READING_OK;
79          LED_LOW_IDLE;
```

```
80          LED_OK_ACTIVE;
81          LED_HIGH_IDLE;
82        } else {
83          event = READING_HIGH;
84          LED_LOW_IDLE;
85          LED_OK_IDLE;
86          LED_HIGH_ACTIVE;
87        }
88      }
89    }
90  }
91
92  int main(void){
93    char buffer[30];
94
95    initPorts();
96    initOverflow(TIMER_TIMER1, 0, TIMER_CLK_PSC1024, TIMER_ENAIRQ);
97    initICP(TIMER_ICP_HL, TIMER_ENAIRQ, TIMER_PININPUT);
98    lcd_init(&PORTD, &DDRD, 4, 5, &PORTD, &DDRD, 0);
99    lcd_setxy(0, 0);
100   lcd_puts("Waiting ...");
101   sei();
102
103   while (1) {
104     // running display of result
105     if (ovfEvent==READING_LOW){
106       lcd_clear();
107       lcd_setxy(0, 0);
108       lcd_puts("Frequency<0.09 Hz");
109       ovfEvent = READING_NO;
110     } else {
111       switch (event){
112         case READING_HIGH:
113         lcd_clear();
114         lcd_setxy(0, 0);
115         lcd_puts("Frequency>1,2 kHz");
116         break;
117         case READING_OK:
118         // access to deltaTime is non-atomic (16 bit), which is
                  dangerous
119         // since cnts is shared between TIMER2_COMP_vect and main(),
120         // but access is synchronized by variable 'event'
121         lcd_clear();
122         sprintf_P(buffer, PSTR("dt %7.3f s"), deltaTime/6000.0f);
123         lcd_setxy(0, 0);
124         lcd_puts(buffer);
125         sprintf_P(buffer, PSTR("f %8.3f Hz"), 6000.0f/deltaTime);
126         lcd_setxy(1, 0);
127         lcd_puts(buffer);
```

```
128          break;
129        }
130        event = READING_NO;
131      }
132    }
133  }
```

5.8 Anwendung des CTC-Modus, Signalerzeugung, Steuerungen

Der CTC-Modus kann benutzt werden, um zyklische Vorgänge abzubilden. Wir werden regelmäßige physikalische Vorgänge wie Flankenwechsel eines Rechtecksignals modellieren (Rechteck-Signalgenerator, Abschnitt 5.8.1 und hardwaregestützter Blinker, Abschnitt 5.8.2), einmalige Impulse definierter Dauer erzeugen (Abschnitt 5.8.3) und regelmäßige Aufrufe von Programmabschnitten zum Aufbau von Zustandsautomaten nutzen und Steuerungen aller Art bauen (softwaregesteuerter Blinker, Abschnitt 5.8.2, eine einfache Waschmaschine, Abschnitt 5.8.4, die Multiplex-Ansteuerung von 7-Segment-Anzeigen, Abschnitt 5.8.5 und eine Digitaluhr mit 7-Segment-Anzeigen, Abschnitt 5.8.6 und Abschnitt 5.8.7).

5.8.1 Rechteck-Signalgenerator

In diesem Beispiel verknüpfen wir Output Compare Match-Ereignisse mit einem Pegelwechsel am korrespondierenden OCi-Pin eines Timer/Counters und erzeugen so ein Rechtecksignal mit einer durch Software einstellbaren Frequenz. Abb. 5.22 zeigt die erforderliche Schaltung.

Timer 1 wird so konfiguriert, daß bei jedem Output Compare Match-Ereignis der Zähler zurückgesetzt (CTC-Modus) und der Pegel an OC1A geändert wird. Gemäß Abschnitt 5.4 verwenden wir bestimmte Kombinationen aus MCU-Taktfrequenz (6,144 MHz), Prescaler und Vergleichswert OCR1A, um eine Reihe von Frequenzen zu erzeugen, die dekadisch im Verhältnis 1–2–5 abgestuft sind:

Prescaler	OCR1A	Frequenz	D6,4 : 2	Prescaler	OCR1A	Frequenz	D6,4 : 2
8	3	96 kHz	15	256	59	200 Hz	7
8	7	48 kHz	14	1024	29	100 Hz	6
8	15	24 kHz	13	1	61439	50 Hz	5
8	39	9,6 kHz	12	256	599	20 Hz	4
8	79	4,8 kHz	11	1024	299	10 Hz	3
256	5	2 kHz	10	64	9599	5 Hz	2
1024	2	1 kHz	9	256	5999	2 Hz	1
1	6143	500 Hz	8	1024	2999	1 Hz	0

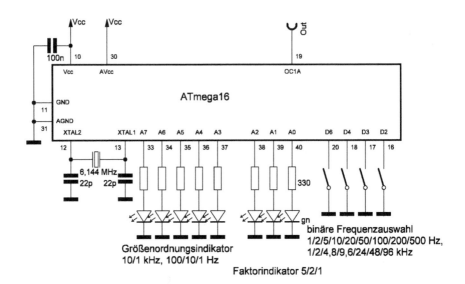

Abb. 5.22. Schaltung des Rechteckgenerators auf Basis von Output Compare Match-Ereignissen.

Durch die Wahl der glatt durch 1024 teilbaren MCU-Frequenz von 6,144 MHz können wir den hohen Prescalerfaktor 1024 nutzen und niedrige „glatte" Frequenzen erreichen.

> ℹ️ In allen Fällen sind nur Ausgangsfrequenzen möglich, die auf ganzzahligen Prescaler- und Vergleichs-werten beruhen. Andere Frequenzen müssen auf anderen Wegen erzeugt werden, etwa durch einen NCO (Abschnitt 4.10).

Das Programm erzeugt am OC1A-Pin ein symmetrisches Rechtecksignal mit einer Frequenz, die durch 4 Schalter an den Pins D2–D4 und D6 gemäß der Tabelle aus 16 Werten auswählbar ist. Fünf LEDs an A3–A7 geben eine optische Rückmeldung über die eingestellte Größenordnung der Frequenz (1, 10 oder 100 Hz, 1 oder 10 kHz), drei LEDs an A0–A2 geben Rückmeldung über den Faktor (1/2/5). Alle benötigten Daten wie Prescaler- und Vergleichswerte oder die Bitmuster der LED-Ausgabe werden der Einfachheit halber aus Lookup-Tabellen entnommen, sodaß keinerlei Rechenaufwand für diese Aufgaben entsteht.

Listing 5.13. Rechteckgenerator mit diskret einstellbaren Ausgangsfrequenzen (Programm TimCtrSignalGenerator.c).

```
1   /*
2     Rectangle signal generator with CTC/timer 1
3     Inputs:
```

```
 4       - D6,4:2  frequency selection (1/2/5/10/20/50/100/200/500 Hz,
              1/2/4.8/9.6/24/48/96 kHz)
 5     Outputs:
 6       - D5/OC1A frequency output
 7       - A2:0 LEDs, indicating factor of frequency (1/2/5)
 8       - A7:3 LEDs, indicating decimal range of frequency (1/10/100 Hz,
              1/10 kHz)
 9  */
10  #define F_CPU 6144000UL
11
12  #include <avr/io.h>
13  #include "tmrcntLib.h"
14
15  // ------- hardcoded configuration ------------------
16
17  // define some bit masks
18  #define D_INPUTD   ((1<<DDD6)|(1<<DDD4)|(1<<DDD3)|(1<<DDD2))
19  #define P_INPUTD   ((1<<PD6)|(1<<PD4)|(1<<PD3)|(1<<PD2))
20  #define I_INPUTD   ((1<<PIND6)|(1<<PIND4)|(1<<PIND3)|(1<<PIND2))
21  #define D_OUTPUTA  (0xff)
22  #define P_OUTPUTA  (0xff)
23
24  #define READINPUT      (((PIND&((1<<PIND4)|(1<<PIND3)|(1<<PIND2)))>>
         PIND2)|((PIND&(1<<PIND6))>>3))
25  #define WRITEOUTPUT(value)  (PORTA = (~value))
26
27  void initPorts(void){
28    PORTA |= P_OUTPUTA;
29    DDRA  |= D_OUTPUTA;    // set outputs
30    PORTD |= P_INPUTD;     // enable internal pull-up resistors on
          inputs
31    DDRD  &= ~D_INPUTD;    // set inputs
32  }
33
34  // ------- business logic ------------------
35
36  int main(void){
37    uint8_t freqSelection = 0xff, readIn;
38    uint8_t prescalerValues[] = {
39      TIMER_CLK_PSC1024, TIMER_CLK_PSC256, TIMER_CLK_PSC64,
            TIMER_CLK_PSC1024,
40      TIMER_CLK_PSC256, TIMER_CLK_PSC1, TIMER_CLK_PSC1024,
            TIMER_CLK_PSC256,
41      TIMER_CLK_PSC1, TIMER_CLK_PSC1024, TIMER_CLK_PSC256,
            TIMER_CLK_PSC8,
42      TIMER_CLK_PSC8, TIMER_CLK_PSC8, TIMER_CLK_PSC8, TIMER_CLK_PSC8
43    };
44    uint16_t ocrValues[] = {
45      2999, 5999, 9599, 299, 599, 61439, 29,59,
```

```
46      6143, 2, 5, 79, 39, 15, 7, 3
47   };
48   uint8_t ledOutput[] = {
49     0b00001001, 0b00001010, 0b00001100, 0b00010001,
50     0b00010010, 0b00010100, 0b00100001, 0b00100010,
51     0b00100100, 0b01000001, 0b01000010, 0b01000100,
52     0b10000001, 0b10000010, 0b10000100, 0b10000111
53   };
54
55   initPorts();
56
57   while (1){
58     if ((readIn = READINPUT) != freqSelection){
59       // set new values for timer 1
60       initCTC(TIMER_TIMER1, ocrValues[readIn], TIMER_COMPTOGGLE,
61           TIMER_PINSTATE_L, prescalerValues[readIn], TIMER_DISIRQ);
62       WRITEOUTPUT(ledOutput[readIn]);
63       freqSelection = readIn;
64     }
65   }
     }
```

5.8.2 Blinker

Das vorhergehende Beispiel zeigte, wie ein Timer im CTC-Modus die Hardware beeinflussen und Signalpegel eines I/O-Pins verändern kann. In diesem Beispiel wird bei einem Compare Match-Ereignis ein Interrupt ausgelöst, in dem eine wiederkehrende Aufgabe ausgeführt wird. Diese Betriebsart wird häufig benutzt, Beispiele sind
- Invertieren einer LED, um einen Blinker zu erhalten (dieses Beispiel) oder um eine Multiplex-Anzeige zu realisieren, Abschnitt 5.8.6.
- Erhöhen eines Sekunden-, Minuten- und Stundenzählers, um eine Uhr zu implementieren, Abschnitt 5.8.6.
- Taktung eines Zustandsautomaten. Auf diese Weise können zahllose Steuerungsaufgaben elegant gelöst werden. Beispiele in diesem Buch sind eine vereinfachte Waschmaschinensteuerung, Abschnitt 5.8.4, und eine Tastaturabfrage mit Entprellung, Abschnitt 4.7.

Häufig liegt die durch Timer/Counter erreichbare Wiederholungsfrequenz aufgrund des hohen Systemtaktes selbst mit Vorteiler und hohen Vergleichswerten noch im Bereich von 100 Hz. Sie ist damit zu hoch, wenn es um Vorgänge geht, die im Wahrnehmungsbereich des Menschen liegen (Blinker, Wartezeiten im Sekundenbereich). Die erreichbaren Frequenzen können wir jedoch mit einem Softwarezähler in den 1 Hz-

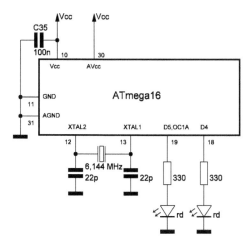

Abb. 5.23. Schaltung des timer- und softwaregesteuerten Blinkers. Die LED an D4 wird durch einen Software-Timer gesteuert, die LED an D5/OC1A durch einen Timer im CTC-Modus.

Bereich herunterteilen, sofern wir nicht den Systemtakt um 1–2 Größenordnungen reduzieren.

Das Beispiel eines Blinkers (Abb. 5.23 und Listing 5.14) illustriert ein Verfahren, um niederfrequente Aktivitäten auszuführen. Die LED an D5/OC1A blinkt im 1 Hz-Takt (das Ein-/Ausschalten erfolgt mit 2 Hz), der durch Timer 1 im CTC-Modus erzeugt wird. Die niedrige Frequenz von 2 Hz kann nur durch den 16 bit-Timer 1, einen hohen Vorteiler und den hohen 16 bit-Vergleichswert 2999 erreicht werden.

Der 8 bit-Timer 0 wird im Overflow-Modus betrieben und kann die Überlaufereignisse nur mit der relativ hohen Frequenz von 50 Hz auslösen (dann muß der Timer vor jedem Überlauf 6, 144 MHz/1024/50 = 120 Zähltakte zählen). Selbst bei maximaler Ausnutzung seiner Zählkapazität (240 Schritte) kann nur eine 25 Hz-Frequenz erreicht werden. Um aus dieser Frequenz einen Sekundentakt zu bilden, wird eine Variable subClk mit dem Startwert 50 geladen. Im Überlaufinterrupt wird subClk solange dekrementiert, bis sie den Wert Null erreicht hat. In diesem Moment ist eine Sekunde vergangen und die 1 Hz-Aktivität kann ausgeführt werden, im Beispiel wird die LED an D4 angesteuert. Nach Rücksetzen der Variablen auf den Startwert 50 beginnt die nächste Sekundenperiode.

Sie können durch Verwendung mehrerer Variablen wie subClk aus dem Grundtakt von 50 Hz mehrere niedrigere Frequenzen parallel herleiten, z. B. wenn Sie neben dem Sekundentakt noch einen schnelleren 2 Hz-Blinker-Takt benötigen.

Listing 5.14. Hardware- und softwarekontrollierter Blinker (Programm TimCtrBlinker.c).

```
1   /*
2     Blinker using timer CTC and overflow mode
3     Outputs:
4       - D5 green LED flashing with CTC mode
```

```
 5      - D6 red LED flashing with Overflow mode
 6  */
 7  #define F_CPU 6144000UL
 8
 9  #include <avr/io.h>
10  #include <avr/interrupt.h>
11  #include <avr/sleep.h>
12  #include "tmrcntLib.h"
13
14  // ------- hardcoded configuration -----------------
15
16  // define some bit masks
17  #define D_LED_GREEN (1<<DDD5)
18  #define P_LED_GREEN (1<<PD5)
19  #define D_LED_RED (1<<DDD6)
20  #define P_LED_RED (1<<PD6)
21
22  #define TOGGLELED_GREEN (PORTD ^= P_LED_GREEN)
23  #define TOGGLELED_RED (PORTD ^= P_LED_RED)
24
25  void initPorts(void){
26    DDRD |= (D_LED_GREEN|D_LED_RED);       // set PD6:5 as output
27  }
28
29  #define OCR0_FREQ (50)
30  #define OVF0VALUE ((uint8_t)(F_CPU/1024/OCR0_FREQ-1)) // Counter
        value for a <OCR0_FREQ> Hz compare match
31  #define OCR1_FREQ (2)
32  #define OCR1VALUE ((uint16_t)(F_CPU/1024/OCR1_FREQ-1))  // OCR1
        value for a <OCR1_FREQ> Hz compare match
33
34  // ------- business logic -----------------
35  volatile uint8_t subClk;    // SW timer connected to timer 0
36
37  ISR(TIMER1_COMPA_vect){
38    TOGGLELED_GREEN;       // toggle LED
39  }
40
41  ISR(TIMER0_OVF_vect){
42    TCNT0 = 255-OVF0VALUE;    // reload timer
43    --subClk;           // decrement with 50 Hz
44    if (subClk==0){        // scale down 50 Hz to 1 Hz, if zero is
          reached
45      subClk = OCR0_FREQ;   // reload SW counter
46      TOGGLELED_RED;       // toggle LED
47    }
48  }
49
50  int main(void){
```

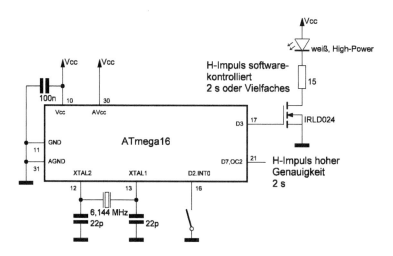

Abb. 5.24. Schaltung des Treppenhauslichts mit hardware-, d. h. timergesteuertem Signal. D3 ist der softwaregesteuerte Ausgang, OC2 der hardware-kontrollierte I/O-Pin hoher Zeitgenauigkeit.

```
51    initPorts();
52    initOverflow(TIMER_TIMER0, 255-OVF0VALUE, TIMER_CLK_PSC1024,
          TIMER_ENAIRQ);
53    initCTC(TIMER_TIMER1, OCR1VALUE, TIMER_COMPNOACTION,
          TIMER_PINSTATE_DONTCARE, TIMER_CLK_PSC1024, TIMER_ENAIRQ);
54    subClk = OCR0_FREQ;
55
56    sei();
57    while (1){
58      set_sleep_mode(SLEEP_MODE_IDLE);
59      sleep_mode();
60    }
61  }
```

5.8.3 Einmalige Impulse definierter Dauer, Treppenhauslicht

Dieses Beispiel greift das Treppenhauslicht aus Abschnitt 4.12.2 wieder auf und erzeugt einen einmaligen Impuls bekannter Dauer im Sekundenbereich. Ein solcher Impuls kann wie in Abb. 5.24 gezeigt der Steuerung von Beleuchtungskörpern, aber auch als Gatesignal für eine Frequenzmessung dienen, die wie in Abschnitt 5.6.2 geschildert die H-Pegel von Rechtecksignalen für diesen Zweck nutzt.

Listing 5.15 reagiert auf die HL-Flanke eines externen Interruptsignals an INT0, das z. B. von einem L-aktiven Lichtschalter stammen kann. Innerhalb des Interrupthandlers wird zunächst anhand des Bits PD3 im Register PORTD der Zustand des Ausgangs D3 geprüft, d. h. festgestellt, ob die Lampe bereits leuchtet und der Lichtschalter während der Leuchtphase erneut gedrückt wurde. In diesem Falle geschieht nichts, bis die Leuchtphase beendet ist.

Ist die Lampe dunkel, wird der OC2-Pin mit Hilfe des Flags FOC2 auf L-Pegel gesetzt, um sicherzustellen, daß der nun zu erzeugende Impuls an OC2 die Form LHL besitzt (die gezielte Veränderung des Signalpegels eines OCi-Pins wurde auf Seite 219 besprochen). Anschliessend wird Timer 2 im CTC-Modus mit einer Frequenz von 0,5 Hz gestartet, sodaß alle zwei Sekunden ein Output Compare-Interrupt ausgelöst wird. Diese zwei Sekunden sind somit das Zeitraster, in dem die an D3 angeschlossene Lampe geschaltet werden kann. Zusätzlich wird der Zähler ocr2irq initialisiert und später bei jeder Auslösung des Output Compare-Interrupts inkrementiert.

Das tatsächliche Einschalten der Lampe erfolgt im ersten Output Compare-Interrupt nach Timerstart. Damit dieser möglichst unmittelbar auf den Tastendruck folgt, wird TCNT2 mit einem Wert vorgeladen, der dem Vergleichswert minus Eins entspricht. Dies hat zur Folge, daß der Compare Match einen Timertakt nach Timerstart auftritt, also nach $\frac{1}{32}$ s.

⚡ Der Versuch, den Zähler mit dem Vergleichswert selber zu laden, um sofort einen Interrupt auszulösen, schlägt fehl, da die MCU bei einem Schreibzugriff auf TCNT2 den im nächsten Takt erfolgenden Interrupt aussetzt [1, p. 120].

Wird nun für Timer 2 ein Output Compare-Interrupt ausgelöst, wird im Handler als erstes der Zähler ocr2irq geprüft. Ist er noch 0, ist dies der erste Interrupt nach Timerstart und die Lampe muß eingeschaltet werden (LED_ON). Gleichzeitig wird der OC2-Pin automatisch auf H-Pegel gesetzt, da die Timerhardware bei jedem Output Compare-Ereignis den Zustand des OC2-Pins ändert. Sie können also auch OC2 zur Steuerung von Lampen, Frequenzgates o. ä. nutzen.

Besitzt ocr2irq den Wert 1, ist dies der zweite Interrupt nach dem Betätigen des Lichtschalters, und die Lampe muß wieder ausgeschaltet werden (LED_OFF). Der OC2-Pin wird vom Timer automatisch auf L-Pegel zurückgesetzt und damit der Impuls an OC2 beendet. Damit ist die aktive Phase des Beispiels beendet. Um ein erneutes Auslösen des Interrupts zu verhindern, wird Timer 2 gestoppt.

⚡ Der Impuls an OC2 wird von der Timer-Hardware gesteuert und ist exakt lang, wie Sie es durch den OCR2- und Prescalerwert sowie den MCU-Takt vorgeben. Der Impuls an D3, der softwareseitig durch LED_ON und LED_OFF erzeugt wird, wird in seiner Länge durch die Anzahl an Instruktionen geringfügig verändert. Nur wenn zwischen dem Interruptaufruf und LED_ON bzw. dem Interruptaufruf und LED_OFF genau gleich viele Taktzyklen verstrichen sind, entspricht die Länge des Software-Impulses der des OC2-Impulses. Bei hohen Anforderungen an die Genauigkeit müssen Sie daher die Instruktionen bzw. Taktzyklen zwischen Interruptbeginn und Änderung von D3 zählen und den OCR2-Wert entsprechend korrigieren (oder wie oben OC2 nutzen).

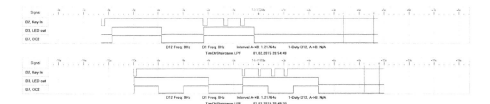

Abb. 5.25. Ein- und Ausgangssignalverläufe des Treppenhauslichts. Signale von oben nach unten: D2/KeyIn, D3/LedOut, D7/OC2. Oben: N = 0, Impulsdauer an D3 2 s, der Lampenimpuls entspricht dem Timerimpuls. Unten: N = 1, Impulsdauer an D3 6 s, der Lampenimpuls ist $2N$ + 1-mal länger als der Timerimpuls. D2 zeigt jeweils mehrere Tastendrücke, die ignoriert werden, wenn sie in die aktive Phase fallen.

Ist eine Impulsdauer von 2 s zu kurz, können Sie den Zähler ocr2irq nutzen, um einen Softwaretimer gemäß Abschnitt 5.8.2 aufbauen, und erreichen dann Impulsdauern an D3, die Vielfache von 2 s sind. An OC2 erhalten Sie entsprechend viele einzelne 2 s-Impulse, wie Abb. 5.25 unten für N = 1 zeigt.

Listing 5.15. Hardwarekontrollierter Impuls definierter Länge (Treppenhauslicht mit Timer, Programm TimCtrStaircase.c).

```
1   /*
2     Auto-disabling staircase light (or pulse generator).
3     Inputs:
4       - HL-edge on INT0 (D2) trigger light
5       - C7:6 external clock crystal 32,768 kHz
6     Outputs:
7       - D3, white power LED (H-active)
8       - D7, OC2 timer 2 OC output (synchronous to D3)
9   */
10  #define F_CPU 6144000L
11
12  #include <stdint.h>
13  #include <avr/io.h>
14  #include <avr/interrupt.h>
15  #include <avr/sleep.h>
16  #include "extIntLib.h"
17  #include "tmrcntLib.h"
18
19  // ------- hardcoded configuration -----------------
20
21  #define P_LED    (1<<PD3)
22  #define D_LED    (1<<DDD3)
23  #define IS_LED_ON (PORTD & P_LED)
24  #define LED_ON   (PORTD |= P_LED)
25  #define LED_OFF  (PORTD &= ~P_LED)
```

```
26
27  void initPorts(void){
28    LED_OFF;
29    DDRD |= D_LED;       // set output
30  }
31
32  // ------- business logic ----------------
33  #define OCR2FRQ    (0.5)
34  #define N        (0)
35  // OCR1 value for 0,5 Hz compare match = LED active for (2N+1)*2 s
36  #define OCR2VALUE ((uint8_t)(32768/1024/OCR2FRQ-1))
37
38  // global flag
39  volatile uint8_t ocr2irq;
40
41  // This interrupt vector is called when INT0 is triggered
42  ISR(INT0_vect){
43    if (!IS_LED_ON){  // only if LED is off (no retrigger of LED)
44      ocr2irq = 0;
45      // prepare timer for trigger in near future and start it
46      initAsync2(OCR2VALUE, TIMER_COMPTOGGLE, TIMER_PINSTATE_L,
47           TIMER_CLK_PSC1024, TIMER_ENAIRQ, OCR2VALUE-1);
47    }
48  }
49
50  // This interrupt vector is called whenever timeout for timer 2 is
        reached
51  ISR(TIMER2_COMP_vect){
52    if (ocr2irq==0){
53      // first OC match, enable LED
54      LED_ON;
55    } else if (ocr2irq==(2*N+1)){ // 1=one H cycle, 3=two H cycles ...
56      // 2nd OC match, disable LED and stop timer
57      LED_OFF;
58      stopTimer(TIMER_TIMER2, TIMER_PINSTATE_DONTCARE);
59    }
60    ocr2irq++;
61  }
62
63  int main(void){
64    initPorts();
65    initExtIRQ(EXTINT_INT0, EXTINT_HLEDGE, EXTINT_PININPUT);
66    sei();
67
68    while(1){
69      set_sleep_mode(SLEEP_MODE_IDLE);
70      sleep_mode();
71    }
72  }
```

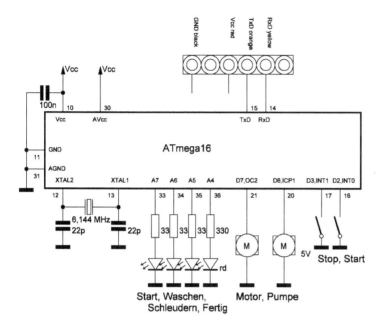

Abb. 5.26.
Schaltung
der Wasch-
maschinen-
steuerung.

5.8.4 Steuerung mit Zustandsautomat (Waschmaschine)

Dieses Beispiel konzentriert sich auf den Aspekt, Zustandsautomaten als Kern für Steuerungen aller Art zu verwenden. Beispiele solcher Steuerungen sind

– Steuerungen für Waschmaschinen, die vor allem zeitgesteuert werden (Perioden für Wassereinlauf, Vorweichen, Waschmittelzulauf, Waschen, Ruhen, etc.), aber auch Sensoreingaben (Wasser eingefüllt, Wasser abgepumpt) und manuelle Eingaben erfordern (Start- und Stopknopf).
– Steuerungen für Ampeln, Übergangsbedingungen sind hier manuelle Aktionen (Anforderung Fußgängerampel) und zeitliche Abläufe.

Wir wollen uns als Beispiel die Realisierung einer einfachen Waschmaschine ansehen, Abb. 5.26. Die Maschine besitzt eine Start- und eine Stoptaste, vier LEDs zur Anzeige des Betriebszustandes (START/BEREIT, WASCHEN, SCHLEUDERN, FERTIG), und als Aktoren einen Motor zum Drehen der Trommel und eine Pumpe zum Abpumpen des Wassers in der Trommel.

Kern der Firmware (Listing 5.16) ist ein Zustandsautomat (Abb. 5.27), der im Output Compare Match-Interrupt von Timer 1 zyklisch prüft, ob eine der Bedingungen zur Zustandsänderung erfüllt ist. Zu diesen Bedingungen gehören Tastatureingaben und Zeitintervalle, die durch Softwaretimer realisiert werden. Ist eine Bedingung erfüllt, wechselt der Automat in den Folgezustand und manipuliert als Übergangsaktion die

I/O-Pins A4–A7, an denen die LEDs, und die Pins D6–D7, an denen die beiden Aktoren angeschlossen sind. Unsere Modellwaschmaschine erfüllt folgende Funktionen:
- Nach dem Einschalten wird auf einen Startimpuls von der Starttaste gewartet.
- Nach dem Drücken der Starttaste geht die Waschmaschine für 20 Zeiteinheiten in den Zustand WASCHEN über, in dem sie abwechselnd jeweils eine Zeiteinheit über einen Motor die Trommel bewegt, und 4 Zeiteinheiten lang wartet, bevor die nächste Bewegung der Trommel stattfindet.
- Nach Ablauf der 20 Zeiteinheiten oder Druck auf die Stoptaste pumpt die Maschine 3 Zeiteinheiten lang über eine Pumpe Wasser ab (Zustand WASCHENPUMPEN).
- Nach dem Abpumpen oder nach Druck auf die Stoptaste beginnt ein 7 Zeiteinheiten langer Schleudervorgang, der über den Motor realisiert wird (Zustand SCHLEUDERN).
- Nach dem Schleudern oder nach Druck auf die Stoptaste wird 4 Zeiteinheiten lang Wasser abgepumpt (Zustand SCHLEUDERNPUMPEN).
- Nach dem Abpumpen oder nach Druck auf die Stoptaste geht die Maschine in den Zustand ENDE über. Durch einen Druck auf die Starttaste wird der START-Zustand wieder erreicht.

Die geschilderten Funktionen werden durch zwei Zustandsautomaten beschrieben, von denen einer die Hauptabläufe bestimmt, während ein zweiter nur während der Phase WASCHEN das alternierende Drehen der Trommel und Warten beschreibt, Abb. 5.27. Die beiden Variablen state und state1 enthalten die Zustände der Automaten, die zwei Variablen time und time1 stellen Softwaretimer dar und enthalten die aktuellen Restzeiten zur Zeitsteuerung der Automaten.

Schliessen wir ein seriellse Terminal an den USART der MCU an, können wir über die serielle Schnittstelle und ein USB-TTL-Kabel protokollieren, welche Zustände die Waschmaschine nach Druck auf die Starttaste durchläuft (Abb. 5.28 zeigt die entsprechenden Signalverläufe, aufgezeichnet mit einem Logikanalysator):

```
Start
<Starttaste>
Waschen
   Drehen    Warten
   Drehen    Warten
   Drehen    Warten
   Drehen    Warten
   Drehen    Warten
Waschenpumpen
Schleudern
Schleudernpumpen
Ende
<Starttaste>
Start
```

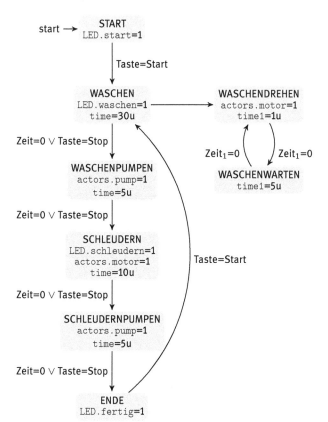

Abb. 5.27. Zustandsautomat einer modellhaften Waschmaschine.

Der zweite Durchlauf zeigt, welche Zustände nach Abbruch des Waschvorgangs durch Druck auf die Stoptaste durchlaufen werden:

```
Start
<Starttaste>
Waschen
  Drehen   Warten
  Drehen
<Stoptaste>
Waschenpumpen
Schleudern
Schleudernpumpen
Ende
```

Listing 5.16. Waschmaschine (Programm TimCtrWaschmaschine.c).

```
1   /*
2      Washing machine simulation, using a state machine.
3      Inputs:
4        - D2  Key "Start"
```

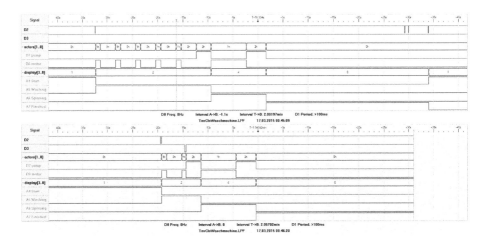

Abb. 5.28. Steuersignale der Waschmaschinensimulation, von oben nach unten: Starttaste
D2, Stoptaste D3, Zahlenwert Aktoren, D7/Pumpe, D6/Motor, Zahlenwert Anzeige, A4/Start,
A5/Washing, A6/Spinning, A7/Finished. **Oben:** vollständiger Durchgang, Zustände A4–A7 werden
erreicht. **Unten:** vorzeitiger Abbruch im Zustand A5 (Waschen) durch Stoptaste D3.

```
 5       - D3  Key "Stop"
 6    Outputs:
 7       - A7:4  Display for state (Finished, Spinning, Washing, Start)
 8       - D7:6  Actor control (pump, motor)
 9  */
10  #define F_CPU 6144000
11
12  #include <avr/io.h>
13  #include <avr/interrupt.h>
14  #include <avr/sleep.h>
15  #include "tmrcntLib.h"
16  #include "keyShortLongLib.h"
17
18  // UART Initialization
19  #define BAUD 9600
20  #include <util/setbaud.h>
21  #include "uartLib.h"
22
23  /* ------------- internal defines --------------- */
24  #define OCR1VALUE ((uint16_t)(F_CPU/1024/50-1)) // OCR1 value for a
         50 Hz compare match
25  #define START 10
26  #define WASCHEN 20
27  #define WASCHEN_DREHEN 1
28  #define WASCHEN_WARTEN 2
29  #define WASCHENPUMPEN 25
30  #define SCHLEUDERN 30
```

```
31  #define SCHLEUDERNPUMPEN 35
32  #define ENDE 40
33
34  // general states
35  volatile struct {
36    union {
37      struct {
38        uint8_t start:1;
39        uint8_t waschen:1;
40        uint8_t schleudern:1;
41        uint8_t fertig:1;
42      } bits;
43      uint8_t byte;
44    } LED;
45    union {
46      struct {
47        uint8_t motor:1;
48        uint8_t pumpe:1;
49      } bits;
50      uint8_t byte;
51    } actors;
52  } output;
53  volatile uint8_t state, state1;
54  volatile uint16_t time, time1;
55  keySLInfo keyInfo;
56
57  // ------- hardcoded configuration -----------------
58
59  // define some bit masks
60  #define D_OUTPUTA ((1<<DDA7)|(1<<DDA6)|(1<<DDA5)|(1<<DDA4))
61  #define D_INPUTD  ((1<<DDD3)|(1<<DDD2))
62  #define P_OUTPUTA ((1<<PA7)|(1<<PA6)|(1<<PA5)|(1<<PA4))
63  #define P_INPUTD  ((1<<PD3)|(1<<PD2))
64  #define I_INPUTD  ((1<<PIND3)|(1<<PIND2))
65  #define D_OUTPUTD ((1<<DDD7)|(1<<DDD6))
66  #define P_OUTPUTD ((1<<PD7)|(1<<PD6))
67
68  #define KEY_START  (I_INPUTD&~(1<<PIND2))
69  #define KEY_STOP   (I_INPUTD&~(1<<PIND3))
70  #define READINPUT  (PIND&I_INPUTD)
71  #define WRITEOUTPUTLED(value) (PORTA = (PORTA&~P_OUTPUTA)|((value<<
        PA4)&P_OUTPUTA))
72  #define WRITEOUTPUTACTOR(value) (PORTD = (PORTD&~P_OUTPUTD)|((value
        <<PD6)&P_OUTPUTD))
73
74  void initPorts(void){
75    PORTA &= ~P_OUTPUTA;  // set outputs to L
76    DDRA |= D_OUTPUTA;    // set outputs
```

```
77    PORTD |= P_INPUTD;       // enable internal pull-up resistors on
         inputs
78    DDRD &= ~D_INPUTD;       // set inputs
79    DDRD |= D_OUTPUTD;       // set outputs
80  }
81
82  // ------- business logic -----------------
83
84  uint8_t readKeys(void){
85    return READINPUT;
86  }
87
88  void outputState(void){
89    WRITEOUTPUTLED(output.LED.byte);
90    WRITEOUTPUTACTOR(output.actors.byte);
91  }
92
93  void enterWaschenDrehen(void);
94
95  void enterStart(void){
96    uart_puts("Start\r\n");
97    state = START;
98    state1 = 0;
99    output.LED.bits.start = 1;
100   output.LED.bits.waschen = 0;
101   output.LED.bits.schleudern = 0;
102   output.LED.bits.fertig = 0;
103   output.actors.bits.motor = 0;
104   output.actors.bits.pumpe = 0;
105 }
106
107 void enterWaschen(void){
108   uart_puts("Waschen\r\n");
109   state = WASCHEN;
110   time = 20*50;
111   output.LED.bits.start = 0;
112   output.LED.bits.waschen = 1;
113   enterWaschenDrehen();
114 }
115
116 void enterWaschenDrehen(void){
117   uart_puts("  Drehen");
118   state1 = WASCHEN_DREHEN;
119   time1 = 1*50;
120   output.actors.bits.motor = 1;
121 }
122
123 void enterWaschenWarten(void){
124   uart_puts("  Warten\r\n");
```

```
125    state1 = WASCHEN_WARTEN;
126    time1 = 3*50;
127    output.actors.bits.motor = 0;
128  }
129
130  void enterWaschenpumpen(void){
131    uart_puts("Waschenpumpen\r\n");
132    state = WASCHENPUMPEN;
133    time = 3*50;
134    output.actors.bits.motor = 0;
135    output.actors.bits.pumpe = 1;
136  }
137
138  void enterSchleudern(void){
139    uart_puts("Schleudern\r\n");
140    state = SCHLEUDERN;
141    time = 7*50;
142    output.LED.bits.waschen = 0;
143    output.LED.bits.schleudern = 1;
144    output.actors.bits.pumpe = 0;
145    output.actors.bits.motor = 1;
146  }
147
148  void enterSchleudernpumpen(void){
149    uart_puts("Schleudernpumpen\r\n");
150    state = SCHLEUDERNPUMPEN;
151    time = 4*50;
152    output.actors.bits.motor = 0;
153    output.actors.bits.pumpe = 1;
154  }
155
156  void enterEnde(void){
157    uart_puts("Ende\r\n");
158    state = ENDE;
159    output.LED.bits.schleudern = 0;
160    output.LED.bits.fertig = 1;
161    output.actors.bits.motor = 0;
162    output.actors.bits.pumpe = 0;
163  }
164
165  // OC interrupt fired with 50 Hz for key scanning and driving the
          state machine.
166  ISR(TIMER1_COMPA_vect){
167    evalKey(&keyInfo);
168
169    if (state==START) {
170      if (keyInfo.type==KEYSTROKE_SHORT && keyInfo.key==KEY_START) {
171        enterWaschen();
172      }
```

```
173    } else if (state == WASCHEN) {
174      if ((keyInfo.type==KEYSTROKE_SHORT && keyInfo.key==KEY_STOP) ||
              --time==0) {
175        enterWaschenpumpen();
176      } else {
177        // inner state machine
178        if (state1==WASCHEN_DREHEN) {
179          if (--time1==0) {
180            enterWaschenWarten();
181          }
182        } else if (state1== WASCHEN_WARTEN) {
183          if (--time1==0) {
184            enterWaschenDrehen();
185          }
186        }
187      }
188    } else if (state == WASCHENPUMPEN) {
189      if ((keyInfo.type==KEYSTROKE_SHORT && keyInfo.key==KEY_STOP) ||
              --time==0) {
190        enterSchleudern();
191      }
192    } else if (state == SCHLEUDERN) {
193      if ((keyInfo.type==KEYSTROKE_SHORT && keyInfo.key==KEY_STOP) ||
              --time==0) {
194        enterSchleudernpumpen();
195      }
196    } else if (state == SCHLEUDERNPUMPEN) {
197      if ((keyInfo.type==KEYSTROKE_SHORT && keyInfo.key==KEY_STOP) ||
              --time==0) {
198        enterEnde();
199      }
200    } else if (state == ENDE) {
201      if (keyInfo.type==KEYSTROKE_SHORT && keyInfo.key==KEY_START) {
202        enterStart();
203      }
204    }
205    keyInfo.type = KEYSTROKE_NONE;
206    outputState();
207  }
208
209  int main(void){
210    initPorts();
211    initKeyShortLong(&keyInfo, 3, 25, READINPUT, 0, 0);
212    initCTC(TIMER_TIMER1 , OCR1VALUE, TIMER_COMPNOACTION ,
            TIMER_PINSTATE_DONTCARE , TIMER_CLK_PSC1024 , TIMER_ENAIRQ);
213    initUART(UART_NOIRQ, UBRRH_VALUE, UBRRL_VALUE);
214
215    enterStart();
216    outputState();
```

```
217    sei();
218
219    while (1){
220      set_sleep_mode(SLEEP_MODE_IDLE);
221      sleep_mode();
222    }
223  }
```

5.8.5 Bibliothek für 7-Segment-Anzeigen im Multiplexbetrieb

Die in Abschnitt 4.6.2 gezeigte direkte Ansteuerung einer 7-Segment-Anzeige ist einfach, kann jedoch nicht auf mehrstellige Anzeigen übertragen werden, da zu viele Portpins gebraucht werden (im Falle einer vierstelligen Anzeige mit vier Dezimalpunkten wären $4 \times (7+1) = 32$ Pins notwendig, die in der Regel nicht einmal bei größeren AVR-Typen verfügbar oder frei sind).

Mehrstellige Anzeigen besitzen daher pro Dezimalstelle eine Leitung, die als gemeinsame Anode oder Kathode für die LEDs dieser Stelle fungiert, und 8 Leitungen, die die Segmente aller Dezimalstellen verbinden. Sie werden im *Multiplex-Betrieb* angesteuert, bei dem immer nur die acht Segmente/Dezimalpunkte einer einzelnen Dezimalstelle gleichzeitig leuchten. Diese Stelle wird durch Ansteuerung ihrer Anoden- oder Kathodenleitung ausgewählt. Die aktiven Stellen wechseln so rasch, daß sich aufgrund der Trägheit unserer Augen der Eindruck ergibt, daß alle Stellen leuchten.

Bei dieser Art der Ansteuerung sind für eine vierstellige Anzeige nur $4+(7+1) = 12$ Portpins erforderlich, pro weiterer Stelle ein Pin mehr. Die Schaltung ist in Abb. 5.29 für CA- und CC-Anzeigen (common anode bzw. common cathode) mit gemeinsamer Anode bzw. gemeinsamer Kathode gezeigt. Je nach Anzeigetyp müssen wir integrierte High-Side-Treiber wie UDN2981 oder diskrete PNP-Transistoren, bzw. integrierte Low-Side-Treiber wie ULN2803 oder diskrete NPN-Transistoren verwenden. Beachten Sie die Polarität der jeweiligen Ansteuersignale in jeder Version!

Im Zusammenhang mit AVR-MCUs muß nur die Seite mit Treibern versehen werden, die den gebündelten Strom aller acht LEDs liefert (CA-Typen) oder aufnimmt (CC-Typen), da bis zu $8 \times 20 = 160$ mA zusammenkommen. Die individuellen Segmentleitungen erfordern nur eine Stromquelle bzw. -aufnahme von 20 mA, was innerhalb der Portspezifikation liegt.

Multiplex-7-Segment-Anzeigen lassen sich gut mit einer Matrixtastatur kombinieren, ohne weitere Portpins zu benötigen, Abschnitt 4.7.3 (allgemein) oder Abschnitt 5.8.7 (vollständiges Beispiel).

Die vorgestellte Bibliothek enthält die zur Ansteuerung einer achtstelligen Multiplex-Anzeige notwendige Software. Darstellbar sind die Ziffern von 0–9, die Hexadezimalziffern A–F, ein Leerzeichen und ein Minuszeichen, jeweils ohne und mit aktivem Dezi-

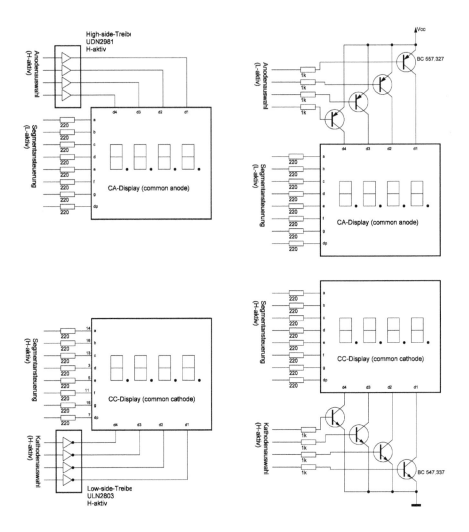

Abb. 5.29. Zwei Ansteuerungsmöglichkeiten für vierstellige 7-Segment-Anzeigen im Multiplexbetrieb. Die Auswahl der aktiven Dezimalstelle erfolgt über eine der vier Anoden- (CA-Typen) oder Kathodenleitungen (CC-Typen). Der gebündelte Strom fließt über High- bzw. Low-Side-Treiber, entweder integrierte Schaltungen oder diskrete PNP- bzw. NPN-Transistoren.

malpunkt. Jede Dezimalstelle kann blinkend betrieben werden und in der Blinkphase ein beliebiges Zeichen darstellen. Die Bibliothek bietet folgende Funktionen:

- `initDisplay()` legt die Konfiguration der Anzeige fest (Zahl der Stellen, Lage der I/O-Pins zur Segment- und Ziffernansteuerung).
- `multiplexDisplay()` ist der Multiplexer, der in kurzen regelmäßigen Abständen aufgerufen werden muß, am besten in einem Timer-Interrupt mit einer Frequenz von einigen hundert Hertz.

- Die Zeicheninformationen sind in einem Puffer gespeichert. Zum Befüllen gibt es die Funktionen:
  - fillDisplayBufferC() schreibt ein Zeichen in den Puffer.
  - fillDisplayBufferOD() schreibt eine zweistellige Zahl mit führender Null in zwei aufeinanderfolgende Positionen des Puffers.
  - fillDisplayBufferDD() schreibt eine zweistellige Zahl in aufeinanderfolgende Pufferpositionen, bei Zahlen kleiner Zehn mit führendem Leerzeichen.
  - fillDisplayBufferRaw() schreibt ein beliebiges Bitmuster in eine Position.

Die Bibliothek speichert die Zeicheninformationen in einem achtstelligen Array outputBuffer. In einem zweiten Array outputBufferFlash stehen die Symbole, die im Blinkbetrieb alternierend eingeblendet werden. Alle Zeichen werden nach Befüllung des Puffers mit prepareBitPattern() in Bitmuster, die zur Segmentansteuerung notwendig sind, umgewandelt. Die Bitmuster sind separat in den Arrays outputBufferBP und outputBufferFlashBP gespeichert, sodaß die logischen Zeicheninformationen erhalten bleiben.

Listing 5.17. Multiplex-Display-Bibliothek (Programm 7segMuxLib.h).

```
 1  #ifndef SEGMUXLIB_H_
 2  #define SEGMUXLIB_H_
 3
 4  #include <stdint.h>
 5  #include <avr/io.h>
 6
 7  #define MUXDISP_H_ACTIVE   1
 8  #define MUXDISP_L_ACTIVE   0
 9  #define MUXDISP_NOFLASH    254
10  #define MUXDISP_FLASH      255
11  #define MUXDISP_NODP       0
12  #define MUXDISP_DP         1
13  #define MUXDISP_RAW        255
14
15  void initDisplay(uint8_t polaritySegment, uint8_t polarityDigit,
        uint8_t digits, uint8_t* offsets, volatile uint8_t *drivers,
        volatile uint8_t *segments);
16
17  void multiplexDisplay(uint8_t flashClk);
18
19  void fillDisplayBufferC(uint8_t position, uint8_t value, uint8_t
        flashChar, uint8_t dp, uint8_t dpFlash);
20
21  void fillDisplayBufferOD(uint8_t position, uint8_t value, uint8_t
        flashChar, uint8_t dp0, uint8_t dp1, uint8_t dp0Flash, uint8_t
        dp1Flash);
22
```

```
23  void fillDisplayBufferDD(uint8_t position, uint8_t value, uint8_t
        flashChar, uint8_t dp0, uint8_t dp1, uint8_t dp0Flash, uint8_t
        dp1Flash);
24
25  void fillDisplayBufferRaw(uint8_t position, uint8_t value, uint8_t
        flashChar);
26  #endif /* SEGMUXLIB_H_ */
```

Listing 5.18. Multiplex-Display-Bibliothek (Programm 7segMuxLib.c).

```
1   #include <avr/pgmspace.h>
2   #include "7segmuxLib.h"
3
4   static uint8_t outputBuffer[8];
5   static uint8_t outputBufferFlash[8];
6   static uint8_t outputBufferBP[8];
7   static uint8_t outputBufferFlashBP[8];
8
9   struct {
10    uint8_t polaritySegment;
11    uint8_t polarityDigit;
12    uint8_t digits;
13    uint8_t* portOffsets;
14    volatile uint8_t* driverPort;
15    uint8_t driverBits;
16    volatile uint8_t* segmentPort;
17  } displayMuxInfo;
18
19  const uint8_t PROGMEM bitPattern[] = {
20    0x3f, 0x06, 0x5b, 0x4f, 0x66, 0x6d, 0x7d, 0x07, // 0-7
21    0x7f, 0x6f, 0x77, 0x7c, 0x39, 0x5e, 0x79, 0x71, // 8-F
22    0x40, 0x00, 0x00, 0x00,              // -, sp, sp, sp
23    0xbf, 0x86, 0xdb, 0xcf, 0xe6, 0xed, 0xfd, 0x87, // 0-7 (dp set)
24    0xff, 0xef, 0xf7, 0xfc, 0xb9, 0xde, 0xf9, 0xf1, // 8-F (dp set)
25    0xc0, 0x80, 0x80, 0x80              // -, sp, sp, sp (dp set)
26  };
27
28  // calculates segment bit pattern for a character
29  uint8_t toBitPattern(uint8_t value){
30    if (displayMuxInfo.polaritySegment==MUXDISP_H_ACTIVE){
31      return pgm_read_byte(&bitPattern[value%40]);
32    } else {
33      return ~pgm_read_byte(&bitPattern[value%40]);
34    }
35  }
36
37  void initDisplay(uint8_t polaritySegment, uint8_t polarityDigit,
        uint8_t digits, uint8_t* offsets, volatile uint8_t *drivers,
        volatile uint8_t *segments){
```

```
38    displayMuxInfo.politySegment = politySegment;
39    displayMuxInfo.politySegment = politySegment;
40    displayMuxInfo.politySegment = politySegment;
```

```
38    displayMuxInfo.polaritySegment = polaritySegment;
39    displayMuxInfo.polarityDigit = polarityDigit;
40    displayMuxInfo.digits = digits;
41    displayMuxInfo.portOffsets = offsets;
42    displayMuxInfo.driverPort = drivers;
43    displayMuxInfo.segmentPort = segments;
44
45    // create a bitfield with '1' at every segment line
46    uint8_t i;
47    displayMuxInfo.driverBits = 0;
48    for (i=0; i<digits; i++){
49      displayMuxInfo.driverBits |= *(offsets+i);
50    }
51  }
52
53  void multiplexDisplay(uint8_t flashClk){
54    static uint8_t digit = 0;
55
56    // switch to next digit and activate common anode/cathode line
57    digit = (digit+1) % displayMuxInfo.digits;
58    uint8_t driverTmp = *(displayMuxInfo.driverPort);
59    if (displayMuxInfo.polarityDigit==MUXDISP_H_ACTIVE){
60      // inactivate all driver lines, activate current one
61      driverTmp &= ~displayMuxInfo.driverBits;
62      driverTmp |= displayMuxInfo.portOffsets[digit];
63    } else {
64      // inactivate all driver lines, activate current one
65      driverTmp |= displayMuxInfo.driverBits;
66      driverTmp &= ~(displayMuxInfo.portOffsets[digit]);
67    }
68    *(displayMuxInfo.driverPort) = driverTmp;
69    // send out bit pattern for this digit
70    // check if digit should be flashing
71    if (flashClk){
72      *(displayMuxInfo.segmentPort) = outputBufferFlashBP[digit];
73    } else {
74      *(displayMuxInfo.segmentPort) = outputBufferBP[digit];
75    }
76  }
77
78  void prepareBitPattern(){
79    for (uint8_t i=0; i<8; i++){
80      if (outputBuffer[i]!=MUXDISP_RAW){
81        outputBufferBP[i] = toBitPattern(outputBuffer[i]);
82        outputBufferFlashBP[i] = toBitPattern(outputBufferFlash[i]);
83      }
84    }
85  }
86
```

```
87   // fill value in output buffer
88   void fillDisplayBufferC(uint8_t position, uint8_t value, uint8_t
         flashChar, uint8_t dp, uint8_t dpFlash){
89     outputBuffer[position] = value + (dp==MUXDISP_DP?20:0);
90     outputBufferFlash[position] = (flashChar==MUXDISP_NOFLASH?
         outputBuffer[position]:flashChar) + (dpFlash==MUXDISP_FLASH
         ?20:0);
91     prepareBitPattern();
92   }
93
94   // fill 2-digit value in output buffer with leading zero
95   void fillDisplayBuffer0D(uint8_t position, uint8_t value, uint8_t
         flashChar, uint8_t dp0, uint8_t dp1, uint8_t dp0Flash, uint8_t
         dp1Flash){
96     outputBuffer[position] = value%10 + (dp0==MUXDISP_DP?20:0);
97     outputBuffer[position+1] = value/10 + (dp1==MUXDISP_DP?20:0);
98     outputBufferFlash[position] = (flashChar==MUXDISP_NOFLASH?
         outputBuffer[position]:flashChar) + (dp0Flash==MUXDISP_FLASH
         ?20:0);
99     outputBufferFlash[position+1] = (flashChar==MUXDISP_NOFLASH?
         outputBuffer[position+1]:flashChar) + (dp1Flash==MUXDISP_FLASH
         ?20:0);
100    prepareBitPattern();
101  }
102
103  // fill 2-digit value in output buffer, skip leading zero
104  void fillDisplayBufferDD(uint8_t position, uint8_t value, uint8_t
         flashChar, uint8_t dp0, uint8_t dp1, uint8_t dp0Flash, uint8_t
         dp1Flash){
105    outputBuffer[position] = value%10 + (dp0==MUXDISP_DP?20:0);
106    outputBuffer[position+1] = value>9 ? (value/10 + (dp1==MUXDISP_DP
         ?20:0)) : (17 + (dp1==MUXDISP_DP?20:0));
107    outputBufferFlash[position] = (flashChar==MUXDISP_NOFLASH?
         outputBuffer[position]:flashChar) + (dp0Flash==MUXDISP_FLASH
         ?20:0);
108    outputBufferFlash[position+1] = (flashChar==MUXDISP_NOFLASH?
         outputBuffer[position+1]:flashChar) + (dp1Flash==MUXDISP_FLASH
         ?20:0);
109    prepareBitPattern();
110  }
111
112  void fillDisplayBufferRaw(uint8_t position, uint8_t value, uint8_t
         flashChar){
113    outputBuffer[position] = MUXDISP_RAW;
114    outputBufferBP[position] = value;
115    outputBufferFlashBP[position] = flashChar;
116  }
```

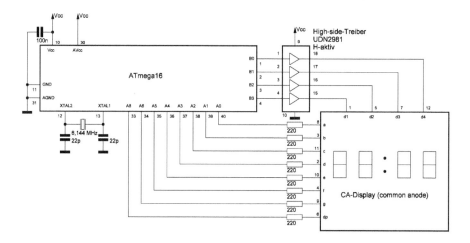

Abb. 5.30. Schaltung einer Digitaluhr mit vierstelliger 7-Segment-Anzeige mit gemeinsamer Anode, die im Multiplexbetrieb verwendet wird.

5.8.6 Einfache Digitaluhr mit 7-Segment-Anzeige

Ein Beispiel für die parallele Abarbeitung mehrerer zyklischer Vorgänge ist die klassische Digitaluhr mit 7-Segment-Anzeige im Multiplex-Betrieb. Abb. 5.30 zeigt die Schaltung einer solchen Uhr, die aus Gründen der Einfachheit nicht über die Möglichkeit verfügt, die Uhrzeit einzustellen, und nach dem Einschalten die Zeit immer von 00:00 Uhr an fortzählt. Die Software erzeugt mit zwei Timern den Sekundentakt zum Weiterschalten der Uhrzeit sowie einen schnellen Takt zum Multiplexen der Anzeige.

Wenn Tasten zum Verändern der Uhrzeit hinzutreten, wird ein weiterer Takt zum Abfragen der Tasten und Entprellen notwendig. Da die Tastenabfrage etwa 50 Hz benötigt, kann sie gut mit dem Sekundentakt kombiniert werden: in einem 50 Hz-Interrupt wird die Tastatur abgefragt und bei jedem fünfzigsten Aufruf zusätzlich die Uhrzeit um eine Sekunde erhöht (1 Hz-Softwaretimer, Abschnitt 5.8.2). Ein Beispiel für eine solche Kombination ist das selbstgebaute Metronom (Abschnitt 4.8.3) und eine Digitaluhr mit Eingabe der Uhrzeit über Tastatur (Abschnitt 5.8.7).

Ohne Einstellmöglichkeiten für die Uhrzeit ist das Programm einfach. Zu Beginn wird die Multiplexer-Bibliothek initialisiert, insbesondere wird die Polarität von Anoden- und Segmentsignalen festgelegt. Durch die Verwendung eines integrierten High-Side-Treibers sind die Anodenleitungen H-aktiv (Parameter `MUXDISP_H_ACTIVE`), die Segmente der CA-Anzeige dagegen L-aktiv (Parameter `MUXDISP_L_ACTIVE`). Die Anodenleitungen liegen in `PORTB`, die Segmente in `PORTA`. Die bitgenaue Lage der Anodenleitungen wird durch einzelne gesetzte Bits in den Werten des Arrays `driverBits` bestimmt. Nach der Initialisierung wird in den Idle-Modus geschaltet, da die MCU nur

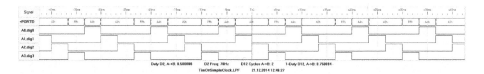

Abb. 5.31. Steuersignale der 7-Segment-Anzeige im Multiplexbetrieb. Signale von oben nach unten: Zahlenwert von PORTD, A0/dig0–A3/dig3. Die Signale A3 : 0 sind Anodenauswahlsignale, die zyklisch aktiviert werden, DA7 : 0 sind die Steuerleitungen der einzelnen Segmente (DP, G–A).

während der mit 300 Hz bzw. 50 Hz stattfindenden Timerinterrupts für wenige Taktzyklen Instruktionen ausführt und ansonsten unbeschäftigt ist.

Timer 1 wird im CTC-Modus betrieben und löst 50mal pro Sekunde einen Output Compare Match-Interrupt aus. Innerhalb des Handlers wird über die Variable iSubclkCnt ein Softwaretimer, der mit dem Wert 50 startet, dekrementiert und erzeugt so einen Sekundentakt zum Weiterzählen der Uhrzeit. Ein zweiter Softwaretimer (Variable iFlashClk) erzeugt die 2 Hz-Blinkfrequenz, mit der die Dezimalpunkte im Sekundenrhythmus blinken. Zuletzt wird im Handler über die Funktion fillDisplayBuffer() der Multiplexerpuffer mit der aktuellen Uhrzeit gefüllt. Bei den geschriebenen Daten handelt es sich um Stunden und Minuten der Zeitangabe, sowie Informationen darüber, welche Dezimalpunkte aktiv sein sollen. Bei der verwendeten 7-Segment-Anzeige besitzen die beiden mittleren Stellen Dezimalpunkte, die in Form eines Doppelpunktes übereinanderstehen. fillDisplayBuffer() setzt daher die Dezimalpunkte der Dezimalstellen 1 und 2 aktiv, während die der Stellen 0 und 3 inaktiv sind. Da die Dezimalpunkte im Sekundentakt blinken sollen, setzen wir zusätzlich für die Dezimalstellen 1 und 2 ein Blinkflag für Dezimalpunkte.

Der schnelle Multiplexertakt von 300 Hz wird vom 8 bit-Timer 0 im Normalmodus erzeugt. Im Überlaufinterrupt wird multiplexDisplay() aufgerufen, um die aktive Dezimalstelle zu verrücken, die Anodenleitung entsprechend zu schalten und die dazu passenden Segmente zu aktivieren, Abb. 5.31. Die Multiplexerbibliothek berücksichtigt die Polarität von Anoden- und Segmentleitungen.

Listing 5.19. Einfache Digitaluhr, kein Stellen der Zeit möglich (Programm TimCtrSimpleClock.c).

```
 1  /*
 2     Digital clock using 7-segment display
 3     Outputs:
 4       - A7:0   segments DP, G-A
 5       - B3:0   Digit 3:0 CA
 6  */
 7  #define F_CPU 6144000L
 8
 9  #include <stdint.h>
10  #include <avr/io.h>
11  #include <avr/interrupt.h>
12  #include <avr/sleep.h>
```

```
13   #include "tmrcntLib.h"
14   #include "7segMuxLib.h"
15
16   void initPorts(void){
17     PORTA = 0xff;   // no segment activated
18     DDRA = 0xff;    // segments a-g, dp
19     PORTB = 0x0f;   // no drivers activated
20     DDRB = 0x0f;    // drivers digit3:0
21   }
22
23   /* ------------- user configuration --------------- */
24   #define DISPLAY_SCAN_FREQ 300 // multiplex frequency in Hz
25
26   /* ------------- internal defines --------------- */
27   #define TIM0_WAIT ((uint8_t)(F_CPU/1024/DISPLAY_SCAN_FREQ)-1) //
           timer0 reload value
28   #define OCR1VALUE ((uint16_t)(F_CPU/1024/50-1)) // value for 50 Hz
29
30   volatile uint8_t iHours = 0, iMinutes = 0, iSeconds = 0;
31   // general states
32   volatile uint8_t iSubclkCnt = 0, iFlashClk = 0;
33   uint8_t driverBits[] = { 0b00000001, 0b00000010, 0b00000100, 0
           b00001000 };
34
35   // fills display buffer with time (DP1:2 flashes)
36   void fillDisplayBuffer(void){
37     fillDisplayBuffer0D(0, iMinutes, MUXDISP_NOFLASH, MUXDISP_NODP,
           MUXDISP_DP, MUXDISP_NOFLASH, MUXDISP_FLASH);
38     fillDisplayBufferDD(2, iHours, MUXDISP_NOFLASH, MUXDISP_DP,
           MUXDISP_NODP, MUXDISP_FLASH, MUXDISP_NOFLASH);
39   }
40
41   // display multiplexer IRQ, fired with 300 Hz
42   ISR(TIMER0_OVF_vect){
43     TCNT0 = 255-TIM0_WAIT;  // restart timer
44     multiplexDisplay(iFlashClk);
45   }
46
47   // Interrupt fired with 50 Hz, base for other frequencies
48   // (1 Hz time stepping clock, 2 Hz flash clock (variable iFlashClk))
49   ISR(TIMER1_COMPA_vect){
50     // 1. perform 1 Hz activities
51     if (iSubclkCnt==0){
52       if (++iSeconds==60){
53         iSeconds = 0;
54         if (++iMinutes==60){
55           iMinutes = 0;
56           if (++iHours==24){
57             iHours = 0;
```

```
58           }
59         }
60       }
61     }
62
63     // 2. generate flash clock
64     iFlashClk = iSubclkCnt >=25;
65     iSubclkCnt = (iSubclkCnt +1) % 50;
66
67     // 3. update display buffer
68     fillDisplayBuffer();
69 }
70
71 int main(void){
72     initPorts();
73     initOverflow(TIMER_TIMER0, 255-TIM0_WAIT, TIMER_CLK_PSC1024,
           TIMER_ENAIRQ);
74     initCTC(TIMER_TIMER1, OCR1VALUE, TIMER_COMPNOACTION,
           TIMER_PINSTATE_DONTCARE, TIMER_CLK_PSC1024, TIMER_ENAIRQ);
75     initDisplay(MUXDISP_L_ACTIVE, MUXDISP_H_ACTIVE, 4, driverBits, &
           PORTB, &PORTA);
76     sei();
77
78     while (1){
79       set_sleep_mode(SLEEP_MODE_IDLE);
80       sleep_mode();
81     }
82 }
```

5.8.7 Digitaluhr mit Zeiteinstellung über Tastatur

Dieses Beispiel baut auf der Digitaluhr mit selbstleuchtender 7-Segment-Anzeige aus dem letzten Abschnitt auf und vervollständigt sie um eine 4x4-Matrixtastatur zur Eingabe der Uhrzeit. Abb. 5.32 zeigt die Schaltung, Listing 5.20 die Firmware.

Durch die Möglichkeit, die Zeit über Tastatureingaben zu verändern, besitzt die Uhr nun zwei Zustände „Normalbetrieb mit Zeitanzeige" und „Stellen der Uhrzeit", sodaß die Funktion der Uhr über einen Zustandsautomat modelliert wird, Abb. 5.33. Im Normalzustand STATE_TIME wird die aktuelle Zeit angezeigt. Bei Betätigung einer Zifferntaste „0"–"9" wird in den Zustand STATE_TIMESET umgeschaltet, der anhält, solange weitere Zifferntasten gedrückt werden. Bei jedem Tastendruck wird die eingegebene Ziffer in einem vierstelligen Puffer iTimeTmp gespeichert und die aktive Dezimalstelle um eine Stelle verrückt. Die temporäre Zeit wird angezeigt und die aktive Dezimalstelle blinkt. Wird die Taste mit dem Scancode 0x7b oder dem numerischen Code 10 gedrückt, wird die eingegebene Zeit aus dem Puffer übernommen und in den

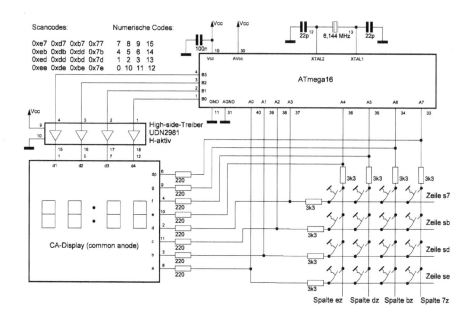

Abb. 5.32. Schaltung einer Digitaluhr mit vierstelliger 7-Segment-Anzeige mit gemeinsamer Anode, die im Multiplexbetrieb verwendet wird. Die Ansteuerung von Matrixtastatur und 7-Segment-Anzeige über gemeinsame Datenleitungen erfolgt gemäß [13].

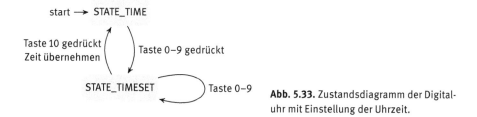

Abb. 5.33. Zustandsdiagramm der Digital-uhr mit Einstellung der Uhrzeit.

Zustand STATE_TIME gewechselt. Die Funktion fillDisplayBuffer() berücksichtigt bei jedem Aufruf den aktuellen Zustand der Uhr, um den Multiplexer-Puffer entweder mit der Uhrzeit oder der temporären Uhrzeit zu füllen. Zusätzlich setzt sie im Normal-betrieb das Blink-Flag für die beiden mittleren Dezimalpunkte (Sekundenpunkte), im Zeitstellungsmodus für die aktive Dezimalstelle, für die die nächste Zifferneingabe er-wartet wird.

Anzeige und Matrixtastatur teilen sich die Signale von Port A und nutzen sie wech-selweise zur Ansteuerung der Segmente (Multiplexphase) oder zur Tastaturabfrage (Tastaturabfragephase). Die 7-Segment-Anzeige wird im Überlaufinterrupt von Timer 0 mit 500 Hz im Multiplexbetrieb angesteuert, während Tastaturabfrage, Steuerung des

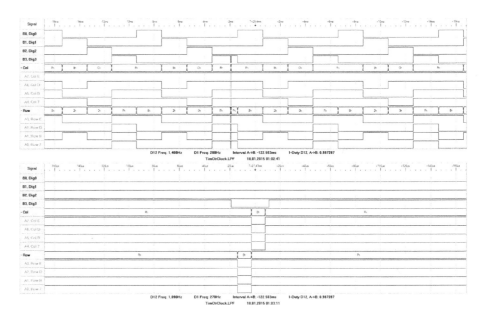

Abb. 5.34. Steuersignale der 7-Segment-Anzeige/Matrixtastatur im Multiplexbetrieb. Signale von oben nach unten: Anodenauswahlsignale B0/Dig0–B3/Dig3, Nibble mit Zeilenwert, Zeilensignale A7/ColE–A4/Col7, Nibble mit Spaltenwert, Spaltensignale A3/RowE–A0/Row7. Die Anodenauswahlsignale B0–B3 werden zyklisch für 2 ms aktiviert (B0 ist die Einerstelle der Minuten, B3 die Zehnerstelle der Stunden), A7 : 0 steuern die einzelnen Segmente der Anzeige (DP, G–A). Oben: Ansicht über längeren Zeitraum, zu sehen ist die Übertragung der Uhrzeit 0:57 mit führendem Leerzeichen ohne Sekundenpunkte, entsprechend den Bitmustern 0xf8–0x92–0xc0–0xff für die low-aktiven Segmente der Dezimalstellen 0–3 (die von rechts nach links angeordnet sind). Die Unterbrechungen des Musters im 50 Hz-Takt stellt Zugriffe auf die Tastatur dar. Unten: Ausschnitt mit Zugriff auf die Matrixtastatur (Spalten-/Zeilenabfrage), während Ziffer 0 mit dem Bitmuster 0xff angesteuert wird.

Zustandsautomaten und Zeitaktualisierung im Output Compare Match-Interrupt von Timer 1 mit 50 Hz stattfinden.

Abb. 5.34 oben zeigt den Signalverlauf des Anzeigenmultiplexers. Deutlich erkennbar sind die zeitversetzt aktiven Signale B0–B3, mit denen die Multiplexansteuerung der vierstelligen 7-Segment-Anzeige realisiert wird. Jedes Signal ist für 2 ms aktiv, d. h. jede Dezimalstelle leuchtet 2 ms lang, was der Multiplexfrequenz von 500 Hz entspricht. Die Signale A0–A7 von Port A (im Diagramm in zwei Nibbles aufgeteilt) zeigen in der Multiplexphase die zur gerade aktiven Dezimalstelle passenden Bitmuster für low-aktive Segmente: die Bitmuster 0xf8–0x92–0xc0–0xff für die Dezimalstellen 0–3 (von rechts nach links angeordnet) entsprechen einer Anzeige von „750_" oder 00:57 Uhr (Dezimalpunkte leuchten gerade nicht).

Die Tastatur wird über die Funktion readKeys() ausgelesen. Die Tastaturabfrage ist der Multiplexsteuerung im 50 Hz-Takt überlagert, sodaß in readKeys() die Zustän-

de der Ports A und B zu Beginn gesichert und nach der Tastaturabfrage wiederhergestellt werden müssen, damit die Anzeige nicht aufgrund falscher Pinpegel flackert.

Die Überlagerung des Multiplexgeschehens durch die zehnmal seltenere Tastaturabfrage ist in Abb. 5.34 oben in der Bildmitte als kurzer Puls sichtbar, da die Tastaturabfrage nur wenige Mikrosekunden dauert. Sie erfolgt während der Ansteuerung der
linken Dezimalstelle, die gerade ein Leerzeichen anzeigt und deren Segmente daher
alle dunkel geschaltet sind (Bitmuster `0xff` für die Segmente). Abb. 5.34 unten zeigt
eine Ausschnittsvergrößerung des Geschehens, in der erkennbar ist, daß der Zustand
der Anzeigensteuerung nach der Tastaturabfrage wiederhergestellt wurde.

Da nach der Aktualisierung der Anzeige 2 ms lang ein unveränderter Zustand eintritt, der bei 6,144 MHz MCU-Takt etwa 12.000 Taktzyklen entspricht, lohnt es sich, die
MCU in der Hauptschleife in den stromsparenden Idle-Modus zu versetzen, in dem
keine Instruktionen ausgeführt werden. Ein Interrupt durch einen der aktiven Timer
weckt die MCU auf und erlaubt die Aktualisierung der Anzeige, die Fortschaltung des
Zustandsautomaten und der Zeit oder die Tastaturabfrage.

Listing 5.20. Digitaluhr mit Stellen der Zeit und Ausgabe über 7-Segment-Anzeige (Programm TimC-
trClock.c).

```
1   /*
2      Digital clock using 7-segment display and matrix keyboard
3      Outputs:
4         - A7:0  segments DP, G-A, keyboard
5         - B3:0  Digit 3:0 CA
6   */
7   #define F_CPU 6144000L
8
9   #include <stdint.h>
10  #include <avr/io.h>
11  #include <avr/interrupt.h>
12  #include <avr/sleep.h>
13  #include "tmrcntLib.h"
14  #include "7segMuxLib.h"
15  #include "keySingleRepeatLib.h"
16  #include "keyMatrixLib.h"
17
18  #define D_KB      (&DDRA)
19  #define P_KB      (&PORTA)
20  #define I_KB      (&PINA)
21  #define P_DSP     (&PORTB)
22
23  void initPorts(void){
24     PORTA = 0xff;    // no segment activated
25     DDRA = 0xff;     // segments a-g, dp
26     PORTB = 0x0f;    // no drivers activated
27     DDRB = 0x0f;     // drivers digit3:0
28  }
```

```
29
30  /* ------------- user configuration --------------- */
31  #define DISPLAY_SCAN_FREQ 500 // MUX frequency in Hz
32
33  /* ------------- internal defines --------------- */
34  #define TIM0_WAIT ((uint8_t)(F_CPU/1024/DISPLAY_SCAN_FREQ)-1) //
        timer 0 reload value
35  #define OCR1VALUE ((uint16_t)(F_CPU/1024/50-1)) // value for 50 Hz
36
37  volatile uint8_t iHours = 0, iMinutes = 0, iSeconds = 0;
38  // general states
39  volatile uint8_t iSubclkCnt = 0, iFlashClk = 0;
40  uint8_t driverBits[] = { 0b00000001, 0b00000010, 0b00000100, 0
        b00001000 };
41  #define STATE_TIME    0
42  #define STATE_TIMESET 1
43  volatile uint8_t iState = STATE_TIME, iDigit, iTimeTmp[4];
44  keyRInfo keyInfo;
45  keyMInfo keyInfoM;
46
47  // callback to read key state
48  uint8_t readKeys(void){
49    // save display multiplexer state
50    uint8_t tmpDrv = PORTB;
51    uint8_t tmpSeg = PORTA;
52    // evaluate keyboard
53    PORTB &= ~0x0f; // deactivate LED drivers
54    uint8_t keyValue = readKeysMatrix(&keyInfoM);
55    // restore display multiplexer state
56    PORTB = tmpDrv;
57    PORTA = tmpSeg;
58    return keyValue;
59  }
60
61  // fills display buffer according to display mode
62  void fillDisplayBuffer(void){
63    if (iState==STATE_TIMESET){ // display temp time with flashing
          digit
64      fillDisplayBufferC(3, iTimeTmp[3], (iDigit==3?17:MUXDISP_NOFLASH
            ), MUXDISP_NODP, MUXDISP_NOFLASH);
65      fillDisplayBufferC(2, iTimeTmp[2], (iDigit==2?17:MUXDISP_NOFLASH
            ), MUXDISP_DP, MUXDISP_FLASH);
66      fillDisplayBufferC(1, iTimeTmp[1], (iDigit==1?17:MUXDISP_NOFLASH
            ), MUXDISP_DP, MUXDISP_FLASH);
67      fillDisplayBufferC(0, iTimeTmp[0], (iDigit==0?17:MUXDISP_NOFLASH
            ), MUXDISP_NODP, MUXDISP_NOFLASH);
68    } else {  // display time
69      fillDisplayBuffer0D(0, iMinutes, MUXDISP_NOFLASH, MUXDISP_NODP,
            MUXDISP_DP, MUXDISP_NOFLASH, MUXDISP_FLASH);
```

```
70        fillDisplayBufferDD(2, iHours, MUXDISP_NOFLASH, MUXDISP_DP,
              MUXDISP_NODP, MUXDISP_FLASH, MUXDISP_NOFLASH);
71    }
72  }
73
74  // display multiplexer IRQ, fired with 500 Hz
75  ISR(TIMER0_OVF_vect){
76    TCNT0 = 255-TIM0_WAIT;  // restart timer
77    multiplexDisplay(iFlashClk);
78  }
79
80  // Key scan interrupt fired with 50 Hz. Base for other frequencies
81  // (1 Hz time stepping clock, 2 Hz flash clock (variable iFlashClk))
82  ISR(TIMER1_COMPA_vect){
83    // 0. evaluate keyboard.
84    evalKey(&keyInfo);
85    uint8_t keyPressed = 0xff;
86    if (keyInfo.type==KEYSTROKE_PRESSED){
87      keyPressed = decodeKeyStroke(keyInfo.key);
88    }
89
90    // 1. perform 1 Hz activities
91    if (iSubclkCnt==0){
92      if (++iSeconds==60){
93        iSeconds = 0;
94        if (++iMinutes==60){
95          iMinutes = 0;
96          if (++iHours==24){
97            iHours = 0;
98          }
99        }
100      }
101    }
102
103    // 2. generate flash clock
104    iFlashClk = iSubclkCnt>=25;
105    iSubclkCnt = (iSubclkCnt+1) % 50;
106
107    // 3. execute state machine
108    switch (iState){
109      case STATE_TIME:
110        if (keyPressed>=0 && keyPressed<=9){
111          iTimeTmp[3] = keyPressed%3;
112          iTimeTmp[2] = iHours%10;
113          iTimeTmp[1] = iMinutes/10;
114          iTimeTmp[0] = iMinutes%10;
115          iDigit = 2;
116          iState = STATE_TIMESET;
117        }
```

```
118        break;
119     case STATE_TIMESET:
120       if (keyPressed>=0 && keyPressed<=9){
121         if (iDigit==2){
122           iTimeTmp[2] = iTimeTmp[3]==2?keyPressed%4:keyPressed%10;
123           iDigit = 1;
124         } else if (iDigit==1){
125           iTimeTmp[1] = keyPressed%6;
126           iDigit = 0;
127         } else if (iDigit==0){
128           iTimeTmp[0] = keyPressed;
129           iDigit = 3;
130         } else if (iDigit==3){
131           iTimeTmp[3] = keyPressed%3;
132           iDigit = 2;
133         }
134       } else if (keyPressed==10){
135         // key code 10 is 'enter' - store intermediate time
136         iHours = iTimeTmp[3]*10+iTimeTmp[2];
137         iMinutes = iTimeTmp[1]*10+iTimeTmp[0];
138         iSeconds = 0;
139         iState = STATE_TIME;
140       }
141       break;
142     default: ;
143   }
144   keyInfo.type = KEYSTROKE_NONE;
145
146   // 4. update display buffer
147   fillDisplayBuffer();
148 }
149
150 int main(void){
151   initPorts();
152   initOverflow(TIMER_TIMER0, 255-TIM0_WAIT, TIMER_CLK_PSC1024,
          TIMER_ENAIRQ);
153   initCTC(TIMER_TIMER1, OCR1VALUE, TIMER_COMPNOACTION,
          TIMER_PINSTATE_DONTCARE, TIMER_CLK_PSC1024, TIMER_ENAIRQ);
154   initDisplay(MUXDISP_L_ACTIVE, MUXDISP_H_ACTIVE, 4, driverBits,
          P_DSP, P_KB);
155   initKeySingleRepeat(&keyInfo, 2, 50, readKeys(), 0, 0);
156   initKeyMatrix(&keyInfoM, D_KB, P_KB, I_KB);
157   sei();
158
159   while (1){
160     set_sleep_mode(SLEEP_MODE_IDLE);
161     sleep_mode();
162   }
163 }
```

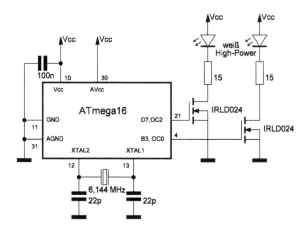

Abb. 5.35. Schaltung einer elektronischen Kerze oder Modelleisenbahn-Beleuchtung, hier mit High-Power-LED über MOSFET.

5.9 Stufenlose Helligkeitssteuerung mit PWM, elektronische Kerze

PWM-Signale werden zur Ansteuerung von Aktoren mit kontinuierlichen Kenndaten benutzt, z. B. Motoren, deren Drehzahl von Null bis zum Maximalwert verändert werden kann, oder Beleuchtungskörper, deren Helligkeit stufenlos variiert werden kann.

Als Beispiel für diesen Einsatz der PWM soll ein elektronisches Flackerlicht implementiert werden, das als künstliche Kerze, als Modelleisenbahn-Lagerfeuer oder Modellhausbeleuchtung dienen kann. Je ein PWM-Kanal von Timer 0 und Timer 2 steuert die Helligkeit von zwei Lampen oder LEDs. Die Helligkeitswerte (PWM-Grenzwerte) werden einer Tabelle mit je 16 Einträgen (dem Array `values`) entnommen und zehnmal pro Sekunde aktualisiert, um einen schnellen Flackereffekt zu ermöglichen. Die Lampensteuerung geschieht im Output Compare Match-Interrupt von Timer 1, der mit 10 Hz getaktet wird und die beiden Timer 0 und 2 mit den neuen PWM-Werten lädt. Abb. 5.35 zeigt den Schaltplan. Als Beleuchtungskörper dienen High-Power-LEDs, die über einen Logic-Level-FET gesteuert werden.

Durch den Einsatz von Hardware-PWM-Kanälen hat die MCU Ressourcen für andere Zwecke übrig. PWM-Kanäle sind jedoch wertvolle Ressourcen; wenn Sie sie nur zur Lichtsteuerung benötigen, können Sie per Software eine hohe Zahl an Software-PWM-Kanäle nachbilden, Abschnitt 4.9.

Listing 5.21. Elektronische Kerze (Programm TimCtrLichtSpielPWM.c).

```
1   /*
2      Electronic candle light using PWM and 10 Hz output change
3      Outputs:
4        - B3: PWM signal, OC0
```

```
 5      - D7: PWM signal, OC2
 6   */
 7   #define F_CPU 6144000L
 8
 9   #include <avr/io.h>
10   #include <avr/interrupt.h>
11   #include <avr/pgmspace.h>
12   #include <avr/sleep.h>
13   #include "tmrcntLib.h"
14
15   // ------- hardcoded configuration -----------------
16   #define OCR1VALUE ((uint16_t)(F_CPU/1024/10-1)) // 10 Hz
17
18   // ------- business logic -----------------
19   #define MAX_VALUES  16
20   const uint8_t PROGMEM values[][MAX_VALUES] = {
21     { 15, 192, 250, 84, 99, 150, 160, 170, 160, 20, 30, 190, 60, 30,
          20, 130 },
22     { 30, 30, 90, 70, 140, 160, 120, 150, 190, 140, 130, 160, 70, 50,
          30, 70 }
23     };
24   volatile uint8_t cycleCnt = 0;
25
26   ISR(TIMER1_COMPA_vect){
27     cycleCnt = (cycleCnt+1 ) % MAX_VALUES;
28     reloadFastPWM(TIMER_TIMER0, pgm_read_byte(&values[0][cycleCnt]));
29     reloadFastPWM(TIMER_TIMER2, pgm_read_byte(&values[1][cycleCnt]));
30   }
31
32   int main(void){
33     initCTC(TIMER_TIMER1, OCR1VALUE, TIMER_COMPNOACTION,
          TIMER_PINSTATE_DONTCARE, TIMER_CLK_PSC1024, TIMER_ENAIRQ);
34     initFastPWM(TIMER_TIMER0, 0, TIMER_PWM_NONINVERS, TIMER_CLK_PSC8,
          TIMER_DISIRQ);
35     initFastPWM(TIMER_TIMER2, 0, TIMER_PWM_NONINVERS, TIMER_CLK_PSC8,
          TIMER_DISIRQ);
36     sei();
37
38     while (1){
39       set_sleep_mode(SLEEP_MODE_IDLE);
40       sleep_mode();
41     }
42   }
```

6 USART, Serielle Schnittstelle

Die MCUs der megaAVR®-Reihe verfügen über eine USART-Baugruppe (*universal asynchronous receiver and transmitter*), die auf einfache Weise die Implementierung einer seriellen Kommunikation mit anderen Geräten erlaubt, z. B. nach dem RS232- oder RS485-Protokoll.

Der USART liefert die notwendigen seriellen Signale im richtigen Timing als TTL-Pegel. Die Erzeugung der korrekten Signalpegel (±9 V bei RS232) muß durch externe Hardware geleistet werden, für das RS232-Protokoll ist z. B. der MAX232 ein klassischer Pegelwandler.

Wollen Sie zwei MCUs oder eine MCU und einen Peripheriebaustein auf serieller Basis miteinander verbinden, kann die Kommunikation oft auf TTL-Basis erfolgen. Es existieren zahlreiche Add-on-Platinen mit z. B. VGA-Bildgeneratoren, MP3-Dekodern oder Funkuhren, die auf diese Weise direkt angeschlossen werden können. Bei größeren räumlichen Abständen kann ein störungssicheres Protokoll wie RS485 vorteilhaft sein.

Heutige PCs und Laptops verfügen kaum noch über die früher weit verbreitete RS232-Schnittstelle. Sie können auf eine Pegelwandlung verzichten und die vom USART erzeugten TTL-Signale direkt in ein RS232-USB-Kabel einspeisen. Ein Beispiel für ein solches Kabel ist TTL-232R-5V von FTDI [28] für 5 V-Systeme bzw. das Äquivalent TTL-232R-3V3 für 3,3 V-Systeme.

6.1 Pin-Zuordnung und Registerbeschreibung

Der USART nutzt zur Datenübertragung gemäß Tab. 6.1 zwei Portpins, die durch die Aktivierung des USART-Senders bzw. Empfängers durch die Bits TXEN und RXEN im Register UCSRB automatisch vom Digitalport entkoppelt und auf die USART-Leitungen geschaltet werden. Es ist daher nicht erforderlich, die Portpins manuell als Aus- oder Eingang zu konfigurieren.

Der USART eines ATmega16 wird von den Registern der Abb. 6.1 gesteuert. Die Bits des USART-Datenregisters UDR bedeuten folgendes:

- RXB7–RXB0 – Repräsentiert beim Lesen den Inhalt des Empfangspuffers (1 Byte).
- TXB7–TXB0 – Repräsentiert beim Schreiben den Inhalt des Sendepuffers, der bei der nächsten Übertragung gesendet wird (1 Byte).

Funktion für UART	Alternative Funktion
RXD	PD0
TXD	PD1

Tab. 6.1. Alternative Pinbelegungen für die Pins des USART (ATmega16). Die Pins werden durch die Aktivierung des USART-Senders oder Empfängers automatisch vom Digitalport entkoppelt.

	Bit 7	Bit 6	Bit 5	Bit 4	Bit 3	Bit 2	Bit 1	Bit 0
UDR	RXB7:0 (lesend) oder TXB7:0 (schreibend) (0x00)							
UCSRA	RXC (0)	TXC (0)	UDRE (0)	FE (0)	DOR (0)	PE (0)	U2X (0)	MPCM (0)
UCSRB	RXCIE (0)	TXCIE (0)	UDRIE (0)	RXEN (0)	TXEN (0)	UCSZ2 (0)	RXB8 (0)	TXB8 (0)
UCSRC	URSEL (1)	UMSEL (0)	UPM1:0 (00)		USBS (0)	UCSZ1:0 (00)		UCPOL(0)
UBRRH	URSEL				UBRR[11:8] (0000)			
UBRRL	UBRR[7:0] (0x00)							

Abb. 6.1. Register, die zur Steuerung des USART dienen. Bits, die nicht zur USART-Baugruppe gehören, sind grau unterlegt. In Klammern angegeben sind die Defaultwerte nach einem Reset.

Die Bedeutung der Bits des USART-Kontroll- und Statusregisters A UCSRA ist folgende:

- RXC (receive complete) – 1, wenn ungelesene Daten im Empfängerpuffer vorhanden sind. 0, wenn der Empfangspuffer leer ist oder die Daten bereits gelesen wurden. 0, wenn der Receiver deaktiviert ist.
- TXC (transmit complete) – 1, wenn die Daten im Sendepuffer vollständig übertragen wurden. Wird 0, wenn ein Transfer Complete-Interrupt ausgelöst wurde.
- UDRE (USART data register empty) – 1 signalisiert, dass der Sendepuffer leer ist und neue Daten aufnehmen kann.
- FE (frame error) – Signalisiert, daß Daten im Empfangspuffer einen Datenfehler (frame error) aufweisen, bleibt bis zum Lesen von UDR gültig. Beim Schreiben von UCSRA muss es auf 0 gesetzt werden.
- DOR (data overrun) – Signalisiert, daß Daten im Empfangspuffer vorliegen und weitere Daten empfangen werden, bleibt bis zum Lesen von UDR gültig. Beim Schreiben von UCSRA muss es auf 0 gesetzt werden.
- PE (parity error) – Signalisiert, daß Daten im Empfangspuffer einen Paritätsfehler aufweisen, bleibt bis zum Lesen von UDR gültig. Beim Schreiben von UCSRA muss es auf 0 gesetzt werden.
- U2X (double USART transmission speed) – Legt fest, ob der USART bei asynchroner Übertragung mit doppelter Übertragungsgeschwindigkeit arbeiten soll. 1 setzt den Divisor der Baudratenermittlung auf 8 statt 16. Bei synchronen Übertragungen muss es auf 0 gesetzt werden.
- MPCM (multi-processor communication mode) – Legt fest, ob der Multiprozessormodus aktiviert werden soll. Mit 1 werden Datenpakete ohne Adressinformation ignoriert. Der USART-Sender wird von diesem Bit nicht beeinflusst.

Die USART-Kontroll- und Statusregister B/C UCSRB und UCSRC enthalten folgende Bits:
- RXCIE (RX complete interrupt enable) – 1 aktiviert den RX_COMPLETE-Interrupt, wenn ein Datenpaket empfangen wurde (RXC in UCSRA ist 1) und das globale Interruptflag I in SREG auf 1 gesetzt ist.

UCSZ2 : 0	Datenformat	UCSZ2 : 0	Datenformat
0	5 bit	3	8 bit
1	6 bit	4 – 6	Reserviert
2	7 bit	7	9 bit

Tab. 6.2. Festlegung der Anzahl der Datenbits in einem USART-Datenpaket.

- TXCIE (TX complete interrupt enable) – 1 aktiviert den TX_COMPLETE-Interrupt, wenn ein Datenpaket gesendet wurde (TXC in UCSRA ist 1) und das globale Interruptflag I in SREG auf 1 gesetzt ist.
- UDRIE (UDR empty interrupt enable) – Dieses Bit legt fest, ob ein Interrupt ausgelöst wird, wenn der Sendepuffer ein Datenpaket aufnehmen kann. 1 aktiviert den UDR_Empty-Interrupt, wenn der Sendepuffer leer ist (UDRE in UCSRA ist 1) und das globale Interruptflag I in SREG auf 1 gesetzt ist.
- RXEN (receiver enable) – 1 aktiviert den USART-Empfänger und überschreibt die normale Portfunktion mit RxD. 0 löscht den Empfangspuffer und aktiviert die normale Portfunktion.
- TXEN (transmitter enable) – 1 aktiviert den USART-Sender und überschreibt die normale Portfunktion mit TxD. 0 wartet, bis ein aktives Datenpaket vollständig gesendet wurde und aktiviert die normale Portfunktion.
- UCSZ2–UCSZ0 (character size) – Geben gemäß Tab. 6.2 die Anzahl der Datenbits in einem Datenpaket an, die vom USART benutzt werden.
- RXB8 (receive data bit 8) – 1 signalisiert, daß in UDR das neunte Datenbit eines 9 bit-Datenpaketes zum Lesen bereit steht. Das Flag muß vor UDR gelesen werden.
- TXB8 (transmit data bit 8) – 1 markiert das LSB von UDR als neuntes Bit eines 9 bit-Datenpakets. TXB8 muß vor UDR beschrieben werden.
- URSEL (register select) – Legt fest, ob ein Zugriff auf die platzgleichen Register UBRRH oder UCSRC erfolgt. Platzgleich heißt, daß beide Register dieselbe I/O-Adresse belegen. Bei 1 wird UCSRC beschrieben, bei 0 wird UBRRH beschrieben.
- UMSEL (USART mode select) – 1 konfiguriert synchronen USART-Modus, 0 asynchronen Modus.
- UPM1–UPM0 (parity mode) – Legen gemäß Tab. 6.3 fest, ob bzw. welche Paritätsprüfung für ein Datenpaket angewandt wird. Ist die Paritätsprüfung aktiviert, berechnet und sendet der USART-Sender die Paritätsinformation, und der Empfänger empfängt und überprüft die erhaltene Parität. Stimmen berechnete und empfangene Parität nicht überein, wird PE in UCSRA auf 1 gesetzt.
- USBS (stop bit select) – Legt die Anzahl der Stopbits in einem Datenpaket fest (0: 1 Stopbit, 1: 2 Stopbits).
- UPOL (clock polarity) – Legt im synchronen Modus gemäß Tab. 6.4 fest, an welcher Flanke des synchronen Taktimpulses XCK Daten gesendet oder empfangen werden. Im asynchronen Modus muss das Bit 0 sein.

Die Bits der USART-Baudratenregister UBRRH und UBRRL bedeuten folgendes:

UPM1 : 0	**Paritätsmodus**
0	Deaktiviert
1	Reserviert
2	Aktiviert, even-Parität
3	Aktiviert, odd-Parität

Tab. 6.3. Festlegung der Paritätsprüfung eines USART-Datenpaketes.

UCPOL	TXD-**Pin geändert**	RXD-**Pin gelesen**
0	LH-Flanke von XCK	HL-Flanke von XCK
1	HL-Flanke von XCK	LH-Flanke von XCK

Tab. 6.4. Festlegung der Bedeutung der Flanke des XCK-Taktes bei der synchronen UART-Übertragung.

– URSEL (register select) – Legt fest, ob ein Zugriff auf die Register UBRRH oder UCSRC erfolgt, die dieselbe I/O-Adresse belegen. Ein Schreibzugriff auf UBRRH muß durch vorheriges Schreiben von 0 in URSEL signalisiert werden. URSEL wird als 0 gelesen, wenn ein Lesezugriff auf UBRRH erfolgt.
– UBRR11 : 0 (USART baud rate) – Legen gemäß [1, pp. 168] die Baudrate fest, mit der der USART Datenpakete versendet oder empfängt.

ℹ Die Festlegung der Übertragungsgeschwindigkeit durch die Baudrate erfolgt durch Nachschlagen in den Tabellen des Datenblatts [1, pp. 168]. In C können Sie die Berechnung der Baudraten durch ein Makro aus der Gnu-C-Bibliothek erledigen lassen, indem Sie nach der Festlegung der MCU-Frequenz über F_CPU die Headerdatei util/setbaud.h einbinden:

```
#define F_CPU 6144000L
#define BAUD 9600
#include <util/setbaud.h>

int main(void){
  UBRRH = UBRRH_VALUE;
  UBRRL = UBRRL_VALUE;
  ...
}
```

6.2 RS232 und USB

Sie finden in diesem Buch zahlreiche Programme, die über das RS232-Protokoll mit einem PC kommunizieren. Auf Seiten des PC wird dafür ein *Terminalprogramm* benötigt, das es erlaubt, Zeichen einzugeben und zu senden bzw. empfangene Zeichen darzustellen. Ein solches Terminalprogramm für Windows-Systeme ist z. B. Hyperterm.

Da wie eingangs beschrieben heutige PCs über keine RS232-Schnittstelle mehr verfügen, sondern über USB-Ports, werden wir, wenn wir das RS232-Protokoll benutzen,

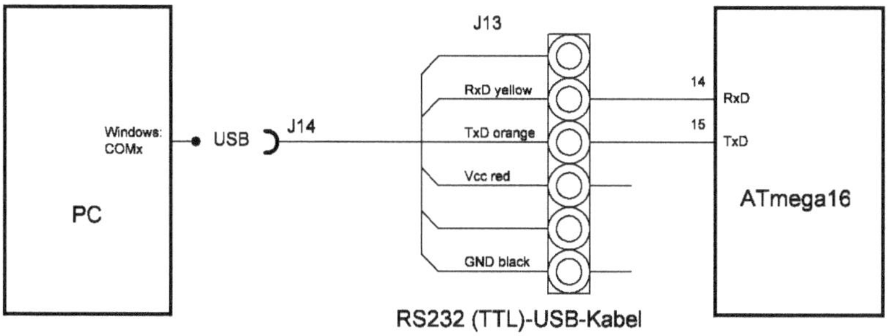

Abb. 6.2. Anschluss des ATmega16 an einen PC über ein RS232-USB-Wandlerkabel, hier ein TTL-232R-5V von FTDI [28] mit einer Pfostenbuchse als MCU-seitiges Endstück und einem USB-Anschluss. Die MCU erzeugt serielle TTL-Signale, die vom Kabel in USB-Signale umgewandelt werden. Seitens des PCs wird die Schnittstelle als virtueller COM-Port abgebildet, z. B. COM4 (Windows).

auf die Erzeugung der korrekten Signalpegel verzichten und stattdessen die vom US-ART generierten TTL-Signale direkt über ein kommerziell erhältliches RS232-USB-TTL-Kabel (Seite 323) in einen USB-Port einspeisen, Abb. 6.2.

Die Anbindung einer MCU-Schaltung über RS232-USB an einen PC ist eine einfache Möglichkeit, (Debugging-)Daten auszutauschen, ohne aufwendig Ein- und Ausgabeelemente wie Taster, Schalter, LEDs oder Displays aufbauen und ansteuern zu müssen. Wir werden in diesem Buch von dieser Möglichkeit reichlich Gebrauch machen (zur Ein- und Ausgabe von Ganz- und Fließkommazahlen siehe Abschnitt 2.1.2). Eine Alternative für Debuggingzwecke ist das On-Chip-Debugging via JTAG, Abschnitt 3.7.

6.3 Bibliothek zur minimalen USART-Nutzung

Eine minimale UART-Bibliothek (Listing 6.1) enthält die folgenden Funktionen (in [31] ist eine frei zugängliche USART-Bibliothek beschrieben):

- initUART() initialisiert die USART-Baugruppe mit der übergebenen Baudrate und dem Datenformat 8N1 (8 bit Datenpaket, 1 Stopbit, keine Parität). Wahlweise kann der Empfangsinterrupt aktiviert werden. In diesem Falle wird, sobald ein Zeichen komplett empfangen wurde, der Interrupthandler USART_RX0_vect angesprungen, der vom Programm bereitgestellt werden muss.
- uart_putc() schreibt ein einzelnes Zeichen über den USART.
- uart_puts() schreibt eine Zeichenkette über den USART.
- uart_puts_P(PSTR()) schreibt eine Zeichenkette aus dem Flash-ROM.
- uart_putc_baseX() schreibt den Code eines einzelnen Zeichens über den USART und benutzt eine übergebene Zahl als Basis (z. B. binär, hexadezimal, dezimal).

- uart_putCRLF() schreibt einen Zeilenwechsel über den USART.
- uart_printTS() schreibt einen Zeitstempel (Stunden, Minuten und Sekunden).
- uart_getc() liest ein einzelnes Zeichen vom USART. Liegt kein Zeichen vor, blockiert die Funktion, bis ein Zeichen empfangen wurde.
- uart_sscanf_uint8_t() liest eine 8 bit-Zahl aus einem zweistelligen Zeichenpuffer. Die Funktion ergänzt die AVR-GCC-Bibliotheksfunktion sscanf, da diese keine 8 bit-Zahlen lesen kann, Abschnitt 2.1.2 auf Seite 55.

Die Bibliothek ist aufgrund der kurzen Funktionen, die optimal in Assembler formulierbar sind, vollständig in Assembler geschrieben, Listing 6.2. Um sie C-kompatibel zu halten, ist sie dennoch im Rahmen eines C-Projektes erzeugt und mit einer C-Headerdatei Listing 6.1 versehen worden. Die Assemblerfunktionen bilden die nachfolgend beschriebenen C-Zeilen ab.

Bei der Initialisierung müssen Transmitter oder Receiver aktiviert sowie die Konfigurationsbits für das Paketformat, hier z. B. 8N1, gesetzt werden:

```
UCSRB |= (1<<TXEN)|(1<<RXEN); // enable TX and RX
UCSRC = (1<<URSEL)|(3<<UCSZ0);  // set to async 8 N 1
```

Durch die Aktivierung des USART-Transmitters bzw. -receivers mit den Bits TXEN bzw. RXEN wird die normale Funktion von D0 und D1 als Portpins überschrieben. Beachten Sie, daß sich UCSRC und UBRRH dieselbe I/O-Adresse teilen, sodaß eine Unterscheidung durch das Bit URSEL notwendig ist, wenn auf UCSRC zugegriffen werden soll.

Es folgt die Einstellung der Übertragungsgeschwindigkeit. Der Einfachheit halber benutzen wir die auf Seite 326 vorgestellten Makros aus der Headerdatei util/setbaud.h, die die MCU-Frequenz im Symbol F_CPU erwarten. Da wir eine Bibliothek implementieren, die die spätere MCU-Taktfrequenz nicht vorwegnehmen kann, wird der initUART()-Funktion die berechnete Baudrate als Parameter übergeben.

Das Schreiben und Lesen eines Bytes (z. B. 8N1-Frame) erfolgt durch Beschreiben bzw. Lesen des Registers UDR. Bevor UDR beschrieben oder ausgelesen wird, muss im USART-Statusregister UCSRA geprüft werden, ob das Flag UDRE resp. RXC gesetzt ist, das anzeigt, daß der vorherige Wert in UDR vollständig in die Schnittstelle geschrieben resp. der Wert vollständig aus der Schnittstelle gelesen wurde. Es handelt sich somit um blockierende Schreib- und Lesezugriffe (Funktionen uart_putc() und uart_getc():

```
char c = 'X';

while (!(UCSRA & (1<<UDRE))){}  // wait until ready to send
UDR = c;            // transmit char

while (!(UCSRA & (1<<RXC)));  // wait for character available
c = UDR;            // read character
```

Nicht-blockierendes Lesen wird realisiert, indem RXC im Bedingungsteil einer if-Anweisung geprüft wird. Ist RXC 1, so kann ein Byte aus UDR gelesen werden. Ist es 0, so ist kein Wert verfügbar und es wird im Programm fortgefahren:

```
if (UCSRA & (1<<RXC)){
  char c = UDR;
  // do something with c
}
```

In beiden Varianten wird die MCU durch Leseprüfungen belastet. Nicht-blockierendes resourcensparendes Lesen ist durch Nutzung des USART_RXC-Interrupts möglich, der ausgelöst wird, sobald ein Zeichen vollständig übertragen wurde und aus UDR gelesen werden kann:

```
UCSRB |= (1<<RXCIE);

ISR(USART_RXC_vect){
  char c = UDR;
  // do something with c
}
```

Da hier jeder Kontext fehlt, ist die Bearbeitung des Ereignisses „Zeichen eingetroffen" schwieriger als bei der direkten Abfrage auf Zeichen. Sie können
- zeichenweise reagieren, z. B. bei Befehlen aus einzelnen Zeichen,
- zeichenweise einen Zustandsautomaten weiterschalten,
- die Zeichen in einem Puffer sammeln und beim Eintreffen eines Zeilenend-Zeichens wie \ r oder \ n den Pufferinhalt zeilenweise auswerten.

Listing 6.1. Minimale UART-Bibliothek (Programm uartLib.h).

```
1   #ifndef UARTLIB_H_
2   #define UARTLIB_H_
3
4   #include <stdint.h>
5
6   #define UART_NOIRQ  0
7   #define UART_RXIRQ  1
8
9   void initUART(uint8_t rxIRQ, uint8_t ubrrValueH, uint8_t ubrrValueL)
        ;
10
11  void uart_putc(char c);
12
13  void uart_puts(char *s);
14
15  void uart_puts_P(const char *s);
16
17  void uart_putc_baseX(uint8_t data, uint8_t base);
```

```
18
19   void uart_putCRLF(void);
20
21   char uart_getc(void);
22
23   uint8_t uart_getc_nb(char* value);
24
25   uint8_t uart_sscanf_uint8_t(char* buffer);
26
27   void uart_printTS(uint8_t hours, uint8_t minutes, uint8_t seconds);
28
29   #endif /* UARTLIB_H_ */
```

Listing 6.2. Minimale UART-Bibliothek, Assemblerteil (Programm uartLibS.S).

```
1    #include <avr/io.h>
2    #include <stdlib.h>
3
4    .global initUART
5    .global uart_putc
6    .global uart_puts
7    .global uart_puts_P
8    .global uart_putCRLF
9    .global uart_getc
10   .global uart_getc_nb
11   .global uart_sscanf_uint8_t
12   .global uart_putc_baseX
13   .global uart_printTS
14
15   ;void initUART(uint8_t rxIRQ, uint8_t ubrrValueH, uint8_t ubrrValueL
          );
16   ;         R25:R24      R23:R22         R21:R20
17   initUART:
18     out _SFR_IO_ADDR(UBRRH), R22   ; set baud rate
19     out _SFR_IO_ADDR(UBRRL), R20
20     clr R19
21     out _SFR_IO_ADDR(UCSRB), R19
22     out _SFR_IO_ADDR(UCSRC), R19
23     sbi _SFR_IO_ADDR(UCSRB), TXEN ; enable TX and RX
24     sbi _SFR_IO_ADDR(UCSRB), RXEN
25     sbrc R24, 0            ; check for UART_RXIRQ
26     sbi _SFR_IO_ADDR(UCSRB), RXCIE
27     ldi R18, (1<<URSEL)|(3<<UCSZ0)   ; set to async 8 N 1
28     out _SFR_IO_ADDR(UCSRC), R18
29     ret
30
31   ; transmit character, blocking
32   uart_putc:
33     sbis _SFR_IO_ADDR(UCSRA), UDRE
```

```
34    rjmp uart_putc
35    out _SFR_IO_ADDR(UDR), R24
36    ret
37
38  ; transmit string in SRAM, blocking
39  uart_puts:
40    mov ZL, R24
41    mov ZH, R25
42  ups1:
43    ld R24, Z+
44    tst R24
45    breq upsexit
46    rcall uart_putc
47    rjmp ups1
48  upsexit:
49    ret
50
51  ; transmit string in flash ROM, blocking
52  uart_puts_P:
53    mov ZL, R24
54    mov ZH, R25
55  upsP1:
56    lpm R24, Z+
57    tst R24
58    breq upsPexit
59    rcall uart_putc
60    rjmp upsP1
61  upsPexit:
62    ret
63
64  ; transmit CR+LF
65  uart_putCRLF:
66    ldi R24, '\r'
67    rcall uart_putc
68    ldi R24, '\n'
69    rcall uart_putc
70    ret
71
72  ; read character, blocking
73  uart_getc:
74    sbis _SFR_IO_ADDR(UCSRA), RXC
75    rjmp uart_getc
76    in R24, _SFR_IO_ADDR(UDR)
77    clr R25
78    ret
79
80  ; read character, nonblocking
81  ; uint8_t uart_getc_nb(char* value);
82  ; R25:R24         R25:R24
```

```
83   uart_getc_nb:
84     mov ZL, R24
85     mov ZH, R25
86     clr R24
87     clr R25
88     sbis _SFR_IO_ADDR(UCSRA), RXC
89     ret
90     in R24, _SFR_IO_ADDR(UDR)
91     st Z, R24
92     ldi R24, 1
93     ret
94
95   ; scan a uint8_t from a buffer (not supported by sscanf, only
         uint16_6)
96   ; uint8_t uart_sscanf_uint8_t(char* buffer);
97   ; R25:R24            R25:R24
98   uart_sscanf_uint8_t:
99     mov ZL, R24
100    mov ZH, R25
101    ld R25, Z+    ; load 10^1 digit
102    subi R25, '0'
103    mov R24, R25
104    lsl R24      ; multiply by 8
105    lsl R24
106    lsl R24
107    add R24, R25  ; + 2*R25 = multiply by 10
108    add R24, R25
109    ld R25, Z    ; load 10^0 digit
110    subi R25, '0'
111    add R24, R25
112    clr R25
113    ret
114
115  ; outputs byte in binary/octal/dec/hex representation
116  ; void uart_putc_baseX(uint8_t data, uint8_t base);
117  ;              R25:R24     R23:R22
118  .lcomm buffer, 10
119  uart_putc_baseX:
120    mov R21, R23    ; shift parameter to 3rd position for utoa
121    mov R20, R22
122    ldi R23, hi8(buffer)  ; 2nd param for utoa
123    ldi R22, lo8(buffer)
124    call utoa
125    ret
126
127  ; prints a time stamp
128  ; void uart_printTS(uint8_t hours, uint8_t minutes, uint8_t seconds)
129  ;         R25:R24      R23:R22      R21:R20
130  uart_printTS:
```

```
131    rcall divMod10     ; print 1st argument
132    mov R24, R19
133    rcall uart_putc
134    mov R24, R18
135    rcall uart_putc
136    ldi R24, ':'
137    rcall uart_putc
138    mov R24, R22     ; print 2nd argument
139    rcall divMod10
140    mov R24, R19
141    rcall uart_putc
142    mov R24, R18
143    rcall uart_putc
144    ldi R24, ':'
145    rcall uart_putc
146    mov R24, R20     ; print 3rd argument
147    rcall divMod10
148    mov R24, R19
149    rcall uart_putc
150    mov R24, R18
151    rcall uart_putc
152    ret
153
154 ; in: R24
155 ; out: R19 (integer quotient), R18 (remainder)
156 divMod10:
157    clr R19
158 divMod10_1:
159    subi R24, 10
160    brmi divMod10_2
161    inc R19
162    rjmp divMod10_1
163 divMod10_2:
164    mov R18, R24
165    ret
```

6.4 Seriell gesteuerter Port-I/O

Als Anwendungsbeispiel wollen wir das Digital-Interface, das wir in Abschnitt 4.6 beschrieben hatten, über eine RS232/USB-Schnittstelle steuern, d. h. wir wollen in einem Terminalprogramm über die Befehle Ox bzw. I hexadezimale 4 bit-Werte x über die Portpins A7 : 4 ausgeben, bzw. 2 bit-Werte an den Portpins D3 : 2 einlesen:

```
O6<RETURN>(gibt 0x06 = binär 0110 aus)
I<RETURN>(liefert binär 00, 01, 10 oder 11)
01
```

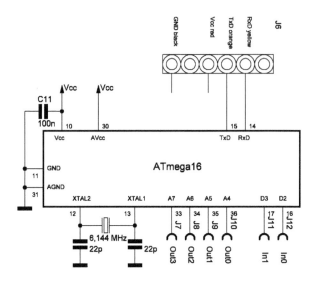

Abb. 6.3. Schaltung des Digital-Interfaces mit Steuerung über RS232-/USB-Kommandos.

Der gewünschte Zustand der Ausgänge A7 : 4 wird mit einer hexadezimalen Ziffer eingegeben, die Anzeige des Zustands der beiden Eingänge D3 : 2 erfolgt in binärer Darstellung. Die Schaltung des Digital-Interfaces ist in Abb. 6.3 gezeigt.

Wir werden die Aufgabenstellung auf zwei Weisen lösen. Listing 6.3 benutzt zeichenweise blockierendes Lesen vom UART, um Befehle entgegenzunehmen. Das heißt, daß die MCU direkt nach der Ausgabe der Begrüßungsmeldung versucht, ein Zeichen vom USART zu lesen. Sobald ein Zeichen übermittelt wurde, wertet das Programm das Zeichen aus. Im Falle des Befehls I ist das Kommando vollständig übermittelt, und die MCU kann Werte über die Portpins D3 und D2 einlesen, über den USART ausgeben und erneut auf ein Zeichen warten. Im Falle des Befehls O muß das Programm noch auf ein weiteres Zeichen, den auszugebenden Wert, warten. Auch dieses Lesen erfolgt blockierend, d. h. die MCU wartet solange an dieser Programmstelle, bis ein zweites Zeichen übermittelt wurde.

In beiden Fällen kann die MCU parallel zum Warten lediglich Interrupts bearbeiten, die Ausführung auf der Hauptprogrammebene stoppt beim Zeicheneinlesen. In unserem einfachen Beispiel ist das nicht schlimm, weil die MCU nichts anderes tun muß. In der Realität ist das Warten auf eine Eingabe jedoch oft ein Vorgang, der parallel zur Abarbeitung eines Hauptprogramms erfolgen soll. Nur dann, wenn ein Zeichen übermittelt wurde, soll sich die MCU um die USART-Behandlung kümmern.

Dieses Verhalten ist in Listing 6.4 programmiert. Hier führt die MCU ein Hauptprogramm (eine leere Endlosschleife) aus und wartet parallel dazu auf das Eintreffen eines Zeichens über den USART. Sobald eines verfügbar ist, wird ein Interrupt ausgelöst und in USART_RXC_vect behandelt.

Abb. 6.4. Zustandsautomat zum Erkennen von asynchron übermittelten Ein- oder Zwei-Byte-Befehlen.

Eine Schwierigkeit taucht nun auf: beim Eintreffen eines Zeichens wissen wir nicht, ob es sich um das erste oder das zweite des Zwei-Zeichen-Befehls `0x` handelt. Wie häufig, werden wir einen Zustandsautomaten benutzen, um dieses asynchrone Ereignis zu behandeln, Abb. 6.4. Der Automat befindet sich nach dem Start im Zustand `IDLE`, d. h. beim Eintreffen eines Zeichens kann der Interrupthandler an diesem Zustand erkennen, daß es sich um das erste Zeichen eines Befehls handelt. Im Falle des Zeichens `I` signalisiert der Interrupthandler über ein globales Flag `action` an das Hauptprogramm, daß der Befehl `I` erkannt wurde und die Pins gelesen und das Resultat ausgegeben werden muß.

Beim Zeichen `0` erkennt der Automat, daß er noch auf ein weiteres Zeichen warten muß, bevor der Befehl bearbeitet werden kann. Er wechselt daher in den Zustand `WAIT`. Wird ein Zeichen in diesem Zustand empfangen, weiß er, daß es sich um das erwartete zweite Zeichen des `0`-Befehls handelt, signalisiert den Befehl über `action` an das Hauptprogramm zur Bearbeitung, und wechselt zurück in den Ruhezustand `IDLE`. Das nächste Zeichen wird wieder als erstes Zeichen eines Befehls erkannt.

Listing 6.3. Kontrollierter Digital-I/O via RS232 blockierend (Programm DigIO24DekoderUSB.c).

```
1   /*
2     USB- (RS232-) controlled I/O.
3     Inputs: via USB (RS232)
4         I read in digital inputs
5         On  output value <n>, n=0..3
6         ? print help
7       - D3, D2 digital input
8     Outputs:
9       - A7-A4 digital outputs
10  */
11  #define F_CPU 6144000UL
12
13  #include <stdint.h>
14  #include <stdlib.h>
15  #include <avr/io.h>
16  #include <avr/interrupt.h>
17
18  // UART Initialization
```

```
19   #define BAUD 9600
20   #include <util/setbaud.h>
21   #include "uartLib.h"
22
23   // ------- hardcoded configuration -----------------
24
25   // define some bit masks
26   #define D_OUTPUTA ((1<<DDA7)|(1<<DDA6)|(1<<DDA5)|(1<<DDA4))
27   #define D_INPUTD  ((1<<DDD3)|(1<<DDD2))
28   #define P_OUTPUTA ((1<<PA7)|(1<<PA6)|(1<<PA5)|(1<<PA4))
29   #define P_INPUTD  ((1<<PD2)|(1<<PD2))
30   #define I_INPUTD  ((1<<PIND3)|(1<<PIND2))
31
32   #define READINPUT ((PIND & I_INPUTD)>>PIND2)
33   #define WRITEOUTPUT(value)  (PORTA = (PORTA&!P_OUTPUTA)|((value<<PA4
         )&P_OUTPUTA))
34
35   void initPorts(void){
36     PORTA &= P_OUTPUTA;      // set outputs to L
37     DDRA |= D_OUTPUTA;       // set PA7:4 as output
38     PORTD |= P_INPUTD;       // enable internal pull-up resistors on
           inputs
39     DDRD &= ~D_INPUTD;       // set PD3:2 as input
40   }
41
42   // ------- business logic -----------------
43
44   int main(void){
45     uint8_t c, i;
46     char buffer[2] = { '\0', '\0' };
47
48     initPorts();
49     initUART(UART_NOIRQ, UBRRH_VALUE, UBRRL_VALUE);
50
51     uart_puts("Welcome to UART Digital Interface\r\n");
52
53     while (1) {
54       c = uart_getc();     // blocking read
55       switch (c){
56         case 'I':
57           i = READINPUT;
58           uart_putc_baseX(i, 2);
59           uart_putCRLF();
60           break;
61         case 'O':
62           buffer[0] = uart_getc();
63           c = (uint8_t)strtol(buffer, NULL, 16);
64           WRITEOUTPUT(c);
65           break;
```

```
66          case '?':
67          default:
68            uart_puts("I=get input, Ov=send value to output, ?=help\r\n
                  ");
69       }
70    }
71 }
```

Listing 6.4. Kontrollierter Digital-I/O via RS232 nicht-blockierend (Programm Di-
gIO24DekoderUSBnb.C).

```
1  /*
2    USB- (RS232-)controlled I/O.
3    Inputs: via USB (RS232)
4        I read in digital inputs
5        On  output value <n>, n=0..3
6        ? print help
7      - D3, D2 digital input
8    Outputs:
9      - A7-A4 digital outputs
10 */
11 #define F_CPU 6144000UL
12
13 #include <stdint.h>
14 #include <stdlib.h>
15 #include <avr/io.h>
16 #include <avr/interrupt.h>
17
18 // UART Initialization
19 #define BAUD 9600
20 #include <util/setbaud.h>
21 #include "uartLib.h"
22
23 // ------- hardcoded configuration ------------------
24
25 // define some bit masks
26 #define D_OUTPUTA ((1<<DDA7)|(1<<DDA6)|(1<<DDA5)|(1<<DDA4))
27 #define D_INPUTD  ((1<<DDD3)|(1<<DDD2))
28 #define P_OUTPUTA ((1<<PA7)|(1<<PA6)|(1<<PA5)|(1<<PA4))
29 #define P_INPUTD  ((1<<PD2)|(1<<PD2))
30 #define I_INPUTD  ((1<<PIND3)|(1<<PIND2))
31
32 #define STATE_IDLE   0
33 #define STATE_WAIT   1
34 #define ACTION_NONE    0
35 #define ACTION_INPUT   1
36 #define ACTION_OUTPUT 2
37 #define ACTION_DEFAULT  3
38
```

```
39  #define READINPUT ((PIND & I_INPUTD)>>PIND2)
40  #define WRITEOUTPUT(value) (PORTA = (PORTA&!P_OUTPUTA)|((value<<PA4
        )&P_OUTPUTA))
41
42  void initPorts(void){
43    PORTA &= P_OUTPUTA;        // set outputs to L
44    DDRA |= D_OUTPUTA;         // set PA7:4 as output
45    PORTD |= P_INPUTD;         // enable internal pull-up resistors on
          inputs
46    DDRD &= ~D_INPUTD;         // set PD3:2 as input
47  }
48
49  // ------- business logic ------------------
50  volatile uint8_t state = STATE_IDLE, action = ACTION_NONE,
        actionData;
51
52  ISR(USART_RXC_vect){
53    static char buffer[2] = { '\0', '\0' };
54
55    char data = UDR;
56    if (state==STATE_IDLE){
57      switch (data){
58        case 'I':
59          action = ACTION_INPUT;
60          break;
61        case 'O':
62          // wait for one more character (the output value)
63          action = ACTION_NONE;
64          state = STATE_WAIT;
65          break;
66        default:
67          action = ACTION_DEFAULT;
68      }
69    } else {
70      // we are in waiting-for-data state, so this must be
71      // the output value
72      action = ACTION_OUTPUT;
73      buffer[0] = data;
74      actionData = (uint8_t)strtol(buffer, NULL, 16);
75      state = STATE_IDLE;
76    }
77  }
78
79  int main(void){
80    uint8_t i;
81
82    initPorts();
83    initUART(UART_RXIRQ, UBRRH_VALUE, UBRRL_VALUE);
84    uart_puts("Welcome to UART Digital Interface (nb)\r\n");
```

```
85
86    sei ();
87
88    while (1) {
89      switch (action){
90        case ACTION_INPUT :
91          i = READINPUT ;
92          uart_putc_baseX(i, 2);
93          uart_putCRLF ();
94          action = ACTION_NONE ;
95          break;
96        case ACTION_OUTPUT:
97          WRITEOUTPUT(actionData);
98          action = ACTION_NONE ;
99          break;
100        case ACTION_DEFAULT:
101          uart_puts ("I=get input , Ov=send value to output , ?=help\r\n
                  ");
102          action = ACTION_NONE ;
103          break;
104      }
105    }
106 }
```

7 TWI, Two Wire-Interface

Das TWI oder *two-wire interface* ist die Realisierung des *inter-integrated circuit-* oder I^{2}C-Protokolls von Atmel®, mit dem MCUs und intelligente Peripheriebausteine über ein Minimum an Leitungen verbunden werden können, um Daten auszutauschen [16] [26]. Zu diesen Bausteinen zählen Portexpander (Beispiel PCF8574, Abschnitt 7.4), RTCs (Real-time clocks, Beispiele MCP7940, PCF8583, Abschnitt 7.5), EEPROMs, ADCs (Beispiel ADS1015) und DACs (Beispiel MCP4725, MCP4728).

Beim TWI-Protokoll handelt es sich um ein serielles Multimaster-Multislave-Protokoll, das zwei Leitungen SCL (serial clock) und SDA (serial data) zum Aufbau des Busses vorsieht. Über SDA findet ein bitweiser Datenaustausch statt, während SCL den für eine synchrone Übertragung notwendigen Takt überträgt. Beide Leitungen werden über Pullup-Widerstände in der Größenordnung 1,5–10 kΩ im Ruhezustand auf H-Pegel gezogen, die Signalpegel liegen typischerweise bei 5 V oder 3,3 V. Alle Teilnehmer werden über Open Collector-Ausgänge an den Bus angeschlossen, sodaß ihre Anschlüsse direkt miteinander verbunden werden können.

Die am Bus angeschlossenen Teilnehmer können zwei Rollen einnehmen:

- Master – Initiiert die Übertragung zu einem ausgewählten Slave und stellt das synchrone Taktsignal SCL in der Größenordnung 100–400 kHz bereit. In der Grundvariante des Protokolls erhält jedes Gerät am TWI-Bus eine eigene 7 bit-Adresse, über die der Slave eindeutig identifiziert werden kann.
- Slave – Wird aktiv, wenn ein Startsignal für die eigene TWI-Adresse detektiert wird und nutzt zur Datenübertragung den vom Master bereitgestellten Takt.

Die Rollen können sich je nach den Erfordernissen im laufenden Betrieb ändern, und jeder Teilnehmer kann sowohl lesend als auch schreibend auf SDA zugreifen, d. h. Daten empfangen oder senden. Die Frage, ob Daten gelesen oder gesendet werden, wird vom Master bei der Kontaktaufnahme zum Slave durch ein Richtungsbit geklärt. Es ergeben sich somit vier Betriebsmodi: MT (master transmit, Master sendet Daten an Slave), MR (master receive, Master empfängt Daten vom Slave), ST (slave transmit, Slave sendet Daten an Master) und SR (slave receive, Slave empfängt Daten vom Master) bzw. die beiden Paarungen MT–SR und MR–ST. Um eine Übertragung zu initiieren, die TWI-Adresse und das Richtungsbit zu senden, beginnt ein Master immer im MT-Modus, kann aber anschliessend in den MR-Modus wechseln, wenn er Daten vom ausgewählten Slave empfangen will.

TWI ist ein synchrones Protokoll, d. h. der Master erzeugt zur Datenübertragung ein Timingsignal an SCL, das die Bedeutung der Zustände an SDA regelt. Das Zusammenspiel zwischen beiden Leitungen ist in Abb. 7.1 gezeigt. Es gibt im Gegensatz zu SPI genau eine Interpretationsmöglichkeit der Daten. Der Zustand von SDA spiegelt immer dann gültige Daten wider, wenn SCL H-Pegel führt. Der Zustand der Datenleitung darf sich nur ändern, solange SCL auf L-Pegel liegt. Als Ausnahme signalisieren

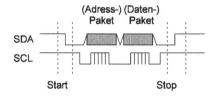

Abb. 7.1. Die grundlegenden Elemente einer TWI-Datenübertragung am Beispiel der Übertragung von zwei Paketen. Die HL-Flanke an SDA zu Beginn ist das Startsignal einer Übertragung, die LH-Flanke am Ende das Stopsignal. Der Aufbau der Datenpakete ist in Abb. 7.2 und Abb. 7.3 gezeigt.

die beiden besonderen Ereignisse „HL-Flanke an SDA, SCL auf H-Pegel" sowie „LH-Flanke an SDA, SCL auf H-Pegel" Start bzw. Stop einer Datenübertragung. Der Ablauf auf der Ebene der Hardware ist folgender:

- Master erzeugt ein Startsignal.
- Master beginnt mit der Taktgenerierung.
- Solange Daten zu übertragen sind:
    - Bei der HL-Flanke von SCL werden vom Sender Daten an SDA gelegt, d. h. die Leitung ggf. auf L-Pegel gezogen.
    - Bei H-Pegel an SCL werden Daten vom Empfänger gelesen.
    Daten werden mit dem MSB zuerst gesendet.
- Master stoppt die Taktgenerierung.
- Master erzeugt ein Stopsignal.

Im Multimasterbetrieb ist die Arbitrierung eindeutig geregelt, d. h. die Frage gelöst, welcher Master die Übertragung weiterführen darf, wenn mehrere Master zeitgleich ein Startsignal senden. Zuerst wird die zeitliche Priorität des Startsignals betrachtet. Der Master, der als erster SDA auf L-Pegel zieht, während SCL auf H-Pegel liegt, gewinnt die Arbitrierung. Erfolgt dies bei zwei Mastern zeitgleich, besitzt die kleinere Slave-Adresse Priorität. Reicht dies immer noch nicht zur eindeutigen Arbitrierung, wird sie bis in die Datenebene hinein fortgesetzt [1, pp. 176, 199].

Über diesem hardwareorientierten Ablauf liegt eine Protokollebene, die das Format eines Adress- bzw. Datenpakets und die logische Nutzung des Busses beschreibt. In einer häufig benutzten Version des TWI-Protokolls umfassen Adresspakete eine 7 bit-Adresse und ein Richtungsbit, gefolgt von einem Bestätigungsbit. Datenpakete umfassen 8 Datenbits und ein Bestätigungsbit. Auf logischer Ebene stellt sich eine Übertragung wie in Abb. 7.2 und Abb. 7.3 für eine Zwei-Byte-Übertragung gezeigt dar:

- Master erzeugt Startsignal.
- Master sendet ein Adresspaket, bestehend aus einer 7 bit-Slave-Adresse A6 : 0 und einem Read/Write-Flag (LSB). Liegt das Flag auf L-Pegel (das Paket wird dann oft durch SLA_W symbolisiert), erklärt der Master einen Schreibzugriff, d. h. er sendet im folgenden Datenpakete an den Slave, Abb. 7.2. Liegt das Flag auf H-Pegel (das Paket wird durch SLA_R symbolisiert), liegt ein Lesezugriff vor, der Master erwartet vom Slave im weiteren Verlauf Datenpakete, Abb. 7.3.

- Der Empfänger sendet nach dem Paket eine Bestätigung (ACK, Setzen von SDA auf L-Pegel) oder meldet einen Fehler bzw. das Ende der weiteren Übertragung (NAK, Belassen von SDA auf H-Pegel). Dies geschieht beim 9. H-Impuls an SCL.
- Wurde vom Empfänger der Empfang des ersten Bytes (Adresse und Flag) mit ACK quittiert und sind bei einem Schreibzugriff nun Daten vom Master zu übertragen, sendet der Master das Datenpaket, bestehend aus 8 Bits (eines pro H-Impuls von SCL), sowie mit dem 9. H-Impuls von SCL eine Bestätigungsaufforderung. Der Slave muß diese mit ACK (L-Pegel an SDA) oder NAK (H-Pegel an SDA) beantworten, Abb. 7.2. Das Senden weiterer Datenpakete erfolgt in gleicher Weise.
- Das Lesen eines Datenpakets erfolgt durch Senden von 8 H-Impulsen an SCL, zu denen der Master die Datenbits, die der Slave an SDA bereitgestellt hat, einliest. Beim 9. H-Impuls von SCL entscheidet der Master, ob der Slave weitere Daten senden soll: setzt der Master SDA auf L-Pegel (ACK), erwartet er weitere Datenpakete. Setzt er SDA auf H-Pegel (NAK), wird die Übertragung abgebrochen, Abb. 7.3.
- Master erzeugt Stopsignal.

Das Protokoll erlaubt es, während der Kommunikation mit einem Slave die Übertragungsrichtung zu ändern, indem der Master beim 9. H-Impuls von SCL die Leitung SDA auf L-Pegel legt (*repeatable start*).

Abb. 7.2 zeigt die MT-Übertragung eines TWI-Adresspakets vom Typ SLA_W und eines Datenbytes im Fehler- und Erfolgsfall. Abb. 7.3 zeigt einen erfolglosen bzw. erfolgreichen Leseversuch nach MR-Übertragung eines Adresspakets vom Typ SLA_R. Der Master erwartet genau ein Byte und bricht die Übertragung nach dem ersten Datenpaket mit NAK ab. Abb. 7.8 zeigt einen realen TWI-Datenaustausch (MT- und MR-Modus).

7.1 Pin-Zuordnung und Registerbeschreibung

Die TWI-Baugruppe nutzt zur Datenübertragung gemäß Tab. 7.1 einige Portpins, die durch die Aktivierung des TWI-Senders bzw. -empfängers durch das Bit TWEN im Register TWCR automatisch vom Digitalport entkoppelt und auf die TWI-Leitungen geschaltet werden. Es ist daher nicht erforderlich, die Portpins manuell als Aus- oder Eingang zu konfigurieren.

Die TWI-Baugruppe eines ATmega16 wird von den Registern der Abb. 7.4 gesteuert. Die Bedeutung der Bits des Bitratenregisters TWBR ist folgende:

Funktion für TWI	Alternative Funktion
SDA	PC1
SCL	PC0

Tab. 7.1. Alternative Pinbelegungen für die Pins der TWI-Baugruppe (ATmega16).

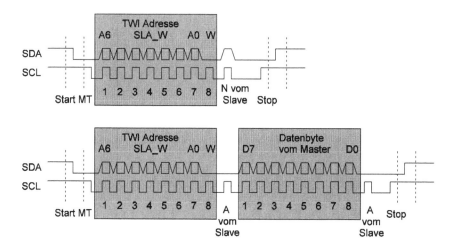

Abb. 7.2. Schreibende TWI-Übertragung eines Datenpakets (1 Byte) im MT-Modus. Oben: bei einer unbekannten TWI-Adresse bricht die Übertragung nach dem Adresspaket SLA_W mit NAK ab. Unten: Slave bestätigt Empfang von SLA_W mit seiner TWI-Adresse mit ACK und nimmt ein Datenpaket entgegen.

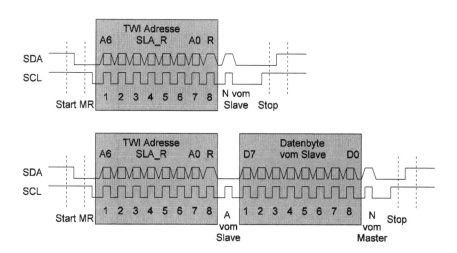

Abb. 7.3. Lesende TWI-Übertragung eines Datenpakets (1 Byte) im MR-Modus. Oben: bei einer unbekannten TWI-Adresse bricht die Übertragung nach SLA_R mit NAK ab. Unten: der Slave bestätigt Empfang des Adresspakets SLA_R mit seiner TWI-Adresse mit ACK und sendet ein Datenbyte. Master bricht nach Empfang eines Pakets mit NAK ab.

TWBR	TWBR (0x00)						
TWCR	TWINT (0)	TWEA (0)	TWSTA (0)	TWSTO (0)	TWWC (0)	TWEN (0)	–	TWIE (0)
TWSR	TWS7:3 (11111)						TWPS1:0 (00)
TWDR	TWD (0x00)						
TWAR	TWA6:0 (0x7f)						TWGCE (0)

Abb. 7.4. Register, die zur Steuerung der TWI-Baugruppe dienen. Bits, die nicht zur TWI-Baugruppe gehören, sind grau unterlegt. In Klammern angegeben sind die Defaultwerte nach einem Reset.

– TWBR7–TWBR0 – Stellen einen Teiler dar, anhand dessen im TWI-Masterbetrieb der SCL-Takt mit der Frequenz f_{SCL} folgendermassen generiert wird [1, p. 178]:

$$\text{TWBR} = \left(\frac{f_{CPU}}{f_{SCL}} - 16 \right) \times \frac{1}{2} \times \frac{1}{4^{TWPS1:0}} \tag{7.1}$$

TWPS1 : 0 sind die Bits des TWI-Prescalers im TWSR-Register.

Die Bedeutung der Bits des TWI-Kontrollregisters TWCR ist folgende:
– TWINT (TWI interrupt flag) – Signalisiert den Abschluss einer TWI-Operation auf Hardwareebene und erwartet eine Reaktion der Software auf das Resultat. Sind TWIE in TWCR und das I-Bit in SREG gesetzt, wird der Interruptvektor TWI_vect angesprungen. Solange TWINT nicht quittiert wurde, wird die SCL-Leitung auf L-Pegel gezogen. Die Quittierung erfolgt durch Schreiben von 1 in das Flag. Es wird *nicht* automatisch durch Ausführung des Interrupthandlers zurückgesetzt!
  Das Setzen des Flags startet TWI-Operationen, die durch die TWSTA-, TWSTO- oder TWEA-Bits angefordert wurden, d. h. alle Daten müssen zuvor vollständig in die TWI-Register geschrieben oder aus ihnen gelesen worden sein.
– TWEA (TWI enable acknowledge) – Setzen auf 1 erzeugt ein ACK-Signal auf dem TWI-Bus, wenn von einem Master die eigene TWI-Adresse angesprochen war, ein general call erfolgt war oder im MR-Modus ein Datenbyte empfangen wurde. (Das NAK-Signal wird im MR-Modus durch das Setzen des Bits auf 0 erreicht.)
– TWSTA (TWI start) – Setzen auf 1 erzeugt ein Startsignal auf dem TWI-Bus, wenn der TWI-Bus frei ist. Ist der Bus belegt, wartet die TWI-Baugruppe, bis ein Stopsignal empfangen wurde und versucht erneut ein Startsignal zu generieren. Das Bit muß nach Erzeugung des Startsignals manuell gelöscht werden.
– TWSTO (TWI stop) – 1 erzeugt ein Stopsignal auf dem TWI-Bus. Sobald das Signal übertragen wurde, wird das Bit automatisch gelöscht.
– TWWC (TWI write collision) – 1, wenn das Datenregister TWDR beschrieben wird, solange TWINT low ist. Es wird beim Beschreiben von TWDR gelöscht, wenn TWINT gesetzt (aktiv) ist.

Tab. 7.2. Bedeutung der Statusbits im TWI-Statusregister. Aufgeführt sind für jeden Schritt der Übertragung nur die im MT- bzw. MR-Modus erwarteten Statuscodes des Erfolgsfalles. Details zur Bedeutung und vollständigen Behandlung siehe [1, pp. 186]. Die Symbole werden in der Headerdatei `util/twi.h` definiert. `TW_STATUS` liefert die ausmaskierten Statusbits aus `TWSR`.

TWSR & 0xf8 (TW_STATUS)	Symbol	Bedeutung
Master Transmit-Modus		
0x08, 0x10	TW_START, TW_REP_START	Start bzw. *repeated start* gesendet.
0x18	TW_MT_SLA_ACK	SLA_W gesendet, ACK empfangen.
0x28	TW_MT_DATA_ACK	Datenbyte gesendet, ACK empfangen.
Master Receive-Modus		
0x08, 0x10	TW_START, TW_REP_START	Start bzw. *repeated start* gesendet.
0x40	TW_MR_SLA_ACK	SLA_R gesendet, ACK empfangen.
0x50	TW_MR_DATA_ACK	Datenbyte empfangen, ACK gesendet.
0x58	TW_MR_DATA_NACK	Datenbyte empfangen, NAK gesendet.

TWPS1–TWPS0	Vorteiler	TWPS1–TWPS0	Vorteiler
0	1	2	16
1	4	3	64

Tab. 7.3. Steuerung des Bitraten-Vorteilers zur Erzeugung des Bitratentaktes SCL (ATmega16).

- TWEN (TWI enable) – Setzen auf 1 aktiviert die TWI-Baugruppe und schaltet die Portpins als SCL- und SDA-Leitung. 0 deaktiviert die TWI-Baugruppe und konfiguriert die Portpins als normale Digital-I/O-Pins.
- TWIE (TWI interrupt enable) – 1 aktiviert den TWI-Interrupt. Ist das Bit 1 und das I-Bit in SREG gesetzt, wird der Interrupthandler TWI_vect ausgeführt, sobald TWINT gesetzt wird.

Die Bedeutung der Bits des TWI-Statusregisters TWSR ist folgende:
- TWS7–TWS3 (TWI status) – Enthalten gemäß Tab. 7.2 den Status der TWI-Baugruppe und des TWI-Busses.
- TWPS1–TWPS0 (TWI prescaler) – Steuern gemäß Tab. 7.3 den Vorteiler zur Erzeugung des Bitratentaktes.

Die Bedeutung der Bits des TWI-Datenregisters TWDR ist folgende:
- TWD7–TWD0 (TWI data) – Enthalten ein Datenbyte. Im Sendemodus ist dies das nächste zu übertragende Byte, im Empfangsmodus das zuletzt empfangene Byte. Das Register darf nur beschrieben werden, wenn keine Übertragung stattfindet.

Die Bedeutung der Bits des TWI-Adressregisters TWAR ist folgende:
- TWA6–TWA0 (TWI slave address) – Legen die TWI-Adresse für die TWI-Einheit fest. Notwendig für jeden Slave sowie in Multimaster-Systemen für die Master, die als Slave fungieren können.

- TWGCE (general call recognition) – 1 aktiviert die Erkennung des *general call* auf dem TWI-Bus.

7.2 Bibliothek zur Ansteuerung des TWI-Busses (Master)

Listing 7.1 zeigt die Headerdatei einer Bibliothek zur Ansteuerung des TWI-Buses als Master, Listing 7.2 die dazugehörende Implementierung für folgende Funktionen:

- initTwi() initialisiert die TWI-Baugruppe als Master mit einer gewünschten Übertragungsgeschwindigkeit.
- initTwiSlave() initialisiert die TWI-Baugruppe als Slave. Das Hauptprogramm muß den Interruptvektor TWI_vect implementieren.
- twi_putcMasterTransmit() sendet einen Datenblock (uint8_t-Array) an einen TWI-Slave mit gegebener Adresse (MT-Modus) und erzeugt je nach Parametrisierung ein abschliessendes Stopsignal. Fehlt das Stopsignal, beginnt die nachfolgende Übertragung mit einem *repeated start*-Signal.
- twi_getcMasterReceive() empfängt eine vorgegebene Anzahl Daten (uint8_t-Array) von einem TWI-Slave mit gegebener Adresse (MR-Modus).

 In [31] ist eine frei nutzbare TWI-Master-Bibliothek beschrieben. [16] beschreibt eine andere Implementierung von TWI-Masterfunktionen, [17] diejenige von TWI-Slavefunktionen.

7.2.1 Realisierung des Master Transmit-Modus

Eine Übertragung im MT-Modus erfolgt in diesen Schritten [1, pp. 186]:

- Startsignal erzeugen (Bits TWINT, TWSTA und TWEN in TWCR auf 1 setzen). Erwarteter Statuscode in TWSR ist 0x08 (0x10 für *repeated start*).
- Slave mit SLA_W-Paket adressieren (Slaveadresse in TWDR schreiben, Bits TWINT und TWEN in TWCR auf 1 setzen). Erwarteter Statuscode in TWSR ist 0x18.
- Ein oder mehrere Datenbytes senden (jeweils Daten in TWDR schreiben, Bits TWINT und TWEN in TWCR auf 1 setzen). Erwarteter Statuscode in TWSR ist 0x28, wenn Slave die Übertragung akzeptiert hat.
- Wenn durch die Parametrisierung mit TWI_STOP angefordert, Stopsignal erzeugen (Bits TWINT, TWSTO und TWEN in TWCR auf 1 setzen).

Das Setzen von TWINT hat den Zweck, das TWI-Interruptflag zu löschen, das als Resultat der vorigen Operation gesetzt wurde. Zusätzlich werden dadurch die durch die Bits TWSTA, TWSTO und TWEA gekennzeichneten Operationen gestartet. TWEN muß gesetzt werden, um die TWI-Einheit zu aktivieren und auf die I/O-Pins zu schalten.

7.2.2 Realisierung des Master Receive-Modus

Ähnliche Schritte sind für eine Übertragung im MR-Modus auszuführen [1, pp. 189]:

- Startsignal erzeugen (Bits TWINT, TWSTA und TWEN in TWCR auf 1 setzen). Erwarteter Statuscode in TWSR ist 0x08 (0x10 für *repeated start*).
- Slave mit SLA_R-Paket adressieren (Slaveadresse in TWDR schreiben, Bits TWINT und TWEN in TWCR auf 1 setzen). Erwarteter Statuscode in TWSR ist 0x40.
- Solange mehr als ein Byte gelesen werden soll: Empfang eines Bytes und anschliessendes Senden von ACK auslösen (Bits TWEA, TWINT und TWEN in TWCR auf 1 setzen). Erwarteter Statuscode in TWSR ist 0x50. Datenbyte von TWDR lesen.
- Wenn nur noch ein Byte gelesen werden soll: Empfang eines Bytes und anschliessendes Senden von NAK auslösen (Bits TWINT und TWEN in TWCR auf 1 setzen, Bit TWEA auf 0 setzen). Erwarteter Statuscode in TWSR ist 0x58.
- Stopsignal erzeugen (Bits TWINT, TWSTO und TWEN in TWCR auf 1 setzen).

Listing 7.1. Bibliothek zur Ansteuerung des TWI-Busses im Masterbetrieb (Programm twiLib.h).

```
1   #ifndef  TWILIB_H_
2   #define  TWILIB_H_
3
4   #include  <stdint.h>
5   #include  <util/twi.h>
6
7   #define  TWI_PSC_1    0
8   #define  TWI_PSC_4    1
9   #define  TWI_PSC_16     2
10  #define  TWI_PSC_64     3
11
12  #define  TWI_NON_STOP  0
13  #define  TWI_STOP     1
14
15  #define  TWCR_ACK   (1<<TWEA)|(1<<TWINT)|(1<<TWEN)
16  #define  TWCR_NACK  (1<<TWINT)|(1<<TWEN)
17  #define  TWCR_RESET   (1<<TWEA)|(1<<TWSTO)|(1<<TWINT)|(1<<TWEN)
18
19  void initTwi(uint8_t bitrate, uint8_t prescaler);
20
21  void initTwiSlave(uint8_t addr);
22
23  uint8_t twi_putcMasterTransmit(uint8_t address, uint8_t *data,
        uint8_t n, uint8_t stop);
24
25  uint8_t twi_getcMasterReceive(uint8_t address, uint8_t* data,
        uint8_t n);
26
27  #endif /* TWILIB_H_ */
```

Listing 7.2. Bibliothek zur Ansteuerung des TWI-Busses im Masterbetrieb (Programm twiLib.c).

```
1   #include "twiLib.h"
2
3   void initTwi(uint8_t bitrate, uint8_t prescaler){
4     TWSR = (prescaler&0x03)<<TWPS0;
5     TWBR = bitrate;
6   }
7
8   void initTwiSlave(uint8_t addr){
9     TWAR = (addr<<TWA0)|(1<<TWGCE);      // set slave address and
          enable general call
10    TWCR = (1<<TWEA)|(1<<TWIE)|(1<<TWEN); // enable TWI IRQ
11  }
12
13  uint8_t twi_waitAndCheck(uint8_t successCode){
14    while (!(TWCR&(1<<TWINT)));       // wait to complete
15    if ((TWSR&0xf8)!=successCode){    // can also check TW_STATUS
16      return 0;
17    }
18    return 1;
19  }
20
21  uint8_t twi_waitAndCheckStart(void){
22    while (!(TWCR&(1<<TWINT)));       // wait to complete
23    if (TW_STATUS!=TW_START && TW_STATUS!=TW_REP_START){
24      return 0;
25    }
26    return 1;
27  }
28
29  uint8_t twi_start(uint8_t address, uint8_t read, uint8_t successCode
        ){
30    uint8_t twiStatusOk = 1;
31    TWCR = (1<<TWSTA)|(1<<TWINT)|(1<<TWEN);   // create start signal
32    twiStatusOk &= twi_waitAndCheckStart();
33    if (twiStatusOk){
34      TWDR = ((address&0x7f)<<1) | read;
35      TWCR = (1<<TWINT)|(1<<TWEN);        // send SLA+R/W
36      twiStatusOk &= twi_waitAndCheck(successCode);
37    }
38    return twiStatusOk;
39  }
40
41  uint8_t twi_stop(void){
42    uint8_t twiStatusOk = 1;
43    TWCR = (1<<TWSTO)|(1<<TWINT)|(1<<TWEN);   // create stop signal
44    return twiStatusOk;
45  }
46
```

```
47  uint8_t twi_putcMasterTransmit(uint8_t address, uint8_t *data,
        uint8_t n, uint8_t stop){
48    uint8_t twiStatusOk = 1;
49    // wait to completion of start signal
50    twiStatusOk &= twi_start(address, TW_WRITE, TW_MT_SLA_ACK);
51    if (twiStatusOk){
52      for (uint8_t i=0; twiStatusOk && i<n; i++){
53        TWDR = *data++;
54        TWCR = (1<<TWINT)|(1<<TWEN);        // send data
55        // wait to completion of data transmission
56        twiStatusOk &= twi_waitAndCheck(TW_MT_DATA_ACK);
57      }
58    }
59    if (stop){
60      twiStatusOk &= twi_stop();
61    }
62    return twiStatusOk;
63  }
64
65  uint8_t twi_getcMasterReceive(uint8_t address, uint8_t* data,
        uint8_t n){
66    uint8_t twiStatusOk = 1;
67    // wait to completion of start signal
68    twiStatusOk &= twi_start(address, TW_READ, TW_MR_SLA_ACK);
69    if (twiStatusOk){
70      for (uint8_t i=0; twiStatusOk && i<(n-1); i++){
71        TWCR = TWCR_ACK;  // send ACK for ongoing reception
72        // wait to completion of data transmission
73        twiStatusOk &= twi_waitAndCheck(TW_MR_DATA_ACK);
74        *data++ = TWDR;
75      }
76      TWCR = TWCR_NACK;  // send NAK for last byte
77      // wait to completion of data transmission
78      twiStatusOk &= twi_waitAndCheck(TW_MR_DATA_NACK);
79      *data++ = TWDR;
80    }
81    twiStatusOk &= twi_stop();
82    return twiStatusOk;
83  }
```

7.3 TWI-Netzwerk mit Master- und Slave-MCUs

Das TWI-Protokoll ist zur Vernetzung mehrerer MCUs geeignet [16] [17]. Aufgrund seiner Eigenschaften kann jede dieser MCUs die Master- oder Slave-Rolle einnehmen. Als einfaches Beispiel ist in Abb. 7.5 ein System aus einer Master- und einer Slave-MCU dargestellt. Die Master-MCU (Firmware in Listing 7.3) führt einen TWI-Schreibzugriff aus,

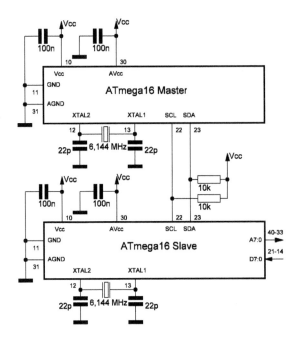

Abb. 7.5. Schaltung eines Master-Slave-System mit einer Master- und einer Slave-MCU. Beide MCUs sind über TWI vernetzt. Die Slave-MCU ist register-orientiert aufgebaut, sie besitzt vier Register mit den Nummern 0–3, die den Ports A–D entsprechen. Sie gibt Daten über Port A (Register 0) aus und liest Daten über Port D (Register 3) ein.

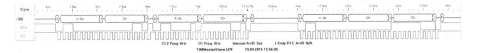

Abb. 7.6. Timingdiagramm zur Ansteuerung einer Slave-MCU über TWI. Signale von oben nach unten: TWI-Interpretation, SDA, SCL. Die Übertragung beginnt mit einem Lesezugriff auf Register 3 (schreibe Registernummer 3, erzeuge *repeated start*-Signal, lese Register 3: 0xfc). Es folgt ein Schreibzugriff mit denselben Daten auf Register 0 (schreibe Register 0: 0xfc).

der einen Registerzeiger auf Register 3 stellt. Ein nach einem *repeated start*-Signal anschliessender Lesezugriff liefert den Inhalt des Registers (also PIND). In der zweiten Phase adressiert der Master mit einem einzigen TWI-Schreibzugriff das Register 0 (d. h. PORTA) und sendet das auszugebende Datenbyte. Abb. 7.6 zeigt die TWI-Signale.

Die Firmware der Slave-MCU ist in Listing 7.4 gezeigt. Die Registerstruktur wird durch ein uint8_t-Array regBuffer dargestellt, ein Register wird durch den Registerzeiger regPtr selektiert, der zu Beginn eines TWI-Schreibzugriffs auf die als erstes Byte übertragene Registernummer gesetzt wird.

Während der Initialisierung der TWI-Baugruppe in initTwiSlave() wird der Slave-MCU über das Register TWAR die TWI-Adresse 0b0110000 zugewiesen. Durch Setzen des Bits TWIE im Kontrollregister wird der TWI-Interrupt aktiviert, sodaß nach Abschluss jeder TWI-Operation der Vektor TWI_vect aufgerufen wird, in dem Sie je nach Statuscode in `TW_STATUS` geeignet reagieren müssen. Für uns sind folgende Statuscodes interessant:

-   `TW_SR_SLA_ACK` zeigt an, daß die MCU als Slave adressiert wurde, d. h. eine Befehlssequenz im SR-Modus beginnt. In diesem Moment kann der interne Zustandsautomat (Variable `state` in seinen Startzustand `STATE_IDLE` versetzt werden.

-   `TW_SR_DATA_ACK` zeigt den Empfang eines Datenbytes an, das je nach Zustand der Slave-MCU geeignet interpretiert werden muß. Das Beispiel prüft anhand des Zustands der Variablen `state`, ob es sich um eine Registernummer handelt, die im Registerzeiger `regPtr` gespeichert wird, oder um ein auszugebendes Datenbyte.

-   `TW_ST_SLA_ACK` bzw. `TW_ST_DATA_ACK` signalisieren, daß vom Master ein Datenbyte angefordert wurde (ST-Modus), d. h. der Inhalt des Registers, das durch `regPtr` adressiert ist.

Listing 7.3. TWI-Master/Slave-System, Master-Programm (Programm TwiMaster.c).

```
1   /*
2     TWI master-slave demo (master).
3   */
4   #define F_CPU 6144000UL
5
6   #include <stdint.h>
7   #include <util/delay.h>
8   #include "twiLib.h"
9
10  // ------- business logic ------------------
11  #define SLAVE_ADDR   (0b0110000)
12
13  int main(void){
14    uint8_t buffer[] = { 0, 0 }, data = 0;
15
16    initTwi((F_CPU/10000-16)/2/4, TWI_PSC_4);
17
18    while (1){
19      buffer[0] = 3;        // read port D
20      twi_putcMasterTransmit(SLAVE_ADDR, buffer, 1, TWI_NON_STOP);
21      twi_getcMasterReceive(SLAVE_ADDR, buffer, 1);
22      data = buffer[0];
23      _delay_ms(1);
24      buffer[0] = 0;        // write port A
25      buffer[1] = data;     // data to write
26      twi_putcMasterTransmit(SLAVE_ADDR, buffer, 2, TWI_STOP);
27      _delay_ms(1000);
28    }
29  }
```

Listing 7.4. TWI-Master/Slave-System, Slave-Programm (Programm TwiSlave.c).

```
1   /*
2     TWI master-slave demo (slave).
3   */
4   #define F_CPU 6144000UL
5
6   #include <stdint.h>
7   #include <avr/interrupt.h>
8   #include <avr/sleep.h>
9   #include "twiLib.h"
10
11  // ------- hardcoded configuration -----------------
12  #define READINPUT      (PIND)
13  #define WRITEOUTPUT(value)  (PORTA=value)
14
15  void initPorts(void){
16    PORTD = 0xff; // set inputs
17    DDRD = 0x00;
18    PORTA = 0x00; // set outputs
19    DDRA = 0xff;
20  }
21
22  // ------- business logic -----------------
23  #define SLAVE_ADDR   (0b0110000)
24  #define STATE_IDLE       0
25  #define STATE_WAIT_DATA    1
26  volatile uint8_t regBuffer[4] = { 0x1f, 0x2f, 0x3f, 0x4f};
27  volatile uint8_t regPtr = 0, state = STATE_IDLE;
28
29  ISR(TWI_vect){
30    uint8_t data = 0;
31    switch (TW_STATUS){
32      // SR mode
33      case TW_SR_SLA_ACK:     // slave was addressed
34      case TW_SR_GCALL_ACK:   // include general call
35        state = STATE_IDLE;
36        TWCR = (1<<TWIE)|TWCR_ACK;
37        break;
38      case TW_SR_DATA_ACK:    // data byte was received
39      case TW_SR_GCALL_DATA_ACK:  // include general call
40        data = TWDR;
41        if (state==STATE_IDLE){
42          regPtr = data;
43          state = STATE_WAIT_DATA;
44        } else {
45          regBuffer[regPtr] = data;
46          if (regPtr==0){
47            WRITEOUTPUT(data);
48          }
```

```
49          state = STATE_IDLE;
50        }
51        TWCR = (1<<TWIE)|TWCR_ACK;
52        break;
53      case TW_SR_STOP:    // stop received
54        TWCR = (1<<TWIE)|TWCR_ACK;
55        break;
56      // ST mode
57      case TW_ST_SLA_ACK:   // slave was addressed in read mode
58      case TW_ST_DATA_ACK:  // data were requested from slave
59        if (regPtr==3){
60          regBuffer[regPtr] = READINPUT;
61        }
62        TWDR = regBuffer[regPtr];
63        TWCR = (1<<TWIE)|TWCR_ACK;
64        break;
65      // common cases
66      case TW_ST_DATA_NACK: // no more data requested
67      case TW_SR_DATA_NACK: // dto
68      case TW_ST_LAST_DATA: // last data transmitted
69      default:
70        TWCR = (1<<TWIE)|TWCR_RESET;
71    }
72  }
73
74  int main(void){
75    initPorts();
76    initTwiSlave(SLAVE_ADDR);
77    regPtr = 0;
78    WRITEOUTPUT(regBuffer[0]);
79    regBuffer[3] = READINPUT;
80    sei();
81
82    while (1){
83      set_sleep_mode(SLEEP_MODE_IDLE);
84      sleep_mode();
85    }
86  }
```

7.4 Ansteuerung des TWI-I/O-Expanders PCF8574

Ein verbreiteter TWI-Baustein ist der 8 bit-Portexpander PCF8574(A), der 8 digitale Ein-
oder Ausgänge zur Verfügung stellt. Da er über drei Adresseingänge verfügt, können
Sie bis zu acht Bausteine anschliessen und 64 zusätzliche Ein-/Ausgänge erhalten. Der
Typ PCF8574 besitzt die Basisadresse 0x20, der Typ PCF8574A die Basisadresse 0x38,
sodaß Sie durch Kombination beider Typen maximal 128 Ein-/Ausgänge erhalten. Zu-

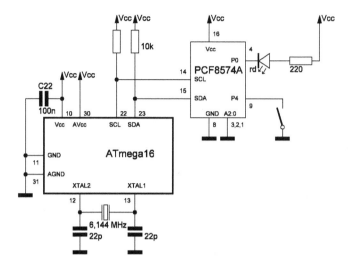

Abb. 7.7. Schaltung eines Blinkers mit TWI-Portexpander PCF8574A. LEDs werden L-aktiv gegen Vcc betrieben, da die Ausgänge des PCF8574 25 mA aufnehmen können (sink current, L-Pegel), aber nur 300 μA Strom liefern können (source current, H-Pegel).

sätzlich zur Portfunktion besitzt der Baustein einen Interruptausgang $\overline{\text{INT}}$, über den Pegelwechsel an den Eingängen an die MCU gemeldet werden können.

Abb. 7.7 zeigt den Schaltplan eines Blinkers, der sowohl die Verwendung von Ausgängen zur Steuerung von L-aktiven LEDs als auch von Eingängen zur Konfiguration der Blinkgeschwindigkeit demonstriert. Das Programm ist in Listing 7.5 gezeigt. Die Portpins des PCF8574 werden nicht durch ein Datenrichtungsregister als Ein- oder Ausgang konfiguriert; stattdessen setzen Sie Ausgänge direkt auf den gewünschten Pegel und Eingänge auf 1 (H-Pegel). Beim Einlesen erhalten Sie den Zustand des Eingangs (0 oder 1 entsprechend L- oder H-Pegel).

Die Ansteuerung der Ausgänge erfolgt durch das Senden von zwei Bytes im MT-Modus, nämlich ein Adresspaket SLA_W, gefolgt von einem Datenpaket, das den gewünschten Zustand der Ausgänge enthält.Die TWI-Adresse ergibt sich für die Typen PCF8574(P/T) aus 0x20 + 4 × A2 + 2 × A1 + A0, für die Typen PCF8574A(P/T) aus 0x38 + 4 × A2 + 2 × A1 + A0. A2:0 stellen jeweils die Pegel an den Pins zur Adresskonfiguration dar. Die endgültige Adresse ist somit je nach Konfiguration der Adresseingänge 0x20 (L-Pegel an A2:0) bis 0x27 (H-Pegel an A2:0) bzw. 0x38–0x3f. In Abb. 7.8 oben ist der Signalverlauf beim Senden des Datenbytes 0x04 an eine existierende TWI-Adresse zu sehen. Sie sehen, daß das Adresspaket vom Baustein mit ACK bestätigt wurde, sodaß nachfolgend das Datenpaket gesendet wird. Abb. 7.8 Mitte zeigt das Verhalten, wenn die TWI-Adresse nicht existiert: nach dem Senden des Adresspakets liest die TWI-Baugruppe ein NAK (H-Pegel an SDA) und bricht die weitere Übertragung durch Senden eines Stop-Signals ab.

Das Lesen der Zustände der Eingänge erfolgt im MR-Modus wiederum durch Senden eines Adresspakets mit der TWI-Adresse (SLA_R-Paket). Wurde das Paket vom

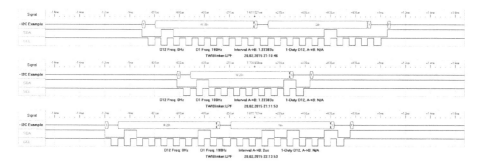

Abb. 7.8. Timingdiagramm zur Ansteuerung eines PCF8574 über TWI. Signale von oben nach unten: TWI-Interpretation, SDA, SCL. Oben: Schreibzugriff mit 0x04 als Daten, Antwort (ACK) eines TWI-Slaves mit korrekter Adresse 0x20. Mitte: Schreibzugriff, abschlägige Antwort (NAK) eines TWI-Slaves mit nicht-existierender Adresse 0x20. Unten: Lesezugriff, Antwort 0x14 eines TWI-Slaves mit korrekter Adresse sowie NAK durch den Master zur Beendigung des Lesezyklus nach dem ersten gelesenen Byte.

PCF8574 mit ACK bestätigt, folgt die Sendung des Datenpakets mit den gewünschten Pegeldaten durch den PCF8574. Nach dieser Übertragung muß die MCU als TWI-Master entweder ACK senden, wenn sie weitere Daten erhalten möchte, oder durch ein NAK gefolgt von einem Stop-Signal die Übertragung beenden (Signalverlauf Abb. 7.8 unten). Da der Portexpander nur ein Byte sendet, wird das Lesen mit NAK beendet.

Listing 7.5. Blinker auf TWI-Basis (Programm TWIBlinker.c).

```
1  /*
2    TWI blinker over TWI
3  */
4  #define F_CPU 6144000UL
5
6  #include <stdint.h>
7  #include <util/delay.h>
8  #include "twiLib.h"
9
10 #define PORT_ADDR (0b0100000) // A2:0 = 000
11
12 int main(void){
13   uint8_t buffer[1] = { 0 };
14   uint8_t i = 0;
15
16   initTwi((F_CPU/10000-16)/2/4, TWI_PSC_4);
17
18   while (1){
19     buffer[0] = (i++) & 0x0f; // set outputs P3:0
20     twi_putcMasterTransmit(PORT_ADDR, buffer, 1, TWI_STOP);
21     _delay_ms(100);
22     twi_getcMasterReceive(PORT_ADDR, buffer, 1);
```

```
23      if (buffer[0]&0x10){
24          _delay_ms(100);
25      } else {
26          _delay_ms(200);
27      }
28    }
29  }
```

7.5 Ansteuerung der TWI-RTC (Echtzeituhr) PCF8583P

Über das TWI-Protokoll können nützliche Bausteine, die RTCs oder *real-time clocks* (Echtzeituhren), angeschlossen werden. Es handelt sich um Bausteine, die in Kombination mit einem Uhrenquarz Datum und Uhrzeit bereitstellen. Aufgrund ihrer Spezialisierung benötigen sie sehr wenig Strom, sodaß sie mit einer kleinen Pufferbatterie oder Akkumulator weiterlaufen können, auch wenn das Gerät ausgeschaltet ist.

Funktion der Schaltung, das Rahmenprogramm

In diesem Beispiel wird ein PCF8583P als RTC eingesetzt, um den Zeitbezug für einen stromsparenden Datenlogger zu liefern, Abb. 7.9 zeigt den Schaltplan. Nach dem Einschalten kann über die serielle Schnittstelle die aktuelle Uhrzeit übertragen und damit die RTC konfiguriert werden, sodaß im folgenden alle Zeitinformationen von der RTC bezogen werden können.

Anders als in Abschnitt 8.6 soll die Messwerterfassung nicht durch einen Timerinterrupt erfolgen, der jede Sekunde prüft, ob das Messinterval beendet ist, da dieser die MCU meist unnötigerweise aufweckt. Sie müßten darüberhinaus prüfen, bis zu welchem Sleep-Modus die internen Timer noch betrieben werden. Stattdessen soll die MCU im Sleep-Modus verharren, am Ende jedes Messintervalls zur Datenerfassung aufgeweckt werden und hernach wieder bis zum Ende des nächsten Intervalls ruhen. Die Erzeugung des Wakeup-Triggers übernimmt stromsparend die RTC mit ihrer Timerfunktion und einem Interruptausgang, der an $\overline{INT0}$ angeschlossen ist. Auch die Fortzählung der Uhrzeit erfolgt stromsparend in der RTC. Es gibt im Beispiel noch die Möglichkeit, über $\overline{INT1}$ ein weiteres Ereignis (Taste) als Wakeup-Trigger zu verwenden.

Im Beispiel wird nur die Steuerung ohne Messdatenerfassung gezeigt, die in Abschnitt 8.6 ausführlich behandelt wird. Die Steuerung des Rahmenprogramms erfolgt über die serielle Schnittstelle und ein TTL-USB-Kabel. Die Firmware (Listing 7.6) erkennt die Eingabe von Datum und Uhrzeit als zehnstellige Zeichenkette im Format MMDDhhmmss (Monat, Tag, Stunde, Minuten, Sekunden), sowie das Kommando „I" gefolgt von einer zweistelligen Minutenangabe zum Setzen des Messintervalls:

```
Time set. Waiting for events ...
```

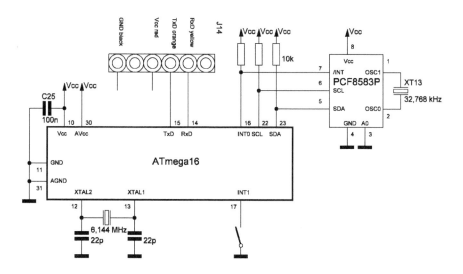

Abb. 7.9. Schaltung des Datenloggers mit TWI-RTC (real-time clock) PCF8583P.

```
0419114730<RETURN>
time set to 04-19 11:47:30.
04-19 11:48:00 RTC irq
04-19 11:49:00 RTC irq
04-19 11:50:00 RTC irq
04-19 11:50:34 event triggered (INT1)
04-19 11:51:00 RTC irq
I05<RETURN>
interval set to 5 min.
```

Bei einer Triggerung durch die RTC oder durch $\overline{\text{INT1}}$ wird die aktuelle Uhrzeit von der RTC gelesen. Sie können an dieser Stelle Ihre Messaktivitäten einfügen.

Um den Stromverbrauch zu minimieren, können Sie die MCU fast die ganze Zeit auch in den Power-Save-Modus versetzen (Parameter SLEEP_MODE_PWR_SAVE). Dabei müssen Sie beachten:

- Da alle Oszillatoren abgeschaltet sind, können keine Signalflanken an INT0, INT1 oder RxD erkannt werden und zur Interruptauslösung bzw. zum Wakeup führen. Die externen Interrupts 0 und 1 müssen dann durch L-Pegel gesteuert werden, und Datenempfang über die serielle Schnittstelle ist ebenfalls nicht mehr möglich, Abschnitt 1.4.3.
- Ein L-Pegel an INT0 wird durch Löschen des RTC-Timer-Flags in der Interruptroutine sofort in einen H-Pegel überführt. Wenn Sie jedoch einen Taster an INT1 anschliessen, wird die Interruptbehandlung fast immer fertig sein, bevor der Tastendruck beendet ist, sodaß der L-Pegel anhält und sofort ein weiterer Interrupt ausgelöst wird. Das Signal an INT1 sollte daher von einer Schaltung kommen, die kurze L-Impulse erzeugt.

Adr.	Zehner-Teil			Einer-Teil
0x08	Alarm-Kontrollregister			
0x07	Timer Zehner			Timer Einer
0x06	Wochentag		Monat Zehner	Monat Einer
0x05	Jahr		Tage Zehner	Tage Einer
0x04	0=24h	0=AM	Stunden Zehner	Stunden Einer
0x03	Minuten Zehner			Minuten Einer
0x02	Sekunden Zehner			Sekunden Einer
0x01	1/100 Sekunden Zehner			1/100 Sekunden Einer
0x00	Status- und Kontrollregister			

Abb. 7.10. Register, die zur Steuerung der TWI-RTC PCF8583P dienen. Grau unterlegt: Bits, die beim Lesen mit der Jahr/Wochentagsmaske als Null gelesen werden. Sie können auf diese Weise ohne Umrechnung oder Maskierung auf Tag und Monat zugreifen.

Ansteuerung des PCF8583P

Die RTC wird durch Register gesteuert, mit deren Hilfe Sie den Betriebsmodus, die Zeit und das gewünschte Timerintervall angeben, Abb. 7.10. Die Register werden durch eine Adresse zwischen 0 und 8 identifiziert. Wichtig ist das Status- und Kontrollregister an Adresse 0x00, das diese relevanten Konfigurationselemente enthält:

- Wird Bit 7 auf 0 gesetzt, zählt die RTC Impulse vom Quarz oder der konfigurierten Taktquelle. Eine 1 stoppt die Zählung (wichtig zum Konfigurieren).
- Der Wert 0b00 für Bits 6–5 stellt den externen Uhrenquarz als Taktquelle ein.
- Eine 1 für Bit 3 maskiert Jahr und Wochentag beim Lesen von Tag und Monat aus.
- Eine 1 für Bit 2 aktiviert die Alarm- und Timerfunktion.
- Bit 0 repräsentiert das Timer-Flag.

Das Setzen bzw. Lesen von Werten in den Registern erfolgt stets durch Senden der Registeradresse und weiteren Datenbytes bzw. Senden der Registeradresse und Lesen der benötigten Anzahl an Datenbytes. Werden mehrere Bytes übertragen, wird die Registeradresse für jedes Byte automatisch von der RTC inkrementiert. Die TWI-Adresse der RTC lautet je nach Pegel am externen Adresspin entweder 0x50 (L-Pegel an A0) oder 0x51 (H-Pegel an A0).

Zum Setzen von Datum und Uhrzeit muss zunächst der Zähler der RTC gestoppt sowie die Werte in der richtigen Reihenfolge (von der 1/100-Sekunde hin zum Monat) übertragen werden (Funktion setTime()):

- Übertragen der Registeradresse 0x00 (Status- und Kontrollregister) ohne Stopsignal, nach einem *repeated start*-Signal Auslesen des Registerinhalts (Signalverlauf Abb. 7.11 oben).
- Zählung stoppen durch Setzen von Bit 7 im Status- und Kontrollregister, Zurückschreiben des Wertes (Abb. 7.11 oben Mitte links).

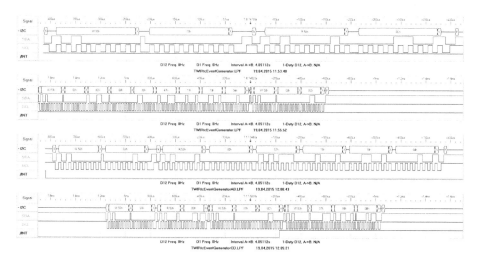

Abb. 7.11. Timingdiagramm zur Ansteuerung eines PCF8583P über TWI. Signale von oben nach unten: TWI-Interpretation, SDA, SCL, INT. Oben: Lesen des Status- und Kontrollregisters (schreibe Registernummer 0, erzeuge *repeated start*-Signal, lese Register 0: 0x0c). Oben Mitte: Stoppen des Zählers, Setzen der Uhrzeit auf 11:47:30 am 19.04. sowie Starten des Zählers (schreibe Register 0–6: 0x8c–0x00–0x30–0x47–0x11–0x19–0x04, schreibe Register 0=0x0c). Unten Mitte: Timer-IRQ als Reaktion auf HL-Flanke an INT, Lesen der Uhrzeit 11:57:00 am 19.04. (schreibe Registernummer 2, erzeuge *repeated start*-Signal, lese Register 2–6: 0x00–0x57–0x11–0x19–0x04). Unten: Löschen des Interruptflags im Kontrollregister 0, aktiviere Timer (schreibe Registernummer 0, erzeuge *repeated start*-Signal, lese Register 0=0x0d, schreibe Register 0=0x0c, Übergang von INT auf H-Pegel). Hernach Neusetzen des Timers auf 1 min (schreibe Register 7–8: 0x99–0x0b).

- Übertragen von Uhrzeit und Datum im BCD-Format durch das Makro UINT_2_BCD: 0x00 (1/100 Sekunden sind Null), ss, mm, hh, DD und MM (Abb. 7.11 oben Mitte).

Anschliessend muss der Zähler der RTC wieder aktiviert werden (Abb. 7.11 oben Mitte rechts):
- Übertragen der Registeradresse 0x00 (Status- und Kontrollregister).
- Zählung aktivieren durch Löschen von Bit 7 im Status- und Kontrollregister, sowie Lesemaske für Datum und Uhrzeit aktivieren durch Setzen von Bit 3.

Das Auslesen der aktuellen Zeit von der RTC erfolgt in ähnlicher Weise durch die Funktion getTime() (Signalverlauf Abb. 7.11 unten Mitte):
- Übertragen der Registeradresse 0x02 (Sekundenregister) ohne Stopsignal.
- Nach einem *repeated start*-Signal (maskiertes) Lesen von Uhrzeit und Datum (5 Bytes) im BCD-Format über das Makro BCD_2_UINT: ss, mm, hh, DD und MM.

Die Konfiguration des Timers, der regelmäßig alle *n* Minuten ausgelöst werden soll, erfolgt über das Alarm-Kontrollregister an Adresse 0x08:

– Eine 1 für Bit 3 aktiviert den Timer-Interrupt am Pin $\overline{\text{INT}}$.
– Bits 2:0 wählen die Auflösung des Timers, der Wert 0b011 steht für eine Auflösung in Minuten.

Das Setzen eines einmaligen Timerintervalls erfolgt in setInterval() wie folgt (Signalverlauf Abschnitt 7.11 unten):
– Übertragen der Registeradresse 0x00 (Status- und Kontrollregister) und Lesen des Registerinhalts nach einem *repeated start*-Signal.
– Alarm/Timer aktivieren durch Setzen von Bit 2 im Status- und Kontrollregister, Löschen des Timer-Interrupt-Flags in Bit 0.
– Zurückschreiben des neuen Wertes in Register 0x00.
– Übertragen der Adresse 0x07 (Timerregister) mit einem neuen Schreibzugriff.
– Übertragen der Anzahl der Minuten bis 100 bis zum Trigger (für 2 min also die Differenz 100 – 2 = 98).
– Timer konfigurieren durch Kontrollbyte 0b00001011 im Alarm-Kontrollregister an Adresse 0x08 (Timerauflösung Minuten, Timer-Interupt aktivieren).

Sie müssen nach einem Trigger an $\overline{\text{INT0}}$, der durch die RTC ausgelöst wurde, den Startwert des Timers für den nächsten Zyklus neu setzen, da der Timer sonst bei 00 beginnt zu zählen, also erst nach 99 min den nächsten Interrupt generiert.

Listing 7.6. RTC-gestützter Interrupt (Programm TwiRtcEventGenerator.c).

```
1   /*
2     Data logger framework with RTC over TWI.
3     Inputs:
4       - INT0   periodic IRQ from RTC
5       - INT1   external IRQ from external circuitry/key
6     Outputs:
7       - D0/1   RS232/USB
8       - D4   LED indicating errors (H-active)
9   */
10  #define F_CPU 6144000L
11
12  #include <avr/io.h>
13  #include <avr/interrupt.h>
14  #include <avr/pgmspace.h>
15  #include <avr/sleep.h>
16  #include <stdio.h>
17  #include "extIntLib.h"
18  #include "twiLib.h"
19
20  // UART Initialization
21  #define BAUD 9600
22  #include <util/setbaud.h>
23  #include "uartLib.h"
```

```
24
25   // ------- hardcoded configuration ----------------
26   // define some bit masks
27   #define RTC_ADDR   (0b1010000)
28   #define D_LED_ERR (1<<PD4)
29   #define LED_ERR_ACTIVE   (PORTD |= (1<<PD4))
30   #define LED_ERR_IDLE   (PORTD &= ~(1<<PD4))
31
32   void initPorts(void){
33     LED_ERR_IDLE;
34     DDRD |= D_LED_ERR;       // set outputs
35   }
36
37   #define UINT_2_BCD(value) ((value/10)<<4) | (value%10)
38   #define BCD_2_UINT(value) ((value&0xf0)>>4)*10 + (value&0x0f)
39   typedef struct {
40     uint8_t hours, minutes, seconds, day, month;
41   } datetime_t;
42   uint8_t interval = 1;
43
44   uint8_t readControlByte(uint8_t *value){
45     uint8_t buffer[1];
46     uint8_t statusOk = 1;
47
48     buffer[0] = 0;          // reg addr of control reg
49     statusOk &= twi_putcMasterTransmit(RTC_ADDR, buffer, 1,
           TWI_NON_STOP);
50     statusOk &= twi_getcMasterReceive(RTC_ADDR, buffer, 1);
51     if (!statusOk){
52       LED_ERR_ACTIVE;
53     }
54     *value = buffer[0];
55     return statusOk;
56   }
57
58   void setTime(datetime_t *t){
59     uint8_t sendBuffer[8];
60     uint8_t statusOk = 1, controlByte;
61
62     statusOk &= readControlByte(&controlByte);
63     sendBuffer[0] = 0;          // reg addr 0
64     sendBuffer[1] = controlByte | 0b10000000;   // ctrl byte: stop cnt
65     sendBuffer[2] = 0;          // 1/100 s
66     sendBuffer[3] = UINT_2_BCD(t->seconds);
67     sendBuffer[4] = UINT_2_BCD(t->minutes);
68     sendBuffer[5] = UINT_2_BCD(t->hours);
69     sendBuffer[6] = UINT_2_BCD(t->day);
70     sendBuffer[7] = UINT_2_BCD(t->month);
```

```
71    statusOk &= twi_putcMasterTransmit(RTC_ADDR, sendBuffer, 8,
          TWI_STOP);  // stop counting and set time
72
73    sendBuffer[0] = 0;          // reg addr 0
74                    // ctrl byte: start counting, read day/month
                         masked
75    sendBuffer[1] = (controlByte|0b00001000) & ~0b10000000;
76    statusOk &= twi_putcMasterTransmit(RTC_ADDR, sendBuffer, 2,
          TWI_STOP);
77
78    if (!statusOk){
79      LED_ERR_ACTIVE;
80    }
81  }
82
83  void setInterval(uint8_t interval){
84    uint8_t sendBuffer[3];
85    uint8_t statusOk = 1, controlByte;
86
87    statusOk &= readControlByte(&controlByte);
88    sendBuffer[0] = 0;          // reg addr 0
89                    // ctrl byte: start counting, enable timer, clear
                         irq flag
90    sendBuffer[1] = (controlByte|0b00000100) & ~0b0000001;
91    statusOk &= twi_putcMasterTransmit(RTC_ADDR, sendBuffer, 2,
          TWI_STOP);
92
93    sendBuffer[0] = 7;          // reg addr
94    sendBuffer[1] = UINT_2_BCD((uint8_t)(100-interval));  // timer
          interval [min]
95    sendBuffer[2] = 0b00001011;   // timer res. is min, trigger irq
96    statusOk &= twi_putcMasterTransmit(RTC_ADDR, sendBuffer, 3,
          TWI_STOP);    // set timer
97
98    if (!statusOk){
99      LED_ERR_ACTIVE;
100   }
101 }
102
103 void getTime(datetime_t *t){
104   uint8_t readBuffer[5];
105   uint8_t statusOk = 1;
106
107   readBuffer[0] = 2;          // reg addr
108   statusOk &= twi_putcMasterTransmit(RTC_ADDR, readBuffer, 1,
          TWI_NON_STOP);
109   statusOk &= twi_getcMasterReceive(RTC_ADDR, readBuffer, 5);
110   t->seconds = BCD_2_UINT(readBuffer[0]);
111   t->minutes = BCD_2_UINT(readBuffer[1]);
```

```
112    t->hours = BCD_2_UINT(readBuffer[2]);
113    t->day = BCD_2_UINT(readBuffer[3]);
114    t->month = BCD_2_UINT(readBuffer[4]);
115
116    if (!statusOk){
117      LED_ERR_ACTIVE;
118    }
119  }
120
121  void printDateTime(char* text){
122    datetime_t t;
123    char buffer[80];
124
125    getTime(&t);
126    sprintf_P(buffer, PSTR("%02u-%02u %2u:%02u:%02u %s\r\n"), t.month,
             t.day, t.hours, t.minutes, t.seconds, text);
127    uart_puts(buffer);
128  }
129
130  ISR(INT0_vect){
131    printDateTime("RTC irq");
132    setInterval(interval);  // re-enable timer
133  }
134
135  ISR(INT1_vect){
136    printDateTime("event triggered");
137  }
138
139  ISR(USART_RXC_vect){
140    static char buffer[15];
141    static uint8_t bufferPtr = 0;
142    static char tmpBuffer[50];
143
144    if (bufferPtr<14){
145      char data = UDR;
146      buffer[bufferPtr++] = data;
147      // complete line received?
148      if (data == '\r' || data == '\n'){
149        if (buffer[0]=='I'){
150          buffer[bufferPtr] = 0;
151          interval = uart_sscanf_uint8_t(buffer+1);
152          setInterval(interval);
153          sprintf_P(tmpBuffer, PSTR("interval set to %u min.\r\n"),
                 interval);
154          uart_puts(tmpBuffer);
155          bufferPtr = 0;
156        } else if (buffer[0]=='R'){
157          LED_ERR_IDLE;
158          bufferPtr = 0;
```

```
159        } else {
160          datetime_t t;
161          buffer[bufferPtr] = 0;
162          t.month = uart_sscanf_uint8_t(buffer);
163          t.day = uart_sscanf_uint8_t(buffer+2);
164          t.hours = uart_sscanf_uint8_t(buffer+4);
165          t.minutes = uart_sscanf_uint8_t(buffer+6);
166          t.seconds = uart_sscanf_uint8_t(buffer+8);
167          setTime(&t);
168          sprintf_P(tmpBuffer, PSTR("time set to %02u-%02u %2u:%02u
                 :%02u.\r\n"), t.month, t.day, t.hours, t.minutes, t.
                 seconds);
169          uart_puts(tmpBuffer);
170          bufferPtr = 0;
171        }
172      }
173    }
174  }
175
176  int main(void){
177    initPorts();
178    initUART(UART_RXIRQ, UBRRH_VALUE, UBRRL_VALUE);
179    initTwi((F_CPU/50000-16)/2/1, TWI_PSC_1); // 50 kHz TWI clock
180  // to use deep sleep mode:  initExtIRQ(EXTINT_INT0, EXTINT_LLEVEL,
          EXTINT_PININPUT);
181  // to use deep sleep mode:  initExtIRQ(EXTINT_INT1, EXTINT_LLEVEL,
          EXTINT_PININPUT);
182    initExtIRQ(EXTINT_INT0, EXTINT_HLEDGE, EXTINT_PININPUT);
183    initExtIRQ(EXTINT_INT1, EXTINT_HLEDGE, EXTINT_PININPUT);
184
185    setInterval(interval);
186    uart_puts_P(PSTR("Interval set. Waiting for events ...\r\n"));
187    sei();
188
189    while (1){
190  // to use deep sleep mode:   set_sleep_mode(SLEEP_MODE_PWR_SAVE);
191      set_sleep_mode(SLEEP_MODE_IDLE);
192      sleep_mode();
193    }
194  }
```

8 SPI, Serial Peripheral Interface

Das SPI-Protokoll oder *serial peripheral interface* ist ein Hardwareprotokoll, das es einem Master und beliebig vielen Slaves erlaubt, über $3 + n$ Leitungen miteinander zu kommunizieren, wobei ein serielles Protokoll zugrundeliegt [1, pp. 135] [19]. Die drei Leitungen haben die Bedeutung SCK (Übertragungstakt, vom Master generiert), MOSI (master out, slave in – Daten vom Master) und MISO (master in, slave out – Daten vom Slave). Zusätzlich werden Select-Leitungen $\overline{\text{CSi}}$ zur Auswahl des Slaves benötigt, seitens der AVR-MCU $\overline{\text{SS}}$ (slave select) genannt. Abb. 8.1 zeigt die prinzipielle Verschaltung eines Masters mit zwei Slaves in den zwei hauptsächlichen Anordnungen „Stern" und „Daisy Chain".

In der Sternanordnung wird jeder Slave unabhängig von allen anderen durch eine eigene $\overline{\text{SS}}$-Leitung selektiert, es sind daher für n Slaves $3 + n$ Leitungen erforderlich, sodaß sich die die Zahl der benötigten Digitalpins erhöht, aber ein direkter Zugriff auf einen bestimmten Slave mit schnellem Datenaustausch möglich ist. Da die DO-Ausgänge aller Slaves verbunden sind, sind in dieser Anordnung nur Slaves mit Three-State-Ausgängen erlaubt. In der Ruhephase muß jeder Slave seinen DO-Ausgang im Three-State-Zustand halten, um zu vermeiden, daß Ausgänge mit verschiedenen Pegeln gegeneinander arbeiten.

In der Daisy Chain-Anordnung wird der DO-Ausgang eines jeden Slaves mit dem DI-Eingang des nächstes Slaves verbunden, die MCU stellt ebenfalls einen Knoten in der entstehenden zyklischen Verbindung dar. Alle Slaves werden durch eine gemeinsame $\overline{\text{SS}}$-Leitung selektiert. Daten werden durch alle Slaves hindurchgeschoben, wodurch sich die Zahl der Leitungen auf 4 verringert, die der Taktzyklen, die zum Hindurchschieben durch alle Slaves notwendig sind, sich aber mit n erhöht.

Die Vorteile des SPI-Protokolls sind die hohe erreichbare Geschwindigkeit, die vom verwendeten Übertragungstakt SCK abhängig ist und bis in den Megahertz-

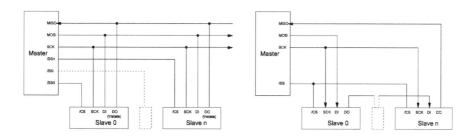

Abb. 8.1. Der prinzipielle Aufbau eines SPI-Netzwerkes, hier mit einem Master und zwei Slaves. Links: Sternanordnung mit unabhängig selektierbaren Slaves. Durch die Verknüpfung der DO-Ausgänge müssen Slaves in dieser Anordnung Three-State-Ausgänge an DO aufweisen. Rechts: „Daisy Chain"-Anordnung, in der die Slaves Daten zum nachfolgenden Slave durchleiten. Alle Slaves in der Kette werden gleichzeitig selektiert.

Bereich reichen kann (Übertragungsraten bis zu Megabits/s), seine Vollduplexfähigkeit und die Einfachheit des Protokolls. Die Industrie bietet zahlreiche Peripheriebausteine an, die über SPI angesprochen werden können, u. a. ADC- und DAC-Wandler mit verschiedenen Bitbreiten und Geschwindigkeiten (Beispiel MCP4812, DAC, Abschnitt 4.10.2), EEPROM- und Flash-Speicher (Beispiel 25LCxx, EEPROM, Abschnitt 8.6), RTCs (real time clocks), CAN-Buscontroller (Beispiel MCP2515), digitale Potentiometer (Beispiel MCP4151), Displaytreiber für LCD- und LED-Anzeigen (MAX7219, LED-Treiber, Abschnitt 8.9), sowie Sensoren und komplexe Bausteine wie Audio-Codecs (Beispiel VS1053, MP3/Midi-Codec).

⚡ Die Wahl der Netzwerktopologie bei mehr als einem Slave richtet sich u. a. nach der Verfügbarkeit von DO-Ausgängen mit Three-State-Zustand. Nur wenn dieser Zustand möglich ist, können die betreffenden Slaves als Stern verbunden werden. Für die daisy chain ist es erforderlich, daß die beteiligten Bausteine Daten durchleiten können.

8.1 Ablauf einer SPI-Datenübertragung

Eine SPI-Datenübertragung besteht aus folgenden Schritten:
- Der Master selektiert einen Slave durch Setzen seiner Selectleitung $\overline{SSi}$ auf L-Pegel. Seitens des Slave heißt der Eingang meist $\overline{CS}$ (chip select).
- Der Master erzeugt ein SCK-Signal.
- Der Master schiebt mit jeder Flanke des SCK-Signals, die den Spezifikationen der Einstellungen CPOL und CPHA entspricht, ein Bit des Datenbytes über die Leitung MOSI zum Slave und erwartet gleichzeitig ein Bit vom Slave auf der Leitung MISO (Vollduplex-Übertragung). Slaves empfangen das Bit über einen Eingang, der oft DI (data input) genannt wird, und übertragen ihrerseits Bits über einen Ausgang, der oft DO (data output) heißt.
- Der Master verfährt achtmal auf diese Weise, um ein komplettes Byte zu übertragen und zu empfangen. Weitere Bytes werden auf gleiche Weise übertragen.
- Der Master inaktiviert den Slave durch Setzen der Selectleitung $\overline{SSi}$ auf H-Pegel.

Bei jedem Übertragungsprozess kommuniziert der Master mit genau einem Slave über eine Vollduplexleitung unter Nutzung des synchronen Taktsignals SCK. Für eine erfolgreiche Übertragung müssen wir noch einige Timingdetails spezifizieren, nämlich die Relation der Flanken des Taktsignals SCK zu den Zuständen der Datenleitungen MOSI und MISO. Wir benötigen zur genauen Festlegung die Polarität des Taktsignals CPOL und die Nummer der Flanke, an der Daten von den Leitungen übernommen werden (Phase) CPHA. Beide Einstellungen zusammen spezifizieren einen von vier möglichen SPI-Modi, Tab. 8.1. Abb. 8.2 zeigt die Zusammenhänge schematisch.

CPOL gibt an, ob SCK ein *idle low-Takt* ist (CPOL=0), oder ob ein *idle high-Takt* vorliegt (CPOL=1). CPHA gibt an, mit der wievielten SCK-Flanke nach Aktivierung von $\overline{SS}$

Tab. 8.1. Die vier Betriebsmodi der SPI-Baugruppe (ATmega16).

Modus	CPOL	CPHA	Führende Flanke	Folgende Flanke
0	0	0	Datenübernahme mit LH-Flanke	Setup Daten mit HL-Flanke
1	0	1	Setup Daten mit LH-Flanke	Datenübernahme mit HL-Flanke
2	1	0	Datenübernahme mit HL-Flanke	Setup Daten mit LH-Flanke
3	1	1	Setup Daten mit HL-Flanke	Datenübernahme mit LH-Flanke

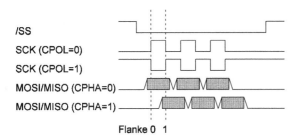

Abb. 8.2. Datenübertragung innerhalb eines SPI-Netzwerkes am Beispiel einer 3 bit-Übertragung und die Auswirkung der verschiedenen Einstellungen von CPOL und CPHA.

Daten übernommen werden. Bei CPHA=0 werden Daten mit der ersten, dritten und den folgenden ungeraden Flanken übernommen, der Slave hat die Daten also bereits mit der „nullten", zweiten, … Flanke auf den Datenbus gelegt. CPHA=1 bedeutet, daß die Daten mit der zweiten, vierten, … Taktflanke übernommen werden.

Abb. 8.14 auf Seite 400 zeigt eine reale SPI-Übertragung, bei der die sechs Ziffern einer Uhrzeit (hier 00:02:23 Uhr), jeweils als 16 bit-Blöcke (2 Bytes), angeführt von der Stellennummer, übertragen werden.

8.2 Pin-Zuordnung, mehrere Geräte am SPI-Bus

Die SPI-Baugruppe nutzt zur Datenübertragung gemäß Tab. 8.2 einige Portpins, die durch die Aktivierung des SPI-Senders bzw. -empfängers durch das Bit SPE im Register SPCR teilweise automatisch vom Digitalport entkoppelt und auf die SPI-Leitungen geschaltet werden:
- Im Masterbetrieb wird B6 automatisch als Eingang für MISO konfiguriert.
- Im Slavebetrieb werden B4, B5 und B7 automatisch als Eingänge für $\overline{SS}$, MOSI und SCK konfiguriert.

In diesen Fällen ist es daher nicht erforderlich, die Portpins manuell als Aus- oder Eingang zu konfigurieren. In allen anderen Fällen müssen die Portpins manuell konfiguriert werden:

Funktion für SPI	Alternative Funktion
MISO	PB6
MOSI	PB5
SCK	PB7
$\overline{SS}$	PB4

Tab. 8.2. Alternative Pinbelegungen für die Pins der SPI-Baugruppe (ATmega16).

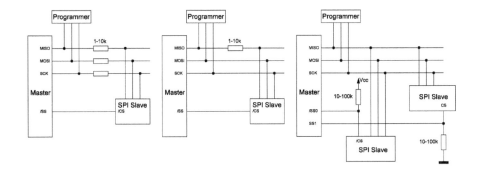

Abb. 8.3. Verschiedene Möglichkeiten der Trennung von ISP-Programmiergerät und SPI-Slaves. Links: Separation der SPI-Slaves nach [19] [18] [7]. Mitte: Separation eines Nicht-SPI-konformen Slaves auf der MISO-Leitung. Rechts: Passivierung von SPI-konformen SPI-Slaves mit schwachen Pullup- oder Pulldown-Widerständen.

– Im Masterbetrieb ggf. B4, B5 und B7 über DDBi als Ausgänge für $\overline{SS}$, MOSI und SCK konfigurieren.
– Im Slavebetrieb ggf. B6 über DDB6 als Ausgang für MISO konfigurieren.

Ein Problem („bus contention") kann auftreten, wenn der SPI-Bus von einem ISP-Programmiergerät und einem oder mehreren SPI-Bausteinen gemeinsam genutzt wird: auch in dieser Konstellation darf der Pegel eines SPI-Signals nur von einem Baustein bestimmt werden, nämlich SCK, MOSI und $\overline{SS}$ vom SPI-Master, MISO vom selektierten Slave. Ein ISP-Programmiergerät weiß jedoch nichts von Slave-Selektion und beansprucht den SPI-Bus ohne Nachfrage für sich. Darüberhinaus versetzt es während der Programmierung die MCU in einen Resetzustand, in dem alle MCU-Ausgänge zu Eingängen im Three-State-Zustand werden, d. h. auch das von der MCU gesteuerte $\overline{SS}$- oder andere Chip Select-Signale fallen während dieser Zeit aus.

Nach den Application Notes [19] [18] [7] soll das ISP-Programmiergerät direkt mit der (einzigen) AVR-MCU verbunden werden, während die SPI-Bausteine über geeignet dimensionierte Reihenwiderstände (z. B. 1–10 kΩ) in den Leitungen SCK, MOSI und MISO angeschlossen werden (Abb. 8.3 links). Diese Reihenwiderstände bilden mit Kapazitäten auf der Leiterplatte Tiefpässe und begrenzen die maximale Übertragungsgeschwindigkeit.

Einige Überlegungen helfen, die Fälle zu identifizieren, in denen überhaupt Probleme zu erwarten sind. Potentiell problematische SPI-Signale sind einmal SCK und MOSI, da sie von jedem Master als Ausgang betrieben werden. Gibt es wie bei unseren Beispielschaltungen nur eine einzige MCU, die gleichzeitig Master ist, ist die Zusammenarbeit von ISP- und SPI-Geräten unproblematisch, da das ISP-Gerät während der Resetphase der Programmierung die einzige Signalquelle für diese Leitungen ist.

Das MISO-Signal kann dagegen neben dem ISP-Gerät auch von SPI-Slaves als Ausgang betrieben werden. SPI-konforme Slaves lassen sich durch Chip Select-Signale inaktivieren, sodaß ihr MISO-Signal nicht mit dem des ISP-Geräts kollidiert. Um auch während des MCU-Resets inaktive Select-Signale zu garantieren, werden die $\overline{CS}$- oder CS-Signale mit schwachen Pullup- oder Pulldown-Widerständen auf den notwendigen Pegel gezogen (Abb. 8.3 rechts). Slaves wie der in Abschnitt 8.8 benutzte 74HC165 sind nicht passivierbar und müssen über den angesprochenen Serienwiderstand vom SPI-Bus und dem ISP-Gerät getrennt werden (Abb. 8.3 Mitte).

Gemeinsamer Betrieb eines ISP-Programmiergeräts und SPI-Bausteine erfordert Schutzmassnahmen gegen „bus contention", Abb. 8.3. Atmel schlägt Reihenwiderstände in den SPI-Leitungen vor [19] [18] [7]. Diese können die maximale Übertragungsgeschwindigkeit herabsetzen. Alternativ:

– Sind neben der zu programmierenden MCU und dem ISP-Gerät nur „echte" passivierbare SPI-Slaves an den SPI-Bus angeschlossen?
Wenn ja, ziehe die Chip-Select-Eingänge dieser Slaves mit schwachen Pullup- oder Pulldown-Widerständen auf den inaktiven Pegel, um die Slaves während der Programmierphase zu inaktivieren. Werte um 10–100 kΩ arbeiten häufig zufriedenstellend, da sie in der Resetphase nicht gegen aktive L-Treiber arbeiten müssen. Die MCU selber ist in der Resetphase inaktiv.

– Wenn nein, isoliere die MISO-Signale der Slaves durch einen Reihenwiderstand von 1–10 kΩ vom ISP-Gerät und der MCU.

8.3 Registerbeschreibung

Die SPI-Baugruppe eines ATmega16 wird von den Registern der Abb. 8.4 gesteuert. Die Bedeutung der Einträge im SPI-Kontrollregister SPCR ist folgende:

– SPIE – SPI Interrupt Enable. Ist dieses Bit 1 und auch das Flag SPIF und das globale Interruptflag in SREG sind gesetzt, wird der Interruptvektor SPI_STC_vect ausgeführt.

– SPE – SPI Enable. Muß 1 sein, um die SPI-Funktionalität zu aktivieren.

– DORD – Data Order. Mit 0 wird zuerst das LSB eines Datenwortes übertragen. Mit 1 wird zuerst das MSB übertragen.

– MSTR – Master-Slave-Select. 0 für Betrieb als Slave, 1 für Betrieb als Master.
MSTR wird gelöscht, wenn $\overline{SS}$ im Masterbetrieb als Eingang konfiguriert ist und ein L-Pegel angelegt wird. MSTR muss dann manuell erneut gesetzt werden, um den Mastermodus aufrechtzuerhalten.

SPCR	SPIE (0)	SPE (0)	DORD (0)	MSTR (0)	CPOL (0)	CPHA (0)	SPR1:0 (00)	
SPSR	SPIF (0)	WCOL (0)			-			SPI2X (0)
SPDR	SPDR (n.a.)							

Abb. 8.4. Register, die zur Steuerung der SPI-Baugruppe dienen. Bits, die nicht zur SPI-Baugruppe gehören, sind grau unterlegt. In Klammern angegeben sind die Defaultwerte nach einem Reset.

SPR1 : 0	Frequenz von SCK SPI2X=0	Frequenz von SCK SPI2X=1
0	$CLK_{CPU}/4$	$CLK_{CPU}/2$
1	$CLK_{CPU}/16$	$CLK_{CPU}/8$
2	$CLK_{CPU}/64$	$CLK_{CPU}/32$
3	$CLK_{CPU}/128$	$CLK_{CPU}/64$

Tab. 8.3. Festlegung der Taktfrequenz SCK der SPI-Einheit im Masterbetrieb (ATmega16).

- CPOL – Clock Polarity. Legt die Polarität der Taktleitung SCK im Ruhezustand fest, 0: Ruhepegel von SCK ist L; 1: Ruhepegel von SCK ist H.
- CPHA – Clock Phase. Legt fest, an welcher Flanke eines SCK-Impulses die Daten von der Datenleitung übernommen werden, 0: Daten werden an der führenden Flanke eines Taktimpulses übernommen, 1: Daten werden an der folgenden Flanke eines Taktimpulses übernommen.
- SPR1–SPR00 – SPI Clock Rate Select. Legen die Taktfrequenz des SCK-Signals gemäß Tab. 8.3 fest, wenn die SPI-Einheit im Masterbetrieb arbeitet.

CPOL und CPHA arbeiten wie eingangs geschildert gemäß Tab. 8.1 zusammen. Die Bedeutung der Einträge im SPI-Statusregister SPSR ist folgende:
- SPIF – SPI Interrupt Flag. Wird gesetzt, wenn eine serielle Übertragung abgeschlossen wurde und Daten in SPDR bereitstehen. Der SPI-Interrupt SPI_STC_vect wird ausgelöst, wenn er über SPIE freigegeben und das I-Flag im Statusregister gesetzt ist.
  SPIF wird auch gesetzt, wenn $\overline{SS}$ im Masterbetrieb als Eingang konfiguriert ist und L-Pegel angelegt wird, zeigt also den Versuch eines externen Masters an, den SPI-Bus zu übernehmen.
  Das Flag wird durch Ausführen des Interrupthandlers gelöscht. Es kann auch durch Lesen von SPSR und anschliessendem Lesen von SPDR gelöscht werden.
- WCOL – Write Collision Flag. Wird gesetzt, wenn SPDR während einer Datenübertragung beschrieben wird. Es kann durch Lesen von SPSR und anschliessendem Lesen von SPDR gelöscht werden.
- SPI2X – SPI Double Speed Flag; durch Setzen auf 1 wird die SPI-Übertragungsgeschwindigkeit verdoppelt.

Die Bedeutung der Einträge im SPI-Datenregister `SPDR` ist folgende:
- `SPDR7`–`SPDR0` – SPI Data Register. Enthält die Daten, die zwischen Master und Slave ausgetauscht werden. Ein Schreibzugriff auf das Register löst einen Datentransfer aus, die geschriebenen Daten werden gesendet und ein SPI-Lesepuffer mit den empfangenen Daten gefüllt. Ein Lesezugriff auf das Register liefert den Inhalt des SPI-Lesepuffers.

Schreibzugriffe auf `SPDR` dürfen erst erfolgen, wenn ein laufender Übertragungszyklus abgeschlossen ist. Warten Sie vor Schreibzugriffen daher, bis `SPIF` 1 wird. Schreibzugriffe während einer laufenden Übertragung werden durch das Flag `WCOL` angezeigt. Der Inhalt von `SPDR` bleibt dann unverändert, damit die laufende Übertragung konsistente Daten liefert. Ein Master soll diesen Zustand vermeiden, ein SPI-Slave kann nicht kontrollieren, wann ein Master schreibt und muss daher das `SPIF`-Flag prüfen.

Sobald ein Übertragungszyklus abgeschlossen ist, werden die empfangenen Daten im Lesepuffer abgelegt. Lesen Sie die Daten möglichst schnell, da sie von nachfolgenden Übertragungen überschrieben werden.

8.4 Bibliothek zur SPI-Nutzung

Die SPI-Bibliothek (Listing 8.1 und Listing 8.2 stellt folgende Funktionen bereit:
- `initSPIMaster()` dient zur Initialisierung als Master mit gegebener Übertragungsgeschwindigkeit und SPI-Modus.
- `initSPISlave()` dient zur Initialisierung als Slave mit gegebenem SPI-Modus. B6 wird als Ausgang für die `MISO`-Funktion konfiguriert.
- `transmitSPIData()` sendet das übergebene Byte über die SPI-Schnittstelle und liefert den empfangenen Wert zurück.
- `SPI_TX_COMPLETE` ist ein Makro, das anhand von `SPIF` das Ende einer laufenden SPI-Übertragung erkennt.

8.4.1 Konfiguration des Mastermodus

Der Mastermodus wird aktiviert, indem im Kontrollregister `SPCR` die Bits `SPE` und `MSTR` auf 1 gesetzt werden. Der Pin B6 wird damit automatisch zu einem Eingang mit der Funktion `MISO`, unabhängig von den Einstellungen in `DDRB`. Die Pins B5und B7 erfüllen die Funktion von `MOSI` und `SCK` und müssen als Ausgang geschaltet werden.

Die Funktion von B4 ist im Mastermodus frei wählbar, B4 kann als normaler Ein- oder Ausgang genutzt werden. Wird B4 als Ausgang geschaltet, kann er die Funktion $\overline{SS}$ übernehmen und zur Aktivierung des Übertragungspartners genutzt werden.

⚡ Wird B4 als Eingang geschaltet, muß er auf H-Pegel liegen, da ein L-Pegel von der SPI-Baugruppe als Versuch eines anderen Masters betrachtet wird, den SPI-Bus zu allokieren. Die SPI-Baugruppe schaltet dann in den Slavemodus (MSTR wird gelöscht) und MOSI/SCK werden Eingänge. Weiterhin wird das Flag SPIF gesetzt und damit bei gesetztem I-Flag ein SPI-Interrupt ausgelöst. Der SPI-Interrupthandler eines Masters muss daher in diesem Fall prüfen, ob das MSTR-Flag noch gesetzt ist, d. h. ob er noch im Mastermodus arbeitet, und ggf. MSTR wieder setzen.

Ein Master muss weiterhin die Übertragungsgeschwindigkeit mit SPR0/SPI2X und den SPI-Modus mit CPOL und CPHA festlegen. Eine minimale Initialisierung nach einem Reset ist folgende:

```
DDRD |= (1<<DDB5)|(1<<DDB7)|(1<<DDB4);  // set MOSI/SCK/SS as output
SPCR = (1<<SPE)|(1<<MSTR);              // enable SPI as master
```

Das Übertragen von Daten erfolgt durch das Schreiben eines Datenbytes in SPDR. Das Ende einer evt. laufenden Übertragung muß durch Testen des SPIF-Bits im Statusregister abgewartet werden:

```
SPDR = cData;                  // start transmission
while(!(SPSR & (1<<SPIF)));    // wait for TX complete
value = SPDR;                  // return data read from SPI
```

Die im Tausch vom Slave empfangenen Daten stehen ebenfalls im Register SPDR.

i Über $\overline{SS}$ kann der Master die Übertragung zu einer Slave-SPI-Baugruppe synchronisieren, da durch einen H-Pegel an $\overline{SS}$ die Slave-Baugruppe ihre interne Logik und Bitzähler zurücksetzt, sodaß für beide Kommunikationspartner die Übertragung eines jeden Pakets bei Bit 0 beginnen kann. In Abschnitt 4.10.2 wird ein SPI-DAC mit 16 bit-Befehlen angesteuert, indem jede 2 Byte-Übertragung durch das $\overline{CS}$-Signal eingeklammert wird.

8.4.2 Konfiguration des Slavemodus

Der Slavemodus wird aktiviert, indem im Kontrollregister SPCR das Bit SPE auf 1 und MSTR auf 0 gesetzt wird. Die Pins B4, B5 und B7 werden damit automatisch zu Eingängen mit den Funktionen $\overline{SS}$, MOSI und SCK, unabhängig von den Einstellungen in DDRB. Die Funktion von B6 ist im Slavemodus frei wählbar, B6 kann als normaler Ein- oder Ausgang genutzt werden. Soll die MCU im Slavebetrieb nicht nur Daten lesen, sondern auch zurückliefern, muß B6 explizit über DDRB als Ausgang konfiguriert werden und übernimmt dann die Funktion MISO. Im Slavebetrieb entfällt die Einstellung der Übertragungsgeschwindigkeit, der SPI-Modus muß jedoch mit CPOL und CPHA konfiguriert werden. Eine minimale Initialisierung nach einem Reset ist folgende:

```
DDRD |= (1<<DDB6);   // set MISO as output
SPCR = (1<<SPE);     // enable SPI as slave
```

Über $\overline{SS}$ kann ein Master einer SPI-Baugruppe im Slavebetrieb mitteilen, daß eine Datenübertragung für sie bestimmt ist. Mit einem L-Pegel wird sie aktiviert und empfängt Daten. Setzt der Master $\overline{SS}$ auf H-Pegel zurück, geht sie in einen Passivzustand und setzt die interne Logik zurück, z. B. den Bitzähler. Ein Master kann die Übertragung zum Slave synchronisieren, indem er $\overline{SS}$ für jede logische Übertragung oder jedes Paket separat auf L-Pegel setzt, siehe Infoblock auf Seite 372.

Daten können synchron, d. h. blockierend, empfangen werden, indem mit Hilfe des SPIF-Flags das Ende einer Übertragung abgewartet wird:

```
SPDR = 0x00;                 // return 0x00 to master
while(!(SPSR & (1<<SPIF)));  // wait for data receive complete
read = SPDR;                 // read data
```

Die empfangenen Daten stehen in SPDR. Möchte der Slave selber Daten senden (im Beispiel 0x00), müssen diese vor der Übertragung in SPDR bereitgestellt worden sein.

Ein asynchrones, d. h. nicht-blockierendes Lesen wird durch Freigeben des SPI-Interrupts, der am Ende jeder Übertragung aufgerufen wird, realisiert. SPDR kann im Interrupthandler gelesen und ausgewertet werden. Der gewünschte Rückgabewert muß vor Auslösung des Interrupts in SPDR bereitgestellt werden.

Listing 8.1. SPI-Bibliothek (Programm spiLib.h).

```
 1  #ifndef SPILIB_H_
 2  #define SPILIB_H_
 3
 4  #include <stdint.h>
 5  #include <avr/io.h>
 6
 7  #define SPI_SCK_FOSC4 0
 8  #define SPI_SCK_FOSC16   1
 9  #define SPI_SCK_FOSC64   2
10  #define SPI_SCK_FOSC128 3
11  #define SPI_SCK_FOSC2 4
12  #define SPI_SCK_FOSC8 5
13  #define SPI_SCK_FOSC32   6
14  #define SPI_SCK_FOSC64B 7
15
16  #define SPI_MODE0 0
17  #define SPI_MODE1 1
18  #define SPI_MODE2 2
19  #define SPI_MODE3 3
20
21  #define SPI_DISIRQ   0
22  #define SPI_ENAIRQ   1
23
24  #define SPI_TX_COMPLETE (SPSR & (1<<SPIF))
25
26  void initSPIMaster(uint8_t cpolCpha, uint8_t spiSpeed);
```

```
27
28  void initSPISlave(uint8_t cpolCpha, uint8_t enableIRQ);
29
30  uint8_t transmitSPIData(uint8_t cData);
31
32  #endif /* SPILIB_H_ */
```

Listing 8.2. SPI-Bibliothek (Programm spiLib.c).

```
1   #include "spiLib.h"
2
3   void initSPIMaster(uint8_t cpolCpha, uint8_t spiSpeed){
4     uint8_t cpol = (cpolCpha&0x02)>>1;
5     uint8_t cpha = cpolCpha&0x01;
6     // set I/O pins (MISO as input with pullup, MOSI/SCK/SS as output)
7     #if defined (__AVR_ATmega8__)
8     DDRB |= (1<<DDB3)|(1<<DDB5)|(1<<DDB2);
9     DDRB &= ~(1<<DDB4);
10    PORTB |= (1<<PB4);
11    #elif defined (__AVR_ATmega16__)
12    DDRB |= (1<<DDB5)|(1<<DDB7)|(1<<DDB4);
13    DDRB &= ~(1<<DDB6);
14    PORTB |= (1<<PB6);
15    #endif
16    // configure SPI (master, clock source=MCUclock/16, CPOL, CPHA)
17    SPCR = (1<<SPE)|(1<<MSTR)|(cpol<<CPOL)|(cpha<<CPHA);
18    SPCR |= ((spiSpeed&0x03)<<SPR0);
19    SPSR &= ~(1<<SPI2X);
20    SPSR |= (((spiSpeed&0x04)>>2)<<SPI2X);
21  }
22
23  void initSPISlave(uint8_t cpolCpha, uint8_t enableIRQ){
24    uint8_t cpol = (cpolCpha&0x02)>>1;
25    uint8_t cpha = cpolCpha&0x01;
26    // set I/O pins (MISO as output, MOSI/SCK/SS as input with pullup)
27    #if defined (__AVR_ATmega8__)
28    DDRB |= (1<<DDB4);
29    DDRB &= ~((1<<DDB3)|(1<<DDB5)|(1<<DDB2));
30    PORTB |= (1<<PB3)|(1<<PB5)|(1<<PB2);
31    #elif defined (__AVR_ATmega16__)
32    DDRB |= (1<<DDB6);
33    DDRB &= ~((1<<DDB5)|(1<<DDB7)|(1<<DDB4));
34    PORTB |= (1<<PB5)|(1<<PB7)|(1<<PB4);
35    #endif
36    // configure SPI (slave, CPOL, CPHA)
37    SPCR = (1<<SPE)|(cpol<<CPOL)|(cpha<<CPHA);
38    if (enableIRQ){
39      SPCR |= (1<<SPIE);
40    }
```

```
41  }
42
43  uint8_t transmitSPIData(uint8_t cData){
44    SPDR = cData;          // start transmission
45    while(!SPI_TX_COMPLETE); // wait for TX complete
46    return SPDR;           // return data read from SPI
47  }
```

8.5 Master-Slave-System via SPI-Bus

SPI ist hervorragend geeignet, um auf einfache Weise ein System aus mehreren unabhängigen Komponenten aufzubauen, insbesondere wenn nur ein Master notwendig ist. Sie können z. B. mit den Beispielen aus diesem Buch ein „Messlabor" aufbauen, das von einem zentralen Controller über die serielle Schnittstelle/USB gesteuert wird und als Komponenten Rechteckgeneratoren mit festen und variablen Frequenzen (Abschnitt 4.10 und Abschnitt 5.8.1) oder Frequenzmesser (Abschnitt 5.6.2 und Abschnitt 5.7.3) enthält. Jede Komponente erhält ihre Steuerbefehle über SPI bzw. kann ihre Messwerte über SPI zurückliefern. Abb. 8.5 zeigt beispielhaft, wie ein Master mit einem Slave zusammengeschaltet werden kann.

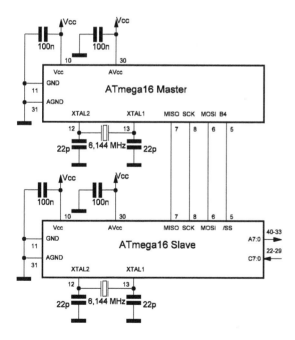

Abb. 8.5. Schaltung des Master-Slave-Systems via SPI-Bus (Stern-Verschaltung, die SPI-Signale MOSI, MISO und SCK sind direkt verbunden, B4 der Master-MCU steuert $\overline{SS}$ der Slave-MCU). Die Slave-MCU gibt Daten über Port A aus und liest Daten über Port C ein.

Abb. 8.6. Signalverlauf auf dem SPI-Bus bei Übermittlung zweier Kommandos. Signale von oben nach unten: B4/$\overline{\text{CS}}$, SPI-Interpreter der MOSI-Leitung, SPI-Interpreter der MISO-Leitung. Die über MOSI gesendete Bytefolge 0x80–0x00–0x81–0xD2 entspricht einem „In"- und einem „Out"-Befehl, 0xC2 sind die von Port C gelesenen Daten. Als Antwort liefert der Slave die Bytefolge 0x01–0xC2–0x01– 0x02.

Die Funktion des Systems ist, Daten von der Slave-MCU einzulesen und in veränderter Form an der Slave-MCU wieder auszugeben. Die Kontrolle über die Lese- und Schreibprozesse obliegt der Master-MCU: sie fordert in einer Endlosschleife in main() durch das Senden eines Kommandobytes mit dem Wert 0x80 die Daten von Port C des Slave an, addiert den Wert 0x10 und sendet die Summe als Datenbyte nach einem weiteren Befehlsbyte mit dem Wert 0x81 an den Slave. Um die Daten des Lesezugriffs zu übertragen, muss nach dem Kommandobyte 0x80 ein Dummywert 0x00 gesendet werden, der im Austausch mit dem vom Slave bereitgestellten Wert übertragen wird. Abb. 8.6 zeigt die über MOSI und MISO übertragenen Daten.

Das Masterprogramm Listing 8.3 ruft in einer Endlosschleife die beiden Funktionen readFromSPI() und writeToSPI() auf, um Kommandobyte+Dummybyte bzw. Kommandobyte+Datenbyte zu senden. Das Slaveprogramm Listing 8.4 initialisiert die SPI-Baugruppe zunächst im Slavemodus und bietet über das Symbol USEIRQ die Möglichkeit, das Warten auf Bytes vom Master über Interruptbetrieb bzw. über Direktabfragen zu realisieren. Im Falle der Interruptvariante (Symbol USEIRQ definiert) wird der SPI-Interrupt freigeschaltet und der Interruptvektor SPI_STC_vect eingebunden, der immer aufgerufen wird, sobald die Übertragung eines Bytes abgeschlossen wurde. Bei Direktabfrage (Symbol USEIRQ nicht definiert) wird in der Endlosschleife anhand des Flags SPIF im SPI-Statusregister SPSR geprüft, ob ein Byte vollständig gelesen wurde. In beiden Fällen erfolgt die weitere Bearbeitung des empfangenen Bytes durch die Funktion handleTransmission().

Wird ein Kommandobyte erkannt (Bit 7 gesetzt), wird im Falle eines Lese- oder „In"-Befehls der Inhalt von Port C gelesen und als SPI-Rückgabewert in SPDR bereitgestellt, um bei der nächsten Übertragung (des Dummybytes) an den Master gesendet zu werden. Im Falle des Schreib- oder „Out"-Befehls wird der feste Wert 0x02 im Austausch für das Datenbyte zurückgeliefert.

Nach Bearbeitung des Kommandobytes wird im Falle des Lesebefehls auf das Dummybyte gewartet, oder im Falle des Schreibbefehls auf das Byte mit den zu schreibenden Daten. Beide Male ist nun die Befehlssequenz abgeschlossen und der kleine Zustandsautomat wird auf den Grundzustand zurückgestellt. Die Zuweisung des Wertes 0x01 an SPDR sorgt dafür, daß der Austausch- oder Rückgabewert für das nächste Byte vom Master die Zahl 1 ist.

Sie werden bemerken, daß mit dem vorgestellten Protokoll die Ausgabe der beiden Werte 0x80 und
0x81 nicht möglich ist, da sie ausschliesslich als Befehlsbytes erkannt werden. SPI ist ein zustandslo-
ses reines Übertragungsprotokoll, das nichts von Befehls- und Datenbytes weiß. Eine solche Seman-
tik müssen Sie selber implementieren und dabei im Auge behalten, daß über den SPI-Empfänger ein
endloser Strom von Bytes eingelesen wird, der fehlerbehaftet sein kann. Wir haben daher im Beispiel
als Softwarelösung die beiden Befehlsbytes als Synchronisationspunkte gewählt, die eindeutig den
Beginn einer Kommandosequenz aus zwei Bytes markieren. Eine Synchronisation kann z. B. auch per
Hardware erfolgen, indem Sie $\overline{SS}$ auch mit $\overline{INT0}$ verbinden und den HL-Übergang des Selectsignals
als Startpunkt einer Befehlssequenz wählen, der über den externen Interrupt erkannt wird.

Listing 8.3. Masterprogramm des Master-Slave-SPI-Systems (Programm SPIDigIOMaster.c).

```
1   /*
2     Simple SPI master for SPI-based I/O
3     Inputs/Outputs: SPI (MOSI, MISO, SCK)
4     Outputs:
5       - B4, /SS
6   */
7   #define F_CPU 6144000UL
8
9   #include <stdint.h>
10  #include <stdlib.h>
11  #include <avr/io.h>
12  #include <util/delay.h>
13  #include "spiLib.h"
14
15  // ------- hardcoded configuration ------------------
16
17  #define D_OUTPUTB    (1<<DDB4)
18  #define SS_idle      (PORTB |= (1<<PB4))
19  #define SS_active    (PORTB &= ~(1<<PB4))
20
21  void initPorts(void){
22    SS_idle;       // create idle level of /SS signal
23    DDRB |= (D_OUTPUTB);
24  }
25
26  // ------- business logic ------------------
27
28  uint8_t readFromSPI(void){
29    SS_active;
30    transmitSPIData(0x80);       // command 0 = read
31    _delay_us(10);
32    uint8_t data = transmitSPIData(0);  // dummy byte to get response
33    _delay_us(10);
34    SS_idle;
35    return data;
```

```
36  }
37
38  void writeToSPI(uint8_t data){
39    SS_active;
40    transmitSPIData(0x81);          // command 1 = write
41    _delay_us(10);
42    transmitSPIData(data);          // data byte to write
43    _delay_us(10);
44    SS_idle;
45  }
46
47  int main(void){
48    initPorts();
49    initSPIMaster(SPI_MODE0, SPI_SCK_FOSC64);
50
51    while (1){
52      uint16_t data = readFromSPI();
53      writeToSPI(data+16);
54      _delay_ms(1000);
55    }
56  }
```

Listing 8.4. Slaveprogramm des Master-Slave-SPI-Systems (Programm SPIDigIOSlave.c).

```
1   /*
2     Simple SPI slave for SPI-based I/O
3     Inputs/Outputs: SPI (MOSI, MISO, SCK)
4     Inputs:
5     - B4,/SS
6     - C7:0
7     Outputs:
8     - A7:0
9   */
10  #define F_CPU 6144000UL
11
12  #include <stdint.h>
13  #include <stdlib.h>
14  #include <avr/io.h>
15  #include <avr/interrupt.h>
16  #include "spiLib.h"
17
18  // ------- hardcoded configuration -----------------
19  // define some bit masks
20  #define READINPUT     (PINC)
21  #define WRITEOUTPUT(value)  (PORTA = value)
22
23  void initPorts(void){
24    PORTA = 0x00;     // set outputs to L
25    DDRA = 0xff;      // set PA7:0 as output
```

```
26    PORTC = 0xff;      // enable internal pull-up resistors on inputs
27    DDRC = 0x00;       // set PC7:0 as input
28  }
29
30  // ------- business logic ----------------
31  #define STATE_IDLE       0
32  #define STATE_WAIT_DATA   1
33  #define STATE_WAIT_DUMMY  2
34
35  volatile uint8_t state = STATE_IDLE;
36
37  void handleTransmission(void){
38    uint8_t data = SPDR;
39    if (data==0x81){
40      state = STATE_WAIT_DATA;  // "out" command
41      SPDR = 0x02;       // return value for 2nd byte (data)
42    } else if (data==0x80){
43      state = STATE_WAIT_DUMMY; // "in" command
44      SPDR = READINPUT;  // return value for 2nd byte (dummy)
45    } else if (state==STATE_WAIT_DATA){
46      state = STATE_IDLE;
47      SPDR = 0x01;       // initial return value
48      WRITEOUTPUT(data);
49    } else if (state==STATE_WAIT_DUMMY){
50      state = STATE_IDLE;
51      SPDR = 0x01;       // initial return value
52    }
53  }
54
55  #ifdef USEIRQ
56  ISR(SPI_STC_vect){
57    handleTransmission();
58  }
59  #endif
60
61  int main(void){
62    initPorts();
63  #ifdef USEIRQ
64    initSPISlave(SPI_MODE0, SPI_ENAIRQ);
65  #else
66    initSPISlave(SPI_MODE0, SPI_DISIRQ);
67  #endif
68
69    sei();
70    SPDR = 0x01;       // initial return value
71    while (1){
72  #ifndef USRIRQ
73      while (!SPI_TX_COMPLETE);
74      handleTransmission();
```

```
75   #endif
76     }
77   }
```

8.6 Datenlogger mit Datenpersistenz in SPI-EEPROM

In Abschnitt 9.6 wird in kurzen Zeitabständen die Temperatur einer Flüssigkeit gemessen, die sich abkühlt. Eine solche Messung stellt einen Spezialfall eines *Datenloggers* dar, d. h. eines Geräts, das in regelmäßigen Zeitabständen Messungen durchführt und die Messwerte solange speichert, bis sie (teilweise viel später) auf die eine oder andere Weise abgerufen werden.

Wir wollen als Beispiel einen Datenlogger implementieren, der in der Lage ist, über Stunden oder Tage hinweg alle paar Minuten eine Außentemperatur, eine In-

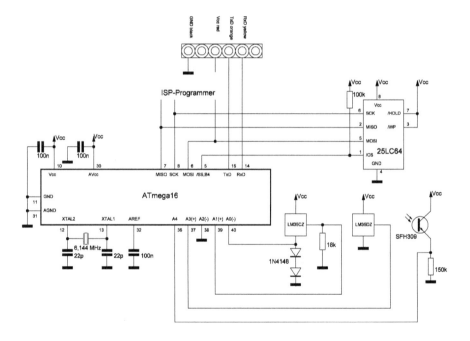

Abb. 8.7. Schaltung des Datenloggers zur kontiuierlichen langfristigen Erfassung von Analogsignalen und Speicherung der Daten in einem SPI-EEPROM 25LC64. Das Beispiel verfügt über analoge Temperatursensoren vom Typ LM35. Dargestellt ist die Beschaltung zur Messung von Innentemperatur (differentiell gegen GND, DZ-Typ) und Außentemperaturen (differentiell gegen virtuelle Masse, die durch zwei Dioden geschaffen wird, CZ-Typ) sowie Tageshelligkeit (single-ended). Ein schwacher Pullup-Widerstand an $\overline{CS}$ stellt sicher, daß das EEPROM durch Spannungsschwankungen im Einschaltmoment nicht selektiert wird.

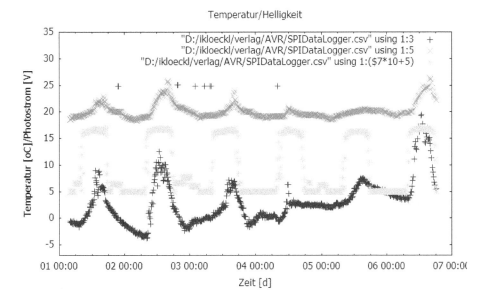

Abb. 8.8. Resultat einer Licht- und Temperaturaufzeichnung über 6 Tage. Oben: Innentemperatur, gemessen mit LM35DZ; Mitte: Helligkeit über Phototransistor; unten: Außentemperatur, gemessen mit LM35CZ. Ca. 800 Messwerte sind in einem SPI-EEPROM gespeichert. Deutlich sind die Hell-Dunkel-Phasen der einzelnen Tage zu erkennen, sowie das Absinken der Temperatur in der Nacht. Die ersten beiden Tage zeigen ausgeprägten Wechsel von Frostnächten und Sonnentagen, die nächsten Tage einen gleichförmigeren Verlauf mit regnerischem Wetter, gefolgt von einer Warmperiode.

nentemperatur sowie die Helligkeit zu messen und in einem externen EEPROM zu speichern, das über SPI angeschlossen ist. Abb. 8.7 zeigt die Schaltung. Die Kommunikation des Datenloggers mit einem PC erfolgt über die serielle Schnittstelle und ein TTL-USB-Kabel, sodaß die aufgezeichneten Daten mit Hilfe eines Terminalprogramms ausgelesen und anschliessend auf dem PC ausgewertet werden können. Abb. 8.8 zeigt ein typisches Resultat für die Aufzeichnung über 6 Tage mit ca. 800 Messwerten.

Die Firmware (Listing 8.5) erlaubt es, die Schaltung mit Hilfe einfacher Buchstabenkommandos zu steuern, die zeilenweise eingegeben und mit der Return-Taste abgeschlossen werden. Die Kommunikation mit der Schaltung für eine neue Messung beginnt typischerweise mit der Eingabe von Tag und Uhrzeit im Format ddhhmmss (2 Ziffern für eine Tagesnummer, 6 Ziffern für Stunden, Minuten und Sekunden) und dem Starten der Messung mit „G" (go), wodurch der alte Datenbestand gelöscht wird. „I" gefolgt von zwei Ziffern setzt das gewünschte Messintervall in Minuten. Mit dem Befehl „L" (list) können Sie die bisher gesammelten Datenpunkte auflisten und damit den Dateninhalt abrufen, „H" (help) zeigt einen Hilfetext an:

```
H<RETURN>
ddhhmmss set time, G=go, S=stop, R=restart, C=clear, L=list,
```

```
Iii=set interval, ?=print status
00234930<RETURN>
ok
G<RETURN>
go
L<RETURN>
no datapoints yet
*
L<RETURN>
1 datapoint(s)
 0 23:50:00      0,5 oC    19,3 oC   0,00 V 0005 00c6 00
**
L<RETURN>
3 datapoint(s)
 0 23:50:00      0,5 oC    19,3 oC   0,00 V 0005 00c6 00
 0  0:00:00      0,2 oC    19,2 oC   0,00 V 0002 00c5 00
 0  0:10:00     -0,2 oC    19,0 oC   0,00 V 03fe 00c3 00
S<RETURN>
stopped
```

Die Schaltung gibt bei jeder erfolgten Messung einen Stern „*" aus. Wie die Beispiel-ausgabe zeigt, können negative Messwerte auftreten. Die drei letzten Spalten geben die vom ADC gelieferten Binärwerte als Hexadezimalwert wieder, am Wert 0x03fe können Sie die Zweierkomplementdarstellung eines negativen Messwertes erkennen.

Als weitere Befehle erlauben „R" (restart) die Fortsetzung einer Aufzeichnung, ohne den bisherigen Datenbestand zu löschen, „S" (stop) das Stoppen einer Aufzeichnung und „C" (clear) das Löschen des Datenbestandes. „?" (status) gibt Auskunft über den Zustand des Loggers.

Ein Timer übernimmt die Steuerung der zyklischen Messung und prüft im Sekundentakt, ob eine Messung vorgenommen werden soll. Das EEPROM wird über den SPI-Bus angesteuert und kann die gemessenen Daten über viele Jahre speichern, selbst wenn die Versorgungsspannung ausfällt oder abgeschaltet wird. Zur Speicherung werden wir EEPROM-Bausteine des Typs 25LCxxx nutzen, die in einem DIP 8-Gehäuse Kapazitäten von 1 kByte bis 1 MByte besitzen. Gespeichert wird ein 8 Byte-Datenblock, bestehend aus einem Zeitstempel (Tag, Stunde, Minute, 3 Byte) und drei ADC-Werten (2 Byte, 2 Byte, 1 Byte).

Analogteil und Sensorik

Die Erfassung der Analogsignale der Temperatursensoren wird in Abschnitt 9.6 beschrieben. Zur Messung der Innentemperatur im positiven Celsiusbereich kommt der Sensor LM35DZ zum Einsatz, zur Messung der Außentemperatur, die unter dem Gefrierpunkt liegen kann, der LM35CZ. Dieser Typ ist für den Temperaturbereich -40–110 °C ausgelegt und liefert eine Spannung zwischen -0,4 V und 1,1 V. Die Schaltung

mit zwei Dioden im Massenzweig zur Erzeugung einer virtuellen Massenreferenz wird
in Abschnitt 9.6 beschrieben.

Die Messung der Helligkeit erfolgt über einen Phototransistor, dessen Emitter-
Kollektor-Strecke als lichtabhängiger veränderlicher Widerstand wirkt. Bei Beleuchtung wird ein sehr kleiner Basisstrom induziert, der durch die Verstärkungswirkung
des Transistors ausreicht, die Emitter-Kollektor-Strecke in einen leitfähigen Zustand
zu versetzen. Mit steigender Helligkeit sinkt der Widerstand des Phototransistors also, bei Dunkelheit ist er hoch. Wir können Phototransistoren somit mit einem Widerstand zu einem Spannungsteiler verbinden und damit eine lichtabhängige Spannung
erzeugen. Je nachdem, ob der Festwiderstand gegen `Vcc` oder gegen `GND` geschaltet
wird, erhalten wir bei Beleuchtung eine geringere bzw. eine höhere Spannung. Diese
Schaltung erlaubt keine Messung von optischen Daten wie Lichtstrom oder Helligkeit,
sondern nur eine qualitative Abgrenzung von helleren und dunkleren Phasen.

Ansteuerung des SPI-EEPROMs

Die verwendeten Bausteine vom Typ 25LCxx besitzen eine Speicherstruktur, bei der
mehrere Bytes in *Pages* oder *Seiten* zusammengefasst sind. Daten können nach Übertragung der gewünschten Adresse byteweise gelesen oder geschrieben werden, die
Adressen sind wie folgt aufgebaut [34]:

- 25LC640: 256 Seiten á 32 Byte, 8 kByte Speicherplatz. Aufbau einer 16 bit-Adresse:

  ```
  xxxp pppp ppppa aaaa
  ```

  (`x`=don't care, `p`=Seitenadresse, `a`=Byteadresse innerhalb der Seite).
- 25LC256: 512 Seiten á 64 Byte, 32 kByte Speicherplatz. Aufbau einer 16 bit-Adresse:

  ```
  xppp pppp ppaa aaaa
  ```

Nach der Adressübertragung (2 Byte) können mehrere Datenbytes hintereinander gelesen oder geschrieben werden, dabei müssen wir darauf achten, daß wir keine Sei-
tengrenze überschreiten.

Das Protokoll zum Beschreiben und Lesen ist ebenfalls im Datenblatt beschrieben
[34]. Die Lesesequenz schaut wie folgt aus:
- Selektieren des EEPROMS durch Setzen von $\overline{CS}$ auf L-Pegel.
- Übermittlung der Leseinstruktion `0x03`.
- Übermittlung der 13- oder 15 bit-Adresse in zwei aufeinanderfolgenden Bytes.
- Übermittlung von *n* Dummybytes zum Lesen von *n* aufeinanderfolgenden Bytes
  ab der übermittelten Adresse.
- Deselektieren des EEPROMS durch Setzen von $\overline{CS}$ auf H-Pegel.

Die Schreibsequenz ist komplizierter, da zunächst Schreibzugriffe erlaubt und abschliessend wieder deaktiviert werden müssen:

- Selektieren des EEPROMS durch Setzen von $\overline{CS}$ auf L-Pegel.
- Testen, ob Schreibzugriff möglich: Übermittlung der Read Status-Instruktion 0x05.
- Übermittlung eines Dummybytes zum Lesen des Statusbytes und Wiederholen, wenn Bit 0, das *write in progress-Flag*, 1 ist.
- Deselektieren des EEPROMS durch Setzen von $\overline{CS}$ auf H-Pegel.
- Selektieren des EEPROMS durch Setzen von $\overline{CS}$ auf L-Pegel.
- Übermittlung der Write Enable-Instruktion 0x06.
- Deselektieren des EEPROMS durch Setzen von $\overline{CS}$ auf H-Pegel.
- Selektieren des EEPROMS durch Setzen von $\overline{CS}$ auf L-Pegel.
- Übermittlung der Schreibinstruktion 0x02.
- Übermittlung der 13- oder 15 bit-Adresse in zwei aufeinanderfolgenden Bytes.
- Übermittlung von *n* Datenbytes zum Schreiben von *n* aufeinanderfolgenden Bytes ab der übermittelten Adresse, $n \leq 32$.
- Deselektieren des EEPROMS durch Setzen von $\overline{CS}$ auf H-Pegel.

Die Bausteine sind bzgl. des Timings unkritisch, alle Signale müssen ca. 50–250 ns Zeitabstand voneinander aufweisen, sodaß wir bei einem MCU-Takt von 6,144 MHz, d. h. einem Taktzyklus von 160 ns, nach spätestens zwei Taktzyklen/Instruktionen auf der sicheren Seite sind und keine Warteschleifen vorsehen müssen.

Da wir 8 Byte Nutzdaten haben, verwenden wir als EEPROM-Adresse eine fortlaufende Datensatznummer, verschoben um 3 bit nach links, sodaß jeder Datenblock an einer 8 Byte-Adressgrenze liegt. Damit können wir in einem 25LC640 (256 Seiten á 32 Bytes) $\frac{256 \times 32}{8} = 1024$ Datenpunkte speichern, im 25LC256 sogar $\frac{512 \times 64}{8} = 4096$. Der erste Datenblock auf Seite 0, Adresse 0 wird von der Firmware benutzt, um die Anzahl der aktuell im EEPROM befindlichen Datenpunkte zu speichern. (Die betreffenden beiden EEPROM-Speicherzellen werden daher überdurchschnittlich häufig beschrieben. Da die Zahl der Schreibzugriffe begrenzt ist, nach Datenblatt auf 1 Mio., ist dieser Schreibzugriff der limitierende Faktor, was die Lebensdauer des EEPROMs betrifft.)

Abb. 8.9 zeigt den Signalverlauf für den ersten, um 19:29:00 erhobenen Datenpunkt. Im oberen Diagramm sehen wir, daß zunächst die Bytefolge 0x05–0x05–0x06–0x02–0x00–0x00–0x01–0x00 zum EEPROM übertragen wurde. Dies entspricht dem Abfragen des Status (Befehl 0x05) und dem Schreiben (Befehle 0x06 und 0x02) eines uint16_t mit dem Wert 0x0001 (ein Datenpunkt, unteres Byte zuerst) auf Seite 0, Adresse 0 (0x0000).

Im zweiten Diagramm sehen wir die Bytefolge, die für das Schreiben des ersten Datenpunktes auf Seite 1, Adressen 0–7 erzeugt wird: 0x05...–0x06–0x02–0x00–0x08–0x00–0x13–0x1d–0x02–0x01–0x00–0x03–0x01. Zu Beginn stehen wiederum die Befehle 0x05, 0x06 und 0x02 zur Statusabfrage und als Schreibbefehl, gefolgt von der Adresse 0x0008, und acht Datenbytes, entsprechend der Zahl an Bytes in der Struktur datapoint_t.

Die ersten drei Bytes 0x00–0x13–0x1d (dezimal 0, 19, 29) entsprechen dem Tag 0 und der Uhrzeit der Messung 19:29 Uhr. Die drei Datenpakete 0x02–0x01 (0x0102, dezimal 258), 0x00–0x03 (0x0300, dezimal -256, da Zweierkomplement) und 0x01 (dezimal 1) entsprechen den drei gemessenen ADC-Werten (Kanal 0: 258/512×5 V=2,51 V, Kanal 1: -256/512×5 V=-2,50 V, Kanal 2: 1/1024×5 V=0,00 V) oder den Temperaturen 25,2 °C und -25,0 °C.

In beiden Fällen sehen wir, daß ein mehrmaliges Lesen des Statusbytes mit 0x05 notwendig sein kann, bis das *write in progress*-Flag 0 wird, d. h. der Schreibzugriff erfolgen kann.

Die beiden unteren Diagramme zeigen, wie diese Daten wieder gelesen werden, zunächst die Anzahl der Datensätze von Seite 0, Adresse 0 mit der Bytefolge 0x03–0x00–0x00–0x00(0x1d)–0x00(0x00). Das Ergebnis des Lesebefehls 0x03 ist 29 (0x001d), da in der Zwischenzeit 28 weitere Messwerte aufgezeichnet wurden. Um ein Byte vom EEPROM zu lesen, wird von der MCU jeweils der Dummywert 0x00 gesendet.

Daraufhin wird der erste Datensatz von Seite 1, Adressen 0–7 mit der Bytefolge 0x03–0x00–0x08– 0x00(0x00)–0x00(0x13)–0x00(0x1d)–0x00(0x02)–0x00(0x01)– 0x00(0x00)–0x00(0x03)–0x00(0x01) gelesen. Beim Lesen werden erwartungsgemäß dieselben 8 Datenbytes übertragen.

Listing 8.5. Datenlogger mit Speicherung der Messdaten in einem SPI-EEPROM (Programm SPIData-Logger.c).

```
1   /*
2      Data logger using SPI EEPROM to persist values.
3
4      Inputs:
5       - B6/MISO
6       - A0(-)/A1(+) differential temperature sensor (10 mV/K, 0V=0°C)
7       - A2(-)/A3(+) differential temperature sensor (10 mV/K, 0V=0°C)
8       - A4 photo transistor
9       - D0/RxD, USB commands
10         G = Go, start measurement and clear; S = Stop measurement
11         R = Restart w/o clear;          C = Clear measurement
12         ? = Query status;        L = List datapoints
13         ddhhmmss = Set time
14     Outputs:
15      - D1/TxD USB
16      - B4,5,7 SS, MOSI, SCK
17   */
18   #define F_CPU 6144000L
19
20   #include <stdio.h>
21   #include <avr/io.h>
```

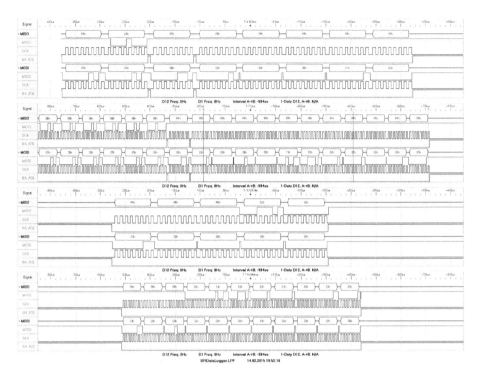

Abb. 8.9. Signalverlauf der EEPROM-Ansteuerung. Signale von oben nach unten: SPI-Interpreter der MISO-Leitung, MISO, SCK, B4/$\overline{\text{CS}}$, SPI-Interpreter der MOSI-Leitung, MOSI, SCK, B4/$\overline{\text{CS}}$. Oben: Schreiben der 16 bit-Zahl 1 (Anzahl der Datensätze) auf Seite 0, Adresse 0. Mitte: Schreiben des ersten Datensatzes auf Seite 1, Adressen 0–7. Mitte unten: Lesen der Anzahl der Datensätze von Seite 0, Adresse 0 als 16 bit-Zahl. Unten: Lesen des ersten Datensatzes von Seite 1, Adressen 0–7.

```
22  #include <avr/interrupt.h>
23  #include <avr/pgmspace.h>
24  #include <avr/sleep.h>
25  #include <util/delay.h>
26  #include "adcLib.h"
27  #include "tmrcntLib.h"
28  #include "spiLib.h"
29
30  // UART Initialization
31  #define BAUD 9600
32  #include <util/setbaud.h>
33  #include "uartlib.h"
34
35
36  // ------- hardcoded configuration ------------------
37
38  #define P_SS      PB4
39  #define D_OUTPUTB  (1<<DDB4)
```

```
40  #define EEPROM_idle    (PORTB |= (1<<P_SS))
41  #define EEPROM_active (PORTB &= ~(1<<P_SS))
42
43  void initPorts(void){
44    EEPROM_idle;     // create idle level of /SS signal
45    DDRB |= (D_OUTPUTB);
46    DDRA = 0x00;     // set inputs
47  }
48
49  // ------- business logic -----------------
50  #define MAXPOINTS     (256*32/8-1)  // for 25LC640; (512*64/8-1) for
         25LC256
51  #define OCR1VALUE ((uint16_t)(F_CPU/1024/1-1))  // OCR1 value for a
       1 Hz compare match
52
53  typedef union {
54    uint8_t bytes[8];
55    struct {
56      uint8_t days, hours, minutes;
57      uint16_t adc0, adc1;
58      uint8_t adc2;
59    } data;
60  } datapoint_t;
61  datapoint_t datapoint;
62  volatile uint8_t days = 0, hours = 0, seconds = 0, minutes = 0,
         status = 0;
63  volatile uint8_t intervalMinutes = 10;
64  volatile uint16_t datapointer = 0;
65
66  void wait125us(void){
67    _delay_us(125);
68  }
69
70  void readBytes(uint16_t address, uint8_t n, volatile uint8_t *data){
71    EEPROM_active;
72    transmitSPIData(0x03);      // read instruction
73    transmitSPIData(address>>8);
74    transmitSPIData(address&0xff);
75    while (n--){
76      *data++ = transmitSPIData(0);
77    }
78    EEPROM_idle;
79  }
80
81  void writeBytes(uint16_t address, uint8_t n, volatile uint8_t *data)
       {
82    uint8_t status;
83
84    EEPROM_active;
```

```
85    do {
86      status = transmitSPIData(0x05); // read status instruction
87    } while (status & 0x01);        // wait until WRITE_IN_PROGRESS is 0
88    EEPROM_idle;
89    _delay_us(5);
90
91    EEPROM_active;
92    transmitSPIData(0x06);  // write enable instruction
93    EEPROM_idle;
94    _delay_us(5);
95
96    EEPROM_active;
97    transmitSPIData(0x02);  // write instruction
98    transmitSPIData(address>>8);
99    transmitSPIData(address&0xff);
100   while (n--){
101     transmitSPIData(*data++);
102   }
103   EEPROM_idle;
104   _delay_us(5);
105 }
106
107 ISR(TIMER1_COMPA_vect){
108   if (++seconds == 60){
109     // one minute timer
110     seconds = 0;
111     if (++minutes == 60){
112       // one hour timer
113       minutes = 0;
114       if (++hours == 24){
115         hours = 0;
116         days++;
117       }
118     }
119     // check for measurement
120     if (status!= 0 && minutes%intervalMinutes == 0 && datapointer<
            MAXPOINTS){
121       datapointer++;
122       uart_putc('*');
123       // write number of datapoints at address 0
124       writeBytes(0, 2, (uint8_t *)&datapointer);
125       // write datapoints
126       datapoint.data.days = days;
127       datapoint.data.hours = hours;
128       datapoint.data.minutes = minutes;
129       datapoint.data.adc0 = getAdcValue(0b01001, 4);  //
              differential input #1-#0, gain 10
130       datapoint.data.adc1 = getAdcValue(0b01101, 4);  //
              differential input #3-#2, gain 10
```

```
131        datapoint.data.adc2 = getAdcValue(4, 4);  // single-ended
                input #4
132        writeBytes(datapointer<<3, sizeof(datapoint), datapoint.bytes)
                ;
133      }
134    }
135  }
136
137  ISR(USART_RXC_vect){
138    static char tmpBuffer[100];
139    static char buffer[10];
140    static uint8_t bufferPtr = 0;
141
142    if (bufferPtr<9){
143      char data = UDR;
144      buffer[bufferPtr++] = data;
145      // complete line received?
146      if (data == '\r' || data == '\n'){
147        buffer[bufferPtr] = 0;
148        if (buffer[0]=='G'){
149          datapointer = 0;
150          status = 1;
151          writeBytes(0, 2, (uint8_t *)&datapointer);
152          uart_puts_P(PSTR("go\r\n"));
153        } else if (buffer[0]=='R'){
154          readBytes(0, 2, (uint8_t *)&datapointer);
155          status = 1;
156          sprintf_P(tmpBuffer, PSTR("restarted with %u points\r\n"),
                  datapointer);
157          uart_puts(tmpBuffer);
158        } else if (buffer[0]=='S'){
159          status = 0;
160          uart_puts_P(PSTR("stopped\r\n"));
161        } else if (buffer[0]=='C'){
162          datapointer = 0;
163          writeBytes(0, 2, (uint8_t *)&datapointer);
164          uart_puts_P(PSTR("cleared\r\n"));
165        } else if (buffer[0]=='?'){
166          sprintf_P(tmpBuffer, PSTR("%2u %2u:%02u:%02u %c %u points %u
                  min\r\n"),
167            days, hours, minutes, seconds, (status ? 'G':'S'),
                  datapointer, intervalMinutes
168          );
169          uart_puts(tmpBuffer);
170        } else if (buffer[0]=='I'){
171          intervalMinutes = uart_sscanf_uint8_t(buffer+1);
172          uart_puts_P(PSTR("interval set\r\n"));
173        } else if (buffer[0]=='L'){
174          // read number of datapoints at address 0
```

```
175        readBytes(0, 2, (uint8_t *)&datapointer);
176        if (datapointer>0){
177          sprintf_P(tmpBuffer, PSTR("%d datapoint(s)\r\n"),
                 datapointer);
178          uart_puts(tmpBuffer);
179          for (uint16_t i=1; i<=datapointer; i++){
180            readBytes(i<<3, sizeof(datapoint), datapoint.bytes);
181            sprintf_P(tmpBuffer, PSTR("%2u %2u:%02u:%02u  %5.1f oC
                   %5.1f oC   %4.2f V %04x %04x %02x\r\n"),
182              datapoint.data.days, datapoint.data.hours, datapoint.
                   data.minutes, 0,
183              ADC_DIFF_VALUE(datapoint.data.adc0)/512.0f*5.0f/0.01f
                   /10.0f,
184              ADC_DIFF_VALUE(datapoint.data.adc1)/512.0f*5.0f/0.01f
                   /10.0f,
185              datapoint.data.adc2/1024.0f*5.0f,
186              datapoint.data.adc0, datapoint.data.adc1, datapoint.
                   data.adc2
187            );
188            uart_puts(tmpBuffer);
189          }
190        } else {
191          uart_puts_P(PSTR("no datapoints yet\r\n"));
192        }
193      } else if (buffer[0]=='H'){
194        uart_puts_P(PSTR("ddhhmmss set time, G=go, S=stop, R=restart
               , C=clear, L=list, Iii=set interval, ?=print status\r\n
               "));
195      } else {
196        days = uart_sscanf_uint8_t(buffer);
197        hours = uart_sscanf_uint8_t(buffer+2);
198        minutes = uart_sscanf_uint8_t(buffer+4);
199        seconds = uart_sscanf_uint8_t(buffer+6);
200        uart_puts_P(PSTR("ok\r\n"));
201      }
202      bufferPtr = 0;
203    }
204  }
205 }
206
207 int main(void){
208   initUART(UART_RXIRQ, UBRRH_VALUE, UBRRL_VALUE);
209   initSPIMaster(SPI_MODE0, SPI_SCK_FOSC64);
210   initPorts();
211   initCTC(TIMER_TIMER1, OCR1VALUE, TIMER_COMPNOACTION,
           TIMER_PINSTATE_DONTCARE, TIMER_CLK_PSC1024, TIMER_ENAIRQ);
212   initADC(ADC_REFVOLTAGE_INT_AVCC, ADC_PRESCALE_64, ADC_MODE_MANUAL,
           ADC_PRECISION_10, ADC_COMPLETE_NOIRQ, &wait125us);
213
```

```
214    sei();
215
216    while (1){
217      set_sleep_mode(SLEEP_MODE_IDLE);
218      sleep_mode();
219    }
220  }
```

8.7 Output-Portexpander mit 74HCT595

Der SPI-Bus kann genutzt werden, um mit Hilfe eines Schieberegisters weitere Aus-
gangskanäle bereitzustellen. Ein geeigneter Baustein ist das Schieberegister 74HCT595,
das serielle Daten vom SPI-Bus entgegennehmen und an einem 8 bit breiten Port parallel ausgeben kann. Die Bedeutung der relevanten Pins ist folgende:
–   DS – Eingang für die seriellen Daten (serial data input). Hier werden die Daten der
     SPI-Schnittstelle angelegt.
–   SHCP – Schiebetakt (shift register clock pulse). Durch eine LH-Flanke werden alle
     Bits im Schieberegister um eine Stelle zum MSB verschoben und das momentan
     an DS anliegende Bit als LSB in das Schieberegister übernommen.
–   STCP – Speichertakt (storage clock pulse). Mit einer LH-Flanke wird der Inhalt des
     Schieberegisters in die Ausgangslatches übernommen.
–   Q0–Q7 – die acht Ausgänge.
–   Q7* – serieller Ausgang. Enthält das ehemalige MSB, das nach einem SHCP-Puls
     aus dem Schieberegister herausgeschoben wird. Q7* dient zur Kaskadierung meh-
     rerer 74HCT595, indem Q7* mit DS des nächsten 74HCT595 verbunden wird.

Abb. 8.10 zeigt den Anschluss eines 74HCT595 an die SPI-Einheit des AVR. SCK wird
an SHCP geführt, MOSI an DS, das Slave Select-Signal $\overline{SS}$ an STCP. Das Beispiel bildet
einen 2:4-Dekoder, der aufgrund zweier Taster einen von vier L-aktiven Ausgängen
des 74HCT595 aktiv schaltet, also auf L-Pegel setzt. Die Tastereingabe wird dabei als
2 bit-Binärzahl interpretiert. Der Verlauf der Übertragung ist in Abb. 8.11 gezeigt:
–   Setze $\overline{SS}$ bei der Initialisierung auf H-Pegel, setze $\overline{OE}$ auf L-Pegel, $\overline{MR}$ auf H-Pegel.
–   Setze $\overline{SS}$ auf L-Pegel als Vorbereitung der Ansteuerung von STCP.
–   Übertrage Daten via SPI. SCK steuert den Schiebetakt SHCP des Schieberegisters.
–   Setze $\overline{SS}$ auf H-Pegel. Mit dieser LH-Flanke an STCP wird der Inhalt des Schiebe-
     registers ins Ausgangslatch übernommen und an den Ausgängen sichtbar.

Sie erkennen an der Abbildung, daß die MCU die Ausgabedaten im SPI-Modus 3 mit
der ersten Flanke (HL-Flanke) eines Taktimpulses an SCK am seriellen Ausgang MOSI
bereitstellt, sodaß die zweite Flanke von SCK eine LH-Flanke an SHCP generiert, die
das Schieberegister weiterschaltet und damit die Datenübernahme auslöst. Auch der

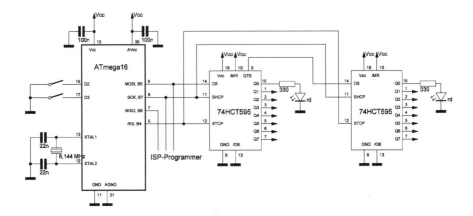

Abb. 8.10. Schaltung des 2:4-Dekoders mit 74HCT595-Schieberegistern zur Bereitstellung von je 8 weiteren digitalen Ausgängen pro Baustein. Die Ausgänge sind durch L-Pegel an $\overline{OE}$ permanent aktiv. Gezeigt ist die kaskadierende Verschaltung zweier Bausteine zu einem 16 bit-Schieberegister.

SPI-Modus 0 wäre zum Betrieb eines 74HCT595 geeignet, da auch in diesem Modus die Datenübernahme/Weiterschaltung des Schieberegisters mit der LH-Flanke erfolgt, Tab. 8.1.

Ist bereits im Moment des Einschaltens ein definierter Zustand der Ausgänge notwendig, muß die Konfiguration der Ausgangspins gemäß Abschnitt 4.2.2 in der Reihenfolge Pin auf L-Pegel setzen–Pin als Ausgang konfigurieren erfolgen, damit eine unbeabsichtigte LH-Flanke im Einschaltmoment nicht den zufälligen Inhalt des Schieberegisters an die Ausgänge durchschaltet. Auch die Ausgänge selber müssen mit schwachen Pullup- oder Pulldown-Widerständen auf den gewünschten Anfangszustand gesetzt werden, da das Eintakten der richtigen Startwerte durch die MCU erst nach einigen Taktzyklen erfolgt.

Sollen mehr als 8 Ausgangsleitungen bereitgestellt werden, können auf 2 Arten weitere 74HCT595-Bausteine angeschlossen werden:

- Der Q7*-Ausgang eines 74HCT595 wird mit dem DS-Eingang des nächsten verbunden usw., sodaß n Bausteine als ein großes Schieberegister mit $8n$ Bits betrachtet werden, dessen Inhalt durch eine gemeinsame $\overline{SS}$- oder STCP-Leitung in die einzelnen Ausgangslatches übernommen wird. Getaktet werden alle Schieberegister durch die ebenfalls gemeinsame SCK-Leitung. Zur Befüllung aller Latches müssen n Bytes über die SPI-Schnittstelle geschrieben werden, bevor $\overline{SS}$ wieder auf H-Pegel gezogen werden kann, siehe Funktion `transmitSPIData595_16()` als Beispiel für eine 16 bit-Übertragung. Bei dieser Methode bleibt die Zahl der benötigten Pins zur Ansteuerung konstant, es müssen aber immer Daten für alle

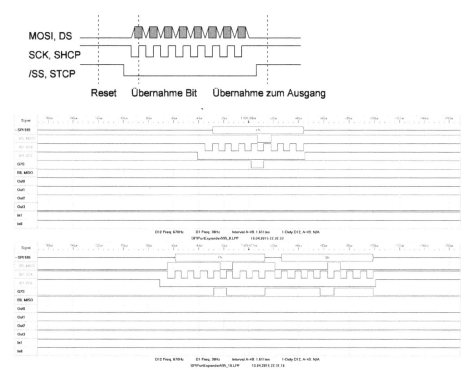

Abb. 8.11. Timingdiagramm zur Ansteuerung eines 74x595 durch einen AVR mit SPI-Einheit (Modus 3, idle high-Takt, Datenübernahme/Weiterschieben im Schieberegister mit der LH-Flanke des Takts). Signale von oben nach unten: SPI-Interpreter der MOSI-Leitung, B5/MOSI, B7/SCK, B4/$\overline{SS}$, Q7S, B6/MISO, Out0–Out3, In1, In0. Oben: prinzipielle Ansteuerung. Mitte: ein 74HCT595 mit 8 bit-Übertragung, übertragener Wert: 0xF7. Unten: zwei kaskadierte 74HCT595 mit 16 bit-Übertragung und Übertragsweiterleitung durch Q7*, übertragener Wert: 0xF708.

Ausgänge durch die Schieberegister geschoben werden, selbst wenn nur ein einzelnes Bit geändert wurde.

– Jeder 74HCT595 erhält eine eigene $\overline{SS}$/STCP-Leitung. Die Ansteuerung erfolgt weiterhin durch 8 bit, die transmitSPIData()-Funktion muss den gewünschten 74HCT595 durch Ansteuerung der korrekten $\overline{SS}$-Leitung auswählen. Bei dieser Methode wächst die Zahl der benötigten Pins pro Baustein um Eins, erlaubt aber schnelleren Zugriff auf je 8 Ausgänge.

Listing 8.6. Ansteuerung eines 74HC595 Portexpanders in C (Programm SPIPortExpander595.c).

```
1  /*
2     Simple 2:4 Decoder, using SPI and 74HC595 to output results.
3     Inputs:
4       - PD3:2
```

```
 5    Outputs:
 6       - SPI-Pins (SS, MOSI, SCK)
 7    */
 8    #define F_CPU 6144000L
 9
10    #include <stdint.h>
11    #include <avr/io.h>
12    #include <util/delay.h>
13    #include "spiLib.h"
14
15    // ------- hardcoded configuration -----------------
16    #define D_IN        ((1<<DDD3)|(1<<DDD2))
17    #define I_IN        ((1<<PIND3)|(1<<PIND2))
18    #define P_IN        ((1<<PD3)|(1<<PD2))
19    #define READINPUT   ((PIND&I_IN)>>PIND2)
20
21    #define D_SS595     (1<<DDB4)
22    #define P_SS595     (1<<PB4)
23    #define SS595_idle    (PORTB |= P_SS595)
24    #define SS595_active  (PORTB &= ~P_SS595)
25
26    void initPorts(void){
27      PORTD |= P_IN;        // enable internal pull-ups
28      DDRD &= ~D_IN;        // set inputs
29      SS595_idle;          // create idle level of /SS signal
30      DDRD |= D_SS595;     // set outputs
31    }
32
33    // ------- business logic -----------------
34
35    void transmitSPIData595_8(uint8_t cData){
36      SS595_active;         // prepare L level on /SS signal
37      transmitSPIData(cData);   // discard data read from SPI
38      SS595_idle;           // create LH edge when terminate /SS signal
39    }
40
41    void transmitSPIData595_16(uint8_t cData1, uint8_t cData2){
42      SS595_active;         // prepare L level on /SS signal
43      transmitSPIData(cData1);  // discard data read from SPI
44      transmitSPIData(cData2);  // discard data read from SPI
45      SS595_idle;           // create LH edge when terminate /SS signal
46    }
47
48    int main(void){
49      uint8_t tmp, data;
50
51      initSPIMaster(SPI_MODE3, SPI_SCK_FOSC64);
52      initPorts();
53
```

```
54   while (1){            // main loop
55     tmp = READINPUT;
56     switch (tmp){
57       case 0: data = ~0b00000001;
58           break;
59       case 1: data = ~0b00000010;
60           break;
61       case 2: data = ~0b00000100;
62           break;
63       case 3: data = ~0b00001000;
64           break;
65       default: data = ~0b00000000;
66     }
67     transmitSPIData595_8(data);    // transmit decoded result
68 //    transmitSPIData595_16(data, ~data);
69     _delay_ms(100);
70   }
71 }
```

8.8 Input-Portexpander mit 74HC165

Auch das Gegenstück zum vorigen Beispiel, ein Portexpander für Eingänge, kann über den SPI-Bus realisiert werden. Als Kernstück kommt wiederum ein Schieberegister zum Einsatz, und zwar der Typ 74HC165, der über 8 parallele Eingänge verfügt, deren Werte über Latches und ein Schieberegister in einen seriellen Datenstrom umgewandelt werden. Die Bedeutung der Pins ist folgende:

-   D0–D7 – die acht parallelen Eingänge.
-   DS – serieller Eingang (data serial input) für die Kaskadierung mehrerer Bausteine. Dieser Pin wird mit Q7 des vorigen 74HC165 verbunden.
-   $\overline{PL}$ – Eingang zum Laden des Schieberegisters (parallel load). Mit einem L-Pegel wird der Zustand der parallelen Eingänge D0–D7 in das Schieberegister übernommen, D7 liegt dann sofort an Q7 an.
-   CP – Schiebetakt (clock input). Durch eine LH-Flanke werden alle Bits im Schieberegister um eine Stelle zum MSB verschoben (Di→Qi + 1) und das momentan an DS anliegende Bit als LSB in Q0 des Schieberegisters übernommen.
-   $\overline{CE}$ – Clock Enable. Bei einem H-Pegel werden CP-Impulse ignoriert, der Inhalt des Schieberegisters und Q7 bleiben unverändert. Bei einem L-Pegel wird der Inhalt des Schieberegisters mit jeder LH-Flanke von CP weitergeschoben.
    Da sowohl CP als auch $\overline{CE}$ auf dasselbe Logikgatter geführt werden, verhalten sich beide Signale äquivalent und sind austauschbar, d. h. die Kombinationen $\overline{CE}$=L-Pegel,CP=HLH und $\overline{CE}$=HLH,CP=L-Pegel sind äquivalent.
-   Q7 – serieller Ausgang. Enthält das aktuelle MSB Q7. Q7 wird zur Kaskadierung mehrerer 74HC165 mit DS des nächsten Bausteins verbunden.

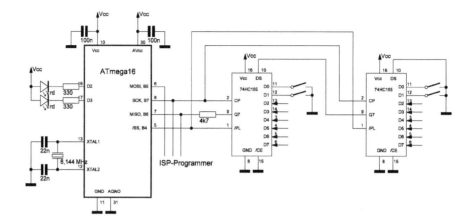

Abb. 8.12. Schaltung des 2:4-Dekoders mit 74HC165-Portexpandern. Dargestellt sind zwei Bausteine in einer Daisy Chain-Topologie. Zu beachten ist ein Reihenwiderstand in der MISO-Leitung, der das ISP-Programmiergerät von den angeschlossenen SPI-Slaves trennt. Der DS-Eingang des letzten Bausteins in der Kette wird auf ein festes Potential gelegt, hier GND.

Abb. 8.12 zeigt, wie ein 74HC165 an die SPI-Einheit angeschlossen wird. Das Beispiel ist eine weitere Variation eines 2:4-Dekoders, bei dem 2×8 (erweiterbar auf $n \times 8$ Eingänge eingelesen, in eine Binärzahl umgewandelt und an einigen LEDs ausgegeben werden. Der SPI-Takt SCK wird als Schieberegistertakt CP verwendet, das Selectsignal $\overline{SS}$ speichert als $\overline{PL}$-Signal die Eingangswerte in die Latches, und der Ausgang des Schieberegisters Q7 wird als serieller Eingang an MISO geführt. Der Verlauf der Übertragung im SPI-Modus 3 ist folgender, Abb. 8.13:

- Setze während der Initialisierung $\overline{SS}$ auf H-Pegel. $\overline{CE}$ liegt fest auf L-Pegel.
- Setze $\overline{SS}$ auf L-Pegel zur Erzeugung des L-Pegels an $\overline{PL}$, mit dem der Inhalt der Eingänge ins Schieberegister übernommen wird.
- Setze $\overline{SS}$ auf H-Pegel.
- Übertrage Daten via SPI. SCK/CP steuert den Schiebetakt des Schieberegisters.

Da die Daten im Schieberegister mit der LH-Flanke an CP weitergeschoben werden, sind alle SPI-Modi geeignet, bei denen die Datenübernahme mit der LH-Flanke erfolgt, also 0 (SPI-Takt ist *idle low*) oder 3 (SPI-Takt ist *idle high*). Das Beispiel benutzt Modus 3 und weist daher im Ruhezustand H-Pegel an der SCK-Leitung auf.

Da der Ausgang Q7 keinen Three-State-Zustand kennt, können wir nicht zwei 74HC165-Bausteine parallelschalten, um 16 oder mehr Eingänge zu erhalten. Stattdessen müssen wir alle Bausteine in einer Daisy Chain-Topologie anordnen, d. h. der Ausgang Q7 eines jeden Bausteins in der Kette wird in DS des nächsten Bausteins eingespeist, nur Q7 des ersten 74HC165 der Kette ist mit MISO verbunden. Alle Bausteine

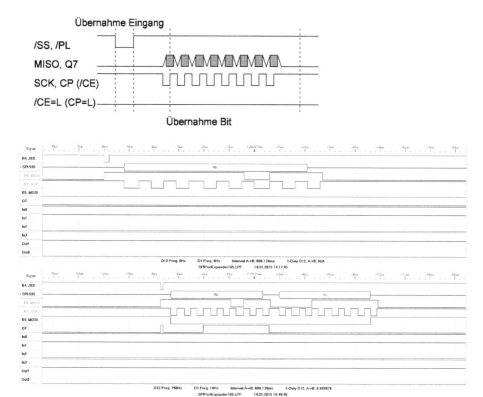

Abb. 8.13. Timingdiagramm zur Ansteuerung eines 74HC165 durch einen AVR mit SPI-Einheit im SPI-Modus 3. Signale von oben nach unten: B4/$\overline{SS}$, SPI-Interpreter der MISO-Leitung, B6/MISO, B7/SCK, B5/MOSI, Q7, In0–In3, Out1, Out0. Oben: prinzipielle Ansteuerung. Mitte: 8 bit-Übertragung des Wertes 0xFB. Unten: 16 bit-Übertragung des Wertes 0xFB1F mit zwei kaskadierten 74HC165.

werden mit dem gleichen Taktsignal SCK versorgt, auch das Laden der Eingangslatches erfolgt über eine einzige $\overline{SS}$/$\overline{PL}$-Leitung.

Listing 8.7. Ansteuerung eines 74HC165 Portexpanders in C (Programm SPIPortExpander165.c).

```
 1  /*
 2    Simple 4:2 Decoder, using SPI and 74HC165 to get inputs.
 3    Inputs:
 4      - SPI-Pins (SS, MISO, SCK)
 5    Outputs:
 6      - PD3:2
 7  */
 8  #define F_CPU 6144000L
 9
10  #include <stdint.h>
11  #include <avr/io.h>
```

```
12   #include <util/delay.h>
13   #include "spiLib.h"
14
15   // ------- hardcoded configuration -----------------
16   #define D_LED      ((1<<DDD3)|(1<<DDD2))
17   #define P_LED      ((1<<PD3)|(1<<PD2))
18   #define WRITELED(value) (PORTD = (PORTD&~P_LED)|((value<<PD2)&P_LED)
        )
19
20   #define D_SS165     (1<<DDB4)
21   #define P_SS165     (1<<PB4)
22   #define SS165_idle    (PORTB |= P_SS165)
23   #define SS165_active  (PORTB &= ~P_SS165)
24
25   void initPorts(void){
26     SS165_idle;          // create idle level of /SS signal
27     DDRD |= D_LED|D_SS165;   // set outputs
28   }
29
30   // ------- business logic ------------------
31
32   uint8_t transmitSPIData165_8(void){
33     SS165_active;        // create /SS signal
34     _delay_us(2);
35     SS165_idle;          // terminates /SS signal
36     uint8_t value = transmitSPIData(0); // no data to write
37     return value;
38   }
39
40   uint16_t transmitSPIData165_16(void){
41     SS165_active;        // create /SS signal
42     _delay_us(2);
43     SS165_idle;          // terminates /SS signal
44     uint8_t value1 = transmitSPIData(0); // no data to write
45     uint8_t value2 = transmitSPIData(1);
46     return (value1<<8)|value2;
47   }
48
49   int main(void){
50     uint8_t tmp, data;
51
52     initSPIMaster(SPI_MODE3, SPI_SCK_FOSC64);
53     initPorts();
54
55     while (1){            // main loop
56       data = transmitSPIData165_8();  // read inputs
57   //    data = (transmitSPIData165_16()>>8);
58       switch (data&0x0f){
59         case 0x0e: tmp = 0;
```

```
60              break;
61          case 0x0d: tmp = 1;
62              break;
63          case 0x0b: tmp = 2;
64              break;
65          case 0x07: tmp = 3;
66              break;
67          default: tmp=0;
68      }
69      WRITELED(tmp);
70      _delay_ms(100);
71  }
72 }
```

8.9 Ansteuerung MAX7219 Displaycontroller

7-Segment-Anzeigen werden häufig aufgrund ihrer Vorteile (hohe Leuchtkraft, gute Ablesbarkeit, großformatig erhältlich) eingesetzt. Ein Nachteil ist der relativ hohe Aufwand, was Verdrahtung und softwaremäßige Ansteuerung im Multiplexbetrieb betrifft, Abschnitt 5.8.5. Mit dem Baustein MAX7219 hat die Industrie Abhilfe geschaffen, er enthält die erforderliche Elektronik zur Multiplex-Ansteuerung von bis zu achtstelligen 7-Segment-Displays einschliesslich High- und Low-Side-Treibern, bietet die Wahl zwischen BCD-codierter und Einzel-Segment-Ansteuerung, hält die Leuchtstärke der Segmente konstant und beherrscht 16 Intensitätsstufen. Der Baustein wird mit 5 V betrieben und über eine SPI-Schnittstelle angesteuert, sodaß er mit kleinen AVR-Typen oder bei größeren Projekten mit Pin-Mangel eingesetzt werden kann.

Im Handel sind sowohl der Baustein als auch fertig verdrahtete Module, die neben dem MAX7219 ein 🛈 oder zwei vierstellige 7-Segment-Anzeigen enthalten, sodaß wir ein solches Modul nur noch mit drei Datenleitungen und der Spannungsversorgung anschliessen müssen. (Drei Leitungen statt vier, da vom MAX7219 keine Antwort geliefert wird, sodaß wir das Signal MISO nicht benötigen.)

Wir werden als Beispiel eine einfache Digitaluhr aufbauen, Abb. 8.14 zeigt den Schaltplan. Als Anzeige wird ein fertig aufgebautes 7-Segment-Modul mit MAX7219 und achtstelliger Anzeige eingesetzt. Die Ausgabe erfolgt auf 6 Stellen im Format HHMMSS und kann in ihrer Intensität via USB verändert werden.

Die Firmware (Listing 8.8) erlaubt es, die Uhr über die serielle Schnittstelle und ein TTL-USB-Kabel mit der korrekter Anfangszeit zu versehen, um eine komplexe Tastaturverarbeitung einzusparen. Ein typischer Kommunikationsverlauf zur Einstellung der Uhrzeit 23:15:30 und der Helligkeitsstufe 8 ist folgender:

```
231530<RETURN>
I08<RETURN>
```

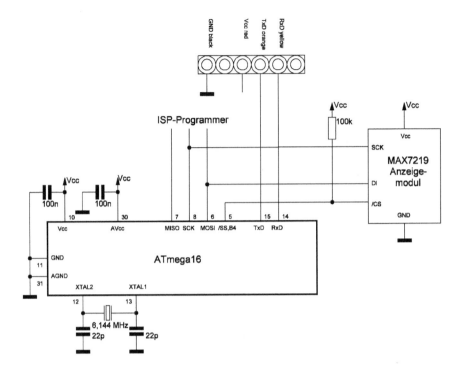

Abb. 8.14. Schaltung der Digitaluhr mit Anzeige über ein SPI-7-Segment-Modul mit MAX7219. Es wird ein fertig aufgebautes Modul mit MAX7219, einer achtstelligen Sieben-Segment-Anzeige und allen Verbindungen verwendet. Der Pullup-Widerstand sorgt dafür, daß das Modul in der Einschaltphase nicht durch Spannungsschwankungen selektiert wird.

Die Funktion des Bausteins und der Inhalt der Anzeige werden über 15 Register gemäß Tab. 8.4 kontrolliert. `transmitSPIData7219()` überträgt dazu je zwei Byte:
- Setze $\overline{SS}$ auf L-Pegel, um den Baustein zu selektieren.
- Übertrage ein Byte mit der Registernummer.
- Übertrage ein Byte mit dem Registerinhalt.
- Setze $\overline{SS}$ auf H-Pegel.

Abb. 8.15 zeigt eine SPI-Übertragung von 12 Byte, die jede Sekunde zur Übertragung der sechsstelligen Uhrzeit ausgeführt wird. Die dargestellten Daten 0x01–0x08–0x02–0x05–0x03–0x87–0x04–0x01–0x05–0x83–0x06–0x02 entsprechen von rechts (Stelle 0) nach links (Stelle 5) den Ziffern 857132 oder 23:17:58. Während der Initialisierung des Displaycontrollers wird der BCD-Anzeigemodus eingestellt, eine sechsstellige Anzeige aktiviert und eingeschaltet.

Tab. 8.4. Die Register eines MAX7219 und ihre Bedeutung [35].

Adresse	Bedeutung
1–8	Anzeigeinhalt für die *i*-Stelle (1=rechts). Wert gemäß Dekodierungsvorschrift für die *i*-te Stelle (BCD: 0–9, E, H, L, P, – oder jedes Segment individuell, Bits 6–0 für die Segmente A–G). Bit 7 repräsentiert immer den Dezimalpunkt.
9	Dekodermodus. Für jede Stelle ein Bit, zwischen 0 (keine Dekodierung, Segmente individuell steuerbar) und 1 (BCD-Codierung) einstellbar.
10	Intensität, von 0 (minimal) bis 15 (maximal) einstellbar.
11	Scan Limit, Zahl der Anzeigestellen (1–8) minus 1.
12	Shutdown Modus, zwischen 0 (Shutdown, stromsparend, Anzeige dunkel) und 1 (Normalbetrieb) einstellbar.
15	Display Test, zwischen 0 (Normalbetrieb) und 1 (alle Segmente volle Leuchtkraft) einstellbar.

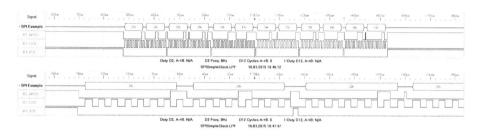

Abb. 8.15. SPI-Signale zur Ansteuerung der einfachen SPI-Uhr, von oben nach unten: SPI-Interpreter für die `MOSI`-Leitung, `B5/MOSI`, `B7/SCK`, `B4/CS`, `B4/CS`, `B5/MOSI`, `B6/MISO`, `B7/SCK`. Gezeigt ist die Übertragung der jede Sekunde aktualisierten Uhrzeit (6 Stellen, hier 23:17:58), d. h. es werden 6 Register adressiert und der gewünschte Wert übertragen. Unten ist eine Vergrößerung der Übertragung der zwei rechten Ziffernstellen „85" gezeigt.

Listing 8.8. Einfache Digitaluhr mit Ausgabe der Zeit über eine SPI-7-Segment-Anzeige (Programm SPISimpleClock.c).

```
1   /*
2     Simple digital clock, using 7-segment displays for output.
3     Inputs:
4       - D0/D1, Rxd/TxD (USB), commands:
5         Ix    set intensity to x
6         hhmmss  set time
7     Outputs:
8       - SPI pins (SS, MISO, MOSI, SCK)
9   */
10  #define F_CPU 6144000L
11
12  #include <stdio.h>
13  #include <avr/io.h>
14  #include <avr/interrupt.h>
15  #include <avr/pgmspace.h>
```

```
16   #include <avr/sleep.h>
17   #include "spiLib.h"
18   #include "tmrcntLib.h"
19
20   // UART Initialization
21   #define BAUD 9600
22   #include <util/setbaud.h>
23   #include "uartlib.h"
24
25
26   // ------- hardcoded configuration ------------------
27   #define PORT_CS_idle   (PORTB |= (1<<PB4))
28   #define PORT_CS_active  (PORTB &= !(1<<PB4))
29
30   void initPorts(void){
31     PORT_CS_idle;      // create idle level of /CS signal
32   }
33
34   // ------- business logic ------------------
35   #define OCR1VALUE ((uint16_t)(F_CPU/1024/1-1))  // OCR1 value for a
         1 Hz compare match
36
37   volatile uint8_t hours = 0, seconds = 0, minutes = 0;
38   volatile uint8_t cnt = 0, status = 0, cntInterval = 1;
39   volatile uint8_t intensity = 15;
40
41   void transmitSPIData7219(uint8_t reg, uint8_t data){
42     PORT_CS_active;       // create /SS signal
43     transmitSPIData(reg);
44     transmitSPIData(data);
45     PORT_CS_idle;      // terminates /SS signal
46   }
47
48   ISR(TIMER1_COMPA_vect){
49     // increment time
50     if (++seconds == 60){
51       // one minute timer
52       seconds = 0;
53       if (++minutes == 60){
54         // one hour timer
55         minutes = 0;
56         if (++hours == 24){
57           hours = 0;
58         }
59       }
60     }
61     transmitSPIData7219(1, seconds%10);
62     transmitSPIData7219(2, seconds/10);
63     transmitSPIData7219(3, minutes%10+128);
```

```
64    transmitSPIData7219(4, minutes/10);
65    transmitSPIData7219(5, hours%10+128);
66    transmitSPIData7219(6, hours/10);
67  }
68
69  ISR(USART_RXC_vect){
70    static char buffer[10];
71    static uint8_t bufferPtr = 0;
72
73    if (bufferPtr<9){
74      char data = UDR;
75      buffer[bufferPtr++] = data;
76      // complete line received?
77      if (data == '\r' || data == '\n'){
78        buffer[bufferPtr] = 0;
79        if (buffer[0]=='I'){
80          intensity = uart_sscanf_uint8_t(buffer+1);
81          transmitSPIData7219(10, intensity);
82        } else {
83          hours = uart_sscanf_uint8_t(buffer+0);
84          minutes = uart_sscanf_uint8_t(buffer+2);
85          seconds = uart_sscanf_uint8_t(buffer+4);
86        }
87        bufferPtr = 0;
88      }
89    }
90  }
91
92  int main(void){
93    initUART(UART_RXIRQ, UBRRH_VALUE, UBRRL_VALUE);
94    initSPIMaster(SPI_MODE0, SPI_SCK_FOSC64);
95    initPorts();
96    initCTC(TIMER_TIMER1, OCR1VALUE, TIMER_COMPNOACTION,
            TIMER_PINSTATE_DONTCARE, TIMER_CLK_PSC1024, TIMER_ENAIRQ);
97    uart_puts_P(PSTR("Simple Clock SPI\r\n"));
98
99    transmitSPIData7219(9, 0b00111111); // set BCD output
100   transmitSPIData7219(10, intensity);
101   transmitSPIData7219(11, 6-1); // set scan limits to 6 digits
102   transmitSPIData7219(12, 1);   // wake up from shutdown mode
103
104   sei();
105
106   while (1){
107     set_sleep_mode(SLEEP_MODE_IDLE);
108     sleep_mode();
109   }
110 }
```

9 Analog-I/O

Der ATmega16 sowie die anderen MCUs der megaAVR®-Reihe sowie einige tinyAVR®-Typen verfügen über eine Analogeinheit, mit der die analoge Messung von Spannungen möglich ist. Sie können so alle Sensoren anschliessen, die eine dem Messwert proportionale Spannung erzeugen, z. B. Sensoren für Helligkeits-, Temperatur-, Feuchtigkeits- oder Druckmessung. Eine weitere Nutzungsmöglichkeit ist, Potentiometer als analoge Eingabegeräte anzuschliessen, um schnell und einfach Werte zwischen 0 % und 100 % einzugeben. Im Vergleich zu Auf-/Ab-Tastern ist dies schneller und einfacher realisierbar, aber auch ungenauer.

Die Analogeinheit des ATmega16 verfügt über folgende Features:

- Ein Analog-Digital-Wandler (ADC) mit 10 bit Auflösung und einem Eingangsspannungsbereich zwischen 0 V und AVcc, der analogen Versorgungsspannung. Der ADC kann stromsparend nur eingeschaltet werden, wenn er benötigt wird und mit einer internen oder externen Spannungsreferenz betrieben werden.
- 8 single-ended Eingänge bezogen auf GND, die über einen Analogmultiplexer zum ADC durchgeschaltet werden. Sie können in verschiedener Kombination als differentielle Eingänge geschaltet werden, mit programmierbarer Verstärkung von 1, 10 und 200 und einer Auflösung von 7–8 bit.
- Eine Sample&Hold-Schaltung am Eingang hält die Eingangsspannung während der Messung aufrecht.
- Konversionszeit 13–260 μs oder bis zu 15.000 Samples pro Sekunde.
- Free-running-Modus (kontinuierliche Messung) oder Single conversion-Modus (Auslösung manuell oder durch verschiedene Interrupts).
- Interrupt bei Konversionsende.

Zusätzlich existiert zur analogen Signalverarbeitung ein Analogkomparator, dessen positive und negative Eingänge als AIN0 und AIN1 an Pins geführt sind. Ist die Spannungsdifferenz $AIN_0 - AIN_1 > 0$, wird das Komparatorbit ACO gesetzt. Es ist nicht an einen Pin geführt, kann aber ein Input Capture-Ereignis bei Timer 1 auslösen, oder über einen eigenen Interrupt einen Zustandswechsel signalisieren.

 Die Analog-I/O-Einheit der megaAVR- wie auch der tinyAVR-MCUs besitzen zwar analoge Eingänge, aber keine Analogausgänge. Mit Hilfe der digitalen Ausgänge können jedoch auf verschiedene Weise Analogspannungen erzeugt werden:
- durch n Digitalausgänge und einer R-2R-Leiter, Abschnitt 4.11,
- durch einen Digitalausgang über PWM und ein Filterglied, heute oft zur Erzeugung hochwertiger Audiosignale angewandt, Abschnitt 4.10.2 auf Seite 209 sowie Abschnitt 5.3.3 auf Seite 234,
- durch externe Digital-Analog-Konverter (DACs) via SPI-Bus, Abschnitt 4.10.2 auf Seite 209.

Funktion für	Alternative Funktion
ADC0–ADC7	PA0–PA7
AREF	-
AVCC	-
AIN0	PB2, INT2
AIN1	PB3, OC0

Tab. 9.1. Alternative Pinbelegungen für die Pins der A/D-Wandler- und Analogkomparator-Baugruppe (ATmega16). Die Analogfunktion der Portpins sind erst nach manueller Konfiguration der Pins als Eingang verfügbar (interne Pull-up-Widerstände ausschalten!).

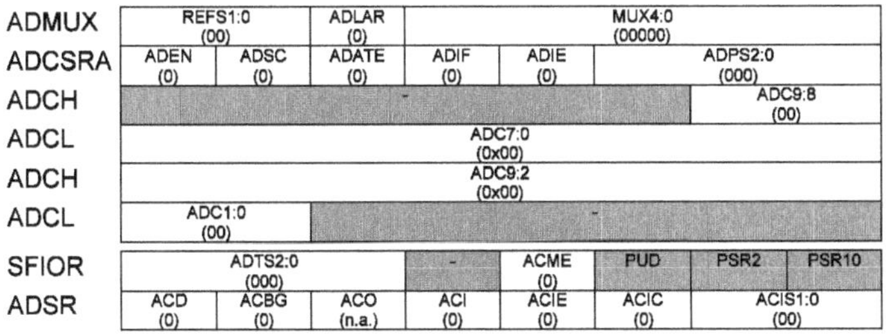

ADMUX	REFS1:0 (00)	ADLAR (0)	MUX4:0 (00000)				
ADCSRA	ADEN (0)	ADSC (0)	ADATE (0)	ADIF (0)	ADIE (0)	ADPS2:0 (000)	
ADCH	-					ADC9:8 (00)	
ADCL	ADC7:0 (0x00)						
ADCH	ADC9:2 (0x00)						
ADCL	ADC1:0 (00)	-					
SFIOR	ADTS2:0 (000)	-	ACME (0)	PUD	PSR2	PSR10	
ADSR	ACD (0)	ACBG (0)	ACO (n.a.)	ACI (0)	ACIE (0)	ACIC (0)	ACIS1:0 (00)

Abb. 9.1. Register, die zur Steuerung der A/D-Wandler-Baugruppe dienen. Bits, die nicht zur A/D-Baugruppe gehören, sind grau unterlegt. In Klammern angegeben sind die Defaultwerte nach einem Reset.

9.1 Pin-Zuordnung und Registerbeschreibung

Die A/D-Wandler-Baugruppe nutzt gemäß Tab. 9.1 einige Portpins als Analogeingänge, die manuell mit Hilfe des Datenrichtungsregisters DDRnb als Eingang konfiguriert werden müssen. Interne Pull-up-Widerstände müssen ausgeschaltet sein. Die A/D-Wandler-Baugruppe wird von den Registern der Abb. 9.1 gesteuert.

9.1.1 Analog-Digital-Wandler ADC

Die Bedeutung der Einträge im ADC-Multiplexerauswahlregister ADMUX ist folgende:
- REFS1–REFS0 (reference selection) – Legen gemäß Tab. 9.2 die Referenzspannungsquelle für den ADC fest. Eine Änderung wird erst nach Abschluss einer laufenden Konversion wirksam.
- ADLAR (ADC left adjust result) – 1 legt fest, daß das 10 bit-Konversionsresultat einer ADC-Messung linksbündig im ADC Datenregister ADC15:6 abgelegt wird. 0 legt das Ergebnis rechtsbündig in ADC9:0 ab.
- MUX4–MUX0 (multiplexer selection) – Legen gemäß Tab. 9.3 fest, welcher Analogeingang zum ADC durchgeschaltet wird, ob es sich um einen Single Ended- oder differentiellen Kanal handelt und welche Verstärkung benutzt wird. Eine Änderung wird erst nach Abschluss einer laufenden Konversion wirksam.

REFS1 : 0	Bedeutung
0	Referenzspannung wird über AREF eingespeist (AREF ist Eingang). Die interne Referenzspannung wird deaktiviert.
1	Referenzspannung ist AVCC, zur Glättung wird ein Kondensator an AREF angeschlossen. AREF ist Ausgang.
2	Reserviert.
3	Referenzspannung ist die interne 2,56 V-Quelle, zur Glättung wird ein Kondensator an AREF angeschlossen. AREF ist Ausgang.

Tab. 9.2. Auswahl der Referenzspannungsquelle (ATmega16).

Tab. 9.3. Auswahl des aktiven Analogeingangs sowie Art des Eingangs (single-ended oder differentiell) und Spannungsverstärkung (ATmega16).

MUX4–MUX0	Gain	Beschreibung
0–7	1x	ADC0–ADC7 werden als Single Ended-Eingang zum ADC durchgeschaltet.
8, 9	10x	ADC0 bzw. ADC1 werden als positiver Differentialeingang zum ADC durchgeschaltet, negativer Differentialeingang ist ADC0.
10, 11	200x	ADC0 bzw. ADC1 werden als positiver Differentialeingang zum ADC durchgeschaltet, negativer Differentialeingang ist ADC0.
12, 13	10x	ADC2 bzw. ADC3 werden als positiver Differentialeingang zum ADC durchgeschaltet, negativer Differentialeingang ist ADC2.
14, 15	200x	ADC2 bzw. ADC3 werden als positiver Differentialeingang zum ADC durchgeschaltet, negativer Differentialeingang ist ADC2.
16–23	1x	ADC0–ADC7 werden als positiver Differentialeingang zum ADC durchgeschaltet, negativer Differentialeingang ist ADC1.
24-29	1x	ADC0–ADC5 werden als positiver Differentialeingang zum ADC durchgeschaltet, negativer Differentialeingang ist ADC2.
30	1x	Eine Spannung von 1,22 V wird durchgeschaltet (Single Ended-Eingang).
31	1x	Eine Spannung von 0 V wird durchgeschaltet (Single Ended-Eingang).

Beim Umschalten der Referenzspannung bzw. beim Aktivieren eines differentiellen Eingangskanals (Kanalnummer größer 7) müssen Sie mindestens 125 μs warten, bis sich die Wandlerelektronik stabilisiert hat [1, pp. 210].

Die Bits im ADC-Kontroll- und Statusregister A ADCSRA bedeuten folgendes:

- ADEN (ADC enable) – 1 aktiviert die ADC-Einheit, 0 deaktiviert sie.
- ADSC (ADC start conversion) – Schreiben einer 1 im Single Conversion-Modus startet eine einzelne Konversion. Im Freilaufmodus wird durch Schreiben einer 1 die erste Konversion gestartet. Solange eine Konversion läuft, wird das Bit als 1 gelesen. 0 zeigt das Ende einer eventuell gelaufenen Konversion an.
- ADATE (ADC auto trigger enable) – Legt fest, ob eine Konversion durch ein Triggersignal gestartet wird. 1 legt als Trigger die LH-Flanke eines Signals fest, das gemäß Tab. 9.4 durch die Bits ADTS2 : 0 in SFIOR ausgewählt wird.

ADTS2–ADTS0	**Trigger einer Konversion.**
0	ADC läuft im Freilaufmodus (free running mode), Trigger ist ADSC in ADCSRA.
1	Analogkomparator.
2	LH-Flanke von INT0.
3	Timer/Counter 0 Compare Match-Ereignis.
4	Timer/Counter 0 Überlaufereignis.
5	Timer/Counter 1 Compare Match B-Ereignis.
6	Timer/Counter 1 Überlaufereignis.
7	Timer/Counter 1 Input Capture-Ereignis.

Tab. 9.4. Auswahl eines Triggersignals zum Start der ADC-Konversion, falls ADATE in ADCSRA auf 1 gesetzt ist (ATmega16). Die Konversion wird beim LH-Übergang des entsprechenden Interruptflags gestartet.

ADPS2 : 0	**Vorteiler**	ADPS2 : 0	**Vorteiler**
0	2	4	16
1	2	5	32
2	4	6	64
3	8	7	128

Tab. 9.5. Auswahl des ADC-Prescalers (ATmega16). Die Zielfrequenz des ADC-Takts beträgt für maximale Auflösung 50–200 kHz [1, p.207]

- ADIF (ADC interrupt flag) – 1 signalisiert das Ende einer Konversion. Ist gleichzeitig ADIE und das I-Bit in SREG gesetzt, wird der ADC_vect-Interrupt ausgeführt.
- ADIE (ADC interrupt enable) – Legt fest, ob am Ende einer Konversion ein Interrupt ausgeführt wird. Ist das Bit 1 und das I-Bit in SREG gesetzt, wird der Interruptvektor ADC_vect ausgeführt, sobald ADIF gesetzt wird.
- ADPS2–ADPS0 (ADC prescaler selection) – Legen gemäß Tab. 9.5 fest, welcher Vorteiler benutzt wird, um aus dem MCU-Takt den ADC-Takt zu generieren.

Die Bedeutung der Einträge im I/O-Funktionsregister SFIOR ist folgende:
- ADTS2–ADTS0 (ADC trigger source select) – Legen gemäß Tab. 9.4 die Triggerquelle für automatische Konversionen fest, wenn ADATE in ADCSRA auf 1 gesetzt ist. Die Konversion wird mit der LH-Flanke des entsprechenden Interruptflag gestartet.

Die Bedeutung der Einträge im ADC-Datenregister ADC ist folgende:
- ADC9–ADC0 – Stellen das 10 bit-Resultat einer ADC-Konversion dar. Ist ADLAR auf 0 gesetzt, steht das Resultat rechtsbündig in den Bits ADCH1 : 0 und ADCL7 : 0. Ist ADLAR auf 1 gesetzt, steht das Resultat linksbündig in den Bits ADCH7 : 0 und ADCL7 : 6.

9.1.2 Analogkomparator

Die Bedeutung der Einträge im Analogkomparator-Status- und Kontrollregister ACSR ist folgende:

ACIS1–ACIS0	Beschreibung
0	Komparatorinterrupt bei Pegelwechsel von ACO (Toggle).
1	Reserviert.
2	Komparatorinterrupt bei HL-Flanke von ACO.
3	Komparatorinterrupt bei LH-Flanke von ACO.

Tab. 9.6. Auswahl des Interruptmodus des Analogkomparators (ATmega16). ACO stellt den internen Komparatorausgang dar.

- ACD (analog comparator disable) – 1 deaktiviert den Analogkomparator (Stromersparnis im aktiven und Idle-Modus). Bei einer Änderung dieses Bits muß der Komparatorinterrupt ggf. verboten werden, um das Auslösen eines Interrupts zu verhindern.
- ACBG (analog comparator band gap select) – 0 legt AIN0 an den positiven Komparatoreingang, 1 eine interne Bandgap-Spannungsreferenz.
- ACO (analog comparator output) – Repräsentiert den Ausgang des Analogkomparators. Durch die Synchronisierung des Hardwareausgangs mit dem Systemtakt tritt eine Verzögerung von 1–2 Systemtakten auf, bevor das Ergebnis sichtbar ist.
- ACI (analog comparator interrupt flag) – 1 signalisiert, daß der Komparator gemäß ACIS1 : 0 einen Interrupt ausgelöst hat. Der Interruptvektor ANA_COMP_vect wird ausgeführt, wenn ACIE in ACSR und das I-Bit in SREG gesetzt ist.
- ACIE (analog comparator interrupt enable) – 1 erlaubt das Auslösen eines Interrupts durch ein Komparatorereignis.
- ACIC (analog comparator input capture enable) – 1 verbindet den Komparatorausgang mit der Input Capture-Logik von Timer/Counter 1, einschliesslich Rauschunterdrückung und Flankenerkennung. (Ist ein Input Capture-Interrupt gewünscht, muß zusätzlich das ICPIE1-Bit in TCCR1A gesetzt werden.)
- ACIS1–ACIS0 (analog comparator input mode select) – Legen gemäß Tab. 9.6 den Auslöser eines Komparatorinterrupts fest.

Die Bedeutung der Einträge im I/O-Funktionsregister SFIOR ist folgende:
- ACME (Analog comparator multiplexer enable) – Bei 0 liegt AIN1 am negativen Komparatoreingang an. Ist das Bit 1 und der ADC deaktiviert (ADEN in ADCSRA ist 0), wird der ADC-Multiplexer als negativer Eingang des Komparators genutzt.

9.2 Elektrische Charakteristik, Beschaltung, Berechnungen

Die elektrischen Daten des Analogteils sind im Datenblatt beschrieben [1, pp. 291], Abb. 9.2 zeigt die Grundbeschaltung. Der ADC besitzt eine eigene Versorgungsspannung, die über AGND und AVcc zugeführt wird, wobei AVcc um max. ±0,3 V von Vcc abweichen darf. Die Analogspeisung sollte mit einem eigenem 100 nF-Kondensator zwischen AVcc und AGND geglättet werden. Wenn AVcc aus Vcc gespeist wird, sollte

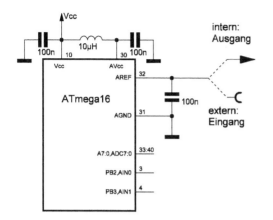

Abb. 9.2. Grundbeschaltung des ADCs im ATmega16 mit interner oder externer Referenzspannung. Bei Wahl einer internen Referenzspannung ist AREF ein Ausgang, an den ein Glättungskondensator angeschlossen wird. Eine externe Referenzspannung wird über AREF zugeführt, das als Eingang fungiert. Wird die analoge Versorgungsspannung aus Vcc gewonnen, sollte sie über eine Spule gefiltert werden.

dies über eine Spule mit 10 μH erfolgen, um Rauschen aufgrund der belasteten Speisespannung zu verringern. Der ADC ist optimiert für Spannungsquellen mit niedriger Impedanz unter 10 kΩ, Quellen mit höherer Impedanz bedingen längere Samplingzeiten und erfordern höhere Ströme seitens der Spannungsquelle.

Der maximal meßbare Spannungswert wird durch die Referenzspannung AREF bestimmt und kann auf zwei Arten bereitgestellt werden:

- Als interne Referenzspannung, wobei Sie zwischen der Analog-Speisespannung AVcc und einer internen Bandgap-Referenz von nominal 2,56 V, nach [1, p. 298] 2,3–2,9 V, wählen können.

  Die interne Referenzspannung liegt am Pin AREF an, der in diesem Fall ein Ausgang ist, und kann mit einem 100 nF-Kondensator gegen AGND geglättet werden. AREF kann für eigene Zwecke, z. B. analoge Eingabegeräte (siehe unten und Abb. 9.3) genutzt werden, darf aber nur kapazitiv belastet werden. Eine resistive Belastung ist nach Pufferung durch einen Operationsverstärker möglich.

- Als externe Referenzspannung, die an AREF eingespeist wird und für single-ended Eingänge im Bereich AGND bis AVcc liegen muß, für differentielle Eingänge im Bereich AGND bis AVcc-0,2 V. Eine externe Referenzspannung ist sinnvoll, wenn eine genaue Spannungsreferenz bereitsteht oder andere Werte als 2,56 V oder AVcc nötig sind.

Die Eingangsspannung muß positiv sein und darf für single-ended Eingänge im Bereich GND bis AREF liegen, für differentielle Eingänge im Bereich 0 V bis AREF. (Bei differentiellen Eingängen kann die Differenzspannung jedoch negativ sein.) Sie wird durch eine Sample and Hold-Schaltung für eine bestimmte Zeit fixiert, in der die Messung gültig ist. Damit diese Zeitbedingung erfüllt ist und die maximale Genauigkeit von 10 bit erreicht werden kann, muß die ADC-Frequenz im Bereich 50–1000 kHz liegen, was Sie bei der Initialisierung berücksichtigen müssen [1, p. 297].

Bei single ended-Eingängen hängt die Eingangsspannung U_{ADCi} am Analogeingang ADCi mit dem gelesenen ADC-Wert wie folgt zusammen:

$$ADC = \frac{U_{\text{ADCi}}}{\text{AREF}} \times \text{Anzahl der Wandlerstufen} = \frac{U_{\text{ADCi}}}{\text{AREF}} \times 1024$$

$$U_{\text{ADCi}} = \frac{ADC \times \text{AREF}}{1024} \tag{9.1}$$

(Lesen Sie nur die oberen 8 bit des Ergebnisses, ist der Faktor 1024 durch 256 zu ersetzen.) Bei differentieller Messung wird 1 Bit des Ergebnisses als Vorzeichen der Spannungsdifferenz interpretiert, die Auflösung beträgt dann 9 bit und die Zahl der Wandlerstufen 512 (gain ist die gewählte Verstärkung):

$$ADC = \frac{U_{\text{ADCip}} - U_{\text{ADCim}}}{\text{AREF}} \times 512 \times \text{gain}$$

$$U_{\text{ADCip}} - U_{\text{ADCim}} = \frac{1}{\text{gain}} \frac{ADC \times \text{AREF}}{512} \tag{9.2}$$

Zur Darstellung einer negativen Spannungsdifferenz wird das Ergebnis im Zweierkomplement kodiert, wobei Bit 9 (das MSB) als Vorzeichenbit fungiert. Betrachten wir einige Beispiele, die mit dem SPI-Datenlogger aus Abschnitt 8.6 gemessen wurden. Die letzten drei Spalten repräsentieren die ADC-Wandlungsergebnisse in 16- bzw. 8 bit Breite:

```
                                       (ADC   ADC ADC)
0 23:50:00     0,5 oC   19,3 oC   0,00 V 0005 00c6 00
0  1:00:00    -0,4 oC   19,0 oC   0,00 V 03fc 00c3 00
```

Aufgrund des eingesetzten Sensors entsprechen die Temperaturangaben den Spannungen 0,005 V, 0,193 V, -0,004 V und 0,190 V. In den drei Werten 0x0005, 0x00c6 und 0x00c3 ist Bit 9 nicht gesetzt, sodaß sich die Spannungen nach Glg. 9.2 mit der Verstärkung gain = 10 direkt aus dem ADC-Wert berechnen lassen:

$$U_0 = \frac{1}{10} \frac{0\text{x}0005 \times 5\,\text{V}}{512} = 0,00488\,\text{V}$$

$$U_1 = \frac{1}{10} \frac{0\text{x}00\text{c}6 \times 5\,\text{V}}{512} = 0,19335\,\text{V}$$

$$U_3 = \frac{1}{10} \frac{0\text{x}00\text{c}3 \times 5\,\text{V}}{512} = 0,19043\,\text{V}$$

Im Wert 0x03fc ist Bit 9 gesetzt, es handelt sich um eine negative 10 bit-Zahl. Das (als negative Zahl gedeutetet) Zweierkomplement n einer (positiv gedeuteten) Zahl p hängt nach der Formel

$$n = \neg p + 1 \qquad p = \neg(n - 1) \tag{9.3}$$

mit p zusammen, sodaß der Spannungswert in diesem Falle über folgende Rechnung erhalten wird:

0000 0011 1111 1100	n	n = 0x03fc
0000 0011 1111 1011	**subtrahiere 1**	n − 1 = 0x03fb
0000 0000 0000 0100	**negiere 10 bit**	(n − 1) xor 0x03ff = −0x0004 = **−4**

$$-4/512 \times 5/10 = -0,003906 \,\text{V}$$

Diese Umrechnung des differentiell gemessenen ADC-Wertes in positive oder negative Spannungen kann mit der Funktion getAdcValue() und dem Makro ADC_DIFF_VALUE der ADC-Bibliothek erfolgen. Für den ganzen negativen ADC-Wertebereich 0x0000–0x03c0 ergeben sich mit AREF=5 V und gain=10 folgende Ergebnisse:

```
// differential input #1-#0, gain 10:
uint16_t adcValue = getAdcValue(0b01001, 4);
float voltage = ADC_DIFF_VALUE(adcValue)/512.0f*5.0f/10.0f;

adcValue voltage      adcValue voltage
------------------    ------------------
0x0000 =   0.0000 V   0x0200 =  -0.5000 V
0x0040 =   0.0625 V   0x0240 =  -0.4375 V
0x0080 =   0.1250 V   0x0280 =  -0.3750 V
0x00c0 =   0.1875 V   0x02c0 =  -0.3125 V
0x0100 =   0.2500 V   0x0300 =  -0.2500 V
0x0140 =   0.3125 V   0x0340 =  -0.1875 V
0x0180 =   0.3750 V   0x0380 =  -0.1250 V
0x01c0 =   0.4375 V   0x03c0 =  -0.0625 V
```

9.3 Analoge Eingabegeräte

Der ADC kann genutzt werden, um Spannungen relativ zu AVcc zu messen, um z. B. gemäß Abb. 9.3 links ein analoges Eingabegerät mit Potentiometer aufzubauen, mit dem rasch Werte zwischen 0 und 1 oder 0–100 % eingegeben werden können. Für diese Anwendung wird AVcc als interne Referenz gewählt und das Potentiometer zwischen AREF und AGND geschaltet. Da AREF nur kapazitiv belastet werden darf, muss das Potentiometer einen Wert von ca. 100 kΩ aufweisen. Die Stellung des Potentiometers am Eingang ADCi bestimmt sich als Bruchteil

$$\text{Relativer Wert zwischen 0 und 1} = \frac{\text{ADCi}}{\text{Anzahl der Stufen}} = \frac{\text{ADCi}}{1024} \tag{9.4}$$

(Auch hier kann der Faktor 1024 durch 256 ersetzt werden, wenn Sie nur an den obersten 8 bit des Ergebnisses interessiert sind.)

Sie können anstelle eines Potentiometers $n + 1$ gleiche Widerstände der Größe R zu einem Spannungsteiler schalten und die n Abgriffe zwischen den Widerständen über je einen Taster an den ADC-Eingang legen, das Potentiometer also diskretisieren (Abb. 9.3 Mitte mit $n = 3$). Mit dieser Anordnung benötigen Sie eine einzelne Leitung

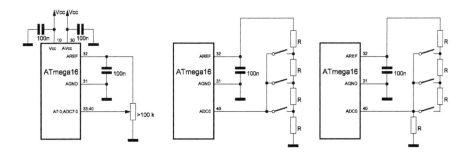

Abb. 9.3. Eine interne Referenzspannung an AREF kann als Maximalwert für ein analoges Einga-begerät (Potentiometer oder Spannungsteiler) genutzt werden. Der ADC-Wert liegt dann immer im Intervall [0; 1023] ([0; 255] bei 8 bit Genauigkeit), entsprechend einem Eingabewert von 0–100 %.

zur MCU, um n verschiedene Tasten zu unterscheiden, die einzeln gedrückt werden müssen. Wird die Taste i gedrückt, liegt am ADC eine Eingangsspannung U_i bzw. ein 8 bit-Wandlerresultat ADC_i von

$$U_{i,\mathrm{ideal}} = \frac{i+1}{n+1} \times \mathrm{AREF}, \quad \mathrm{ADC}_i = \frac{i+1}{n+1} \times 255$$

$$\frac{0,95}{1,05} U_{i,\mathrm{ideal}} \le U_i \le \frac{1,05}{0,95} U_{i,\mathrm{ideal}}$$

an. $U_{i,\mathrm{ideal}}$ ist der berechnete Idealwert, der Spannungsbereich gilt für reale Wider-stände mit 5 % Toleranz. Der Spannungsteiler verursacht einen permanenten Strom-fluß von $I_{\mathrm{Ruhe}} = \frac{\mathrm{AREF}}{nR}$.

Um den Ruhestrom zu vermeiden, können Sie die Taster in einer geänderten Anor-dung an den Spannungsteiler legen, Abb. 9.3 rechts. In diesem Fall ergibt sich ein Ru-hestrom $I_{\mathrm{Ruhe}} = 0$, und ein Spannungswert U_i bzw. ein 8 bit-Wandlerergebnis ADC_i von

$$U_{i,\mathrm{ideal}} = \frac{1}{n+1-i} \times \mathrm{AREF}, \quad \mathrm{ADC}_i = \frac{1}{n+1-i} \times 255$$

$U_{i,\mathrm{ideal}}$ ist wiederum der berechnete Idealwert, für reale Widerstände mit 5 % Toleranz gilt derselbe Spannungsbereich wie oben.

9.4 Bibliothek zum ADC- und Komparatorhandling

Die Initialisierung des A/D-Wandlers erfolgt in diesen Schritten:
–   Aktivieren des ADC (Bit ADCSRA.ADEN auf 1 setzen).
–   Referenzspannung wählen (Bits ADMUX.REFS1:0 setzen) und gemäß [1, pp. 210] 125 µs warten.
–   Wandlertakt wählen (Bits ADCSRA.ADPS2:0 setzen).
–   Ergebnisdarstellung wählen (für rechtsbündige Darstellung Bit ADMUX.ADLAR auf 0 setzen, für linksbündige auf 1).

- Triggermodus wählen (für manuellen Trigger Bit `ADCSRA.ADATE` auf 0 setzen, für Auto-Trigger auf 1. Im Fall des Auto-Triggers die Triggerquelle über Bits `SFIOR.ADTS2:0` festlegen).
- Ggf. Interrupt für das Wandlungsende freigeben (Bit `ADCSRA.ADIE` auf 1 setzen).

Nach der Initialisierung werden Messungen folgendermassen vorgenommen:
- Eingabekanal wählen (Bits `ADMUX.MUX4:0` setzen). Nach Auswahl eines differentiellen Kanals gemäß [1, pp. 210] 125 μs warten.
- Ggf. Konversion manuell starten (Bit `ADCSRA.ADSC` auf 1 setzen).
- Ende der Konversion abwarten (entweder über Interrupt reagieren oder warten, bis Bit `ADCSRA.ADSC` 0 wird).
- Ergebnis als 16 bit-Wert aus `ADCH:ADCL` (rechtsbündige Darstellung, `ADLAR` ist 0) oder als 8 bit-Wert aus `ADCH` (linksbündige Darstellung, `ADLAR` ist 1) lesen. 16 bit-Werte müssen gemäß Abschnitt 2.1.3 in der Reihenfolge `ADCL`, `ADCH` auslesen werden, Sie nutzen in C besser das 16 bit-Pseudoregister `ADC`.
- Der ganzzahlige ADC-Wert kann über Glg. 9.1 und Glg. 9.2 in eine Spannung umgerechnet werden, falls erforderlich. Negative Werte werden über die Makros `ADC_NEGATIVE` und `ADC_DIFF_VALUE` erkannt und gemäß Glg. 9.3 umgerechnet.

Der Analogkomparator wird wie folgt initialisiert:
- Deaktivieren des Komparatorinterrupts (Bit `ACSR.ACIE` auf 0 setzen).
- Die betroffenen I/O-Pins als Eingang schalten.
- Als I/O-Pin für den negativen Komparatoreingang entweder `AIN1` oder einen ADC-Multiplexereingang wählen (`AIN1`: Bit `SFIOR.ACME` auf 0 setzen; Multiplexereingang: Bit `SFIOR.ACME` auf 1 setzen, Bits `ADMUX.MUX4:0` auf die ADC-Kanalnummer setzen, ADC deaktivieren (`ADCSRA.ADEN` auf 0 setzen)).
- Triggermodus des Komparatorinterrupts wählen (Bits `ACSR.ACIS1:0` setzen).
- Komparator aktivieren (Bit `ACSR.ACD` auf 0 setzen).
- Interruptflag löschen und ggf. den Komparatorinterrupt freigeben (Bits `ACSR.ACI` und `ACSR.ACIE` auf 1 setzen).

Die geschilderten Schritte sind in der Bibliothek Listing 9.2 (Headerdate Listing 9.1) in folgenden Funktionen gekapselt:
- `initADC()` initialisiert den Analog-Digital-Wandler und legt Eigenschaften wie Genauigkeit (8 oder 10 bit), Wandlerfrequenz und Triggermodus fest.
- `getAdcValue()` liefert für einen ausgewählten Analogeingang den digitalisierten Wert in der eingestellten Genauigkeit, aus dem gemäß Glg. 9.1 die Spannung berechnet werden kann. Sie können über n aufeinanderfolgende Messungen mitteln. Notwendige Wartezeiten nach der Kanalumschaltung werden berücksichtigt.
- `getAdcValueByte()` dto., liefert aber nur die obersten 8 bit des Wandlerwertes, wenn der ADC mit 8 bit-Genauigkeit initialisiert wurde.

- ADC_DIFF_VALUE() ist ein Makro, das Binärwerte eines *differentiellen* Eingangs in eine vorzeichenbehaftete Fließkommazahl zwischen -512,0 und +511,0 umwandelt, d. h. gemäß Glg. 9.3 das 10 bit-Zweierkomplement berechnet. Die Spannung erhalten Sie über Glg. 9.2.
- Das Makro ADC_NEGATIVE liefert 1 (wahr), wenn in einer 10 bit-Zahl das Vorzeichenbit gesetzt ist und einen negativen Wert anzeigt.
- selectAdcChannel() wählt einen Kanal aus. Sinnvoll, wenn Sie nicht zwischen Kanälen wechseln wollen, sondern i. w. mit demselben Kanal arbeiten und direkt das Ergebnisregister ADC auslesen, d. h. getAdcValueXXX() nicht nutzen.
- comparatorInit() initialisiert den Analogkomparator, aktiviert ggf. den Komparatorinterrupt und wählt einen Kanal als negativen Komparatoreingang aus. Wird ein ADC-Kanal als Eingang ausgewählt, wird der ADC deaktiviert.
- comparatorDisable() deaktiviert den Analogkomparator und seinen Interrupt.

Listing 9.1. Bibliothek für ADC-Ansteuerung (Programm adcLib.h

```
 1  #ifndef ADCLIB_H_
 2  #define ADCLIB_H_
 3
 4  #include <stdint.h>
 5  #include <avr/io.h>
 6
 7  #define ADC_REFVOLTAGE_EXTERN 0
 8  #define ADC_REFVOLTAGE_INT_AVCC 1
 9  #define ADC_REFVOLTAGE_INT_256  3
10
11  #define ADC_PRESCALE_2     1
12  #define ADC_PRESCALE_4     2
13  #define ADC_PRESCALE_8     3
14  #define ADC_PRESCALE_16    4
15  #define ADC_PRESCALE_32    5
16  #define ADC_PRESCALE_64    6
17  #define ADC_PRESCALE_128   7
18
19  #define ADC_PRECISION_10  0
20  #define ADC_PRECISION_8   1
21
22  #define ADC_MODE_MANUAL    8
23  #define ADC_MODE_FREERUN   0
24  #define ADC_MODE_ANACOMP   1
25  #define ADC_MODE_INT0    2
26  #define ADC_MODE_COMP0     3
27  #define ADC_MODE_TOVF0     4
28  #define ADC_MODE_COMP1B    5
29  #define ADC_MODE_TOVF1     6
30  #define ADC_MODE_ICP1    7
```

```
31
32   #define ADC_COMPLETE_NOIRQ   0
33   #define ADC_COMPLETE_IRQ   1
34
35   #define ADC_START       (ADCSRA |= (1<<ADSC))
36   #define ADC_WAIT        (!(ADCSRA&(1<<ADIF)))
37   #define ADC_NEGATIVE(value) ((value&0x0200)==0x0200)
38   #define ADC_DIFF_VALUE(value) (ADC_NEGATIVE(value)?-((float)(0x3ff^(
         value-1))):((float)value))
39
40   #define ACOMP_OUT        (ACSR&(1<<ACO))
41
42   #define ACOMP_NO_IRQ     1
43   #define ACOMP_IRQ_TOGGLE   0
44   #define ACOMP_IRQ_FALLING 2
45   #define ACOMP_IRQ_RISING   3
46
47   #define ACOMP_NEG_AIN1    8
48   #define ACOMP_NEG_ADC0    0
49   #define ACOMP_NEG_ADC1    1
50   #define ACOMP_NEG_ADC2    2
51   #define ACOMP_NEG_ADC3    3
52   #define ACOMP_NEG_ADC4    4
53   #define ACOMP_NEG_ADC5    5
54   #define ACOMP_NEG_ADC6    6
55   #define ACOMP_NEG_ADC7    7
56
57   typedef void (* pVoidVoidFnc ) (void);
58
59   void initADC(uint8_t refVoltage, uint8_t prescale, uint8_t mode,
         uint8_t precision, uint8_t complete, pVoidVoidFnc waitFunction);
60
61   uint16_t getAdcValue(uint8_t channel, uint8_t n);
62
63   uint8_t getAdcValueByte(uint8_t channel);
64
65   void selectAdcChannel(uint8_t channel);
66
67   void comparatorInit(uint8_t negInput, uint8_t enableIRQ);
68
69   void comparatorDisable(void);
70
71   #endif /* ADCLIB_H_ */
```

Listing 9.2. Bibliothek für ADC-Ansteuerung (Programm adcLib.c

```
1   #include "adcLib.h"
2
3   struct {
```

```
4    uint8_t mode;
5    uint8_t precision;
6    pVoidVoidFnc waitFunction;
7  } adcInfo;
8
9  void initADC(uint8_t refVoltage, uint8_t prescale, uint8_t mode,
         uint8_t precision, uint8_t complete, pVoidVoidFnc waitFunction){
10     adcInfo.precision = precision & 0x01;
11     adcInfo.mode = mode;
12     adcInfo.waitFunction = waitFunction;
13     // set I/O pins (port A as input)
14     PORTA = 0x00;
15     DDRA = 0x00;
16     // set prescaler and precision (8bit: set ADLAR to 8 MSB in ADCH,
         2 LSB in ADCL)
17     ADCSRA = (prescale&0x07)<<ADPS0;
18     ADMUX = (adcInfo.precision<<ADLAR) | ((refVoltage&0x03)<<REFS0);
19     #if defined (__AVR_ATmega16__)
20     adcInfo.waitFunction();   // wait 125 us to settle gain stage
21     #endif
22     // set automatic/free-running trigger mode if requested
23     if (adcInfo.mode!=ADC_MODE_MANUAL){
24       #if defined (__AVR_ATmega8__)
25       ADCSRA |= (1<<ADFR);
26       #elif defined (__AVR_ATmega16__)
27       SFIOR = (SFIOR&~(0b111<<ADTS0)) | ((mode&0x07)<<ADTS0);
28       ADCSRA |= (1<<ADATE);
29       #endif
30     }
31     // enable ADC and start first conversion to warm up ADC
32     ADCSRA |= (1<<ADEN);
33     ADC_START; while(ADC_WAIT);
34     (void) ADC;                 // perform dummy read
35     // clear irq flag and enable irq
36     ADCSRA |= (1<<ADIF);
37     if (complete==ADC_COMPLETE_IRQ){
38       ADCSRA |= (1<<ADIE);
39     }
40  }
41
42  uint16_t getAdcValue(uint8_t channel, uint8_t n){
43    uint16_t value = 0;
44    selectAdcChannel(channel);
45    if (adcInfo.mode==ADC_MODE_MANUAL){
46      ADC_START; while(ADC_WAIT);   // perform dummy read to warm up
47    }
48    if (adcInfo.precision==ADC_PRECISION_8){
49      for (uint8_t i=0; i<n; i++){
50        ADC_START; while(ADC_WAIT);   // read ADC
```

```
51        value += ADCH;
52      }
53    } else {
54      for (uint8_t i=0; i<n; i++){
55        ADC_START; while(ADC_WAIT);    // read ADC
56        value += ADC;
57      }
58    }
59    return value/n;
60  }
61
62  uint8_t getAdcValueByte(uint8_t channel){
63    selectAdcChannel(channel);
64    if (adcInfo.mode==ADC_MODE_MANUAL){
65      ADC_START; while(ADC_WAIT);    // perform dummy read to warm up
66    }
67    ADC_START; while(ADC_WAIT);      // read ADC
68    return ADCH;
69  }
70
71  void selectAdcChannel(uint8_t channel){
72    uint8_t tmpChannel = channel&0x1f;
73    ADMUX = (ADMUX&0xe0) | tmpChannel;  // select channel
74    #if defined (__AVR_ATmega16__)
75    if (tmpChannel>7){
76      adcInfo.waitFunction();   // wait 125 us to settle gain stage
               for differential inputs
77    }
78    #endif
79  }
80
81  void comparatorDisable(void){
82    ACSR &= ~(1<<ACIE);    // disable IRQ and comparator
83    ACSR |= (1<<ACD);
84  }
85
86  void comparatorInit(uint8_t negInput, uint8_t enableIRQ){
87    // disable IRQ
88    ACSR &= ~(1<<ACIE);
89    // set I/O pins (AIN0/B2 as input, AIN1/B3 as requested)
90    PORTB &= ~(1<<PB2);
91    DDRB &= ~(1<<DDB2);
92    if (negInput==ACOMP_NEG_AIN1){
93      PORTB &= ~(1<<PB3);
94      DDRB &= ~(1<<DDB3);
95    } else {
96      PORTA = 0x00;
97      DDRA = 0x00;
98    }
```

```
 99   // configure comparator (set IN(-) source, irq mode)
100   if (negInput==ACOMP_NEG_AIN1){
101     SFIOR &= ~(1<<ACME);
102   } else {
103     ADCSRA &= ~(1<<ADEN); // disable ADC if MUX is requested
104     SFIOR |= (1<<ACME);
105     ADMUX = (ADMUX&0xe0) | (negInput&0x07); // select channel
106   }
107   if (enableIRQ!=ACOMP_NO_IRQ){
108     ACSR |= ((enableIRQ&0x03)<<ACIS0);
109   }
110   ACSR &= ~(1<<ACD);
111   // clear irq flags and enable irq
112   ACSR |= (1<<ACI);
113   if (enableIRQ!=ACOMP_NO_IRQ){
114     ACSR |= (1<<ACIE);
115   }
116 }
```

9.5 Analogkomparator als Dämmerungsschalter

In diesem Beispiel wird der Analogkomparator benutzt, um das Signal eines Phototransistors mit einem Sollwert zu vergleichen und bei Über- bzw. Unterschreitung eine Lampe aus- bzw. einzuschalten. Abb. 9.4 zeigt den Schaltplan des Geräts. Das Signal des Phototransistors wird an den positiven Komparatoreingang AIN0 geführt, der Schwellwert wird über ein Potentiometer eingestellt und an den negativen Komparatoreingang AIN1 gelegt. Als Lampe findet eine weiße Power-LED Verwendung, die über einen Transistor ein- und ausgeschaltet wird.

Die Software Listing 9.3 konfiguriert in der Initialisierungsphase den Komparator so, daß der Pin AIN1 an den negativen Komparatoreingang geführt wird und bei jeder Änderung des Komparatorzustands (jeder Veränderung des Flags ACO im Komparatorregister ACSR) ein Komparatorinterrupt ausgelöst wird. Im Interrupthandler wird anhand ACO geprüft, ob der Sollwert überschritten wurde (ACO ist 1, AIN0>AIN1), d. h. ob es heller als die Schaltschwelle ist und die Lampe ausgeschaltet werden muß, oder ob es dunkler ist und die Lampe eingeschaltet werden soll.

⚡ Die Funktion switchLED() wird sowohl von der Hauptprogrammebene als auch der Interruptebene angesprungen und müßte daher reentrant sein, d. h. in zwei Instanzen ablaufen können, die sich gegenseitig nicht beeinflussen. In diesem Beispiel ist dies unnötig, da der Aufruf aus der Hauptprogrammebene heraus abgeschlossen ist, bevor Interrupts aktiviert werden. Ab diesem Moment wird switchLED() ausschliesslich von Interrupts aufgerufen.

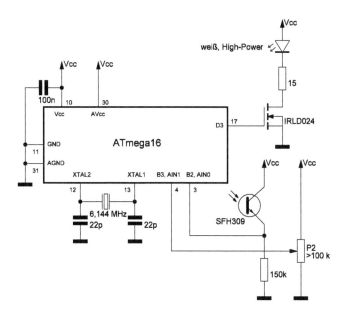

Abb. 9.4. Schaltplan eines Dämmerungsschalters mit Analogkomparator. Der Schwellwert wird über ein Potentiometer eingestellt.

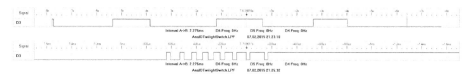

Abb. 9.5. Signalverlauf des Dämmerungsschalters mit Analogkomparator, das dargestellte Signal ist der H-aktive Schaltausgang D3. Oben: globaler Verlauf im Sekundenbereich mit drei langen Dunkelphasen. Unten: Detailausschnitt des Starts einer Dunkelphase. Erkennbar ist häufiges Hin- und Herschalten im Mikrosekundenmassstab um die Schaltschwelle herum.

Abb. 9.5 zeigt den Signalverlauf des LED-Schaltausgangs D3. Sie erkennen im oberen Verlauf im Sekundenmassstab drei längere Dunkelphasen, in denen der Schaltausgang aktiv ist. Im unteren Verlauf, der den Beginn einer Dunkelphase im Mikrosekundenmassstab zeigt, ist häufiges Hin- und Herschalten des Komparators zu erkennen, wenn beide Signale in vergleichbarer Größe liegen, also das Signal des Phototransistors sich in irgendeiner Richtung der Schaltschwelle nähert. Im Beispiel ist das häufige Ein- und Ausschalten der LED aufgrund der Trägheit unserer Augen nicht wahrnehmbar.

Der Analogkomparator schaltet häufig hin und her, wenn beide Eingangssignale in gleicher Größenordnung liegen, bis eines der Signale deutlich größer geworden ist. Je nach Kontext kann dies unerwünscht und ein einmaliges sauberes Umschalten gefordert sein. Auf Hardwareebene wird ein solches Verhalten durch *Schmitt-Trigger* realisiert, die eine obere und untere Schaltschwelle besitzen. Abb. 9.6 zeigt die Schaltung eines Dämmerungsschalter ohne MCU mit Hilfe eines Analogkompara-

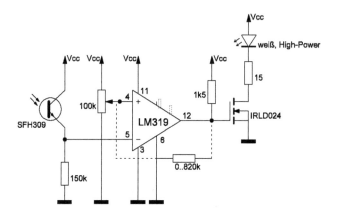

Abb. 9.6. Nicht immer muß alles mikrocontrollergesteuert sein: Aufbau eines Dämmerungsschalters mit Schmitt-Trigger in reiner Analogtechnik mit dem Analogkomparator LM319. Die gestrichelte Verbindung führt zu Rückkopplung und dem Schmitt-Trigger-Effekt.

tors mit und ohne Rückkopplung. Ohne Rückkopplung zeigt das Ausgangssignal dasselbe Verhalten wie das vorgestellte Listing (Abb. 9.7 oben links), mit Rückkopplung verändern sich die Ein- bzw. Ausschaltschwellen in Richtung des Schmitt-Trigger-Verhaltens (Abb. 9.7 oben rechts und unten links).

Auf Softwareebene können Sie im Interrupthandler prüfen, wie lange der letzte Aufruf zurückliegt, oder in welcher Größe sich die Signale bewegen, um zu entscheiden, ob sofort geschaltet werden soll. Sie sollten jedoch durch einen Timeout sicherstellen, daß das Schaltsignal auch dann generiert wird, wenn das Eingangssignal sich schnell geändert hat und keine weiteren Interrupts mehr ausgelöst werden (der einmalige Interrupt darf nicht „vergessen" werden).

Listing 9.3. Dämmerungsschalter mit Analogkomparator (Programm AnalOTwilightSwitch.c

```
1   /*
2     Twilight switch using analog comparator.
3     Inputs:
4       - B2/AIN0 signal input from photo transistor
5       - B3/AIN1 reference input from potentiometer
6     Outputs:
7       - D3   white power LED, H-active
8   */
9   #define F_CPU 6144000L
10
11  #include <stdint.h>
12  #include <avr/io.h>
13  #include <avr/interrupt.h>
14  #include <avr/sleep.h>
15  #include "adcLib.h"
16
17  #define P_LED    (1<<PD3)
18  #define D_LED    (1<<DDD3)
19  #define LED_ON   (PORTD |= P_LED)
20  #define LED_OFF  (PORTD &= ~P_LED)
```

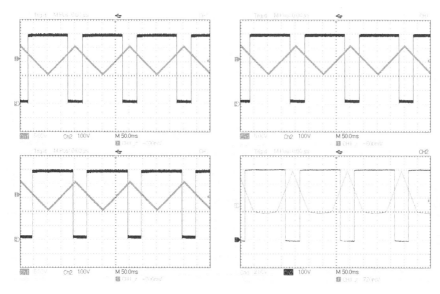

Abb. 9.7. Eingangssignal (Dreieck) und digitales Ausgangssignal (Rechteck) nach Passieren eines Komparators. Obere Reihe von links nach rechts und untere Reihe links: Signalverlauf eines Analogkomparators (LM319) ohne Rückkopplung (oben links) bzw. mit Schmitt-Trigger-Rückkopplung von 100 kΩ (oben rechts) und 820 kΩ (unten links). Ohne Rückkopplung liegen Ein- und Ausschaltschwelle gleich hoch, mit stärkerer Rückkopplung (kleinerer Widerstand) rutscht die Einschaltschwelle höher, die Ausschaltschwelle tiefer. Unten rechts: der Signalverlauf des Dämmerungsschalters mit MCU zeigt ein symmetrisches Rechtecksignal.

```
21
22   void initPorts(void){
23     LED_OFF;
24     DDRD |= D_LED;        // set output
25   }
26
27   void switchLED(void){
28     if (ACOMP_OUT){
29       // signal>reference voltage
30       LED_OFF;
31     } else {
32       LED_ON;
33     }
34   }
35
36   ISR(ANA_COMP_vect){
37     switchLED();
38   }
39
40   int main(void){
41     initPorts();
```

```
42    comparatorInit(ACOMP_NEG_AIN1 , ACOMP_IRQ_TOGGLE);
43    switchLED();
44    sei();
45
46    while (1){
47      set_sleep_mode(SLEEP_MODE_IDLE);
48      sleep_mode();
49    }
50 }
```

9.6 Messung einer Abkühlungskurve

Als Anwendungsbeispiel zum ADC messen wir die Temperatur einer sich abkühlenden Flüssigkeit, d. h. es wird alle paar Sekunden die Temperatur von zwei Temperatursensoren aufgenommen, von denen einer in die Flüssigkeit ragt, der andere die Umgebungstemperatur misst. Das Messintervall wird von einem analogen Signalgeber (Potentiometer) gemäß Abb. 9.3 eingelesen. Abb. 9.8 zeigt das Ergebnis für die Abkühlung von Tee von ca. 65 °C auf 23 °C innerhalb einer halben Stunde. Eine ähnliche Schaltung für den Langzeiteinsatz wird in Abschnitt 8.6 vorgestellt.

Die Schaltung ist in Abb. 9.9 gezeigt. Als Sensor verwenden wir einen LM35DZ, der in der Lage ist, Temperatur zwischen 0 °C und 110 °C zu messen. Der Sensor gibt die gemessene Temperatur spannungskodiert aus, wobei gilt: 10 mV=1 °C oder 0,01 °C pro Volt. Eine Ausgangsspannung von 0 V repräsentiert 0 °C, sodaß die Spannung bis auf einen Faktor 100 unmittelbar die Temperatur in Grad Celsius wiedergibt.

Das Messintervall kann über ein Potentiometer, das an AREF angeschlossen ist, auf Werte zwischen 1 s und 32 s eingestellt werden. Da als Referenzspannung eine interne Spannungsreferenz ausgewählt wird, fungiert AREF als Ausgang und stellt diese

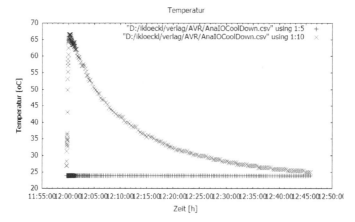

Abb. 9.8. Abkühlung einer Flüssigkeit (Tee) von 65 °C auf die Umgebungstemperatur von 25 °C im Verlauf einer halben Stunde, gemessen mit Typ LM35DZ.

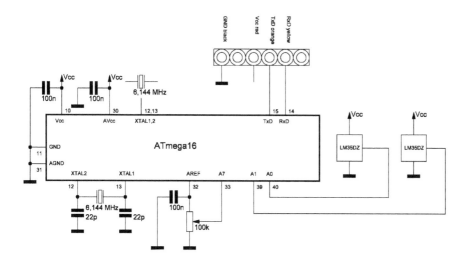

Abb. 9.9. Beispielschaltung zur kontinuierlichen Erfassung von Analogsignalen, hier zweier analogen Temperatursensoren vom Typ LM35DZ.

Referenzspannung zur Verfügung. Es ist auf diese Weise sichergestellt, daß die ADC-Werte für die beiden extremen Potentiometereinstellungen 0x000 und 0x3ff sind.

Listing 9.4 gibt das benutzte Programm wider. Der 1 s-Messzyklus wird durch einen Timer im CTC-Modus mit 1 Hz Compare Match-Frequenz erreicht. Im Compare Match-Interrupt werden mithilfe der ADC-Bibliothek die beiden Sensoren ausgelesen, die Analog-Digital-Konversion durchgeführt und die Ergebnisse zusammen mit einem Zeitstempel über eine RS232/USB-Schnittstelle an einen PC übermittelt. Die Übertragungen sehen wie folgt aus:

```
120000  <RETURN>
G<RETURN>
12:00:25  #0:  0.24  V=  23.9  oC,  #1:  0.66  V=  66.4  oC,  #7:  0.00  V
12:00:26  #0:  0.24  V=  23.9  oC,  #1:  0.66  V=  65.9  oC,  #7:  0.00  V
12:00:27  #0:  0.24  V=  23.9  oC,  #1:  0.66  V=  65.9  oC,  #7:  0.00  V
12:00:28  #0:  0.24  V=  23.9  oC,  #1:  0.66  V=  65.9  oC,  #7:  0.00  V
12:00:29  #0:  0.24  V=  23.9  oC,  #1:  0.65  V=  65.4  oC,  #7:  0.00  V
12:00:30  #0:  0.24  V=  23.9  oC,  #1:  0.65  V=  65.4  oC,  #7:  0.00  V
12:00:31  #0:  0.24  V=  23.9  oC,  #1:  0.65  V=  64.9  oC,  #7:  0.00  V
```

Zu Beginn der seriellen Übertragung wird die Zeit durch Übermittlung einer Zeichenkette im Format hhmmss (Stunde, Minuten, Sekunden), gefolgt von RETURN, eingestellt, z. B. „120000" für 12:00:00 Uhr. Durch das Kommando „G" (go) wird die Messung gestartet. Da wir mit Fließkommazahlen arbeiten, müssen wir das Programm gegen die Fließkommavariable der printf()-Bibliothek linken, Abschnitt 3.5.3.

Listing 9.4. Messung einer Abkühlungskurve (Programm AnalOCoolDown.c).

```
1   /*
2     Measurement of temperatures when cooling down liquids.
3     Input: via RS232/USB
4         G = go, start measurement
5         S = Stop measurement
6         hhmmss = Set time
7       - Temperature sensor at A0,1/ADC0,1 (10 mV/K, 0V = 0°C)
8       - Potentiometer at A7/ADC7 (0-5 V) depicting reading interval
9     Output: via RS232/USB
10  */
11  #define F_CPU 6144000L
12
13  #include <stdio.h>
14  #include <avr/io.h>
15  #include <avr/interrupt.h>
16  #include <avr/pgmspace.h>
17  #include <avr/sleep.h>
18  #include <util/delay.h>
19  #include "adcLib.h"
20  #include "tmrcntLib.h"
21
22  // UART Initialization
23  #define BAUD 9600
24  #include <util/setbaud.h>
25  #include "uartlib.h"
26
27
28  // ------- hardcoded configuration ------------------
29
30  void initPorts(void){
31    DDRA = 0x00;  // set inputs
32  }
33
34  // ------- business logic -----------------
35  #define OCR1VALUE ((uint16_t)(F_CPU/1024/1-1))  // OCR1 value for a
        1 Hz compare match
36
37  volatile uint8_t hours = 0, seconds = 0, minutes = 0;
38  volatile uint8_t cnt = 0, status = 0, cntInterval = 1;
39
40  void wait125us(void){
41    _delay_us(125);
42  }
43
44  ISR(TIMER1_COMPA_vect){
45    static char tmpBuffer[80];
46
47    // increment time
```

```
48     if (++seconds == 60){
49       // one minute timer
50       seconds = 0;
51       if (++minutes == 60){
52         // one hour timer
53         minutes = 0;
54         if (++hours == 24){
55           hours = 0;
56         }
57       }
58     }
59
60     // check for measurement interval
61     if (status!=0 && (cnt++ % cntInterval==0)){
62       uint16_t value0 = getAdcValue(0, 4);
63       uint16_t value1 = getAdcValue(1, 4);
64       uint16_t value2 = getAdcValueByte(7);
65       // sensors are LM35DZ (0 V = 0 oC)
66       sprintf_P(tmpBuffer, PSTR("%2u:%02u:%02u #0: %4.2f V=%5.1f oC,
           #1: %4.2f V=%5.1f oC, #7: %4.2f V\r\n"),
67         hours, minutes, seconds,
68         value0/1024.0f*5.0f, value0/1024.0f*5.0f/0.01f,
69         value1/1024.0f*5.0f, value1/1024.0f*5.0f/0.01f,
70         value2/256.0f*5.0f);
71       uart_puts(tmpBuffer);
72     }
73     // read new count interval (5 MSBs)
74     cntInterval = (getAdcValueByte(7)>>3) + 1;
75   }
76
77
78   ISR(USART_RXC_vect){
79     static char buffer[10];
80     static uint8_t bufferPtr = 0;
81
82     if (bufferPtr<9){
83       char data = UDR;
84       buffer[bufferPtr++] = data;
85       // complete line received?
86       if (data == '\r' || data == '\n'){
87         buffer[bufferPtr] = 0;
88         if (buffer[0]=='G'){
89           status = 1;
90         } else if (buffer[0]=='S'){
91           status = 0;
92         } else {
93           hours = uart_sscanf_uint8_t(buffer);
94           minutes = uart_sscanf_uint8_t(buffer+2);
95           seconds = uart_sscanf_uint8_t(buffer+4);
```

```
96        }
97        bufferPtr = 0;
98      }
99    }
100 }
101
102 int main(void){
103   initPorts();
104   initUART(UART_RXIRQ, UBRRH_VALUE, UBRRL_VALUE);
105   initCTC(TIMER_TIMER1, OCR1VALUE, TIMER_COMPNOACTION,
106       TIMER_PINSTATE_DONTCARE, TIMER_CLK_PSC1024, TIMER_ENAIRQ);
106   initADC(ADC_REFVOLTAGE_INT_AVCC, ADC_PRESCALE_64, ADC_MODE_MANUAL,
107       ADC_PRECISION_10, ADC_COMPLETE_NOIRQ, &wait125us);
107
108   sei();
109
110   while (1){
111     set_sleep_mode(SLEEP_MODE_IDLE);
112     sleep_mode();
113   }
114 }
```

Weitere Sensoren

Der verwendete Sensor LM35DZ ist nicht in der Lage, Temperaturen unter dem Gefrierpunkt zu messen, der Typ LM35CZ ist für den Temperaturbereich -40–110 °C ausgelegt und liefert Spannungen zwischen -0,4 V und 1,1 V. Betreiben wir diesen Sensor
wie erforderlich mit einer positiven und einer negativen Spannung, träte das Problem
auf, daß der ATmega16 keine negativen Eingangsspannungen messen kann. Es ist jedoch möglich, eine „virtuelle Masse" zu schaffen und den Bereich der Arbeitsspan-
nung von 0–5 V um einen Betrag anzuheben, der so groß ist, daß die größte erwartete
negative Spannung in der Summe über 0 V liegt. Wollen wir z. B. bis zu -40 °C messen und erwarten daher eine Spannung von bis zu -0,4 V, müssen wir die Massenreferenz GND um mindestens 0,4 V anheben. Wir erreichen eine solche Anhebung, indem
wir zwei Dioden in die GND-Leitung einfügen und deren Durchbruchspannung ausnut-
zen, Abb. 9.10 Mitte. Alternativ kann über Operationsverstärker eine Offsetspannung
addiert werden. Der analoge Datenlogger, den wir in Abschnitt 8.6 entwickelt haben,
benutzt den LM35CZ und das geschilderte Verfahren, um Außentemperaturen zu messen und negative Betriebsspannungen zu vermeiden.

⚡ Die ADCs der megaAVR-Reihe sind nicht in der Lage, negative Spannungen zu messen. Liefert ein
Sensor negative Spannungen, müssen wir sie soweit anheben, daß die kleinste Spannung positive
Werte aufweist, und diesen Offset bei der Auswertung subtrahieren. Eine Spannungsanhebung kann

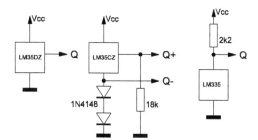

Abb. 9.10. Anschlussmöglichkeiten von analogen Temperatursensoren vom Typ LM35DZ, LM35CZ und LM335. Gezeigt werden Schaltungsmöglichkeiten für einfache Spannungsversorgung, der Sensor LM35CZ erfordert daher eine differentielle Spannungsmessung zwischen Q+ und Q−.

durch Verschiebung des Nullpunkts mit Dioden erreicht werden (Schaffung einer virtuellen Masse, einer künstlichen höherliegenden Referenz), oder durch Addition einer Offsetspannung.

Da wir den Wert der Spannungsanhebung nicht exakt kennen, müssen wir ihn zusammen mit dem Sensorwert messen. Subtrahieren wir den Offset vom Messwert, erhalten wir den um den Offset bereinigten Temperaturwert, der nun auch negativ sein kann. Wir können beide Werte messen und die Subtraktion per Software durchführen, oder die *differentielle Spannungsmessung* benutzen. Konfigurieren wir den Analogmultiplexer der MCU nicht mit einem Wert zwischen 0 und 7, was unmittelbar einem ADC-Eingang entspricht, sondern mit der Zahl 9, bedeutet dies, das die Spannungsdifferenz zwischen ADC-Eingang 1 (positiver Eingang) und ADC-Eingang 0 (negativer Eingang) zehnfach verstärkt und anschliessend gemessen wird. Wir erhalten also durch das Auslesen des ADC-Kanals 9 die zehnfach verstärkte gewünschte Differenz. Bei den geringen Spannungen (zwischen -0,4 V und 0,5 V bei einem Messbereich von 0–5 V) bedeutet dies eine bessere Ausnutzung der 10 bit des Ergebnisses.

Der Sensortyp LM335, der einen Temperaturbereich von -40 bis 110 ° C aufweist, benötigt im jedem Falle nur eine einfache Spannungsversorgung, da er die Temperatur in Kelvin ausgibt, wiederum mit 10 mV/°C kodiert. Eine Temperatur von 0 ° C oder 298 K entspricht einer Ausgangsspannung von 2,98 V, negative Celsiusgrade werden durch Spannungen unter 2,98 V dargestellt. Zur korrekten Funktion muß der Sensor von einem Strom von etwa 1 mA durchflossen werden. Da am Gefrierpunkt knapp 3 V Ausgangsspannung anliegen, fällt am Sensor eine Spannung von $5-3 = 2$ V ab, sodaß ein 2,2 kΩ-Widerstand benötigt wird, um einen Strom von 1 mA einzustellen.

Literatur

[1] *ATmega16(L) Complete*, Atmel Corporation 2010,
http://www.atmel.com/Images/doc2466.pdf

[2] Atmel Studio 6 (Homepage), Atmel Corporation,
http://www.atmel.com/microsite/atmel_studio6, Zugriff am 10.01.2015

[3] Atmel AVR Toolchain 3.4.x for Window (Linux), Atmel Corporation,
http://www.atmel.com/tools/ATMELAVRTOOLCHAINFORWINDOWS.aspx (Windows),
http://www.atmel.com/tools/ATMELAVRTOOLCHAINFORLINUX.aspx (Linux), Zugriff am
10.02.2015

[4] *Simulator*, Online-Dokumentation zum Simulator, Atmel Corporation 2014, Rev.
42171BX-MCU-10/2014, http://www.atmel.com/webdoc/simulator/index.html, Zugriff am
10.02.2015

[5] Atmel Software Online Help, Atmel Corporation, October 2014,
http://www.atmel.com/webdoc/index.html, Zugriff am 14.12.2014

[6] Atmel Online Documentation, *AVR Libc Reference Manual*, Atmel Corporation, 2014, Rev.
#####X-MCU-10/2014,
http://www.atmel.com/webdoc/AVRLibcReferenceManual/index.html, Zugriff am 10.01.2015

[7] *Atmel AVR042: AVR Hardware Design Considerations*, Atmel Corporation 2014,
http://www.atmel.com/Images/Atmel-2521-AVR-Hardware-Design-
Considerations_ApplicationNote_AVR042.pdf (Zugriff am 18.4.2015)

[8] *Atmel AVR4027: Tips and Tricks to Optimize Your C Code for 8-bit AVR Microcontrollers*, Atmel
Corporation 2011, http://www.atmel.com/Images/doc8453.pdf (Zugriff am 1.1.2015)

[9] Atmel Corporation, *8 bit AVR Instruction Set*, Atmel Corporation, 2010, Rev. 0856I-AVR-07/10,
http://www.atmel.com/images/doc0856.pdf, Zugriff am 20.01.2015

[10] Atmel Corporation Online Documentation, *AVR Assembler*, Atmel Corporation, 2014, Rev.
#####X-MCU-10/2014, http://www.atmel.com/webdoc/avrassembler/index.html, Zugriff am
20.01.2015

[11] Atmel Application Note, *Atmel AT1886: Mixing Assembly and C with AVRGCC*, Atmel
Corporation, 2012, Rev. 42055B-AVR-11/2012, http://www.atmel.com/images/doc42055.pdf,
Zugriff am 10.01.2015

[12] *AVR240: 4 x 4 Keypad – Wake-up on Keypress*, Atmel Corporation 2006, Rev.
1232D-AVR-06/06, http://www.atmel.com/Images/doc1232.pdf (Zugriff am 17.4.2015)

[13] *AVR242: 8-bit Microcontroller Multiplexing LED Drive and a 4 x 4 Keypad*, Atmel Corporation
2002, http://www.atmel.com/Images/doc1231.pdf (Zugriff am 1.1.2015)

[14] *AVR4100: Selecting and testing 32kHz crystal oscillators for AVR microcontrollers*, Atmel
Corporation 2011, http://www.atmel.com/Images/doc8333.pdf (Zugriff am 1.1.2015)

[15] *AVR134: Real Time Clock (RTC) using the Asynchronous Timer*, Atmel Application Note 134,
Atmel Corporation 2009, Rev. 1259G-AVR-04/09,
http://www.atmel.com/Images/doc1259.pdf, Zugriff am 20.01.2015

[16] *AVR315: Using the TWI module as I2C master on tinyAVR and megaAVR devices*, Atmel
Corporation 2010, http://www.atmel.com/Images/doc2564.pdf (Zugriff am 1.1.2015)

[17] *AVR311: Using the TWI module as I2C slave on tinyAVR and megaAVR devices*, Atmel
Corporation 2011, http://www.atmel.com/Images/doc2565.pdf (Zugriff am 1.1.2015)

[18] *AVR910: In-System Programming*, Atmel Corporation 2008, Rev. 0943E-AVR-08/08,
http://www.atmel.com/images/doc0943.pdf (Zugriff am 15.1.2015)

[19] *AVR151: Setup and use of the SPI*, Atmel Corporation 2008, Rev. 2585C-AVR-07/08,
http://www.atmel.com/Images/doc2585.pdf (Zugriff am 1.1.2015)

[20] *AVR205: Frequency measurement made easy with Atmel tinyAVR and Atmel megaAVR*, Atmel Corporation 2011, http://www.atmel.com/Images/doc8365.pdf (Zugriff am 1.1.2015)

[21] *AVR335; Digital Sound Recorder with AVR®and DataFlash®*, Atmel Application Note, Atmel Corporation, 2005 , Rev. 1456C–AVR–04/05, http://www.atmel.com/dyn/resources/prod_documents/doc1456.pdf (Zugriff am 25.01.2015)

[22] GCC Wiki, https://gcc.gnu.org/wiki/avr-gcc, Zugriff am 15.12.2014

[23] Gnu Compiler Documentation, https://gcc.gnu.org/onlinedocs/gcc-4.9.2/gcc, Zugriff am 21.02.2015

[24] *Using as*, Online user guide to the gnu assembler as (GNU Binutils) version 2.25, http://sourceware.org/binutils/docs-2.25/as/index.html, Zugriff am 10.01.2015

[25] Crosspack for AVR®Development, Objective Development Software GmbH 2015, http://www.obdev.at/products/crosspack/index-de.html, Zugriff am 10.03.2015

[26] *UM10204 – I2C-bus specification and user manual*, NXP Semiconductors, Rev. 6 – 4 April 2014, http://www.nxp.com/documents/user_manual/UM10204.pdf (Zugriff am 19.04.2015)

[27] TI Datenblatt *LM3916 Dot/Bar Display Driver*, Texas Instruments, SNVS762B JANUARY 2000, REVISED MARCH 2013,

[28] FTDI Webseite, Future Technology Devices International Ltd., http://www.ftdichip.com/Products/Cables/USBTTLSerial.htm (serielle Kabel USB-TTL) (Zugriff am 10.12.2014)

[29] D. M. Alter, *Using PWM Output as a Digital-to-Analog Converter on a TMS320F280x Digital Signal Controller*, Texas Instruments Application Report SPRAA88A, September 2008, http://www.ti.com/general/docs/lit/getliterature.tsp?baseLiteratureNumber= spraa88&fileType=pdf (Zugriff am 10.12.2014)

[30] B. Neubig, W. Briese, *Das grosse Quarzkochbuch*, Franzis-Verlag, Feldkirchen, 1997, ISBN 3-7726-5853-5, http://www.axtal.com/English/TechnicalNotes/QuarzkochbuchQuarzCrystalCookbook (Zugriff am 10.12.2014)

[31] P. Fleury, *AVR-Software*, Homepage von P. Fleury mit Bibliotheken für LCD, TWI, UART http://homepage.hispeed.ch/peterfleury/avr-software.html (Zugriff am 10.12.2014)

[32] *Dot-Matrix LCD-Displays*, Homepage von J. Bredendiek mit umfangreichen Informationen zu LCD-Anzeigen und ihrer Ansteuerung, http://www.sprut.de/electronic/lcd/ (Zugriff am 10.12.2014)

[33] Avago Technologies, *HDLx-2416 Series Data Sheet*, Avago Technologies, 2013, Rev. AV02-0662EN – February 26, 2013, http://www.avagotech.com/docs/AV02-0662EN, Zugriff am 20.1.2015

[34] Microchip Data Sheet, *25AA640A/25LC640A 64K SPI Bus Serial EEPROM*, Microchip 2013, Rev. DS21830F, http://ww1.microchip.com/downloads/en/DeviceDoc/21830F.pdf, Zugriff am 10.01.2015

[35] Data Sheet, *MAX7219/MAX7221 Serially Interfaced, 8-Digit LED Display Drivers*, Maxim Integrated 2003, 19-4452; Rev 4; 7/03, http://www.maximintegrated.com/en/products/power/display-power-control/MAX7219.html#popuppdf, Zugriff am 10.04.2015

[36] J. Ganssle, *A Guide to Debouncing, or, How to Debounce a Contact in Two Easy Pages*, http://www.ganssle.com/debouncing.htm, Zugriff am 20.05.2015

Stichwortverzeichnis